FiNALE Prüfungstraining

Zentralabitur 2017
Niedersachsen

Mathematik

Heinz Klaus Strick
Klaus Gerber

westermann

FiNALEonline.de

Liebe Abiturientin, lieber Abiturient,

FiNALEonline.de ist die optimale Ergänzung zu diesem Abiturtrainer. Hier finden Sie:

- die Original-Prüfungsaufgaben 2016 nach Eingabe des Codes: **MA1TU29**
- eine Abi-Checkliste für die effektive Zeitplanung
- allgemeine Tipps zur Prüfungsvorbereitung

Einfach mal reinschauen: www.finaleonline.de

Autoren: Heinz Klaus Strick und Klaus Gerber

Bildquellenverzeichnis:
157 Marienkirche Dortmund, wikimedia.commons; 181 Globus-Grafik 3945 Picture-Alliance GmbH; 200 Teekanne, Ib Laursen ApS

Druck A^2 / Jahr 2017
Alle Drucke der Serie A sind im Unterricht parallel verwendbar.

Redaktion: Dr. Ulrich Kilian
Kontakt: finale@westermann.de
Layout: Druckreif! Sandra Grünberg, Braunschweig
Umschlaggestaltung: Janssen Kahlert Design & Kommunikation, Hannover
Zeichnungen: Michael Wojczak
Satz: science & more redaktionsbüro, Frickingen
Druck und Bindung: westermann druck GmbH, Braunschweig

ISBN 978-3-14-**171735**-8

Inhaltsverzeichnis

Arbeiten mit FiNALE

Liebe Schülerin, lieber Schüler,

dieses Buch entstand aufgrund der Erfahrungen aus den bisher in Niedersachsen durchgeführten Zentralabiturprüfungen unter besonderer Beachtung der offiziellen Vorgaben für das Fach Mathematik.

Zur gezielten Vorbereitung auf das Abitur 2017 bietet **FiNALE**:
- vielfältige, umfangreiche Aufgabenbeispiele mit ausformulierten Beispiellösungen, die sowohl das grundlegende Anforderungsniveau (gA) wie das erhöhte Anforderungsniveau (eA) berücksichtigen;
- umfangreiche und gut strukturierte Angebote zur systematischen Wiederholung und zeitökonomischen Vertiefung des erforderlichen Basiswissens,
- vollständige Original-Prüfungsaufgaben aus dem Jahr 2015 mit ausformulierten Lösungen,
- ausführlich gelöste Original-Aufgaben der im Dezember 2013 zentral gestellten Klausur.

Seit der Abiturprüfung 2014 besteht die schriftliche Abiturprüfung in Niedersachsen aus einem Pflicht- und einem Wahlteil. Daher enthält dieser **FiNALE**-Band auch Trainingsaufgaben, die gezielt auf die Pflichtteil-Aufgaben vorbereiten.

Beachten Sie: Die Trainingsaufgaben sind teilweise erheblich umfangreicher als die in der Abiturprüfung gestellten Aufgaben; das gilt sowohl für den Pflicht- als auch für den Wahlteil. Ziel der Trainingsaufgaben ist eine *möglichst umfassende* Vorbereitung auf mögliche Aufgabenstellungen im Zentralabitur.

Bei den Lernbereichen, die in der Abiturprüfung 2017 eine Rolle spielen, sind gegenüber dem bisherigen Lehrplan teilweise erhebliche Änderungen vorgenommen worden. Im **FiNALE**-Band sind alle diese Änderungen berücksichtigt.

FiNALE ist so konzipiert, dass bei der Arbeit mit dem Buch eine *individuelle* Vorbereitung möglich ist. Sie können sich schnell einen Überblick über Ihre persönlichen Stärken und Schwächen in den Themenbereichen Analysis, Analytische Geometrie, Matrizenrechnung oder Stochastik verschaffen und damit die Intensität der Arbeit nach eigenen Bedürfnissen genau dosieren.

Das detaillierte Inhaltsverzeichnis, das übersichtlich zusammengestellte Verzeichnis der für die Abiturprüfung notwendigen Kompetenzen (Abi-Checkliste), die alle Kompetenzen abdeckenden Trainingsaufgaben mit den entsprechenden Querverweisen zur Kompetenzübersicht sowie ein Stichwortverzeichnis erleichtern dabei die Orientierung in **FiNALE**.

Der systematische Aufbau und die komprimierte Form fördern eine zeitökonomische und effektive Abiturvorbereitung. **FiNALE** empfiehlt sich von daher als sinnvolle Begleitung und Ergänzung des Fachunterrichts.

Wir wünschen Ihnen viel Erfolg!

Tipps zum Umgang mit FiNALE

Für die Vorbereitung auf die zentrale Abiturprüfung im Fach Mathematik schlagen wir folgende Arbeitsweisen vor:

Möglichkeit 1:
Um einen Überblick über die verschiedenen Themenbereiche zu erhalten, sollten Sie zunächst die Kompetenzübersicht (Abi-Checkliste) sowie die Ausführungen in Form des Basiswissens
lesen und sich anhand der Beispiele verdeutlichen, welche Anforderungen mit den Kompetenzen zu erfüllen sind. Dabei können Sie gleichermaßen feststellen, welche Prüfungsinhalte Sie bereits gut beherrschen und was Ihnen noch Schwierigkeiten bereitet. Wir empfehlen Ihnen hier, sich zu notieren, welche Themen Sie noch intensiver wiederholen sollten, um damit die Vorbereitung auf die Abiturprüfung zu strukturieren. Wenn Sie hier systematisch vorgehen und sich über Ihre Stärken und Schwächen im Klaren sind, wird die Vorbereitung effizient und zielorientiert sein.

Nach der Entscheidung, in welchem Themenbereich für Sie in der persönlichen Vorbereitung auf das Zentralabitur der größte Handlungsbedarf besteht, können Sie die entsprechenden Kapitel im Basiswissen nochmals intensiv durcharbeiten. Hier werden auch die im Basiswissen von **FiNALE** enthaltenen einfachen Aufgabenbeispiele als Muster hilfreich sein.

Nachdem Sie die Grundlagen wiederholt haben, bieten Ihnen die zugehörigen Trainingsaufgaben mit ihren ausführlichen Lösungen (auch mit Lösungsalternativen) ein umfangreiches Übungsfeld. Sie können für Ihre Vorbereitung besonders geeignete Aufgaben anhand der bei den Aufgabenstellungen notierten Kompetenzen schnell erkennen.

Versuchen Sie zunächst, die Aufgaben selbstständig zu bearbeiten, d.h. erst dann die angebotenen Lösungen einzusehen, wenn es nicht mehr anders geht. Wenn Ihnen die Bearbeitung ohne Blick in den Lösungsteil gelungen ist, sollten Sie dennoch Ihre eigenen Lösungen kontrollieren und mit den abgedruckten Lösungen und weiteren Lösungsvarianten vergleichen.

Treten auch nach der Durchsicht der angebotenen Lösungen Verständnisprobleme auf, dann hilft Ihnen das intensive Durcharbeiten der zugehörigen Stichwörter des Basiswissens sicherlich weiter. – Überhaupt lässt sich das *Basiswissen* wie ein Nachschlagewerk benutzen.

An den Original-Prüfungsaufgaben können Sie dann erproben, wie weit Sie mit Ihrer Vorbereitung bereits gekommen sind.

Möglichkeit 2:
Selbstverständlich können Sie **FiNALE** auch in anderer Reihenfolge nutzen: Wenn Sie unmittelbar mit den Trainingsaufgaben beginnen, werden Sie automatisch durch die Querverweise zu den zugehörigen Kompetenzen und dem entsprechenden Basiswissen hingeführt. Treten Schwierigkeiten bei der Lösung der Aufgaben auf, so können Sie Ihre Lücken genau erkennen und die entsprechenden Inhalte wiederholen. Allerdings erhalten Sie bei der oben beschriebenen Vorgehensweise schneller einen Überblick über Ihre Stärken und Schwächen.

Bei diesen Vorschlägen zur Arbeitsweise mit **FiNALE** handelt es sich natürlich nur um Anregungen, die Sie nach eigenen Vorstellungen variieren können.

Abi-Checkliste

Analysis

Ich kann ...	Trifft zu	Trifft nicht zu	Seite
A Differenzialrechnung			
A1 ... Potenz- und Exponentialfunktionen ableiten; **eA** zusätzlich: Logarithmusfunktionen ableiten.	○	○	14
A2 ... einfache Funktionen mit der Summen- und Faktorregel und zusammengesetzte Funktionen mit der Produkt- und Kettenregel ableiten.	○	○	14
A3 ... die Tangentensteigung sowie die Gleichung einer Tangente an den Graphen einer Funktion in einem Punkt bestimmen.	○	○	16
A4 ... mittlere und momentane Änderungsraten angeben und berechnen.	○	○	17
A5 ... Schnittwinkel eines Graphen mit der x-Achse bestimmen.	○	○	18
A6 ... bei abschnittsweise definierten Funktionen überprüfen, ob die Übergänge stetig, differenzierbar bzw. ruckfrei sind.	○	○	18
B Untersuchung von Funktionsgraphen			
B1 ... Graphen auf Symmetrie untersuchen.	○	○	21
B2 ... Schnittpunkte des Graphen mit der x-Achse, Schnittpunkte zweier Graphen und Berührpunkte von Graphen berechnen sowie diese im Sachzusammenhang interpretieren.	○	○	22
B3 ... Graphen auf Monotonie und auf lokale und absolute Extrempunkte untersuchen und diese im Sachzusammenhang interpretieren.	○	○	24
B4 ... Graphen auf ihr Krümmungsverhalten und auf Wende- und Sattelpunkte untersuchen und diese im Sachzusammenhang interpretieren sowie die Wendestelle als Stelle mit extremaler Änderungsrate identifizieren.	○	○	26
B5 ... asymptotisches Verhalten bei Exponentialfunktionen untersuchen.	○	○	29
B6 ... Funktionenscharen (falls erforderlich mithilfe von Fallunterscheidungen) auf besondere Punkte (Schnittpunkte, Extrem- und Wendepunkte) untersuchen sowie gemeinsame Punkte der Kurvenschar ermitteln; **nur eA**: Ortslinien von Funktionenscharen bestimmen und die Ergebnisse im im Sachzusammenhang interpretieren.	○	○	30

+ exp. Wachstum
+ Stochastik

Ich kann ...	Trifft zu	Trifft nicht zu	Seite
C Mathematische Modellierungen mithilfe der Differenzialrechnung			
C1 ... eine sinnvolle Wahl des Koordinatensystems begründen und den Verlauf eines Graphen im Sachzusammenhang der Aufgabenstellung interpretieren.	◯	◯	33
C2 ... ganzrationale Funktionen mit vorgegebenen Eigenschaften bestimmen (auch in Sachzusammenhängen, z. B. Trassierungen).	◯	◯	34
C3 ... Exponentialfunktionen aus gegebenen Bedingungen bestimmen.	◯	◯	35
C4 ... in Anwendungen ein passendes Modell für das exponentielle, beschränkte oder logistische Wachstum aufstellen, seine Tragfähigkeit untersuchen und Schlussfolgerungen im Sachzusammenhang interpretieren sowie Verdopplungs- und Halbwertszeiten berechnen.	◯	◯	36
C5 ... **nur eA**: den Zusammenhang zwischen einer Wachstumsfunktion und ihrer Ableitungsfunktion mithilfe einer Differenzialgleichung beschreiben und einfache Differenzialgleichungen für Wachstumsprozesse lösen.	◯	◯	39
C6 ... Extremwertaufgaben mit Nebenbedingungen innermathematisch und in Sachzusammenhängen lösen.	◯	◯	41
D Integralrechnung			
D1 ... Stammfunktionen zu Grundtypen von Funktionen bestimmen und den Hauptsatz der Differenzial- und Integralrechnung (HDI) zur Berechnung bestimmter Integrale anwenden.	◯	◯	44
D2 ... Flächeninhalte von Flächenstücken zwischen einem Funktionsgraphen und der x-Achse und Flächeninhalte von Flächenstücken zwischen Funktionsgraphen berechnen.	◯	◯	45
D3 ... in Anwendungen Gesamtänderungen aus gegebenen Änderungsraten mit bestimmten Integralen berechnen.	◯	◯	47
D4 ... **nur eA**: Flächeninhalte von Flächen, die ins Unendliche reichen, mit uneigentlichen Integralen und den dabei erforderlichen Grenzwertbetrachtungen ermitteln.	◯	◯	49
D5 ... **nur eA**: das Volumen von Rotationskörpern berechnen und die erforderlichen Berandungsfunktionen für reale rotationssymmetrische Körper modellieren.	◯	◯	50

Analytische Geometrie

Ich kann ...	Trifft zu	Trifft nicht zu	Seite
E Vektorrechnung			
E1 ... Verschiebungen durch Vektoren sowie Punkte im Raum durch Ortsvektoren und Vektorketten beschreiben und damit realitätsnahe Situationen mathematisch modellieren.	◯	◯	52
E2 ... das Skalarprodukt zweier Vektoren berechnen und damit entscheiden, ob die Vektoren zueinander orthogonal sind.	◯	◯	53
E3 ... Längen von Strecken im Raum und den Betrag von Vektoren berechnen.	◯	◯	54
E4 ... **nur eA**: die Definition für die lineare (Un-)abhängigkeit von Vektoren angeben und Vektoren auf lineare (Un-)abhängigkeit untersuchen.	◯	◯	55
F Geraden und Ebenen im Raum			
F1 ... Parameterdarstellungen für Geraden aus zwei gegebenen Punkten ermitteln sowie überprüfen, ob ein Punkt auf einer gegebenen Gerade liegt (Punktprobe) und die Ergebnisse im Sachzusammenhang interpretieren.	◯	◯	56
F2 ... Geraden auf ihre gegenseitige Lage untersuchen und möglicherweise vorhandene Schnittpunkte bestimmen.	◯	◯	57
F3 ... Parameterdarstellungen für Ebenen aus drei gegebenen Punkten ermitteln sowie überprüfen, ob ein Punkt auf einer gegebenen Ebene liegt (Punktprobe) und die Ergebnisse im Sachzusammenhang interpretieren.	◯	◯	59
F4 ... Spurpunkte von Geraden sowie Spurpunkte und Spurgeraden von Ebenen bestimmen.	◯	◯	60
F5 ... Ebenen mithilfe von Koordinatengleichungen beschreiben und Darstellungen von Ebenen umwandeln.	◯	◯	62
F6 ... Schnittprobleme zwischen Geraden und Ebenen in Sachzusammenhängen (z. B. bei Schattenwürfen) untersuchen.	◯	◯	64
F7 ... **nur eA:** Ebenen auf ihre gegenseitige Lage untersuchen und möglicherweise vorhandene Schnittgeraden bestimmen.	◯	◯	67
F8 ... **nur eA**: Geraden- und Ebenenscharen innermathematisch und in Sachzusammenhängen untersuchen.	◯	◯	68
F9 ... lineare Gleichungssysteme systematisch lösen.	◯	◯	69

Ich kann ...	Trifft zu	Trifft nicht zu	Seite
G Winkel und Abstände, Volumina im Raum			
G1 ... Winkel zwischen zwei Vektoren, Schnittwinkel zwischen zwei Geraden, zwischen zwei Ebenen sowie zwischen einer Gerade und einer Ebene berechnen.	◯	◯	73
G2 ... den Flächeninhalt eines Dreiecks und das Volumen einer dreiseitigen Pyramide (Tetraeder) nach elementaren Methoden bestimmen.	◯	◯	75
G3 ... den Abstand eines Punktes von einer Ebene berechnen.	◯	◯	77
G4 ... **nur eA**: den Abstand eines Punktes von einer Geraden berechnen.	◯	◯	78
G5 ... **nur eA**: den Abstand zweier windschiefer Geraden berechnen.	◯	◯	79

STOCHASTIK

Ich kann ...	Trifft zu	Trifft nicht zu	Seite
H Beschreibende Statistik			
H1 ... Mittelwert und Stichprobenstreuung einer Häufigkeitsverteilung bestimmen.	○	○	80
I Wahrscheinlichkeitsrechnung			
I1 ... mehrstufige Entscheidungsvorgänge mithilfe von Baumdiagrammen veranschaulichen und die Anzahl der Möglichkeiten mithilfe der Grundregel der Kombinatorik bestimmen.	○	○	83
I2 ... mehrstufige Zufallsversuche mit Baumdiagrammen beschreiben und Wahrscheinlichkeiten mit den Pfadregeln berechnen (Pfadadditions- / Pfadmultiplikationsregel) sowie die Komplementärregel anwenden.	○	○	85
I3 ... Daten aus Vierfeldertafeln als Wahrscheinlichkeiten von zweistufigen Zufallsversuchen interpretieren sowie Vierfeldertafeln zur Umkehrung von Baumdiagrammen nutzen.	○	○	86
J Wahrscheinlichkeitsverteilungen			
J1 ... die Wahrscheinlichkeitsverteilung einer Zufallsgröße bestimmen sowie den Erwartungswert und die Standardabweichung der Zufallsgröße berechnen.	○	○	91
J2 ... geeignete Zufallsversuche mithilfe des Binomialmodells beschreiben und Wahrscheinlichkeiten mithilfe der BERNOULLI-Formel berechnen und erläutern, unter welchen Bedingungen auch Ziehvorgänge ohne Zurücklegen näherungsweise als BERNOULLI-Versuche interpretiert werden können.	○	○	93
J3 ... berechnen, wie oft ein BERNOULLI-Versuch mindestens durchgeführt werden muss, um mit einer gegebenen Mindestwahrscheinlichkeit mindestens einen Erfolg zu erzielen.	○	○	95
J4 ... den Erwartungswert und die Standardabweichung von Binomialverteilungen berechnen und mithilfe der Sigma-Regeln Umgebungen um den Erwartungswert bei vorgegebener Wahrscheinlichkeit der Umgebung bestimmen.	○	○	96
J5 ... **nur eA**: berechnen, wie oft ein BERNOULLI-Versuch mindestens durchgeführt werden muss, um mit einer vorgegebenen Sicherheitswahrscheinlichkeit mindestens k Erfolge zu erzielen.	○	○	97
J6 ... **nur eA**: Wahrscheinlichkeiten für binomialverteilte Zufallsgrößen näherungsweise mit den Formeln von MOIVRE und LAPLACE berechnen.	○	○	98
J7 ... **nur eA**: Wahrscheinlichkeitsberechnungen bei normalverteilten Zufallsgrößen durchführen.	○	○	99

Ich kann ...	Trifft zu	Trifft nicht zu	Seite
K Schätzen von Parametern			
K1 ... für den Schluss von der Gesamtheit auf die Stichprobe die zu erwartenden absoluten bzw. relativen Häufigkeiten abschätzen und damit die Signifikanz von Aussagen bewerten.	✓	○	101
K2 ... für den Schluss von der Stichprobe auf die Gesamtheit Konfidenzintervalle bestimmen.	✓	○	102
K3 ... die Bestimmung eines genügend großen Umfangs einer Stichprobe vornehmen.	✓	○	104

Basiswissen

A1 Potenz- und Exponentialfunktion ableiten; eA zusätzlich: Logarithmusfunktionen ableiten.

Für das Ableiten gelten folgende Regeln:

(1) **Potenzregel für reelle Exponenten:**
Ist $f(x) = x^n$, $n \in \mathbb{R}$, dann gilt: $f'(x) = n \cdot x^{n-1}$.

Diese Regel gilt also nicht nur für natürliche Exponenten, sondern ebenso für beliebige ganzzahlige, für gebrochene und für irrationale Exponenten.

(2) Die Ableitung der **Exponentialfunktion** zur Basis e (EULER'sche Zahl) stimmt mit der Funktion selbst überein: $f(x) = e^x \Rightarrow f'(x) = e^x$.

(3) Die Ableitung der **Logarithmusfunktion** zur Basis e ist gleich der Kehrwertfunktion:
$f(x) = \ln(x) \Rightarrow f'(x) = \frac{1}{x}$.

Beispiele zur Anwendung der Potenzregel

$f(x) = x^5 \quad \Rightarrow f'(x) = 5 \cdot x^4$

$f(x) = \frac{1}{x} = x^{-1} \quad \Rightarrow f'(x) = (-1) \cdot x^{-2} = -\frac{1}{x^2}$

$f(x) = \frac{1}{x^3} = x^{-3} \quad \Rightarrow f'(x) = (-3) \cdot x^{-4} = -\frac{3}{x^4}$

$f(x) = \sqrt{x} = x^{\frac{1}{2}} \quad \Rightarrow f'(x) = \frac{1}{2} \cdot x^{-\frac{1}{2}} = \frac{1}{2\sqrt{x}}$

$f(x) = \frac{1}{\sqrt[3]{x}} = x^{-\frac{1}{3}} \quad \Rightarrow f'(x) = -\frac{1}{3} \cdot x^{-\frac{4}{3}} = -\frac{1}{3 \cdot \sqrt[3]{x^4}}$

A2 Einfache Funktionen mit der Summen- und Faktorregel ableiten – zusammengesetzte Funktionen mit der Produkt- und Kettenregel ableiten.

Für das Ableiten von Funktionen gelten folgende Regeln:

(1) **Summen- und Faktorregel (Linearität)**
$f(x) = k_1 \cdot f_1(x) + k_2 \cdot f_2(x) \Rightarrow f'(x) = k_1 \cdot f'_1(x) + k_2 \cdot f'_2(x)$

In Worten: Ein konstanter Faktor bleibt beim Ableiten erhalten. Die Ableitung einer Summe ist gleich der Summe der Ableitungen der Summanden.

(2) **Produktregel**
$f(x) = u(x) \cdot v(x) \Rightarrow f'(x) = u'(x) \cdot v(x) + u(x) \cdot v'(x)$

(3) Für geschachtelte Funktionsterme gilt eine besondere Ableitungsregel, die **Kettenregel:**

$f(x) = g(h(x)) \Rightarrow f'(x) = g'(h(x)) \cdot h'(x)$

Die äußere Funktion g wird abgeleitet und die innere Funktion h wie eine Variable behandelt. Dieser Term wird mit der Ableitung der inneren Funktion multipliziert.

Beispiele

(1) **Summen- und Faktorregel**

$f(x) = 5 \cdot x^3 + 4 \cdot x^2 \quad \Rightarrow f'(x) = 15 \cdot x^2 + 8 \cdot x$

$f(x) = \frac{3}{x^2} - 6 \cdot \sqrt{x} = 3 \cdot x^{-2} - 6 \cdot x^{\frac{1}{2}} \Rightarrow f'(x) = 3 \cdot (-2) \cdot x^{-3} - 6 \cdot \frac{1}{2} \cdot x^{-\frac{1}{2}} = -\frac{6}{x^3} - \frac{3}{\sqrt{x}}$

(2) **Folgerung für ganzrationale Funktionen:**

Ist eine ganzrationale Funktion f gegeben durch

$f(x) = a_n \cdot x^n + a_{n-1} \cdot x^{n-1} + \ldots + a_2 \cdot x^2 + a_1 \cdot x + a_0$, $n \in \mathbb{N}$, dann gilt:

$f'(x) = n \cdot a_n \cdot x^{n-1} + (n-1) \cdot a_{n-1} \cdot x^{n-2} + \ldots + 2 \cdot a_2 \cdot x + a_1$

(3) **Produktregel**

$f(x) = (2x+5) \cdot e^x \Rightarrow f'(x) = 2 \cdot e^x + (2x+5) \cdot e^x = (2x+7) \cdot e^x$

$f(x) = (x^2+3x-1) \cdot e^x \Rightarrow f'(x) = (2x+3) \cdot e^x + (x^2+3x-1) \cdot e^x = (x^2+5x+2) \cdot e^x$

(4) **Kettenregel**

$f(x) = e^{-x^2} \Rightarrow f'(x) = e^{-x^2} \cdot (-2x)$

$f(x) = 3^x = e^{x \cdot \ln(3)} \Rightarrow f'(x) = e^{x \cdot \ln(3)} \cdot \ln(3) = 3^x \cdot \ln(3)$

(5) **Produkt- und Kettenregel**

$f(x) = x^3 \cdot e^{-x} \Rightarrow f'(x) = 3x^2 \cdot e^{-x} + x^3 \cdot e^{-x} \cdot (-1) = (3x^2 - x^3) \cdot e^{-x}$

$f(x) = (x^2+1)^3 \cdot e^{-0,3x} \Rightarrow$

$$\begin{aligned} f'(x) &= 3 \cdot (x^2+1)^2 \cdot (2x) \cdot e^{-0,3x} + (x^2+1)^3 \cdot e^{-0,3x} \cdot (-0,3) \\ &= (x^2+1)^2 \cdot e^{-0,3x} \cdot (6x - 0,3 \cdot (x^2+1)) \\ &= (x^2+1)^2 \cdot e^{-0,3x} \cdot (-0,3 \cdot x^2 + 6x - 0,3) \end{aligned}$$

A3 Die Tangentensteigung sowie die Gleichung einer Tangente an den Graphen einer Funktion in einem Punkt bestimmen.

Eine **Tangente** ist eine Gerade durch den Punkt eines Graphen, deren Steigung mit der des Graphen in diesem Punkt (dem Berührpunkt) übereinstimmt.

Die Gleichung der Geraden g, von der man die Steigung m und einen Punkt (a|b) kennt, bestimmt man mithilfe der Punkt-Steigungsform: $g(x) = m \cdot (x - a) + b$

Die Gleichung einer Tangente t an eine differenzierbare Funktion f im Punkt (a|f(a)) wird mithilfe der Ableitung f' (a) bestimmt:

$t(x) = f'(a) \cdot (x - a) + f(a)$.

Zusatz: Die **Normale** im Punkt P ist eine Gerade, die den Graphen der Funktion f im Punkt $P(x_0|f(x_0))$ orthogonal schneidet. Dabei ist die Steigung der negative Kehrwert der 1. Ableitung an dieser Stelle, also $m = \frac{-1}{f'(x_0)}$.

Beispiele

(1) Bestimmung der Tangente und der Normale des Graphen der Funktion f mit
$f(x) = 0{,}5 \cdot x^3 - x^2 - 1$ an der Stelle a = 2:
Es gilt: $f(2) = -1$ und $f'(x) = 1{,}5 \cdot x^2 - 2x$, also
$f'(2) = 2$.
Daher ist $t(x) = 2 \cdot (x - 2) - 1 = 2x - 4 - 1 = 2x - 5$ die Gleichung der Tangente t durch den Punkt (2|−1).
$n(x) = -\frac{1}{2} \cdot (x - 2) - 1 = -\frac{1}{2}x + 1 - 1 = -\frac{1}{2}x$
ist die Gleichung der Normalen n durch den Punkt (2|−1).

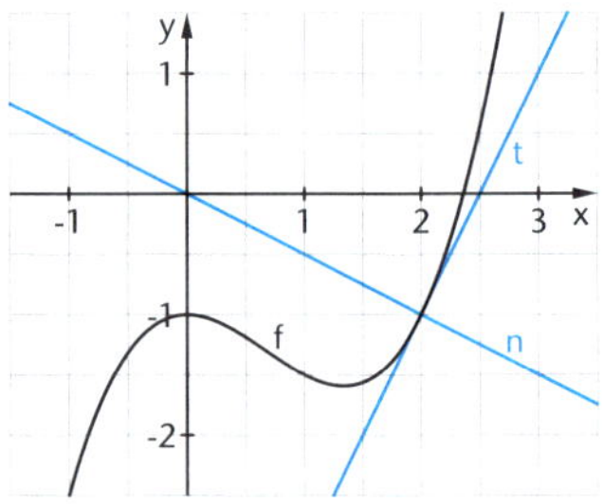

(2) Bestimmung der Tangente und der Normale des Graphen der Funktion f mit
$f(x) = x^2 \cdot e^{-x}$ an der Stelle a = −0,5:
Es gilt: $f(-0{,}5) \approx 0{,}412$ und
$f'(x) = 2x \cdot e^{-x} + x^2 \cdot e^{-x} \cdot (-1) = (-x^2 + 2x) \cdot e^{-x}$, also
$f'(-0{,}5) \approx -2{,}061$.
Daher ist
$t(x) \approx -2{,}061 \cdot (x + 0{,}5) + 0{,}412 \approx -2{,}061x - 0{,}619$
und
$n(x) \approx 0{,}485 \cdot (x + 0{,}5) + 0{,}412 \approx 0{,}485x + 0{,}655$.

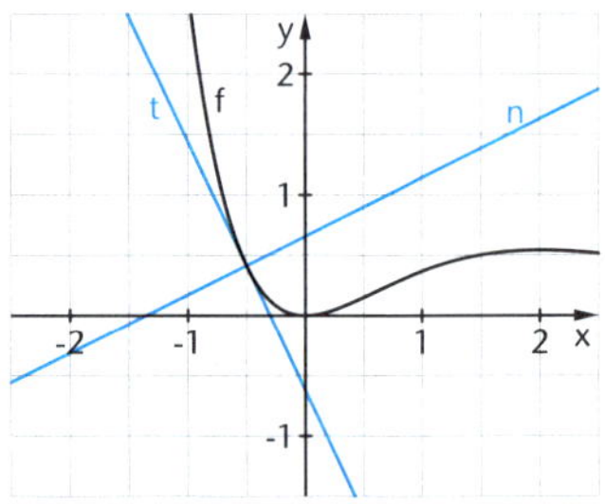

A4 Mittlere und momentane Änderungsraten angeben und berechnen.

Zeichnet man durch zwei Punkte A (a|f(a)) und B (b|f(b)) des Graphen einer Funktion f eine Gerade (also eine Sekante zum Graphen von f), so ist die Steigung dieser Geraden **die mittlere Änderungsrate der Funktion f im Intervall** [a; b], also:
$\frac{f(b) - f(a)}{b - a}$.

Die Ableitung einer Funktion an einer Stelle x_0 ist **die momentane Änderungsrate in** x_0 und der Grenzwert des Differenzenquotienten für $x \to x_0$:

$$f'(x_0) = \lim_{x \to x_0} \frac{f(x) - f(x_0)}{x - x_0}.$$

Dies kann man auch in der Form $f'(x_0) = \lim_{h \to 0} \frac{f(x_0 + h) - f(x_0)}{h}$ beschreiben.

Beispiel 1 *Mittlere Änderungsrate*

$f(x) = x^3 - x^2 - 4x + 4;\; f(2) = 0;\; f(3) = 10$

Die mittlere Änderungsrate der Funktion im Intervall [2; 3]: $\frac{f(3) - f(2)}{3 - 2} = \frac{10 - 0}{3 - 2} = 10.$

Beispiele 2 *Momentane Änderungsrate*

(1) Die momentane Änderungsrate der Funktion f mit $f(x) = x^2$ an der Stelle x_0 berechnet sich wie folgt:
Der Differenzenquotient an einer Stelle x_0 (für $x \neq x_0$) ist
$\frac{f(x) - f(x_0)}{x - x_0} = \frac{x^2 - x_0^2}{x - x_0} = \frac{(x - x_0) \cdot (x + x_0)}{x - x_0} = x + x_0.$
Daher ist die momentane Änderungsrate von f an der Stelle x_0 gleich
$f'(x_0) = \lim_{x \to x_0} (x + x_0) = 2x_0.$

(2) Die momentane Änderungsrate der Funktion f mit $f(x) = e^x$ an der Stelle x_0 ist gleich
$f'(x) = \lim_{h \to 0} \frac{e^{x_0 + h} - e^{x_0}}{h} = \lim_{h \to 0} \frac{e^{x_0} \cdot (e^h - 1)}{h} = e^{x_0} \cdot \lim_{h \to 0} \frac{e^h - 1}{h} = e^{x_0} \cdot 1 = e^{x_0}.$
Hinweis: Dass der Grenzwert von $\lim_{h \to 0} \frac{e^h - 1}{h}$ gleich 1 ist, kann man beispielsweise numerisch zeigen.

(3) In Anwendungssituationen haben Differenzenquotient und Differenzialquotient beispielsweise folgende Bedeutung:

Zuordnung durch die Funktion f	**mittlere Änderungsrate in einem Intervall**	**lokale Änderungsrate in einem Punkt**
Zeit → zurückgelegter Weg	Durchschnittsgeschwindigkeit in einem Zeitintervall	Momentangeschwindigkeit zu einem Zeitpunkt
Zeit → Geschwindigkeit	durchschnittliche Beschleunigung in einem Zeitintervall	Momentanbeschleunigung zu einem Zeitpunkt
Weg → Benzinverbrauch (Volumen)	durchschnittlicher Benzinverbrauch auf einer Wegstrecke	momentaner Benzinverbrauch
Zeit → eingefüllte Wassermenge	durchschnittliche Zuflussgeschwindigkeit in einem Zeitintervall	momentane Zuflussgeschwindigkeit zu einem Zeitpunkt
Zeit → Höhe einer Pflanze	durchschnittliche Wachstumsgeschwindigkeit in einem Zeitintervall	momentane Wachstumsgeschwindigkeit zu einem Zeitpunkt
Zeit → Temperatur	Durchschnittstemperatur in einem Zeitintervall	momentane Temperatur zu einem Zeitpunkt
Zeit → Besucherzahl	durchschnittliche Zunahme der Besucherzahl in einem Zeitintervall	momentane Zunahme der Besucherzahl zu einem Zeitpunkt

A5 Schnittwinkel eines Graphen mit der x-Achse bestimmen.

Als Schnittwinkel α eines Graphen mit der x-Achse bezeichnet man jeweils den spitzen Winkel der beiden Winkel, welche die Tangente in einer Nullstelle x_0 des Graphen mit der x-Achse bildet.
Aus dem Steigungsdreieck, das durch die Tangente gebildet wird, ergibt sich $\tan(\alpha) = m = f'(x_0)$ und hieraus dann $\alpha = \tan^{-1}(m) = \tan^{-1}(f'(x_0))$.
Da m auch negativ sein kann, definiert man allgemein
$\alpha = |\tan^{-1}(f'(x_0))|$ als **Schnittwinkel des Graphen von f mit der x-Achse.**

Beispiele

(1) Der Graph der Funktion f mit $f(x) = 0{,}25x^3 - 0{,}75x - 0{,}5$ hat eine Nullstelle bei $x_0 = 2$.
Die Steigung des Graphen an dieser Stelle, also die Steigung der Tangente, ist $f'(2) = 2{,}25$ (da $f'(x) = 0{,}75x^2 - 0{,}75$).
Daher ist $\alpha = \tan^{-1}(2{,}25) \approx 66{,}0°$.

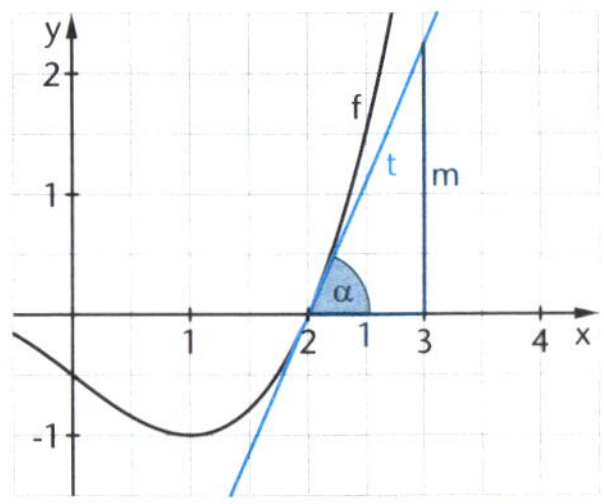

(2) Der Graph der Funktion f mit $f(x) = 2 - e^x$ hat eine Nullstelle bei $x_0 = \ln(2) \approx 0{,}693$.
Die Steigung des Graphen an dieser Stelle, also die Steigung der Tangente, ist $f'(\ln(2)) = -2$ (da $f'(x) = -e^x$).
Daher ist $\alpha = |\tan^{-1}(-2)| \approx 63{,}4°$.

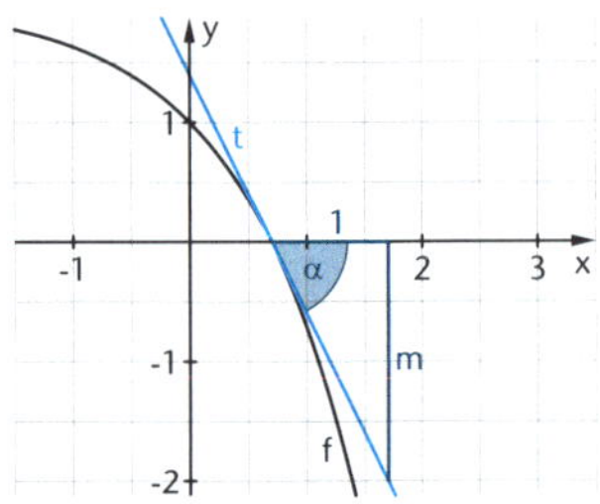

A6 Bei abschnittsweise definierten Funktionen überprüfen können, ob die Übergänge stetig, differenzierbar bzw. ruckfrei sind.

(1) Bei abschnittsweise definierten Funktionen ist der Definitionsbereich unterteilt in aneinander anschließende Intervalle, auf denen die Funktion jeweils durch einen anderen Funktionsterm definiert ist.
Die Übergänge zwischen den verschiedenen Abschnitten können stetig, differenzierbar oder ruckfrei sein.
Eine Funktion f sei für $x < a$ definiert durch den Funktionsterm $f_1(x)$ und für $x \geq a$ durch den Funktionsterm $f_2(x)$. Gilt an dieser Übergangsstelle a zwischen den Definitionsbereichen, dass

- $\lim\limits_{x \to a} f_1(x) = \lim\limits_{x \to a} f_2(x)$, dann ist der Übergang **stetig** (nahtlos), d. h., an der Übergangsstelle stimmen die Funktionswerte überein;
- $\lim\limits_{x \to a} f_1(x) = \lim\limits_{x \to a} f_2(x)$ und $\lim\limits_{x \to a} f_1'(x) = \lim\limits_{x \to a} f_2'(x)$, dann ist der Übergang **differenzierbar** (glatt, knickfrei), d. h., an der Übergangsstelle stimmen die Funktionswerte sowie die (Tangenten-)Steigungen überein;

- $\lim\limits_{x \to a} f_1(x) = \lim\limits_{x \to a} f_2(x)$, $\lim\limits_{x \to a} f_1'(x) = \lim\limits_{x \to a} f_2'(x)$ und $\lim\limits_{x \to a} f_1''(x) = \lim\limits_{x \to a} f_2''(x)$, dann ist der Übergang (krümmungs-)**ruckfrei**, d. h., an der Übergangsstelle stimmen die Funktionswerte, die (Tangenten-)Steigungen sowie die Krümmungen der Graphen überein.

(2) Bei der **Interpolation mit kubischen Splines** betrachtet man n Punkte $(a_1 \mid b_1), \ldots, (a_n \mid b_n)$ in einem Koordinatensystem und bestimmt dazu passend eine abschnittsweise definierte Funktion f, deren Funktionsterm sich zusammensetzt aus n – 1 Funktionstermen von ganzrationalen Funktionen 3. Grades mit folgenden Eigenschaften: An den Stützstellen stimmen die Funktionswerte sowie die Werte der 1. und 2. Ableitung der jeweils definierten Funktionsterme links und rechts überein, d. h., an den n – 2 inneren Übergangsstellen soll der Übergang ruckfrei sein. Außerdem soll für die 2. Ableitung in den beiden äußeren Punkten gelten:
$f''(a_1) = 0$ und $f''(a_n) = 0$.

Beispiele zu (1)

$f_1(x) = -x + 1$ für $x < 1$
$f_2(x) = x^2 - 4x + 2$ für $x \geq 1$

Der Übergang an der Stelle a = 1 ist nicht stetig:
$\lim\limits_{x \to 1} f_1(x) = 0 \neq -1 = f_2(1)$

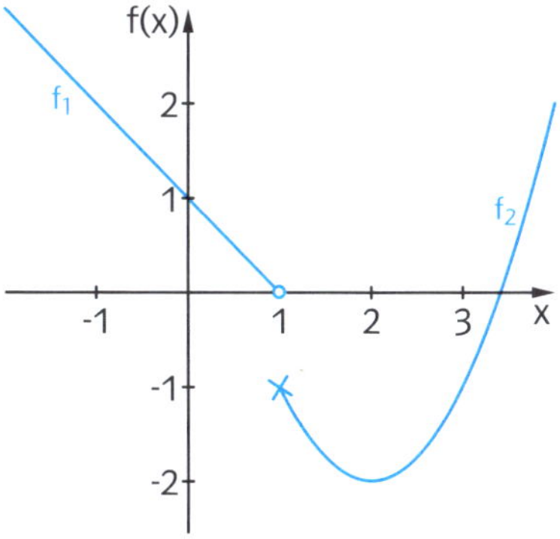

$f_1(x) = -x + 2$ für $x < 1$
$f_2(x) = -x^2 + 4x - 2$ für $x \geq 1$

Der Übergang an der Stelle a = 1 ist nahtlos, aber nicht knickfrei:
$\lim\limits_{x \to 1} f_1(x) = 1 = f_2(1)$

$\lim\limits_{x \to 1} f_1'(x) = -1 \neq +2 = \lim\limits_{x \to 1} f_2'(x)$

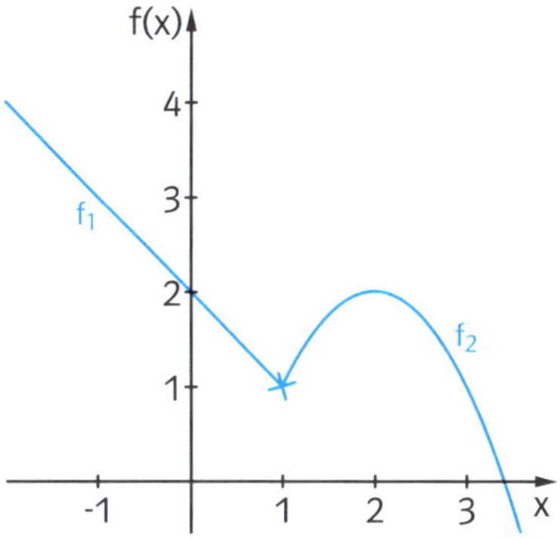

$f_1(x) = x^3$ für $x < 1$
$f_2(x) = -1{,}5x^2 + 6x - 3{,}5$ für $x \geq 1$

Der Übergang an der Stelle a = 1 ist knickfrei, aber nicht ruckfrei:

$\lim\limits_{x \to 1} f_1(x) = 1 = f_2(1)$

$\lim\limits_{x \to 1} f_1'(x) = 3 = \lim\limits_{x \to 1} f_2'(x)$

$\lim\limits_{x \to 1} f_1''(x) = 6 \neq -3 = \lim\limits_{x \to 1} f_2''(x)$

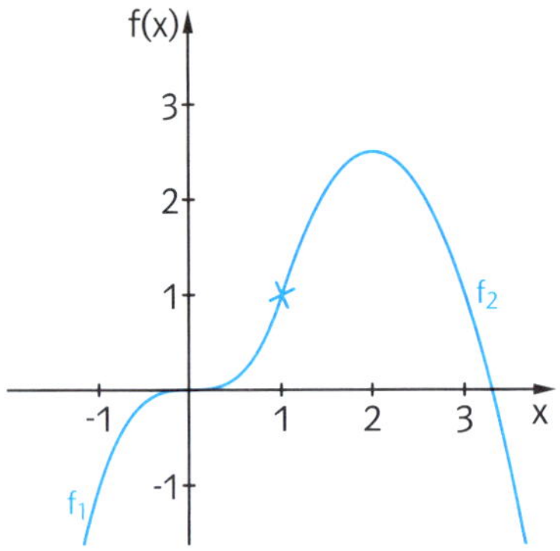

$f_1(x) = \frac{1}{3}x^3 - x$ für $x < 1$

$f_2(x) = x^2 - 2x + \frac{1}{3}$ für $x \geq 1$

Der Übergang an der Stelle a = 1 ist ruckfrei:

$\lim\limits_{x \to 1} f_1(x) = -\frac{2}{3} = f_2(1)$

$\lim\limits_{x \to 1} f_1'(x) = 0 = \lim\limits_{x \to 1} f_2'(x)$

$\lim\limits_{x \to 1} f_1''(x) = 2 = \lim\limits_{x \to 1} f_2''(x)$

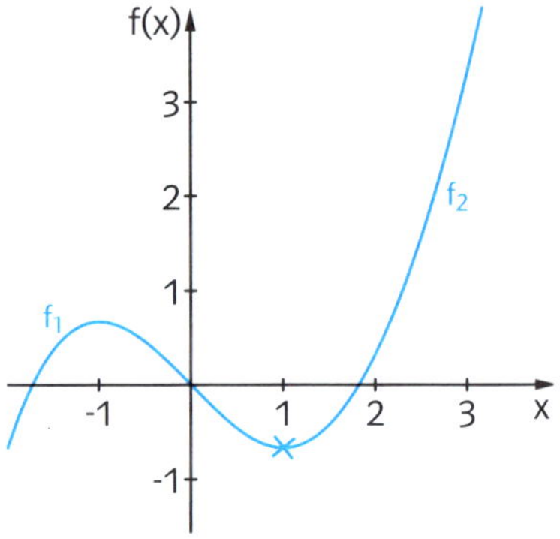

Die Grenzwerte kann man wie folgt bestimmen: Man betrachtet die Funktionsterme einzeln und beachtet dabei nicht die Einschränkung der Definitionsmengen; beispielsweise berechnet man die Ableitungen von $f_1(x) = x^3$, also $f_1'(x) = 3x^2$, $f_1''(x) = 6x$, und setzt für x den Wert 1 ein, obwohl die Funktion f an der Stelle x = 1 anders definiert ist.

Beispiel zu (2)

Gegeben sind die vier Punkte $P_1(0|0)$, $P_2(1|1)$, $P_3(3|2)$, $P_4(8|0)$.

Gesucht sind drei ganzrationale Funktionen $p_1(x) = a_1x^3 + b_1x^2 + c_1x + d_1$, $p_2(x) = a_2x^3 + b_2x^2 + c_2x + d_2$ und $p_3(x) = a_3x^3 + b_3x^2 + c_3x + d_3$ (12 Variablen), welche die folgenden Bedingungen erfüllen:

Da der Graph durch die vier Punkte verlaufen soll, müssen die Koordinaten der Punkte die jeweiligen Funktionsgleichungen erfüllen. Hieraus erhält man sechs Gleichungen:
$p_1(0) = 0$; $p_1(1) = 1$ und $p_2(1) = 1$; $p_2(3) = 2$ und $p_3(3) = 2$; $p_3(8) = 0$.

Für die Ableitungsfunktionen gilt:
$p_i'(x) = 3a_ix^2 + 2b_ix + c_i$ sowie $p_i''(x) = 6a_ix + 2b_i$ (i = 1, 2, 3).

Da an den Übergangsstellen die Steigungen übereinstimmen sollen, ergeben sich zwei weitere Gleichungen:
$p_1'(1) = p_2'(1)$; $p_2'(3) = p_3'(3)$.

Da an den Übergangsstellen die Krümmungen übereinstimmen sollen, ergeben sich ebenfalls zwei Gleichungen. Da die Graphen am Anfang bzw. Ende des Splines nicht gekrümmt sein sollen, zwei weitere Gleichungen:
$p_1''(0) = 0$; $p_1''(1) = p_2''(1)$; $p_2''(3) = p_3''(3)$; $p_3''(8) = 0$

Insgesamt erhält man dann ein lineares Gleichungssystem mit 12 Gleichungen und 12 Variablen.

B1 Graphen auf Symmetrie untersuchen.

- *Achsensymmetrie zur y-Achse:*
  Der Graph der Funktion f ist achsensymmetrisch zur y-Achse, wenn für alle x aus dem Definitionsbereich von f gilt:

  $f(-x) = f(x)$.

  Für ganzrationale Funktionen f gilt zusätzlich:
  Der Graph von f ist genau dann achsensymmetrisch zur y-Achse, wenn der Funktionsterm f(x) nur Potenzen von x mit geraden Exponenten enthält.

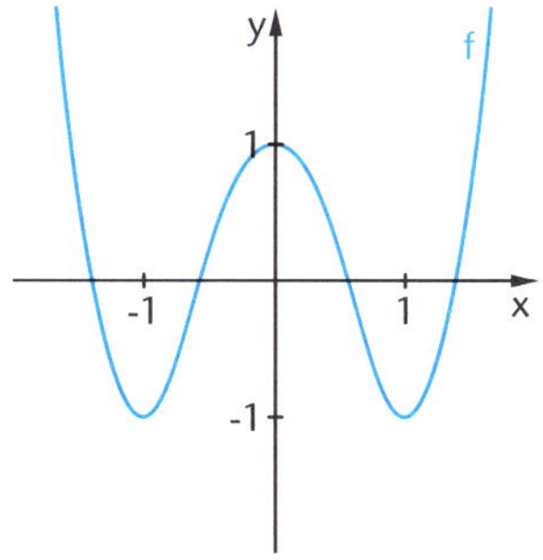

- *Punktsymmetrie zum Ursprung:*
  Der Graph der Funktion f ist punktsymmetrisch zum Ursprung, wenn für alle x aus dem Definitionsbereich von f gilt:

  $f(-x) = -f(x)$.

  Für ganzrationale Funktionen f gilt zusätzlich:
  Der Graph von f ist genau dann punktsymmetrisch zum Ursprung, wenn der Funktionsterm f(x) nur Potenzen von x mit ungeraden Exponenten enthält.

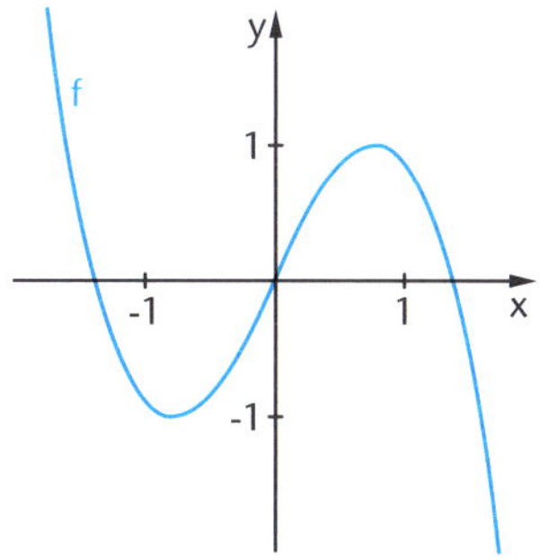

Beispiele

Der Graph der Funktion f mit $f(x) = x^4 - 2x^2 + 1$ ist achsensymmetrisch zur y-Achse, da im Funktionsterm nur gerade Exponenten auftreten.
Dabei kann der letzte Summand 1 gedeutet werden als $1 \cdot x^0$ (0 ist eine gerade Zahl!).

Der Graph der Funktion g mit $g(x) = x^3 - 2x$ ist punktsymmetrisch zum Ursprung, da im Funktionsterm nur ungerade Exponenten auftreten.

Der Graph der Funktion h mit $h(x) = x^2 - 2x - 1$ ist weder achsensymmetrisch zur y-Achse noch punktsymmetrisch zum Ursprung, da im Funktionsterm sowohl gerade als auch ungerade Exponenten auftreten.

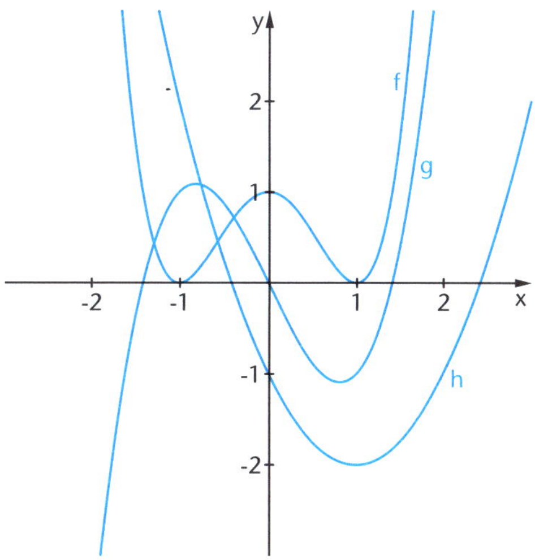

B2 Schnittpunkte des Graphen mit der x-Achse, Schnittpunkte zweier Graphen und Berührpunkte von Graphen berechnen sowie diese im Sachzusammenhang interpretieren.

- *Schnittpunkte mit der x-Achse:*
  Zur Bestimmung der Schnittpunkte des Graphen der Funktion f mit der x-Achse wird der Funktionsterm f(x) gleich null gesetzt und die sich ergebende Gleichung $f(x) = 0$ nach x aufgelöst.
  Als Lösungen der Gleichung erhält man die Nullstellen $x_{N_1}, x_{N_2}, x_{N_3}, \ldots$ der Funktion.
  Die Schnittpunkte des Graphen mit der x-Achse sind $(x_{N_1}|0)$, $(x_{N_2}|0)$, $(x_{N_3}|0)$, … .

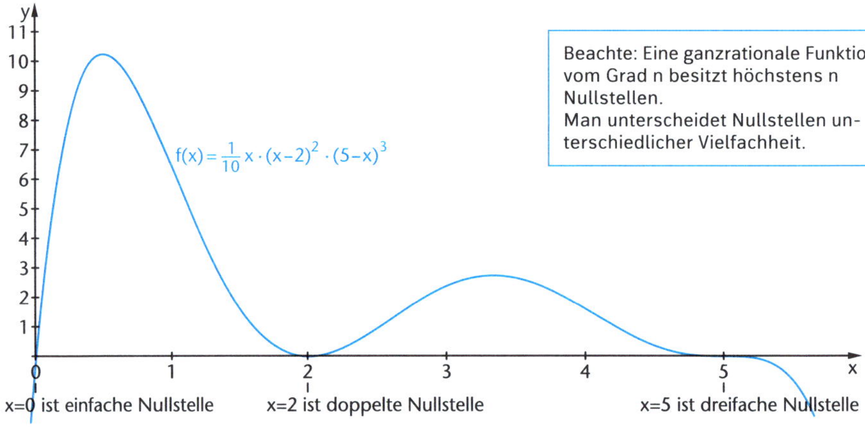

Beachte: Eine ganzrationale Funktion vom Grad n besitzt höchstens n Nullstellen.
Man unterscheidet Nullstellen unterschiedlicher Vielfachheit.

  Falls die Nullstellen algebraisch bestimmt werden sollen, kann eines der folgenden Verfahren bei der Lösung hilfreich sein
  - Klammere, falls möglich, x (oder sogar x^2, x^3, …) im gesamten Funktionsterm aus.
  - Löse eine quadratische Gleichung mit dem Verfahren der quadratischen Ergänzung, mit der p-q-Formel oder mit dem Satz von VIETA.
  - Kennt man ganzzahlige Nullstellen, dann kann man den Funktionsterm teilweise mithilfe von Linearfaktoren darstellen und dann einen Koeffizientenvergleich vornehmen.

- *Schnittpunkte zweier Graphen:*
  Sind zwei Funktionen f und g gegeben, dann bestimmt man die Schnittpunkte der Graphen durch Lösen der Gleichung $f(x) = g(x)$.
  Wenn man die Gleichung umformt, sodass auf der linken Seite ein Term steht, und auf der rechten Seite null, dann wird das Problem „Schnittstellen zweier Graphen berechnen" zum Problem „Nullstellen bestimmen", vgl. Lösungsverfahren in Punkt 1.
  Anschließend darf man nicht vergessen, die y-Koordinaten der Schnittpunkte zu bestimmen, wenn dieses verlangt ist. Dazu setzt man die erhaltenen Schnittstellen (x-Koordinaten) in die Funktionsgleichung von f oder g ein, oder man macht beides zur Kontrolle, denn es muss in beiden Fällen das gleiche Ergebnis herauskommen.

- *Berührpunkte zweier Graphen:*
  Wenn sich die Graphen der Funktionen f und g in einem gemeinsamen Punkt $(x_B|f(x_B))$ nur berühren, dann haben die beiden Graphen nicht nur einen Punkt $(x_B|f(x_B))$ gemeinsam, sondern auch die Tangenten stimmen in diesem gemeinsamen Punkt überein. Es gilt daher $f(x_B) = g(x_B)$ und $f'(x_B) = g'(x_B)$.

Beispiel 1 *Schnittpunkte mit der x-Achse*

- Um die Schnittpunkte des Graphen von f mit $f(x) = -x^3 + 4x^2$ und der x-Achse zu ermitteln, hilft das Ausklammern von $-x^2$:
  $f(x) = 0 \Leftrightarrow -x^3 + 4x^2 = 0 \Leftrightarrow -x^2 \cdot (x-4) = 0 \Leftrightarrow x = 0 \vee x = 4$.
  Dabei ist $x = 0$ eine doppelte und $x = 4$ eine einfache Nullstelle.
  Die Schnittpunkte mit der x-Achse lauten: $(0|0)$ und $(4|0)$.

- Um die Schnittpunkte des Graphen von g mit $g(x) = x^3 - 4x^2 - 4x + 16$ und der x-Achse zu ermitteln, versucht man, die erste Nullstelle zu erraten: $x = 2$. Der Funktionsterm lässt sich dann darstellen in der Form $(x-2) \cdot (x^2 + ax + b)$. Nach Ausmultiplizieren findet man durch Koeffizientenvergleich: $a = -2$ und $b = -8$.
  $(x^3 - 4x^2 - 4x + 16) : (x-2) = x^2 - 2x - 8$.
  Man erhält alle Nullstellen nach Lösen der quadratischen Gleichung:
  $x^2 - 2x - 8 = 0 \Leftrightarrow x = -2 \vee x = 4$.
  Also: $g(x) = 0 \Leftrightarrow x^3 - 4x^2 - 4x + 16 = 0 \Leftrightarrow (x-2) \cdot (x^2 - 2x - 8) = 0$
  $\Leftrightarrow x = 2 \vee x^2 - 2x - 8 = 0 \Leftrightarrow x = 2 \vee x = -2 \vee x = 4$.
  Alle Nullstellen sind einfache Nullstellen.
  Die Schnittpunkte mit der x-Achse lauten: $(-2|0)$, $(2|0)$ und $(4|0)$.

Beispiel 2 *Schnittpunkte zweier Graphen*

Bestimmen der Schnittpunkte der Graphen von f mit $f(x) = -x^3 + 4x^2$ und g mit $g(x) = x^3 - 4x^2 - 4x + 16$:
Die Vereinfachung von $f(x) = g(x)$ führt zur Gleichung $2x^3 - 8x^2 - 4x + 16 = 0$.
Diese hat die Lösung $x = 4$ (wie man durch Probieren/Einsetzen herausfindet oder ggf. auch aus der Untersuchung der Nullstellen der Funktionen f und g weiß).
Der Funktionsterm lässt sich dann darstellen in der Form $2(x-4) \cdot (x^2 + ax + b)$.
Durch Koeffizientenvergleich ergibt sich: $a = 0$ und $b = -2$.
Also: $f(x) = g(x) \Leftrightarrow -x^3 + 4x^2 = x^3 - 4x^2 - 4x + 16 \Leftrightarrow 2x^3 - 8x^2 - 4x + 16 = 0$
$\Leftrightarrow 2(x-4)(x^2 - 2) = 0 \Leftrightarrow x = 4 \vee x = -\sqrt{2} \vee x = \sqrt{2}$.
Mit $f(-\sqrt{2}) \approx 10{,}83$, $f(\sqrt{2}) \approx 5{,}17$ und $f(4) = 0$ erhält man die Schnittpunkte der Graphen von f und g: $(-\sqrt{2}|10{,}83)$, $(\sqrt{2}|5{,}17)$ und $(4|0)$.

Beispiel 3 *Berührpunkt zweier Graphen*

Als Schnittpunkte der Graphen f mit $f(x) = -x^3 + 4x^2$ und h mit $h(x) = x^2 + 4$ erhält man die Punkte $(2|8)$ und $(-1|5)$.
Da außerdem $f'(2) = h'(2) = 4$, ist der Punkt $(2|8)$ ein Berührpunkt der beiden Graphen.

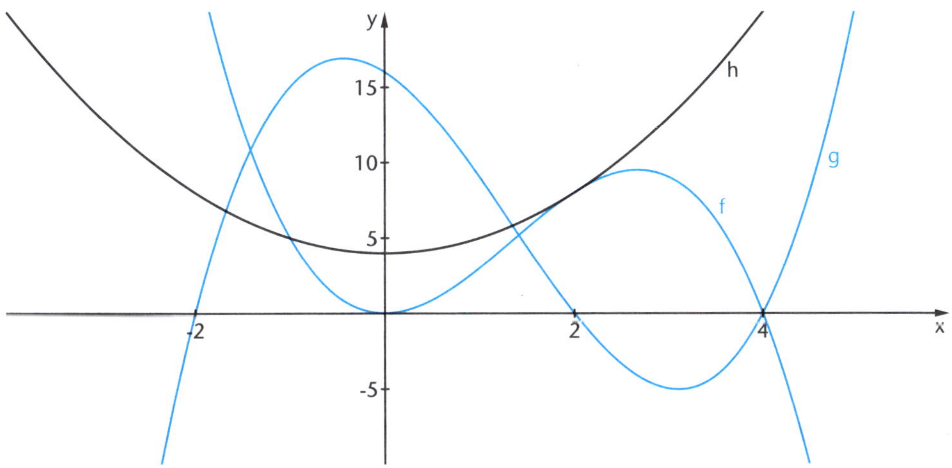

B3 Graphen auf Monotonie und auf lokale und absolute Extrempunkte untersuchen und diese im Sachzusammenhang interpretieren.

Wir betrachten eine auf dem Intervall I differenzierbare Funktion f.

- *Monotonie:*
  Der Graph von f ist auf dem Intervall I ...
  ... streng monoton steigend genau dann, wenn $f'(x) > 0$ für alle $x \in I$.
  ... streng monoton fallend genau dann, wenn $f'(x) < 0$ für alle $x \in I$.

Die Umkehrung dieser Aussage ist nicht richtig. Beispiel: Der Graph von $f(x) = x^3$ ist streng monton steigend auf $\mathbb{R}$, aber es gilt: $f'(0) = 0$.

- *Lokale Extrempunkte:*
  Notwendige Bedingung:
  Wenn f an der inneren Stelle x_0 einen Extremwert hat, so gilt $f'(x_0) = 0$.

  > Die Bedingung $f'(x) = 0$ bedeutet anschaulich, dass die Tangente an der Extremstelle parallel zur x-Achse verläuft.

  Hinreichende Bedingung (mit der zweiten Ableitung):
  Falls $f'(x_0) = 0$ und $f''(x_0) > 0$ [$f''(x_0) < 0$],
  so befindet sich an der Stelle x_0 ein lokales Minimum [Maximum].

  Hinreichende Bedingung (Vorzeichenwechselkriterium):
  Falls $f'(x_0) = 0$ und f′ einen Vorzeichenwechsel (VZW) von – nach + [VZW von + nach –] hat, so befindet sich an der Stelle x_0 ein lokales Minimum [Maximum].

- *Absolute Extrempunkte:*
  Vergleicht man alle lokalen Minima [Maxima] und die Funktionswerte an den Rändern des Intervalls I, so ist der kleinste [größte] Wert daraus das absolute Minimum [Maximum].

Bei der Untersuchung von Extremstellen in einem Sachzusammenhang, der mit einer mathematischen Funktion beschrieben wird, können diese im Kontext gedeutet werden.

Beispiel 1 *Bestimmung von Extrempunkten*

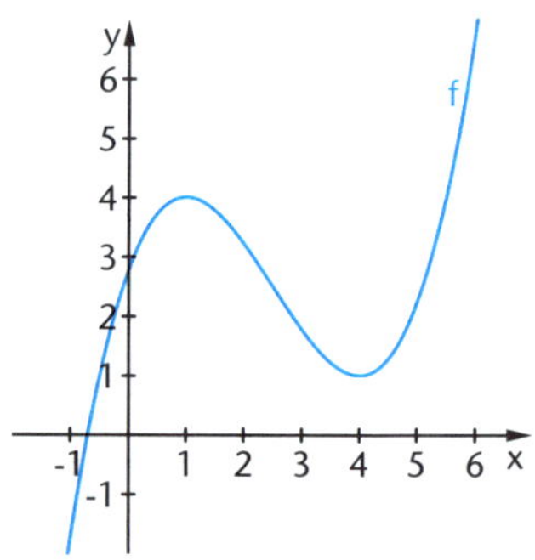

Gegeben ist die Funktion f mit

$f(x) = \frac{1}{9}(2x^3 - 15x^2 + 24x + 25)$.

Die Ableitungen sind:

$f'(x) = \frac{1}{9}(6x^2 - 30x + 24) = \frac{2}{3}(x^2 - 5x + 4) = \frac{2}{3}(x-1)(x-4)$

und

$f''(x) = \frac{2}{3}(2x - 5)$.

Untersuchung auf Monotonie mit einer Vorzeichentabelle für f′:
Zuerst werden die Nullstellen der ersten Ableitung bestimmt:
$f'(x) = 0 \Leftrightarrow x^2 - 5x + 4 = 0 \Leftrightarrow (x-1)(x-4) = 0 \Leftrightarrow x = 1 \vee x = 4$.
Mit einer Vorzeichentabelle kann das Vorzeichen der ersten Ableitung auf den Teilintervallen zwischen und neben deren Nullstellen bestimmt werden. Dazu bestimmt man jeweils das Vorzeichen aller Linearfaktoren von f′ auf den Teilintervallen und erhält daraus leicht das Vorzeichen von f′.

	x < 1	x = 1	1 < x < 4	x = 4	x > 4
(x – 1)	–	0	+		+
(x – 4)	–		–	0	+
f'	+	0	–	0	+
		+/– VZW		–/+ VZW	

Also ist f streng monoton wachsend für $x < 1$ und für $x > 4$ und streng monoton fallend für $1 < x < 4$.
Mit dem Vorzeichenwechselkriterium folgt bereits aus dieser Tabelle, dass an der Stelle $x = 1$ ein lokales Maximum und an der Stelle $x = 4$ ein lokales Minimum vorliegt.

Untersuchung auf lokale Extrempunkte mit der zweiten Ableitung:
Notwendige Bedingung: $f'(x) = 0 \Leftrightarrow x^2 - 5x + 4 = 0 \Leftrightarrow (x-1)(x-4) = 0 \Leftrightarrow x = 1 \vee x = 4$
Hinreichende Bedingung: Da $f'(1) = 0 \wedge f''(1) = -2 < 0$, liegt an der Stelle $x = 1$ ein lokales Maximum vor.
Da $f'(4) = 0 \wedge f''(4) = 2 > 0$, liegt an der Stelle $x = 4$ ein lokales Minimum vor.
Mit $f(1) = 4$ und $f(4) = 1$ erhält man den lokalen Hochpunkt $H(1|4)$ und den lokalen Tiefpunkt $T(4|1)$.

Beispiel 2 *Untersuchung von Extrema in einem Sachzusammenhang*

Eine besondere Silvesterrakete wird senkrecht nach oben abgeschossen und beim Start kurz beschleunigt. Sie schlägt nach 6 Sekunden wieder auf dem Boden auf. Während des freien Fluges kann die Höhe der Rakete über dem Boden näherungsweise durch die Funktion h mit $h(t) = 30t - 5t^2$ beschrieben werden. Dabei wird die Höhe h in Metern und die Zeit t in Sekunden angegeben. Wie hoch fliegt die Rakete?

Gesucht ist also das absolute Maximum der Funktion h auf dem Intervall [0;6]:
Ableitungen: $h'(t) = 30 - 10t$ und $h''(t) = -10$
Notwendige Bedingung: $h'(t) = 0 \Leftrightarrow 30 - 10t = 0 \Leftrightarrow t = 3$
Hinreichende Bedingung: Da $h'(3) = 0 \wedge h''(3) = -10 < 0$, liegt an der Stelle $t = 3$ ein lokales Maximum vor.
Da der Graph von h eine nach unten geöffnete Parabel ist oder durch Vergleich von $h(3) = 45$ mit den Funktionswerten $h(0) = 0$ und $h(6) = 0$ an den Rändern des Intervalls folgt, dass an der Stelle $t = 3$ ein absolutes Maximum vorliegt.

Also fliegt die Rakete 45 m hoch.

Beispiel 3 *Extrempunkte bei Exponentialfunktionen*

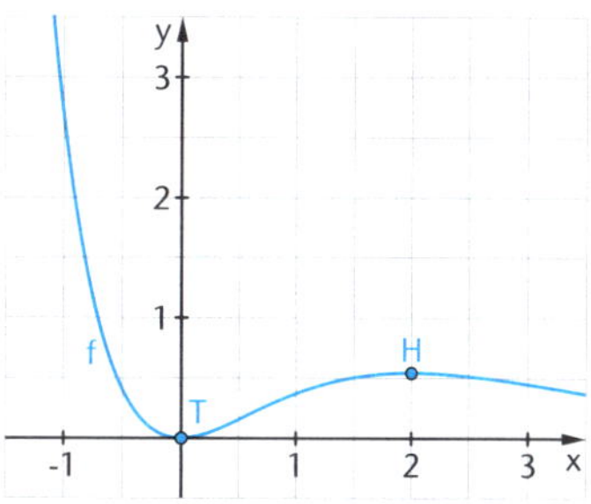

Gegeben ist die Funktion f mit $f(x) = x^2 \cdot e^{-x}$.
Die Ableitungen erhält man durch die Anwendung der Produkt- und Kettenregel:
$f'(x) = 2x \cdot e^{-x} - x^2 \cdot e^{-x} = (2x - x^2) \cdot e^{-x} = x \cdot (2 - x) \cdot e^{-x}$
$f''(x) = (2 - 2x) \cdot e^{-x} - (2x - x^2) \cdot e^{-x} = (x^2 - 4x + 2) \cdot e^{-x}$
Durch die Anwendung der notwendigen Bedingung $f'(x) = 0 \Leftrightarrow x = 0 \vee x = 2$ erhält man zwei Kandidaten für lokale Extremstellen, die nun weiter untersucht werden.
Mit der hinreichenden Bedingung $f'(0) = 0 \wedge f''(0) = 2 > 0$ ist nachgewiesen, dass an der Stelle $x = 0$ ein lokales Minimum vorliegt. Mit $f'(2) = 0 \wedge f''(2) = -2 \cdot e^{-2} < 0$ wird gezeigt, dass an der Stelle $x = 2$ ein lokales Maximum vorliegt.
Durch Einsetzen der Extremstellen in die Funktionsgleichung erhält man den lokalen Tiefpunkt $T(0|0)$ und den lokalen Hochpunkt $H(2|4 \cdot e^{-2})$.

B4 Graphen auf ihr Krümmungsverhalten und auf Wende- und Sattelpunkte untersuchen und diese im Sachzusammenhang interpretieren. Die Wendestelle als Stelle mit extremaler Änderungsrate identifizieren.

Wir betrachten eine Funktion f und ihre Ableitungen.

Der Graph von f heißt auf I linksgekrümmt [rechtsgekrümmt] genau dann, wenn f' auf I streng monoton steigend [fallend] ist.

- *Kriterium für das Krümmungsverhalten:*
  Wenn $f''(x) > 0$ [$f''(x) < 0$] für alle $x \in I$ gilt, dann ist der Graph von f auf I linksgekrümmt [rechtsgekrümmt].
  Die Umkehrung des Satzes ist nicht richtig. Beispiel: Der Graph von $f(x) = x^4$ ist auf $\mathbb{R}$ linksgekrümmt, aber $f''(0) = 0$.

- *Wendepunkte:*
  Notwendige Bedingung:
  Wenn x_0 eine Wendestelle von f ist, so gilt $f''(x_0) = 0$.

  > Wendestellen sind also Extremstellen der ersten Ableitung.

  Hinreichende Bedingung (mit der dritten Ableitung):
  Falls $f''(x_0) = 0$ und $f'''(x_0) \neq 0$, so liegt an der Stelle x_0 eine Wendestelle vor.

  Hinreichende Bedingung (Vorzeichenwechselkriterium):
  Falls $f''(x_0) = 0$ und f'' einen Vorzeichenwechsel (VZW) hat, so liegt an der Stelle x_0 eine Wendestelle vor.

- *Sattelpunkte:*
  Sattelpunkte sind Wendepunkte mit einer zur x-Achse parallelen Tangente.
  Daher gilt die **hinreichende Bedingung**:
  Falls $f'(x_0) = 0$ und $f''(x_0) = 0$ und $f'''(x_0) \neq 0$, so befindet sich an der Stelle x_0 ein Sattelpunkt.

Bei der Untersuchung von Wendestellen in einem Sachzusammenhang, der mit einer mathematischen Funktion beschrieben wird, können diese als Stellen mit maximaler oder minimaler Änderungsrate im Kontext gedeutet werden.

Beispiel 1 *Bestimmung des Krümmungsverhaltens und von Wendepunkten*

Gegeben ist die Funktion f mit $f(x) = \frac{1}{4}x^4 - x^3 + 4x$.

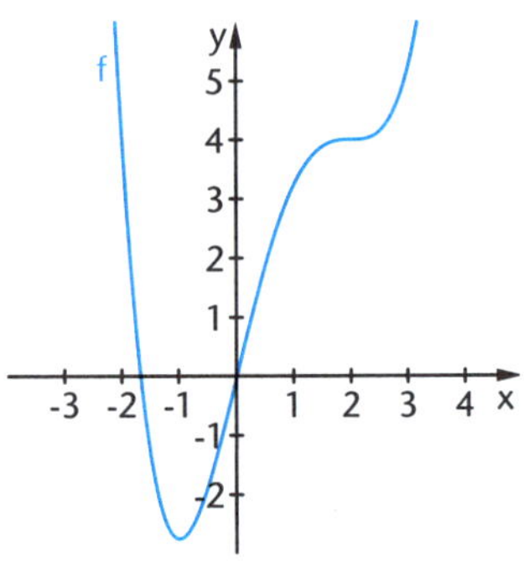

Die Ableitungen sind:
$f'(x) = x^3 - 3x^2 + 4$
$f''(x) = 3x^2 - 6x = 3x(x - 2)$
$f'''(x) = 6x - 6 = 6(x - 1)$

Untersuchung des Krümmungsverhaltens mit einer Vorzeichentabelle für f'':
Zuerst werden die Nullstellen der zweiten Ableitung bestimmt:
$f''(x) = 0 \Leftrightarrow 3x^2 - 6x = 0 \Leftrightarrow 3x(x - 2) = 0 \Leftrightarrow x = 0 \vee x = 2$

Mit einer Vorzeichentabelle kann das Vorzeichen der zweiten Ableitung auf den Teilintervallen zwischen und neben deren Nullstellen bestimmt werden. Dazu bestimmt man jeweils das Vorzeichen aller Linearfaktoren von f" auf den Teilintervallen und erhält daraus leicht das Vorzeichen von f". Hier sind also die Linearfaktoren (x) und (x – 2) zu untersuchen:

	x < 0	**x = 0**	**0 < x < 2**	**x = 2**	**x > 2**
(x)	–	0	+		+
(x – 2)	–		–	0	+
f''	+	0	–	0	+
		+/– VZW		–/+ VZW	

Also ist der Graph von f für x < 0 sowie für x > 2 linksgekrümmt und für 0 < x < 2 rechtsgekrümmt.
Mit dem Vorzeichenwechselkriterium folgt bereits aus dieser Tabelle, dass x = 0 und x = 2 Wendestellen sind.

Untersuchung auf Wendepunkte mit der dritten Ableitung:

Notwendige Bedingung: $f''(x) = 0 \Leftrightarrow 3x^2 - 6x = 0 \Leftrightarrow 3x(x-2) = 0 \Leftrightarrow x = 0 \vee x = 2$

Hinreichende Bedingung: Da $f''(0) = 0 \wedge f'''(0) = -6 < 0$, ist x = 0 eine Wendestelle.
Da $f''(2) = 0 \wedge f'''(2) = 6 > 0$, ist x = 2 eine Wendestelle,
da zusätzlich $f'(2) = 0$, liegt hier sogar ein Sattelpunkt vor.

Mit f(0) = 0 und f(2) = 4 erhält man den Wendepunkt W(0|0) und den Sattelpunkt S(2|4).

Beispiel 2 *Untersuchung auf Wendestellen in einem Sachzusammenhang*

Der Temperaturverlauf an einem Frühlingstag kann näherungsweise beschrieben werden durch die Funktion f mit $f(t) = 0{,}00067t^4 - 0{,}038t^3 + 0{,}6t^2 - 1{,}7t + 15{,}8$.
Dabei wird die Zeit t in Stunden und die Temperatur f(t) in °C angegeben.
Zu welchem Zeitpunkt ist der Temperaturanstieg am größten gewesen?

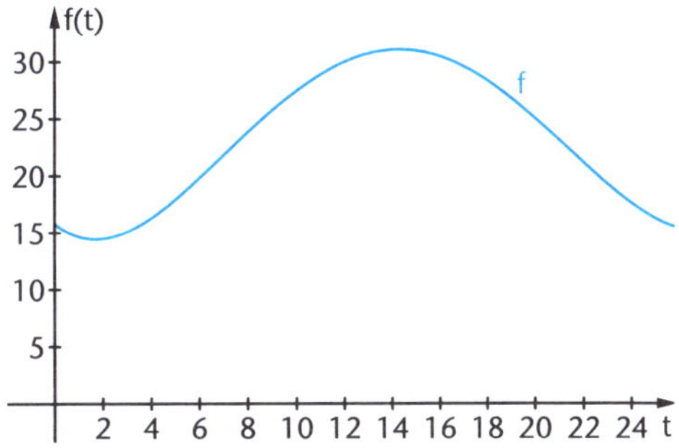

Hier ist nach einer Extremstelle der ersten Ableitung, also nach einer Wendestelle gefragt. Zusätzlich muss die erste Ableitung dort positiv sein, da ein Temperaturanstieg vorliegen soll.

Ableitungen:
$f'(t) = 0{,}00268t^3 - 0{,}114t^2 + 1{,}2t - 1{,}7$
$f''(t) = 0{,}00804t^2 - 0{,}228t + 1{,}2$
$f'''(t) = 0{,}01608t - 0{,}228$

Notwendige Bedingung:
$f''(t) = 0 \Leftrightarrow 0{,}00804t^2 - 0{,}228t + 1{,}2 = 0 \Leftrightarrow$
$t^2 - 28{,}358t + 149{,}254 = 0 \Leftrightarrow$
$t \approx 14{,}179 \pm \sqrt{51{,}79} \Leftrightarrow$
$t_1 \approx 7{,}0 \vee t_2 \approx 21{,}4$

Hinreichende Bedingung: Da $f''(t_1) = 0 \wedge f'''(t_1) = -0{,}116 < 0$ ist $t_1 \approx 7{,}0$ eine Wendestelle.
Da $f''(t_2) = 0 \wedge f'''(t_2) = 0{,}116 > 0$ ist $t_2 \approx 21{,}4$ eine Wendestelle.

Weiterhin ist $f'(t_1) \approx 2{,}03$ und $f'(t_2) \approx -1{,}96$.
Der Temperaturanstieg war also um 7 Uhr mit etwa $2{,}03\,\frac{°C}{h}$ am größten.

Beispiel 3 *Wendepunkte bei Exponentialfunktionen*

Gegeben ist die Funktion f mit
$f(x) = x^2 \cdot e^{-x}$.
Die Ableitungen erhält man durch die Anwendung der Produkt- und Kettenregel:

$f'(x) = (-x^2 + 2x) \cdot e^{-x}$,
$f''(x) = (x^2 - 4x + 2) \cdot e^{-x}$,
$f'''(x) = (2x - 4) \cdot e^{-x} - (x^2 - 4x + 2) \cdot e^{-x}$
$= (-x^2 + 6x - 6) \cdot e^{-x}$

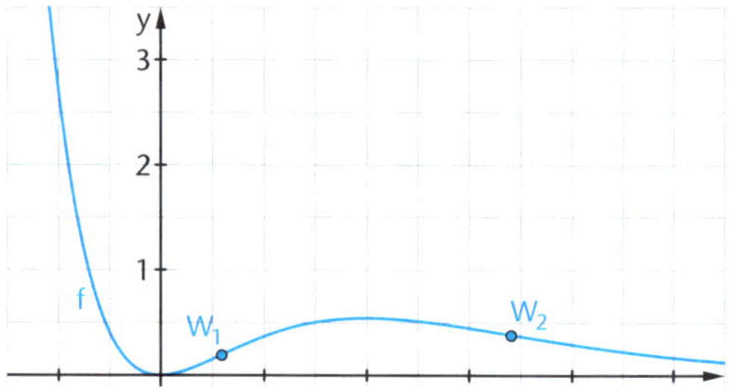

Durch die Anwendung der notwendigen Bedingung
$f''(x) = 0 \Leftrightarrow (x^2 - 4x + 2) = 0 \Leftrightarrow x = 2 - \sqrt{2} \approx 0{,}59 \vee x = 2 + \sqrt{2} \approx 3{,}41$ erhält man zwei Kandidaten für Wendestellen, die nun weiter untersucht werden.

Mit den hinreichenden Bedingungen $f''(2 - \sqrt{2}) = 0 \wedge f'''(2 - \sqrt{2}) \approx -1{,}57 \neq 0$ und $f''(2 - \sqrt{2}) = 0 \wedge f'''(2 - \sqrt{2}) \approx 0{,}09 \neq 0$ ist nachgewiesen, dass die betrachteten Stellen Wendestellen sind.

Durch Einsetzen der Wendestellen in die Funktionsgleichung erhält man die Wendepunkte $W_1(0{,}59\,|\,0{,}19)$ und $W_2(3{,}41\,|\,0{,}38)$.

B5 Asymptotisches Verhalten bei Exponentialfunktionen untersuchen.

Für die Exponentialfunktion f mit $f(x) = e^x$ gilt:
$\lim\limits_{x \to -\infty} e^x = 0$ und $\lim\limits_{x \to +\infty} e^x = +\infty$.

Die Annäherung des Graphen von $f(x) = e^x$ an die x-Achse für $x \to -\infty$ erfolgt so stark, dass auch die Multiplikation mit beliebigen Potenzen von x diesen Grenzwert nicht verändert:
$\lim\limits_{x \to -\infty} (x^n \cdot e^x) = 0$ für $n \geq 1$.

Die negative x-Achse ist eine **Asymptote***) für alle Funktionen vom Typ $x^n \cdot e^x$, $n \in \mathbb{N}$.

Analog gilt: $\lim\limits_{x \to +\infty} e^{-x} = 0$ und $\lim\limits_{x \to -\infty} e^{-x} = +\infty$

sowie $\lim\limits_{x \to +\infty} (x^n \cdot e^{-x}) = 0$

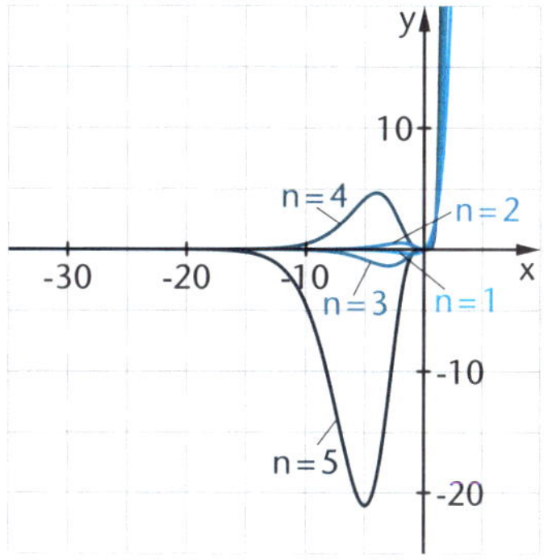

*) Eine Funktion a wird als Asymptotenfunktion einer Funktion f bezeichnet, wenn gilt $\lim\limits_{x \to -\infty} (f(x) - a(x)) = 0$ oder $\lim\limits_{x \to +\infty} (f(x) - a(x)) = 0$.

Dies bedeutet, dass sich der Graph der Funktion f dem Graphen der Asymptotenfunktion a für $x \to +\infty$ oder für $x \to -\infty$ beliebig gut annähert.

Beispiel

Gegeben ist die Funktion f durch
$f(x) = (-x^3 + 2x^2) \cdot e^{-x}$.

Ihr Graph nähert sich für $x \to +\infty$ der x-Achse asymptotisch an.

Es gilt: $\lim\limits_{x \to +\infty} f(x) = 0$.

Für $x \to -\infty$ wachsen die Funktionswerte über alle Grenzen. Es gilt:
$\lim\limits_{x \to +\infty} f(x) = +\infty$.

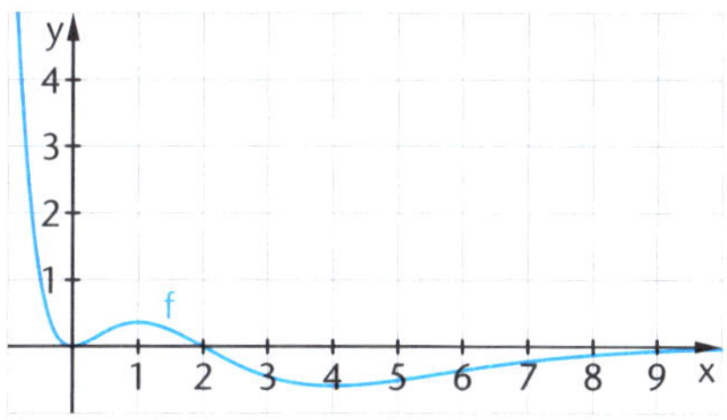

Zur Begründung des Vorzeichens reicht es aus, das Vorzeichen des Summanden mit dem höchsten Exponenten, hier $-x^3$ zu betrachten. Für $x < 0$ ist $-x^3$ positiv.

B6 Funktionenscharen (falls erforderlich, mithilfe von Fallunterscheidungen) auf besondere Punkte (Schnittpunkte, Extrem- und Wendepunkte) untersuchen sowie gemeinsame Punkte der Kurvenschar ermitteln; eA zusätzlich: Ortslinien von Funktionenscharen bestimmen und die Ergebnisse im Sachzusammenhang interpretieren.

Eine Funktionenschar f_k ergibt sich, wenn der Funktionsterm einen Parameter k enthält, für den man verschiedene Zahlen einsetzen kann. Man erhält dann nicht nur einen, sondern abhängig von der Einsetzung für den Parameter, verschiedene Graphen. Bei der Untersuchung der Funktionenschar wird der Parameter k so behandelt, als stehe er für eine zwar beliebige dann aber als konstant angenommene Zahl.

Zur **Untersuchung einer Funktionenschar auf besondere Punkte** wird analog zu den in B2, B3 und B4 beschriebenen Verfahren vorgegangen. Allerdings können die Ableitungen, die Bedingungen und die Koordinaten der Punkte von dem Parameter k abhängig sein. Weiterhin können auch die Eigenschaften besonderer Punkte z. B. vom Vorzeichen des Parameters abhängen. Dann wird eine Fallunterscheidung erforderlich sein.
Zur **Bestimmung aller gemeinsamen Punkte** der Funktionenschar verwendet man den Ansatz $f_{k_1}(x) = f_{k_2}(x)$ mit der Voraussetzung $k_1 \neq k_2$. Alle Lösungen dieser Gleichung sind die x-Koordinaten der gemeinsamen Punkte.

Ortslinien: Der Graph, auf dem die Extrempunkte [Wendepunkte] aller Funktionen einer Funktionenschar liegen, heißt **Ortslinie** der Extrempunkte [Wendepunkte]. Um die Gleichung einer Ortslinie der Extrempunkte [Wendepunkte] zu ermitteln, bestimmt man zunächst die vom Parameter k abhängigen Koordinaten $E(x_e(k)|y_e(k))$ der Punkte.
Dann löst man die Gleichung $x = x_e(k)$ nach k auf und setzt das Ergebnis für k in die Gleichung $y = y_e(k)$ ein.

Beispiel 1 *Untersuchung einer Funktionenschar*

Gegeben ist die Funktionenschar f_k durch
$f_k(x) = -2x^3 + kx$ mit $k \in \mathbb{R}$.

Die Ableitungen sind: $f_k'(x) = -6x^2 + k$, $f_k''(x) = -12x$ und $f_k'''(x) = -12$.
Die Graphen der Schar sind punktsymmetrisch zum Ursprung, da der Funktionsterm nur ungerade Exponenten von x enthält.

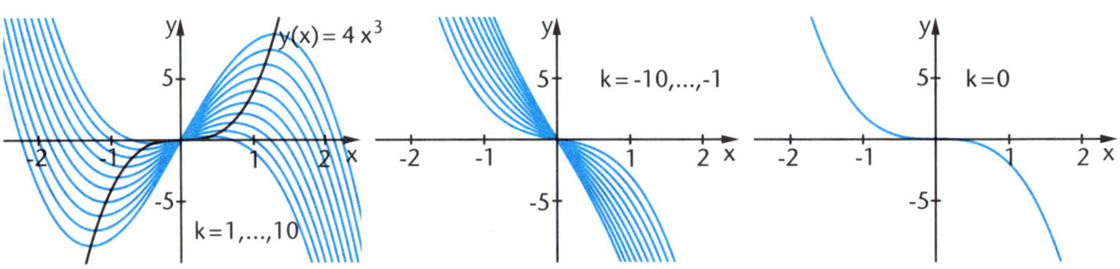

Schnittpunkte mit der x-Achse:
$f_k(x) = 0 \Leftrightarrow -2x^3 + kx = 0 \Leftrightarrow x(-2x^2 + k) = 0 \Leftrightarrow x = 0 \vee x^2 = \frac{k}{2}$

Falls $k > 0$ hat die Gleichung drei Lösungen: $x = 0 \vee x = -\frac{\sqrt{2k}}{2} \vee x = \frac{\sqrt{2k}}{2}$.

Die Schnittpunkte sind dann $(0|0)$, $\left(-\frac{\sqrt{2k}}{2}\middle|0\right)$ und $\left(\frac{\sqrt{2k}}{2}\middle|0\right)$.

Falls $k \leq 0$, ist nur $(0|0)$ Schnittpunkt mit der x-Achse.

Extrempunkte:
Notwendige Bedingung: $f_k'(x) = 0 \Leftrightarrow -6x^2 + k = 0 \Leftrightarrow x^2 = \frac{k}{6}$.
Falls $k > 0$, hat die Gleichung zwei Lösungen: $x = -\frac{\sqrt{6k}}{6} \vee x = \frac{\sqrt{6k}}{6}$.
In diesem Fall ergibt die hinreichende Bedingung: $f_k'\left(-\frac{\sqrt{6k}}{6}\right) = 0 \wedge f_k''\left(-\frac{\sqrt{6k}}{6}\right) = 2\sqrt{6k} > 0$.

Mit $f_k\left(-\frac{\sqrt{6k}}{6}\right) = -\frac{\sqrt{6k^3}}{9}$ ist daher $T\left(-\frac{\sqrt{6k}}{6}\middle|-\frac{\sqrt{6k^3}}{9}\right)$ ein lokaler Tiefpunkt für $k > 0$.
Aufgrund der Punktsymmetrie zum Ursprung ist $H\left(\frac{\sqrt{6k}}{6}\middle|\frac{\sqrt{6k^3}}{9}\right)$ für $k > 0$ ein lokaler Hochpunkt.
Falls $k = 0$, hat die Gleichung $f_k'(x) = 0$ nur die Lösung $x = 0$. Da auch $f_k''(0) = 0$, ist mit der hinreichenden Bedingung hier noch keine Aussage möglich.
Falls $k < 0$, hat die Gleichung $f_k'(x) = 0$ keine Lösung. In diesem Fall liegen also keine Extrempunkte vor.

Wendepunkte:
Notwendige Bedingung: $f_k''(x) = 0 \Leftrightarrow -12x = 0 \Leftrightarrow x = 0$
Hinreichende Bedingung: $f_k''(0) = 0 \wedge f_k'''(0) = -12 \neq 0$
Also ist $W(0|0)$ ein Wendepunkt für alle k. Falls $k = 0$, ist dies sogar ein Sattelpunkt.

Gemeinsame Punkte aller Graphen der Funktionenschar:
Aus dem Ansatz $f_{k_1}(x) = f_{k_2}(x)$ mit $k_1 \neq k_2$ folgt
$-2x^3 + k_1 x = -2x^3 + k_2 x \Leftrightarrow k_1 x = k_2 x \Leftrightarrow (k_1 - k_2)x = 0$.
Da nach Voraussetzung $k_1 \neq k_2$ ist, bedeutet dies, dass $x = 0$.
Daher ist der Punkt $(0|0)$ der einzige gemeinsame Punkt.

Ortslinie der Extrempunkte:
$x = \frac{\sqrt{6k}}{6} \Rightarrow x^2 = \frac{k}{6} \Rightarrow k = 6x^2 \rightarrow y = \frac{\sqrt{6k^3}}{9}$
Durch Einsetzen von k in die letzte Gleichung erhält man die Gleichung der Ortslinie der Hochpunkte:
$y(x) = \frac{\sqrt{6(6x^2)^3}}{9} = 4x^3$ für $x > 0$.
Durch analoges Vorgehen erhält man für $x < 0$ dieselbe Gleichung für die Ortslinie der Tiefpunkte.

Beispiel 2 *Ortslinienbestimmung*

Gesucht ist die Gleichung der Kurve, auf der alle Tiefpunkte der Kurvenschar f_t mit $f_t(x) = x^2 + tx - t$ liegen.
Man findet die Tiefpunkte $T_t\left(-\frac{t}{2}\middle|-\frac{1}{4}t^2 - t\right)$.
Aus $x = -\frac{t}{2}$ erhält man $t = -2x$ und setzt diesen Wert in $y = -\frac{1}{4}t^2 - t$ ein:
$y = -\frac{1}{4}(-2x)^2 - (-2x)$.
Die gesuchte Ortslinie besitzt die Gleichung $y = -x^2 + 2x$.

Kurvenscharen auf gemeinsame Punkte der Schar untersuchen:
Zeigen Sie, dass alle Kurven zu f_t mit $f_t(x) = x^2 + tx - t$ durch den Punkt $S(1|1)$ gehen.
Der Ansatz lautet: $f_{t_1}(x) - f_{t_2}(x)$, $t_1 \neq t_2$, also
$x^2 + t_1 x - t_1 = x^2 + t_2 x - t_2 \Leftrightarrow t_1 x - t_2 x = t_1 - t_2 \Leftrightarrow x = \frac{t_1 - t_2}{t_1 - t_2} \Leftrightarrow x = 1$.
Es ist $f_t(1) = 1$. Also verlaufen alle Kurven durch den Punkt $S(1|1)$.

Beispiel 3 *Kurvenschar mit Exponentialfunktionen*

Hat die Kurvenschar mit $f_k(x) = (e^x - k)^2$ gemeinsame Punkte?
Dazu untersuchen wir: Für welche $x \in \mathbb{R}$ gilt: $k_1(x) = k_2(x)$ sofern $k_1 \neq k_2$?

$(e^x - k_1)^2 = (e^x - k_2)^2 \Leftrightarrow e^{2x} - 2k_1 e^x + k_1^2 = e^{2x} - 2k_2 e^x + k_1^2 \Leftrightarrow 2 \cdot (k_1 - k_2) \cdot e^x = k_1^2 - k_2^2$

$\Leftrightarrow e^x = \frac{1}{2} \cdot (k_1 + k_2) \Leftrightarrow x = \ln\left(\frac{1}{2} \cdot (k_1 + k_2)\right).$

Da der gemeinsame Punkt des Graphen von f_k und von $f_{k'}$ von den Werten von k_1 und k_2 abhängt, gibt es keinen gemeinsamen Punkt, der gleichzeitig zu allen Graphen der Schar gehört.

Ortskurve der Wendepunkte:
$f_k'(x) = 2 \cdot (e^x - k) \cdot e^x = 2e^{2x} - 2ke^x$ (nach Kettenregel)
$f_k''(x) = 4e^{2x} - 2ke^x = 2e^x \cdot [2e^x - k]$

Da $e^x > 0$ für alle $x \in \mathbb{R}$ gilt: $f_k''(x) = 0 \Leftrightarrow 2e^x = k$.
Diese Gleichung hat nur für positive Werte von k eine Lösung, nämlich: $x = \ln\left(\frac{k}{2}\right)$.

Überprüfung der hinreichenden Bedingung für das Vorliegen eines Wendepunkts:
Es ist:
$f_k'''(x) = 8e^{2x} - 2ke^x = 2e^x \cdot [4e^x - k]$
und $f_k'''\left(\ln\left(\frac{k}{2}\right)\right) = k \cdot [2k - k] = k^2 > 0.$

Die Wendepunkte haben die y-Koordinate: $y_W = f_k\left(\ln\left(\frac{k}{2}\right)\right) = \frac{k^2}{4}.$

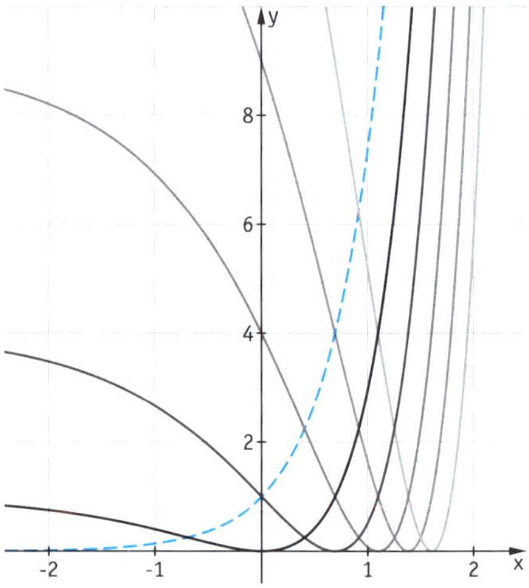

Kurvenschar für k = 1, 2, ..., 5
mit Ortslinie der Wendepunkte

Wir lösen $x_W = \ln\left(\frac{k_1}{2}\right)$ nach k_1 auf: $k_1 = 2 \cdot e^{x_W}$.

Einsetzen in $y_W = \frac{k_1^2}{4}$:
$y_W = \frac{1}{4} \cdot (2 \cdot e^{x_W})^2 = (e^{x_W})^2 = e^{2x_W}$.

Die Wendepunkte liegen auf einer Kurve mit der Gleichung $y = e^{2x}$

C1 Eine sinnvolle Wahl des Koordinatensystems begründen und den Verlauf eines Graphen im Sachzusammenhang der Aufgabenstellung interpretieren.

Bei der Entwicklung eines mathematischen Modells für einen anschaulichen Zusammenhang kann die Festlegung eines Koordinatensystems erforderlich sein, so dass anschließend der Zusammenhang mit geeigneten Funktionen beschrieben werden kann. Dabei müssen drei Entscheidungen getroffen werden:

1. Lage des Ursprungs $O(0|0)$ des Koordinatensystems
2. Richtung der Achsen
3. Skalierung der Achsen

Wer die Wahl hat, hat die Qual, denn hier gibt es oft verschiedene, mehr oder weniger sinnvolle Lösungen. Die Entscheidungen sollten immer so getroffen werden, dass die funktionale Beschreibung anschließend möglichst einfach wird. Dazu können die folgenden Empfehlungen hilfreich sein:

- Lege den Ursprung des Koordinatensystems in einen wichtigen Punkt und die Achsen entlang oder parallel zu auftretenden Linien.
- Nutze den Ursprung, wenn möglich, als Symmetriezentrum oder die y-Achse als Symmetrieachse.
- Skaliere die Achsen mit kleinen ganzen Zahlen (z. B. 1, 2, 3, ... für 100 kg, 200 kg, 300 kg, ...).

In einem so festgelegten Koordinatensystem kann dann die mathematische Beschreibung des zu untersuchenden Zusammenhangs erfolgen. Für die Beurteilung der Tragfähigkeit eines solchen mathematischen Modells oder um Schlussfolgerungen für den betrachteten Zusammenhang zu ziehen, kann der Graph einer aufgestellten Funktion im zuvor festgelegten Koordinatensystem dienen.
Dazu können Vergleiche zwischen Realität und Modell oder Konsequenzen anhand

- einzelner Punkte,
- besonderer Punkte, wie Extrem-, Wende- oder Sattelpunkte,
- des Monotonie- oder Krümmungsverhaltens,
- des Globalverhaltens für $x \to +\infty$ oder für $x \to -\infty$,
- von Flächeninhalten z. B. zwischen dem Graphen und den Achsen

betrachtet werden.

Beispiel

Ein Kanuclub möchte für ein neues Clubhaus mit Anlegestelle ein Grundstück an der Wupper erwerben. Der bisherige Eigentümer, ein Landwirt, bietet das Grundstück über einen Makler zu einem Preis von 12 € pro m² an. Die Vermessung ergab eine Breite von 460 m. Von der Mitte der geraden Gebietsgrenze beträgt die rechtwinklig gemessene Distanz zum Wasser 50 m.

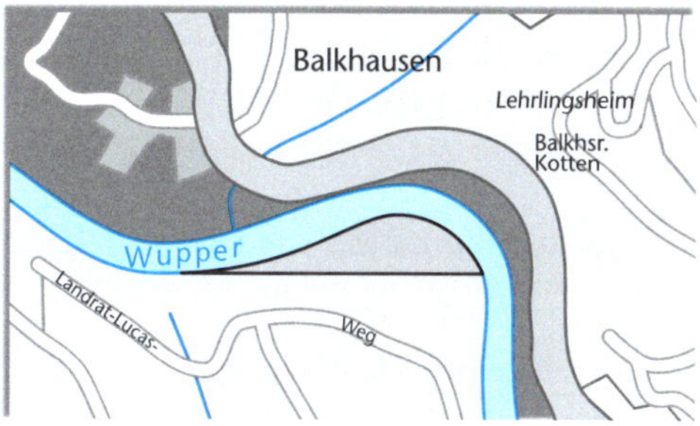

Zur Ermittlung einer Funktion, die den Uferverlauf beschreibt, ist zunächst die Wahl eines geeigneten Koordinatensystems erforderlich. Da keine Symmetrie zu erkennen ist, wird der Ursprung hier an die linke Grenze, und die x-Achse entlang der unteren, gerade verlaufenden Grenze des Grundstücks gelegt. Für die Skalierung der Achsen kann man 1 LE für 100 m in der Natur wählen.

Der Verlauf des Graphen einer aus den Vorgaben ermittelten ganzrationalen Funktion stimmt qualitativ gut mit dem in der Karte dargestellten Verlauf des Ufers überein. Mithilfe der Integralrechnung kann daher nun der Flächeninhalt des Grundstücks berechnet werden.

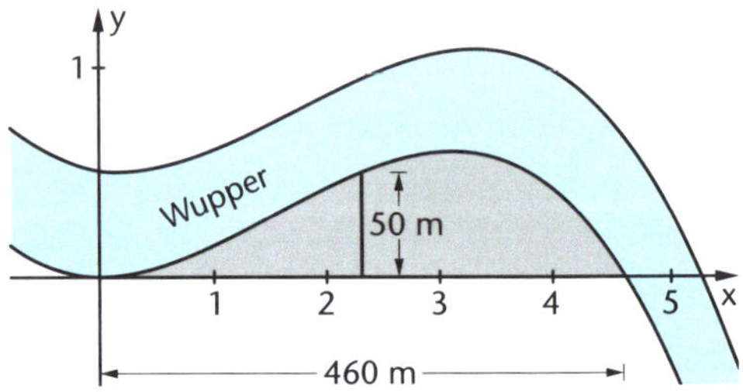

C2 Ganzrationale Funktionen mit vorgegebenen Eigenschaften bestimmen (auch in Sachzusammenhängen, z. B. bei Trassierungen).

Zur Bestimmung einer ganzrationalen Funktion f vom Grad n sind (n + 1) Bedingungen an die gesuchte Funktion erforderlich. Diese können in einer Grafik dargestellt, in einem Text verdeutlicht oder auch schon in Form von Gleichungen formuliert sein.

Vorgehensweise:

1. Setzen Sie an mit einem Funktionsterm, der variable Koeffizienten a, b, c, ... enthält. Der Grad der Funktion muss dabei um eins niedriger gewählt werden als die Anzahl der bekannten Bedingungen.
   Falls 5 Bedingungen bekannt sind, lautet der Ansatz: $f(x) = ax^4 + bx^3 + cx^2 + dx + e$
2. Stellen Sie die gegebenen Bedingungen als Gleichungen mit den Termen $f(x)$, $f'(x)$, $f''(x)$, ... dar.
3. Notieren Sie daraus ein Gleichungssystem mit n + 1 Gleichungen zur Bestimmung der n + 1 unbekannten Koeffizienten a, b, c, ...
4. Lösen Sie das Gleichungssystem und setzen Sie die gefundene Lösung in den Funktionsterm f(x) ein.
5. Prüfen Sie das Ergebnis auch an eventuell vorliegenden hinreichenden Bedingungen z. B. für Hoch-, Tief- oder Wendepunkte.

Falls bekannt ist, dass der Graph der gesuchten Funktion achsensymmetrisch zur y-Achse [punktsymmetrisch zum Ursprung] ist, enthält der Funktionsterm nur Summanden mit geraden [ungeraden] Potenzen von x. Dies sollte bereits beim Ansatz berücksichtigt werden, da sich dadurch das Gleichungssystem deutlich vereinfacht.

Beispiel 1

Die Punkte A(0|3), B(2|5) und C(6|−3) liegen auf einer quadratischen Parabel.
Zur Bestimmung des Funktionsterms der zugehörigen quadratischen Funktion dient der Ansatz $f(x) = ax^2 + bx + c$ mit $a, b, c \in \mathbb{R}$. Aus den Bedingungen $f(0) = 3$, $f(2) = 5$ und $f(6) = -3$ folgt das Gleichungssystem:

$$\left|\begin{array}{r} c = 3 \\ 4a + 2b + c = 5 \\ 36a + 6b + c = -3 \end{array}\right| \Leftrightarrow \left|\begin{array}{r} c = 3 \\ 4a + 2b = 2 \\ 36a + 6b = -6 \end{array}\right| \Leftrightarrow \left|\begin{array}{r} c = 3 \\ 2a + b = 1 \\ 6a + b = -1 \end{array}\right| \Leftrightarrow \left|\begin{array}{r} c = 3 \\ 2a + b = 1 \\ 4a \quad = -2 \end{array}\right| \Leftrightarrow \left|\begin{array}{r} c = 3 \\ -1 + b = 1 \\ a = -\frac{1}{2} \end{array}\right| \Leftrightarrow \left|\begin{array}{l} c = 3 \\ b = 2 \\ a = -\frac{1}{2} \end{array}\right|$$

Also lautet das Ergebnis $f(x) = -\frac{1}{2}x^2 + 2x + 3$.

Wurde der Funktionsterm wie hier so bestimmt, dass der Graph durch gegebene Punkte verlaufen soll, so bezeichnet man den Term auch als Stützstellenpolynom.

Beispiel 2

Der Graph einer ganzrationalen Funktion 4. Grades soll symmetrisch zur y-Achse sein und diese im Punkt A(0|−2) schneiden. Weiterhin soll H(2|4) ein Hochpunkt sein.
Da sich aus diesen Vorgaben drei Bedingungen ergeben und aufgrund der Symmetrie wird $f(x) = ax^4 + bx^2 + c$ als Ansatz gewählt.
Aus den Bedingungen $f(0) = -2 \wedge f(2) = 4 \wedge f'(2) = 0$ ergibt sich mit $f'(x) = 4ax^3 + 2bx$ das Gleichungssystem:

$$\left|\begin{array}{r} c=-2 \\ 16a+4b+c=4 \\ 32a+4b=0 \end{array}\right| \Leftrightarrow \left|\begin{array}{r} c=-2 \\ 16a+4b=6 \\ 32a+4b=0 \end{array}\right| \Leftrightarrow \left|\begin{array}{r} c=-2 \\ 16a+4b=6 \\ 16a\quad=-6 \end{array}\right| \Leftrightarrow \left|\begin{array}{r} c=-2 \\ -6+4b=6 \\ a=-\frac{3}{8} \end{array}\right| \Leftrightarrow \left|\begin{array}{l} c=-2 \\ b=3 \\ a=-\frac{3}{8} \end{array}\right|$$

Also lautet das Ergebnis $f(x) = -\frac{3}{8}x^4 + 3x^2 - 2$.

Da mit $f''(x) = -\frac{9}{2}x^2 + 6$ außerdem auch $f''(2) = -12 < 0$, ist H tatsächlich ein Hochpunkt.

Beispiel 3

Die beiden dargestellten Straßenabschnitte sollen so miteinander verbunden werden, dass sich an den Anschlussstellen keine Knicke ergeben.

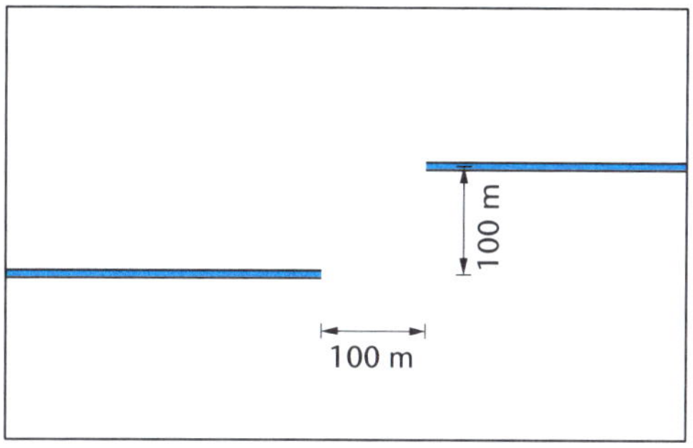

Zunächst wird ein geeignetes Koordinatensystem festgelegt. Dabei entspricht 1 Längeneinheit 100 m in der Natur. Da sich aus den Vorgaben vier Bedingungen ergeben, kann eine ganzrationale Funktion dritten Grades als Ansatz gewählt werden:
$f(x) = ax^3 + bx^2 + cx + d$.
Die Bedingungen $f(0) = 0 \wedge f(1) = 1 \wedge f'(0) = 0 \wedge f'(1) = 0$ führen mit $f'(x) = 3ax^2 + 2bx + c$ zum Gleichungssystem:

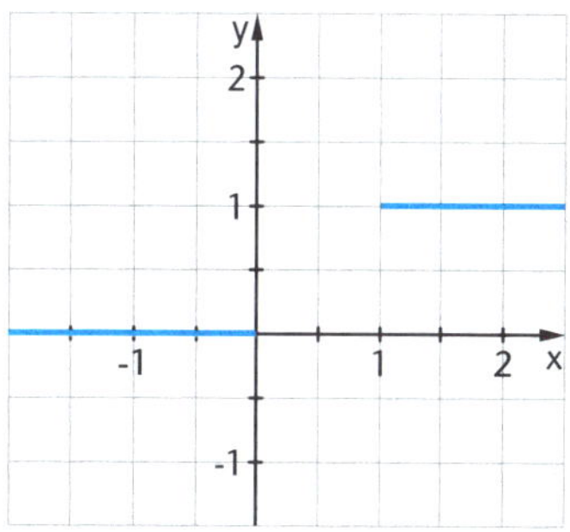

$$\left|\begin{array}{r} d=0 \\ a+b+c+d=1 \\ c=0 \\ 3a+2b+c=0 \end{array}\right| \Leftrightarrow \left|\begin{array}{r} d=0 \\ a+b=1 \\ c=0 \\ 3a+2b=0 \end{array}\right| \Leftrightarrow \left|\begin{array}{r} d=0 \\ a+b=1 \\ c=0 \\ a=-2 \end{array}\right| \Leftrightarrow \left|\begin{array}{l} d=0 \\ b=3 \\ c=0 \\ a=-2 \end{array}\right|$$

Lösung: $a = -2 \wedge b = 3 \wedge c = d = 0$

Also kann der neue Straßenabschnitt für $0 \le x \le 1$ mit $f(x) = -2x^3 + 3x^2$ beschrieben werden.

C3 Exponentialfunktionen aus gegebenen Bedingungen bestimmen.

„Einfache“ Exponentialfunktionen, mit deren Hilfe beispielsweise Wachstumsprozesse modelliert werden können, sind vom Typ $f(x) = a \cdot e^{bx}$.
Funktionen dieses Typs sind durch die Angabe von zwei Eigenschaften, z. B. von zwei Punkten, eindeutig bestimmt.

Beispiele

(1) Gesucht ist eine Exponentialfunktion f vom Typ $f(x) = a \cdot e^{bx}$, deren Graph durch die Punkte (0|3) und (5|2) verläuft.

Aus den Koordinaten der Punkte ergeben sich die Bedingungen
(I) $3 = a \cdot e^0 = a \cdot 1 = a$ und (II) $2 = a \cdot e^{5b}$.

Einsetzen von $a = 3$ aus (I) in (II) ergibt: $2 = 3 \cdot e^{5b}$,

also $\frac{2}{3} = e^{5b} \Leftrightarrow 5b = \ln\left(\frac{2}{3}\right) \Leftrightarrow b = \frac{1}{5} \cdot \ln\left(\frac{2}{3}\right) \approx -0{,}081$.

Die Funktion f mit $f(x) = 3 \cdot e^{-0{,}081x}$ erfüllt also die geforderten Bedingungen.

(2) Gesucht ist eine Exponentialfunktion f vom Typ $f(x) = a \cdot e^{bx}$, deren Graph im Punkt (2|1) die Steigung 3 hat.

Wegen $f(x) = a \cdot e^{bx}$ und $f'(x) = a \cdot b \cdot e^{bx}$ ergeben sich die Bedingungen:
(I) $1 = a \cdot e^{2b}$ und (II) $3 = a \cdot b \cdot e^{2b}$.

Einsetzen von (I) in (II) ergibt: $3 = a \cdot b \cdot e^{2b} = b \cdot (a \cdot e^{2b}) = b \cdot 1 = b$,
also aus (I): $1 = a \cdot e^6 \Leftrightarrow a = e^{-6}$.

Die Funktion f mit $f(x) = e^{-6} \cdot e^{3x} = 0{,}002479 \cdot e^{3x}$ erfüllt also die geforderten Bedingungen.

Entsprechend benötigt man für die Bestimmung von Funktionen, mit deren Hilfe beschränkte Wachstumsprozesse modelliert werden können, also Funktionen f vom Typ $f(x) = c - a \cdot e^{bx}$, die Vorgabe von drei Eigenschaften, um die Koeffizienten a, b, c zu berechnen.

C4 In Anwendungen ein passendes Modell für das exponentielle, beschränkte oder logistische Wachstum aufstellen, seine Tragfähigkeit untersuchen und Schlussfolgerungen im Sachzusammenhang interpretieren sowie Verdopplungs- und Halbwertszeiten berechnen.

Wachstums- und Abnahmeprozesse lassen sich durch Exponentialfunktionen beschreiben.

Beim **exponentiellen Wachstum** ändert sich der Bestand in gleichen Zeitintervallen immer mit demselben Faktor, d.h. die Änderungsrate ist stets derselbe Anteil des vorhandenen Bestandes.

$B(t) = B(0) \cdot e^{k \cdot t}$ (B(0) ist der Bestand zur Zeit $t = 0$)

Bei einem (positiven) exponentiellen Wachstum heißt die Zeitdauer, in der sich der Bestand verdoppelt, **Verdopplungszeit**.
Bei einem exponentiellen Zerfall heißt die Zeitdauer, in der sich der Bestand halbiert, **Halbwertszeit**.
Der Ansatz zur Berechnung lautet bei der

Verdopplungszeit	*Halbwertszeit*
$B(t) = 2 \cdot B(0)$	$B(t) = \frac{1}{2} \cdot B(0)$

In der Realität wird es immer eine Grenze für das Wachstum geben, diese wird als Sättigungsgrenze S bezeichnet.
Von einem **beschränkten Wachstum** spricht man, wenn die Änderungsrate stets derselbe Anteil von der Differenz von der Sättigungsgrenze S und dem augenblicklichen Bestand B(t) ist

$B(t) = S \pm [B(0) - S] \cdot e^{-k \cdot t}$.

Beim beschränkten Wachstum ist die Parallele zur x-Achse mit y = S (Sättigungsgrenze) eine Asymptote für die Wachstumsfunktion.

Ein Wachstum heißt **logistisches Wachstum,** wenn die Änderungsrate stets derselbe Anteil von dem Produkt aus B(t) und der Differenz S – B(t) ist. Man kann den augenblicklichen Bestand wie folgt beschreiben

$$B(t) = \frac{B(0) \cdot S}{B(0) + [S - B(0)] \cdot e^{-S \cdot k \cdot t}}.$$

In Formelsammlungen findet man auch die Darstellung

$$B(t) = \frac{S}{1 + \left[\frac{S}{B(0)} - 1\right] \cdot e^{-S \cdot k \cdot t}} = \frac{c}{1 + a \cdot e^{-b \cdot t}} \text{ wobei also } a = \frac{S}{B(0)} - 1 \text{ und } c = S.$$

Beispiele

(1) Der Luftdruck nimmt mit größer werdendem Abstand zur Erdoberfläche ab, und zwar um 12 % je 1000 m. Zur Zeit ist der Luftdruck auf Meereshöhe 1018 mbar. Welcher Luftdruck herrscht in 6000 m Höhe?

$B(6) = B(0) \cdot 0{,}88^6 = 1018 \cdot 0{,}88^6 \approx 473$ mbar.
Man kann dies auch so notieren: $B(6) = B(0) \cdot e^{6 \cdot \ln(0{,}88)} = 1018 \cdot 0{,}4644 \approx 473$ mbar.

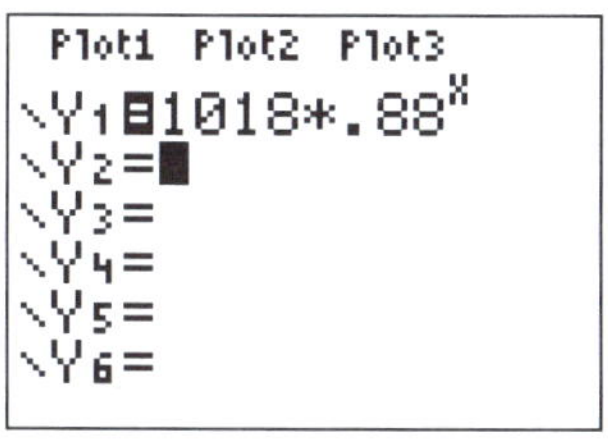

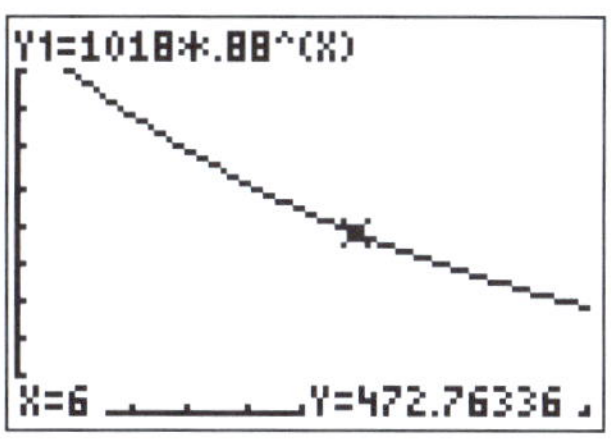

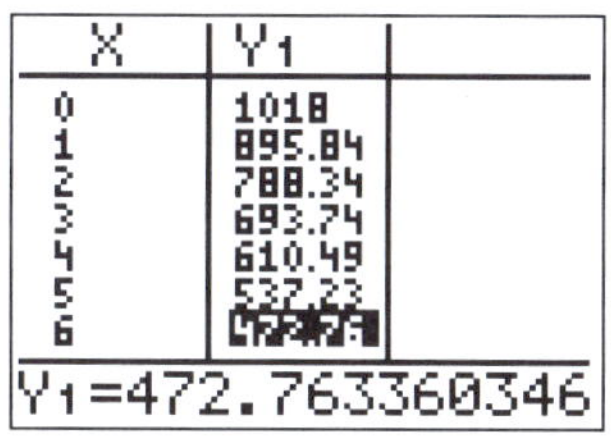

(2) Ein Anfangsbestand B(0) von Bakterien erhöht sich täglich um 10 %. Den Funktionsterm erhält man aus folgenden Bedingungen:
Bakterienbestand nach dem 1. Tag: $B(1) = B(0) \cdot 1{,}1$;
nach dem 2. Tag: $B(2) = B(0) \cdot 1{,}1^2$;
nach dem n-ten Tag: $B(n) = B(0) \cdot 1{,}1^n$;
also: $B(t) = B(0) \cdot 1{,}1^t$ und wegen $k = \ln(1{,}1) \approx 0{,}095$ kann man dies auch wie folgt notieren:
$B(t) = B(0) \cdot e^{\ln(1{,}1) \cdot t} = B(0) \cdot e^{0{,}095t}$.

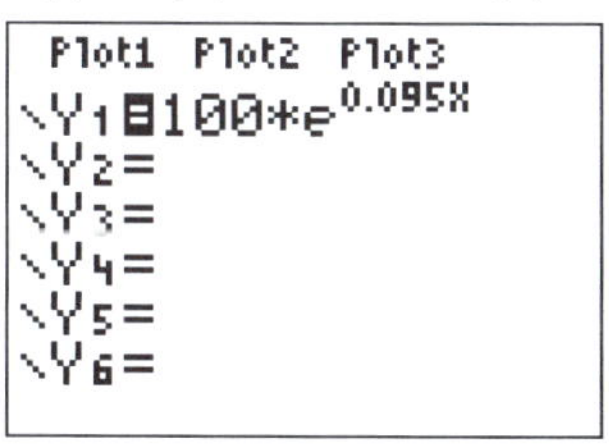

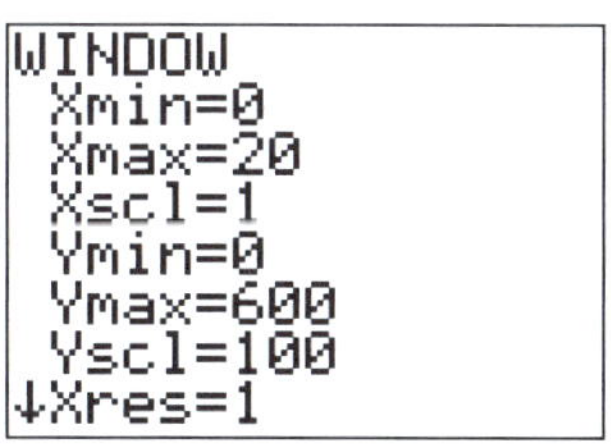

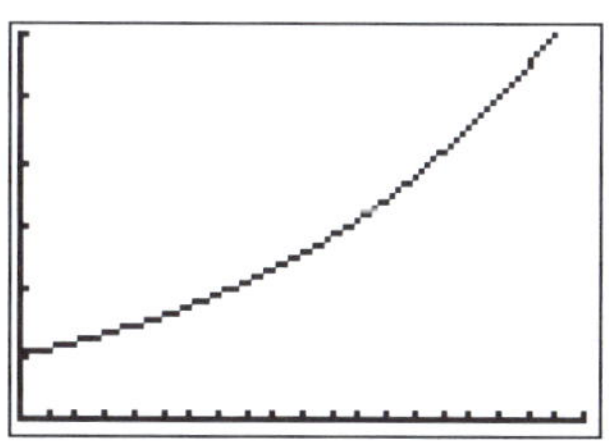

(3) Zu Beginn des Jahres 2000 hatte Indien etwa 1 Milliarde Einwohner. Es wird angenommen, dass das jährliche Bevölkerungswachstum 1,4 % beträgt. In welchem Zeitraum verdoppelt sich die Bevölkerungszahl (sofern die Wachstumsrate gleich bleibt)?

Der Wachstumsprozess kann modelliert werden mithilfe von
$B(t) = 1{,}014^t = e^{\ln(1{,}014) \cdot t} = c^{0{,}0139 \cdot t}$,
wobei t die Zeit in Jahren ab dem Jahr 2000 angibt.
Verdopplungszeit aus $B(t) = 1 \cdot e^{\ln(1{,}014) \cdot t} = 2 \cdot B(0)$.

Man erhält für die Verdopplungszeit: $t = \frac{\ln(2)}{\ln(1{,}014)} \approx 49{,}9$ Jahre, d. h. nach etwa 50 Jahren wird sich die indische Bevölkerung verdoppelt haben (sofern die Wachstumrate unverändert bleibt).

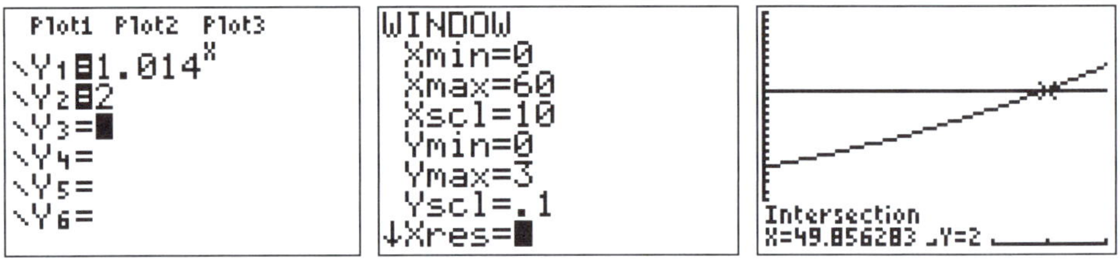

(4) Wann ist ein Auto mit 30 000 € Neuwert bei einem jährlichen Wertverlust von 20 % nur noch die Hälfte wert?

Der Abnahmeprozess wird modelliert mithilfe von
$B(t) = 30\,000 \cdot 0{,}8^t = 30\,000 \cdot e^{\ln(0{,}8) \cdot t} = 30\,000 \cdot e^{-0{,}223 \cdot t}$
(wobei t die Zeit in Jahren nach dem Neukauf angibt).

Ansatz: $B(t) = \frac{1}{2} \cdot B(0) \Leftrightarrow 15\,000 = 30\,000 \cdot e^{\ln(0{,}8) \cdot t} \Leftrightarrow \frac{1}{2} = e^{\ln(0{,}8) \cdot t} \Leftrightarrow t = \frac{\ln\left(\frac{1}{2}\right)}{\ln(0{,}8)} = 3{,}1.$

Nach etwas mehr als 3 Jahren besitzt das Fahrzeug nur noch den halben Wert.

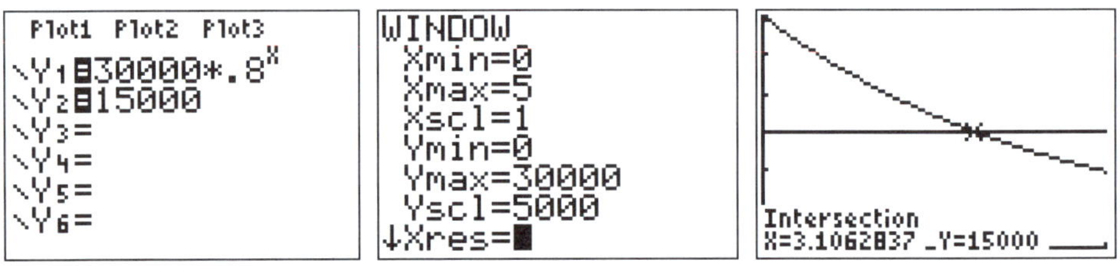

(5) In einer Minute kühlt sich eine warme Flüssigkeit um etwa 20 % der Differenz zur Raumtemperatur ab. Die aktuelle Raumtemperatur beträgt 20°.
Nach welcher Zeit ist ein 90 °C heißer Kaffee auf 50 °C abgekühlt?

Es ist $T(t) = 20 + [90 - 20] \cdot 0{,}8^t$, also wegen $\ln(0{,}8) \approx -0{,}223$:
$T(t) = 20 + 70 \cdot e^{-0{,}223t}$.
Aus $50 = 20 + 70 \cdot e^{-0{,}223t}$ folgt: $\frac{3}{7} = e^{-0{,}223t}$, also

$\ln\left(\frac{3}{7}\right) = -0{,}223t$ und $t = 3{,}8$ (nach ca. 3,8 min ist der Kaffee auf 50 °C abgekühlt).

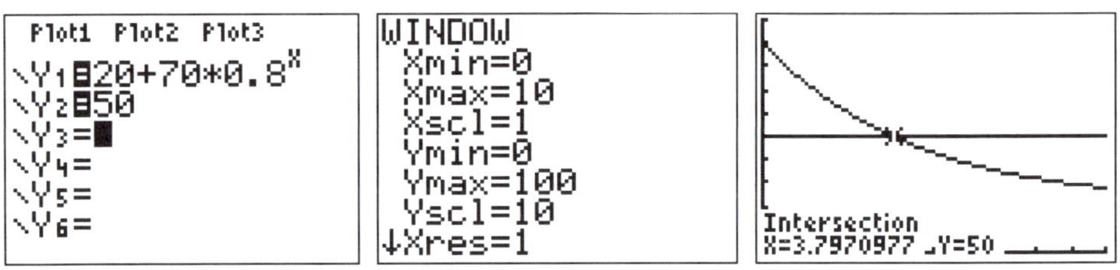

(6) Ein Apfelbaum einer bestimmten Sorte bringt bis zu 100 kg Obst. Nach dem Pflanzen eines solchen Baumes beträgt die erste Ernte 10 kg (t = 0), nach dem ersten Jahr (t = 1) 20 kg.

Die Gleichung des Wachstums wird durch folgende Bedingungen festgelegt:
$B(0) = 10;\ B(1) = 20;\ S = 100;$

$$B(1) = 20 = \frac{10 \cdot 100}{10 + (100 - 10) \cdot e^{-100 \cdot k \cdot 1}}.$$

Der Wert von B (1) liefert einen Schätzwert für den Parameter k. Diesen Schätzwert erhalten wir durch Auflösen nach der Variablen k:

$$20 = \frac{1000}{10 + 90 \cdot e^{-100k}} \Rightarrow 200 + 1800\,e^{-100k} = 1000 \Rightarrow e^{-100k} = \frac{4}{9} \Rightarrow k \approx 0{,}008;$$

$$B(t) = \frac{1000}{10 + 90 \cdot e^{-0{,}8t}}.$$

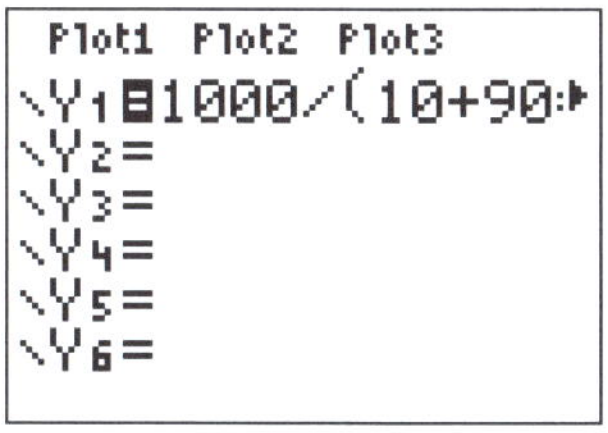

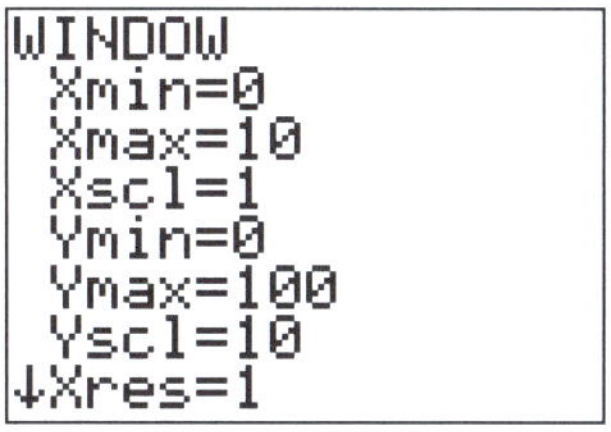

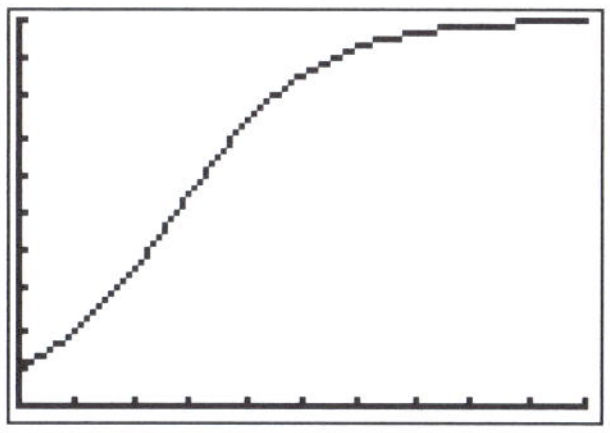

C5 nur eA: Den Zusammenhang zwischen einer Wachstumsfunktion und ihrer Ableitungsfunktion mithilfe einer Differenzialgleichung beschreiben und einfache Differenzialgleichungen für Wachstumsprozesse lösen.

Wie in C4 beschrieben, können Wachstumsprozesse unterschiedlich verlaufen. Zwischen der Funktion, durch die der Wachstumsprozess modelliert wird und der Geschwindigkeit eines Wachstumprozesses zum Zeitpunkt t (also der 1. Ableitung der Modellierungsfunktion) gelten folgende Beziehungen (k Wachstumsfaktor, S Sättigungsgrenze):

Modellierung des Wachstumsprozesses durch eine Funktion	**Zusamenhang zwischen Funktionsterm und Term der Ableitungsfunktion**
exponentielles Wachstum: $f(t) = f(0) \cdot e^{kt}$	$f'(t) = k \cdot f(t)$
beschränktes Wachstum: $f(t) = S + (f(0) - S) \cdot e^{-kt}$	$f'(t) = k \cdot (S - f(t))$
logistisches Wachstum: $f(t) = \frac{f(0) \cdot S}{f(0) + [S - f(0)] \cdot e^{-k \cdot S \cdot t}}$	$f'(t) = k \cdot f(t) \cdot (S - f(t))$

Die in der rechten Spalte der Übersichtstabelle stehenden Beziehungen werden als **Differenzialgleichungen der Wachstumsprozesse** bezeichnet.

Beispiel *Exponentielles Wachstum*

Beim radioaktiven Zerfall ist die Zerfallsgeschwindigkeit $f'(t)$ zum Zeitpunkt t proportional zu der zu diesem Zeitpunkt noch vorhandenen Masse $f(t)$, d. h. $f'(t) = k \cdot f(t)$.

Das Isotop Cäsium ^{137}Cs hat eine Halbwertszeit von 30 Jahren, d. h. $f(30) = f(0) \cdot 0{,}5$.

Es gilt also: $e^{k \cdot 30} = 0{,}5$ oder $k = \frac{1}{30} \cdot \ln(0{,}5) \approx -0{,}0231$.

Der radioaktive Zerfall von Cäsium kann demnach mithilfe der Funktionsgleichung $f(t) = f(0) \cdot e^{-0{,}0231 \cdot t}$ sowie mithilfe der Differenzialgleichung $f'(t) = -0{,}0231 \cdot f(t)$ beschrieben werden.

Beispiel *Beschränktes Wachstum*

Eine Flüssigkeit hat zum Zeitpunkt $t = 0$ eine Temperatur von 50°, der umgebende Raum von 20°. Die Abkühlung der Flüssigkeit erfolgt so, dass die Abkühlungsgeschwindigkeit $f'(t)$ proportional ist zur Temperaturdifferenz von Raum- und Flüssigkeitstemperatur:
$f'(t) = k \cdot (20 - f(t))$.

Nimmt die Temperatur in jedem Moment um 15 % der zum Zeitpunkt t vorhandenen Temperaturdifferenz ab, dann gilt $k = -0{,}15$.

Der Abkühlungsprozess lässt sich beschreiben mithilfe der Funktionsgleichung $f(t) = 20 + 30 \cdot e^{-0{,}15 \cdot t}$ sowie mithilfe der Differenzialgleichung $f'(t) = 0{,}15 \cdot (20 - f(t))$.

Man beachte den Unterschied in den Formulierungen: In C4 Beispiel (3) ist angegeben, dass die Temperatur *pro Minute* um 20 % der Temperaturdifferenz abnimmt. Diese Angabe lässt sich als Temperaturmessung im Minutentakt interpretieren – der Abkühlungsvorgang ist jedoch kontinuierlich; deshalb ergibt sich im Beispiel oben ein Wachstumsfaktor von $k \approx -0{,}2231$ (wegen $0{,}8^t = e^{\ln(0{,}8) \cdot t} \approx e^{-0{,}2231 \cdot t}$).

Im hier stehenden Beispiel ist (für eine andere Flüssigkeit) angegeben, dass die Temperatur in *jedem Moment* um 15 % der Temperaturdifferenz abnimmt, d. h. hier ist der Wachstumsfaktor $k = -0{,}15$ direkt angegeben und muss nicht erst berechnet werden.

Beispiel *Logistisches Wachstum*

Das Wachstum einer bestimmten Baumart lässt sich mithilfe der Funktionsgleichung $f(t) = \frac{50}{1 + 49 \cdot e^{-0{,}1t}}$ beschreiben. Die Funktionsgleichung lässt sich dahingehend interpretieren, dass $f(0) = 1$ und $S = 50$ ist und aus dem Vergleich der Exponenten, dass $0{,}1 = k \cdot S$, also $k = 0{,}002$. Daher kann der Wachstumsvorgang auch mithilfe der Differenzialgleichung $f'(t) = 0{,}002 \cdot f(t) \cdot (S - f(t))$ beschrieben werden.

C6 Extremwertaufgaben mit Nebenbedingungen innermathematisch und in Sachzusammenhängen lösen.

Folgende Schritte sind zu beachten:

- Alle wichtigen Größen sind zu benennen. Für die Größe, für die ein Extremum (Maximum oder Minimum) zu bestimmen ist (sogenannte Extremalgröße), muss eine Gleichung aufgestellt werden. Die durch die Gleichung bestimmte Zielfunktion enthält i. A. noch mehrere Variablen.
- Eine Nebenbedingung wird aufgestellt; diese gibt an, wie die auftretenden Variablen voneinander abhängen. Diese Nebenbedingung wird so in den Funktionsterm der Zielfunktion eingesetzt, dass im Funktionsterm nur noch die eine Variable vorkommt, deren Extremum gesucht wird.
- Von dieser Zielfunktion werden die lokalen Extremstellen und die zugehörigen Funktionswerte bestimmt
- Ist der Definitionsbereich eingeschränkt, müssen auch die Funktionswerte an den Rändern berechnet und mit den Funktionswerten der lokalen Extremstellen verglichen werden.
- Wenn so der Extremwert für die betrachtete Extremalgröße gefunden ist, müssen noch alle im ersten Ansatz aufgetretenen Größen berechnet werden.

Beispiel 1

P (x | y) sei ein beliebiger Punkt des Graphen der Funktion f mit $f(x) = -\frac{1}{2}x^2 + 2$, der oberhalb der x-Achse liegt.
Die Parallele zur y-Achse durch den Punkt P, die x-Achse und die Gerade, die durch A (−2 | 0) und P verläuft, bestimmen ein Dreieck. Für welche Lage des Punktes P ist der Flächeninhalt des Dreiecks maximal?

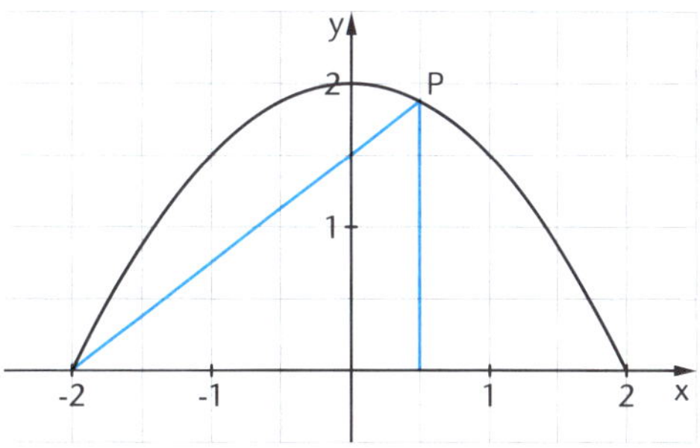

Gesucht ist der maximale Flächeninhalt, deshalb wird ein Funktionsterm zur Berechnung des Flächeninhalts aufgestellt:

$A(x, y) = \frac{1}{2} \cdot (x - (-2)) \cdot y = \frac{1}{2} \cdot (x + 2) \cdot y$.

Die Nebenbedingung „P ist Punkt des Graphen“ liefert $y = -\frac{1}{2}x^2 + 2$.

Diese Bedingung für y wird in den Term der Zielfunktion eingesetzt:

$A(x) = \frac{1}{2} \cdot (x + 2) \cdot (-\frac{1}{2}x^2 + 2) = -\frac{1}{4}x^3 - \frac{1}{2}x^2 + x + 2$.

Definitionsbereich der Zielfunktion: $-2 \leq x \leq 2$ (der Einfachheit halber werden die beiden Randstellen mit hinzugenommen).

Von dieser Funktion wird das lokale Extremum bestimmt:

$A'(x) = -\frac{3}{4}x^2 - x + 1$; $A'(x) = 0 \Leftrightarrow x = \frac{2}{3} \vee x = -2$

Für $x = -2$ liegt der Punkt P auf der x-Achse.

$A''(x) = -\frac{3}{2}x - 1;\;\; A''\left(\frac{2}{3}\right) = -2 < 0;$

an der Stelle $x = \frac{2}{3}$ hat die Zielfunktion also ein lokales Maximum. An den Rändern der Definitionsmenge (= Nullstellen der Funktion f) ist der Flächeninhalt des Dreiecks gleich null. Daher ist das Dreieck mit dem größten Flächeninhalt gegeben, wenn $x = \frac{2}{3}$ und

$y = f\left(\frac{2}{3}\right) = \frac{16}{9}.$

Der maximale Flächeninhalt ist: $A\left(\frac{2}{3}\right) = \frac{64}{27}$ FE. ≈ 2,37 FE.

Beispiel 2

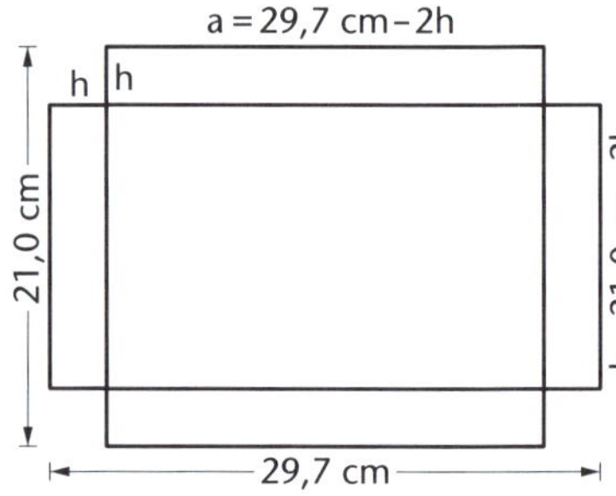

Aus einem DIN-A 4-Blatt soll eine offene Schachtel mit möglichst großem Volumen gebastelt werden. (Die Klebefalze können vernachlässigt werden.)

Bezeichnen wir die Länge der offenen Schachtel mit a, die Breite mit b und die Höhe mit h, dann ergibt sich das Volumen gemäß der Formel:
$V(a, b, h) = a \cdot b \cdot h.$

Die Schachtel entsteht durch das Aufklappen von rechteckigen Streifen der Höhe h. Aus dem Sachzusammenhang ergibt sich, dass diese Höhe h größer sein muss als null, aber kleiner als die halbe Breite des DIN-A 4-Blattes, d. h. 0 cm < h < 10,5 cm.

Durch die Länge des DIN-A 4-Blattes (29,7 cm) wird auch die Länge der Schachtel begrenzt; daher gilt die erste Nebenbedingung: $a = 29{,}7 - 2h.$

Durch die Breite des DIN-A 4-Blattes (21,0 cm) wird auch die Breite der Schachtel begrenzt; daher gilt die zweite Nebenbedingung: $b = 21{,}0 - 2h.$

Wenn wir diese beiden Bedingungen in den o. a. Term V (a, b, h) einsetzen, erhalten wir die Zielfunktion

$V(h) = (29{,}7 - 2h) \cdot (21{,}0 - 2h) \cdot h = 4h^3 - 101{,}4h^2 + 623{,}7h$, wobei $0 \le h \le 10{,}5$ (der Einfachheit halber werden die beiden Randstellen mit hinzugenommen).

Um das Maximum dieser Funktion zu bestimmen, bilden wir die 1. Ableitung:

$V'(h) = 12h^2 - 202{,}8h + 623{,}7.$

Die quadratische Gleichung $V'(h) = 0$ hat zwei Lösungen:

$h_1 \approx 4{,}04$ und $h_2 \approx 12{,}86$.

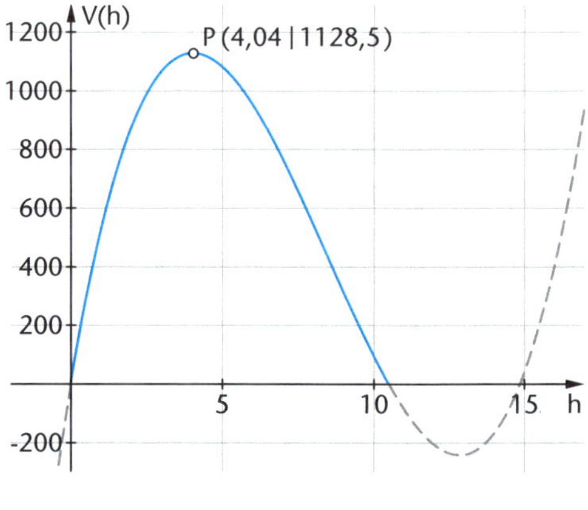

Die zweite Lösung entfällt im Sachzusammenhang, stellt sich aber auch als Tiefpunkt heraus, wenn man die hinreichenden Kriterien untersucht oder den Graphen insgesamt betrachtet.

Das maximal erreichbare Volumen der offenen Schachtel beträgt

$V(h_{max}) = V(4{,}04) \approx 1128{,}5\ cm^3.$

Beispiel 3

An einer wertvollen Glasscheibe ist ein Stück abgebrochen, das mithilfe einer quadratischen Funktion f mit $f(x) = 45 - 0{,}05 \cdot x^2$ modelliert werden kann. Aus dem Rest kann aber noch ein rechteckiges Flächenstück abgeschnitten werden. Wie muss geschnitten werden, damit dessen Fläche maximal ist?

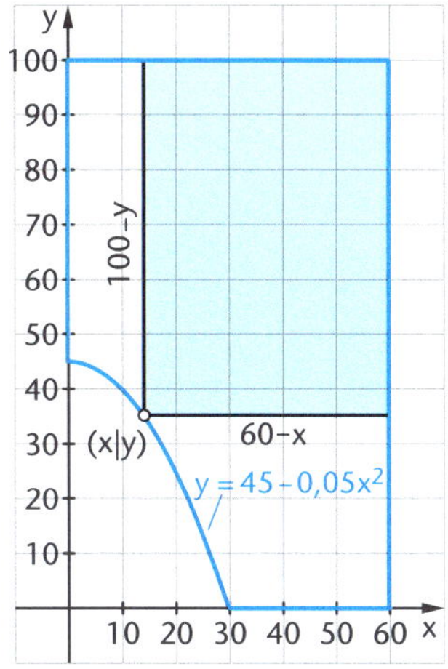

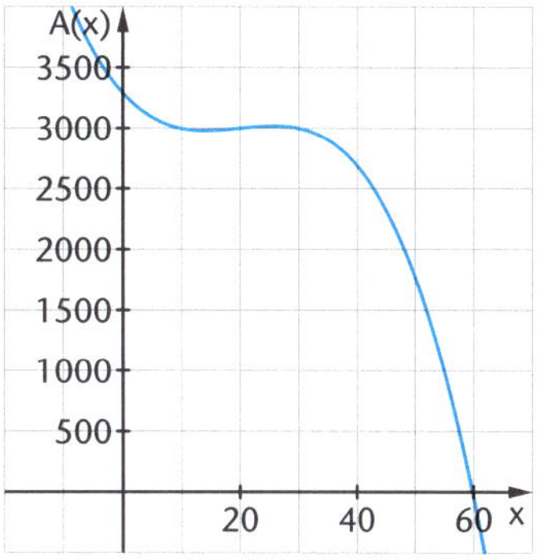

Der Flächeninhalt A des Rechtecks ergibt sich aus
$A(x, y) = (60 - x) \cdot (100 - y)$
und nach Einsetzen der Funktionsgleichung $y = 45 - 0{,}05\,x^2$:

$A(x) = (60 - x) \cdot (55 + 0{,}05\,x^2) = 3300 - 55\,x + 3\,x^2 - 0{,}05\,x^3$;

$A'(x) = -55 + 6\,x - 0{,}15\,x^2$; $A''(x) = 6 - 0{,}3\,x$.

Notwendige Bedingung:
$A'(x) = 0 \Leftrightarrow x^2 - 40\,x = -\frac{1100}{3} \Leftrightarrow (x - 20)^2 = \frac{100}{3} \Leftrightarrow x \approx 14{,}23 \vee x \approx 25{,}77$.

Hinreichende Bedingung:
$A''(14{,}23) > 0$ (lokales Minimum), $A''(25{,}77) < 0$ (lokales Maximum)

Es gilt: $A(25{,}77) \approx 3019$. Die Funktion hat jedoch am Rand einen noch größeren Funktionswert (ein absolutes Maximum): $A(0) = 3300$, d. h. das größte Flächenstück erhält man, wenn man nur den unbeschädigten (oberen) Teil der Glasplatte abtrennt.

D1 Stammfunktionen zu Grundtypen von Funktionen bestimmen und den Hauptsatz der Differenzial- und Integralrechnung (HDI) zur Berechnung bestimmter Integrale anwenden.

Jede differenzierbare Funktion F mit $F'(x) = f(x)$ für alle $x \in D_f$ heißt **Stammfunktion** von f.

Der Nachweis hierfür erfolgt, indem man die angegebene Stammfunktion ableitet. Das Bilden von Stammfunktionen ist nicht eindeutig, da die Konstante beim Ableiten wegfällt (vgl. Beispiel). In der folgenden Tabelle kann daher zu jeder angegebenen Stammfunktion auch eine beliebige Konstante addiert werden.

$f(x)$	c	x^n für $n \neq -1$	$\frac{1}{x}$ $D_f = \mathbb{R} \setminus \{0\}$	$\sqrt{x}$ $D_f = \mathbb{R}^+$	e^x	$\ln(x)$	$\sin(x)$	$\cos(x)$
$F(x) = \int f(x)\,dx$	cx	$\frac{1}{n+1}x^{n+1}$	$\ln(\lvert x \rvert)$	$\frac{2}{3}x^{\frac{3}{2}}$	e^x	$x \cdot \ln(x) - x$	$-\cos(x)$	$\sin(x)$

Integralfunktion:
Gegeben sei eine Funktion f in einem Intervall J und $a \in J$. Dann heißt die Funktion I_a mit

$$I_a(x) = \int_a^x f(t)\,dt$$

Integralfunktion von f mit unterer Grenze a. Die Funktion f wird hier auch als *Integrandenfunktion* bezeichnet.

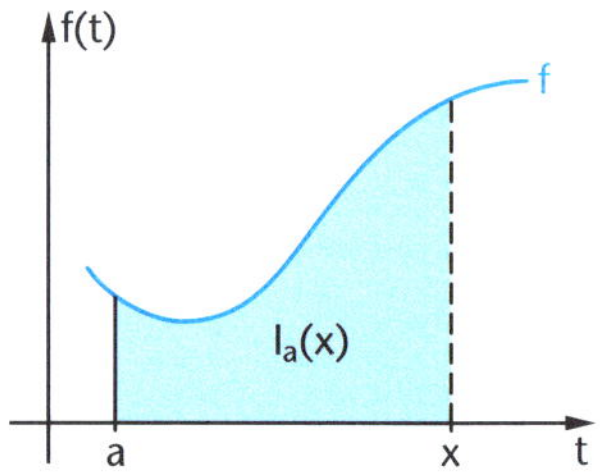

Hauptsatz der Differenzial- und Integralrechnung:
Wenn die Integrandenfunktion f stetig auf dem Intervall J ist, dann ist die Integralfunktion I_a sogar differenzierbar, und es gilt: $I_a'(x) = f(x)$
In Worten: Die Ableitung der Integralfunktion ergibt die Integrandenfunktion.

Man kann also zu jeder stetigen Funktion f eine Stammfunktion angeben – ggf. in der Form als Integralfunktion.

Folgerung aus dem Hauptsatz:
Ist die Funktion f auf einem Intervall J stetig und F eine beliebige Stammfunktion von f, so gilt für alle $a, b \in J$:

$$\int_a^b f(x)\,dx = F(b) - F(a).$$

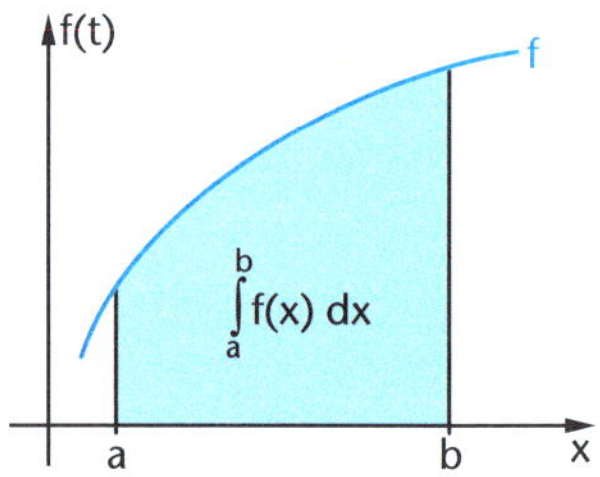

Beispiel *Nachweis einer Stammfunktion*

Zum Nachweis, dass $F(x) = (x-1) \cdot e^x$ eine Stammfunktion für $f(x) = x \cdot e^x$ ist, wird die Ableitung von F gemäß Produktregel gebildet:
$F'(x) = 1 \cdot e^x + (x-1) \cdot e^x = e^x + x \cdot e^x - e^x = x \cdot e^x = f(x)$.

Beispiele *Bestimmung von Stammfunktionen*

- Zu $f(x) = 5x^4 - 8x^3 + 3x^2 - 6x + 3$ erhält man eine Stammfunktion mit $F(x) = x^5 - 2x^4 + x^3 - 3x^2 + 3x$. Dabei wird der Exponent von x um eins erhöht und der entsprechende Summand mit dem Kehrwert des neuen Exponenten multipliziert.

- Zu $f(x) = 4 \cdot e^{2x+1}$ erhält man eine Stammfunktion mit $F(x) = 4 \cdot \frac{1}{2} \cdot e^{2x+1} = 2 \cdot e^{2x+1}$. Da beim Ableiten von F mit der inneren Ableitung multipliziert wird, muss hier im Funktionsterm der Stammfunktion der Faktor $\frac{1}{2}$ ergänzt werden.
- Eine Stammfunktion zu $f(x) = \sin\left(\frac{1}{2}x + \pi\right)$ ist $F(x) = -2 \cdot \cos\left(\frac{1}{2}x + \pi\right)$.

Allgemein gilt: Ist F eine Stammfunktion für eine Funktion f, dann ist $\frac{1}{a} \cdot F(ax + b)$ eine Stammfunktion für $f(ax + b)$.

Beispiele *Berechnung bestimmter Integrale*

Zur Berechnung bestimmter Integrale muss zunächst eine Stammfunktion zur Integrandenfunktion bestimmt werden. In diese wird dann zuerst die obere Integrationsgrenze und dann die untere Integrationsgrenze eingesetzt. Der Wert des bestimmten Integrals ist dann die Differenz der beiden Einsetzungen.

(1) $\int_1^2 (3x^2 - 1)\,dx = \left[x^3 - x\right]_1^2 = (2^3 - 2) - (1^3 - 1) = 6$

(2) $\int_{-1}^3 (2x - 1)^2\,dx = \left[\frac{1}{6}(2x - 1)^3\right]_{-1}^3 = 25\frac{1}{3}$

(3) $\int_0^1 (2 - e^{-x})\,dx = \left[2x + e^{-x}\right]_0^1 = (2 + e^{-1}) - (0 + e^{-0}) = 1 + \frac{1}{e}$

Hinweis: Die Stammfunktionen zu Beispiel (2) und (3) wurden durch Ausprobieren gefunden: Dabei überlegt man, wie der Funktionsterm entstanden sein könnte, wenn man die betreffende Ableitungsregel (hier: die Kettenregel) anwendet. In D7 wird das systematische Verfahren erläutert.

D2 Flächeninhalte zwischen einem Funktionsgraphen und der x-Achse und Flächeninhalte zwischen mehreren Funktionsgraphen berechnen.

Ist f in [a;b] stetig und $f(x) \neq 0$ für alle $x \in\ ]a; b[$, dann gilt für den Inhalt der Fläche zwischen dem Graphen von f und der x-Achse über dem Intervall [a; b]:

$$A = \left|\int_a^b f(x)\,dx\right|.$$

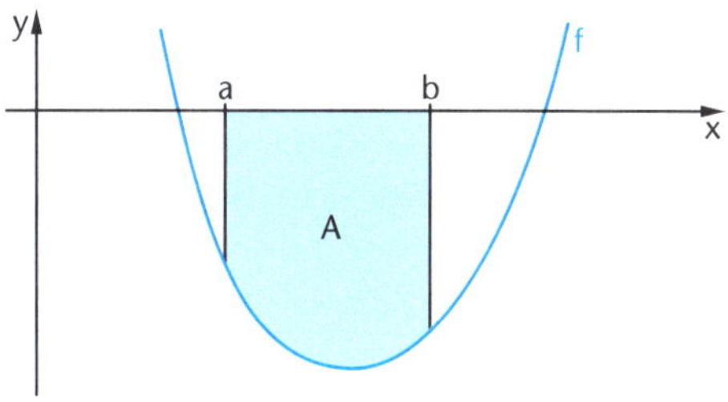

Hat f in [a; b] die Nullstellen $x_1, x_2, \ldots, x_k$ mit $x_1 < x_2 < \ldots < x_k$, dann gilt für den Inhalt der Fläche, welche der Graph von f mit der x-Achse einschließt:

$$A = \left|\int_{x_1}^{x_2} f(x)\,dx\right| + \left|\int_{x_2}^{x_3} f(x)\,dx\right| + \ldots + \left|\int_{x_{k-1}}^{x_k} f(x)\,dx\right|.$$

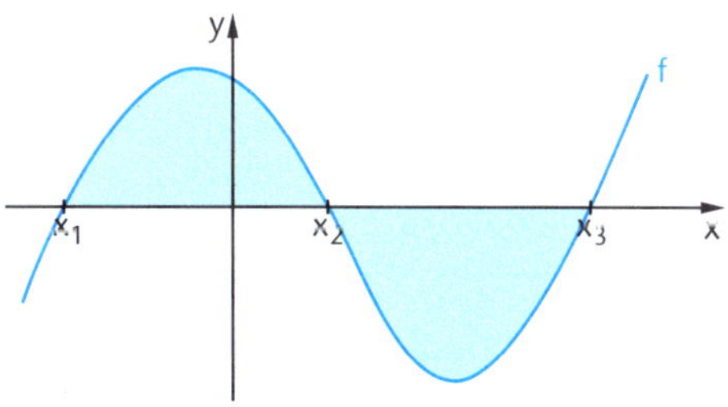

Haben die in [a;b] stetigen Funktionen f und g die Schnittstellen $x_1, x_2, \ldots, x_k$ mit $x_1 < x_2 < \ldots < x_k$, dann gilt für den Inhalt der von den Graphen eingeschlossenen Fläche:

$$A = \left|\int_{x_1}^{x_2}(f(x) - g(x))\,dx\right| + \left|\int_{x_2}^{x_3}(f(x) - g(x))\,dx\right| + \ldots + \left|\int_{x_{k-1}}^{x_k}(f(x) - g(x))\,dx\right|.$$

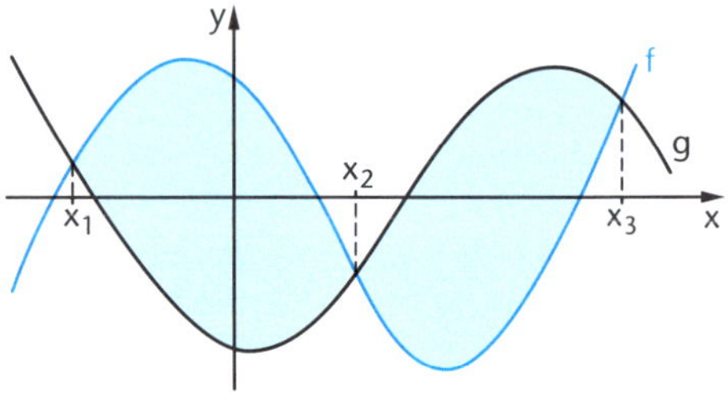

Beispiel *Berechnung des Flächeninhalts in einer Anwendung*

Das abgebildete Grundstück steht zum Verkauf. Es wird an einer Seite durch einen Fluss begrenzt. Zur Ermittlung des Verkaufspreises soll der Flächeninhalt des Grundstücks bestimmt werden.

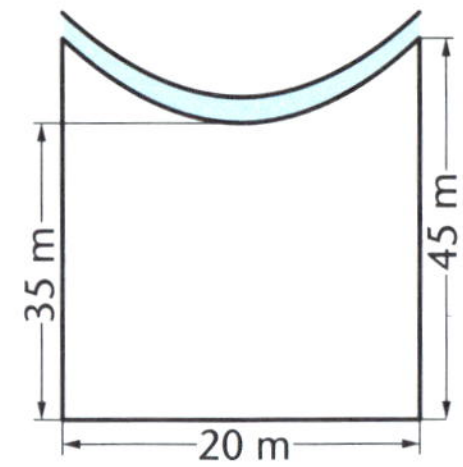

In dem gemäß nebenstehender Abbildung gewählten Koordinatensystem kann das südliche Ufer des Flusses durch eine quadratische Funktion f mit $f(x) = a\,x^2 + 35$ beschrieben werden. Dabei ist die Konstante a durch die Bedingung $f(10) = 45$ zu $a = 0{,}1$ festgelegt.
Für den Flächeninhalt des Grundstücks in m^2 folgt:

$$A = 2 \cdot \int_0^{10}(0{,}1x^2 + 35)\,dx = 2 \cdot \left[\frac{1}{30}x^3 + 35x\right]_0^{10} = 766\tfrac{2}{3}.$$

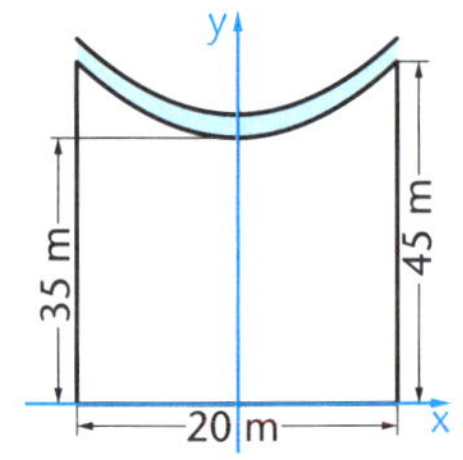

Beispiel *Berechnung des Flächeninhalts eines Flächenstücks, das von einem Graphen und der x-Achse eingeschlossen ist*

Wie groß ist der Flächeninhalt des Flächenstücks, das vom Graphen von f mit $f(x) = (x - 1) \cdot (x - 3) \cdot (x - 6)$ und der x-Achse eingeschlossen wird?
Da der Funktionsterm von f in faktorisierter Form gegeben ist, können die Nullstellen sofort abgelesen werden:
$x_{01} = 1, \quad x_{02} = 3, \quad x_{03} = 6.$

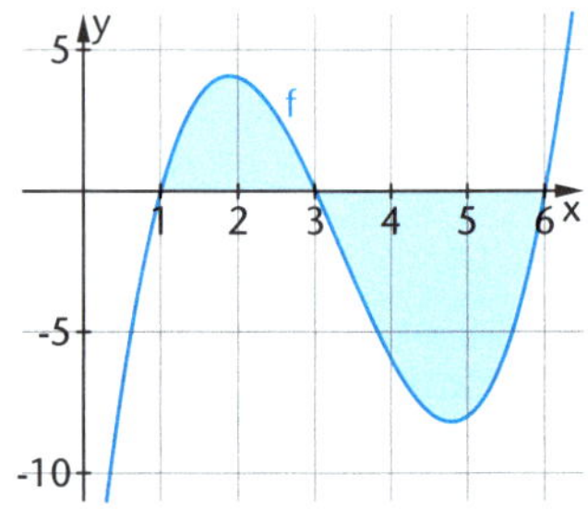

Um den gesuchten Flächeninhalt zu bestimmen, sind hier zwei Integrale zu berechnen. Da Flächeninhalte stets positiv sind, müssen die Beträge der berechneten Integrale addiert werden.

$$A = \left|\int_1^3(x^3 - 10x^2 + 27x - 18)\,dx\right| + \left|\int_3^6(x^3 - 10x^2 + 27x - 18)\,dx\right| = \left|5\tfrac{1}{3}\right| + \left|-15\tfrac{3}{4}\right| = 21\tfrac{1}{12}.$$

Beispiel *Berechnung des Flächeninhalts eines Flächenstücks, das von zwei Graphen eingeschlossen ist*

Wie groß ist der Flächeninhalt des Flächenstücks, das von den Graphen von f und g mit $f(x) = -x^2 + 2x + 2$ und $g(x) = x^2 - 2$ eingeschlossen wird?
Man berechnet die Schnittstellen der Graphen durch Lösen der Gleichung $f(x) = g(x)$: $x_{S1} = -1$, $x_{S2} = 2$.
Für den Flächeninhalt erhält man:

$$A = \left|\int_{-1}^{2}((-x^2 + 2x + 2) - (x^2 - 2))\,dx\right| = \left|\int_{-1}^{2}(-2x^2 + 2x + 4)\,dx\right|$$

$$= \left|\left[-\frac{2}{3}x^3 + x^2 + 4x\right]_{-1}^{2}\right| = |9| = 9.$$

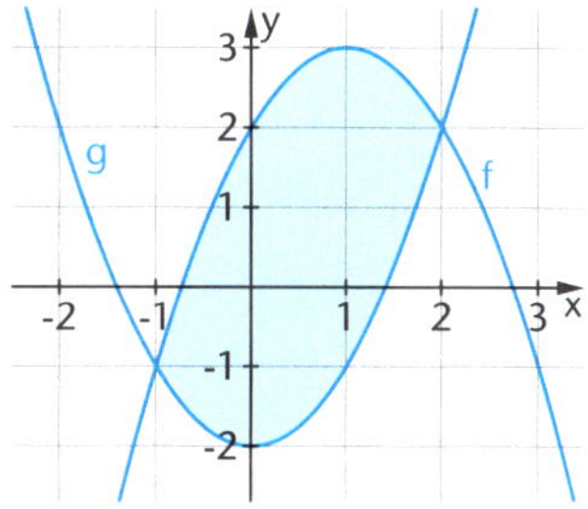

D3 Gesamtänderungen aus gegebenen Änderungsraten exakt mit bestimmten Integralen berechnen.

Ist eine stetige Funktion v für die momentane Änderungsrate (z. B. Zuflussgeschwindigkeit, Bewegungsgeschwindigkeit,...) einer Größe in Abhängigkeit von der Zeit t gegeben, so wird die Gesamtänderung (z. B. Füllmenge, zurückgelegte Wegstrecke, ...) im Zeitintervall $[t_a; t_e]$

mit dem Integral $\int_{t_a}^{t_e} v(t)\,dt$ berechnet.

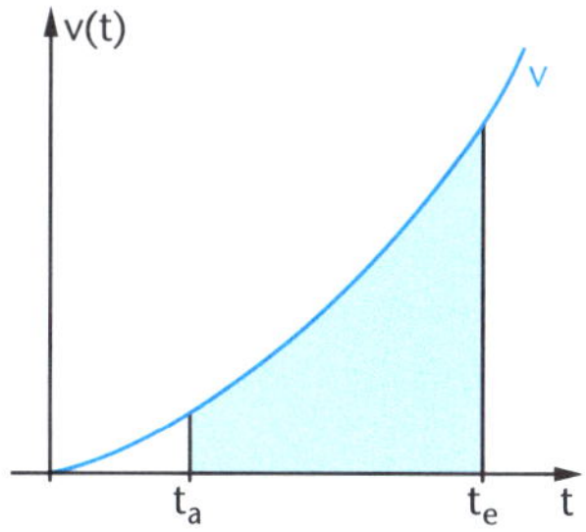

Zu einer gegebenen Messreihe für die momentane Änderungsrate in verschiedenen Zeitpunkten kann oft eine Funktion v durch eine sinnvolle Regression ermittelt werden.

Beispiel *Gegeben ist die Bewegungsgeschwindigkeit*

Die Geschwindigkeit v eines aus der Ruhe von einem Turm fallenden Steins ist gegeben durch $v(t) = 9{,}81 \cdot t$. Dabei wird die Zeit t in Sekunden und die Geschwindigkeit v in Meter pro Sekunde angegeben.

- Beobachtet man, dass der Stein nach einer Falldauer von 3,2 Sekunden auf dem Boden aufschlägt, kann man die Höhe des Turms berechnen, indem man die als momentane Änderungsrate gegebene Geschwindigkeit v(t) über dem Zeitintervall [0; 3,2] integriert:

  $$h = \int_{0}^{3{,}2} 9{,}81 \cdot t\,dt = \left[\frac{9{,}81}{2}t^2\right]_{0}^{3{,}2} \approx 50{,}23.$$

  Der Turm hat eine Höhe von etwa 50,23 m.

- Ist andererseits die Fallhöhe mit h = 100 m gegeben, so kann man auch die entsprechende Falldauer berechnen. Diesmal ist der Wert des Integrals bekannt. Zu bestimmen ist die obere Integrationsgrenze t_e:

$$\int_0^{t_e} 9{,}81 \cdot t\,dt = 100 \;\Leftrightarrow\; \left[\frac{9{,}81}{2}t^2\right]_0^{t_e} = 100 \;\Leftrightarrow\; \frac{9{,}81}{2}t_e^2 = 100 \;\Leftrightarrow\; t_e = \sqrt{\frac{200}{9{,}81}} \approx 4{,}5 \vee t_e \approx -4{,}5$$

Hinweis: Die negative Lösung der quadratischen Gleichung entfällt hier im Sachzusammenhang.

Der Stein trifft nach etwa 4,5 Sekunden auf dem Boden auf.

Beispiel *Gegeben ist die Zulaufgeschwindigkeit*

Ein zunächst leeres Getreidesilo wird mit Weizen gefüllt. Die Zulaufgeschwindigkeit ist in den ersten 15 Minuten konstant und beträgt 45 Zentner/min. Dann nimmt sie entsprechend dem Graphen ab, bis nach insgesamt 30 Minuten der Zufluss stoppt.

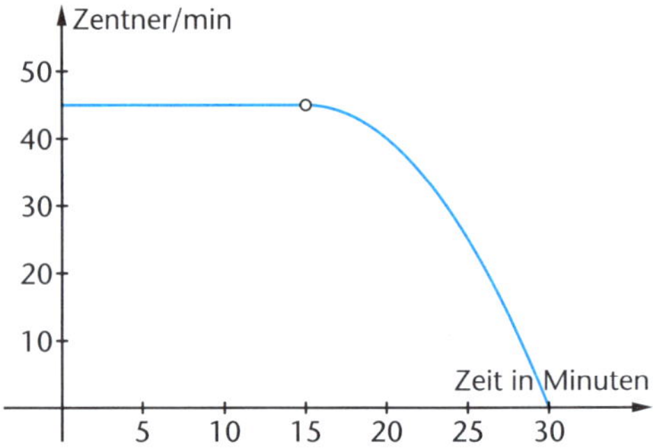

Die Funktion f mit

$f(x) = -\frac{1}{5}x^2 + 6x$

beschreibt den Zulauf in der Zeit zwischen der 15. und der 30. Minute, denn der Scheitelpunkt der Parabel liegt im Punkt S(15|45) und eine Nullstelle bei x = 30.

Um die gesamte Füllmenge des Silos zu bestimmen, bestimmt man den Flächeninhalt des Flächenstücks zwischen Graph und Zeitachse im Intervall [0; 30].
Im Zeitintervall [0; 15] ist dies ein Rechteck; für das Zeitintervall [15; 30] muss die Integralrechnung angewendet werden:

$$15 \cdot 45 + \int_{15}^{30}\left(-\frac{1}{5}x^2 + 6x\right)dx = 675 + \left[-\frac{1}{15}x^3 + 3x^2\right]_{15}^{30} = 675 + 450 = 1125.$$

Insgesamt wurden 1125 Zentner Weizen in das Silo gefüllt.

D4 nur eA: Flächeninhalte von Flächen, die ins Unendliche reichen, mit uneigentlichen Integralen und den dabei erforderlichen Grenzwertbetrachtungen ermitteln.

- **Integration über unbeschränkte Intervalle:**
  Falls die Funktion f auf dem Intervall $[a; +\infty[$ stetig ist und der Grenzwert $\lim\limits_{b \to +\infty} \int_a^b f(x)\,dx$ existiert, so heißt dieser Grenzwert das **uneigentliche Integral** von f über dem Intervall $[a; +\infty[$.
  Man notiert dann auch $\int_a^{+\infty} f(x)\,dx$.
  (Entsprechend wird $\int_{-\infty}^{b} f(x)\,dx$ definiert.)

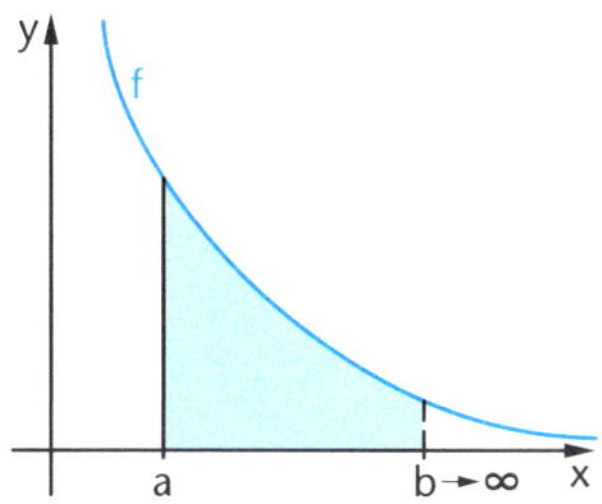

- **Integration über unbeschränkte Funktionen:**
  Falls die Funktion f auf dem Intervall $]a; b]$ stetig ist und der Grenzwert $\lim\limits_{z \to a} \int_z^b f(x)\,dx$ existiert, so heißt dieser Grenzwert das uneigentliche Integral von f über dem Intervall $]a; b]$.
  Man notiert dann auch $\int_a^b f(x)\,dx$.
  (Entsprechend wird $\lim\limits_{z \to b} \int_a^z f(x)\,dx$ über dem Intervall $[a; b[$ definiert.)

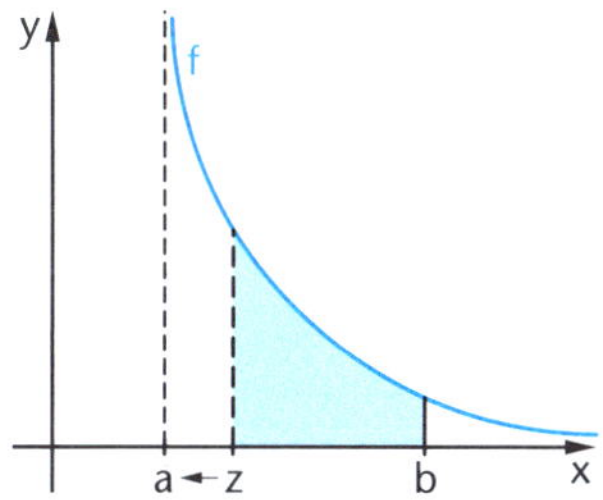

Beispiele *Uneigentliche Integrale*

- Der Graph der Funktion f mit $f(x) = \frac{4}{x^2}$ schließt über dem Intervall $[1; +\infty[$ eine Fläche mit dem Flächeninhalt 4 FE ein:

  Es gilt: $\int_1^b \frac{4}{x^2}\,dx = \left[-\frac{4}{x}\right]_1^b = 4 - \frac{4}{b}$.

  Damit existiert der Grenzwert: $\lim\limits_{b \to +\infty} \int_1^b \frac{4}{x^2}\,dx = \lim\limits_{b \to +\infty} \left(4 - \frac{4}{b}\right) = 4$.

- Dagegen ist der Flächeninhalt der Fläche zwischen x-Achse und Graph der Funktion f mit $f(x) = \frac{1}{(x-2)^2}$ über dem Intervall $]2; 4]$ nicht endlich:

  Es gilt: $\int_a^4 \frac{1}{(x-2)^2}\,dx = \left[-\frac{1}{(x-2)}\right]_a^4 = \frac{1}{a-2} - \frac{1}{2}$.

  Da der erste Summand für $a \to 2$ über alle Grenzen wächst, existiert das uneigentliche Integral nicht.

- Der Graph der Funktion f mit $f(x) = x \cdot e^{-x}$ schließt mit der positiven x-Achse einen endlichen Flächeninhalt ein:

$$\int_0^a x \cdot e^{-x}\,dx = [-(x+1) \cdot e^{-x}]_0^a$$
$$= (-(a+1) \cdot e^{-a}) - (-(0+1) \cdot e^{-0})$$
$$= (-(a+1) \cdot e^{-a}) + 1.$$

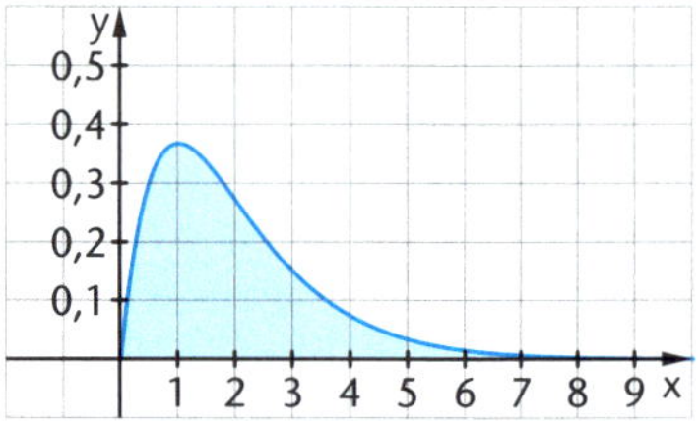

Da die Werte mit der Funktion $e(x) = e^{-x}$ für $x \to \infty$ schneller gegen null gehen als die Werte einer beliebigen ganzrationalen Funktion $p(x)$ wachsen, gilt allgemein: $\lim\limits_{x \to \infty} p(x) \cdot e^{-x} = 0$.

Also folgt $\int_0^\infty x \cdot e^{-x}\,dx = 1$.

D5 nur eA: Das Volumen von Rotationskörpern berechnen und die erforderlichen Berandungsfunktionen für reale rotationssymmetrische Körper modellieren.

Rotiert der Graph einer stetigen Berandungsfunktion f mit nicht negativen Funktionswerten über dem Intervall [a;b] um die x-Achse, so entsteht ein Rotationskörper mit dem Volumen $V = \pi \cdot \int_a^b (f(x))^2\,dx$.

Beispiele

(1) Das abgebildete Fass hat eine Höhe von 22 cm. Die Dicke der Fasswandung soll vernachlässigt werden. Der Radius beträgt am oberen und unteren Rand 8,1 cm, an der bauchigsten Stelle 8,8 cm. Zur Berechnung des Fassinhaltes legen wir das Fass auf die Seite. Das Koordinatensystem wird so gewählt, dass die x-Achse die Symmetrieachse des Fasses bildet, und dass der Graph der Berandungsfunktion symmetrisch zur y-Achse verläuft.

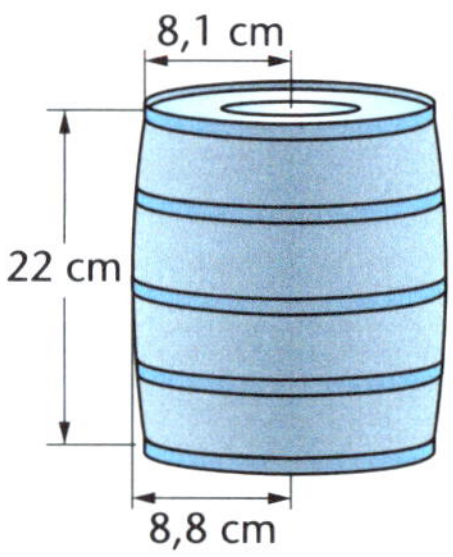

Aus dem Ansatz $f(x) = a x^2 + b$ mit $f(0) = 8{,}8$ und $f(11) = 8{,}1$ folgt $b = 8{,}8$ und $a \cdot 11^2 + 8{,}8 = 8{,}1$.

Die Koeffizienten werden berechnet zu $a = -\frac{7}{1210}$ und $b = \frac{44}{5}$.

Für die Berandungsfunktion gilt damit $f(x) = -\frac{7}{1210}x^2 + \frac{44}{5}$.

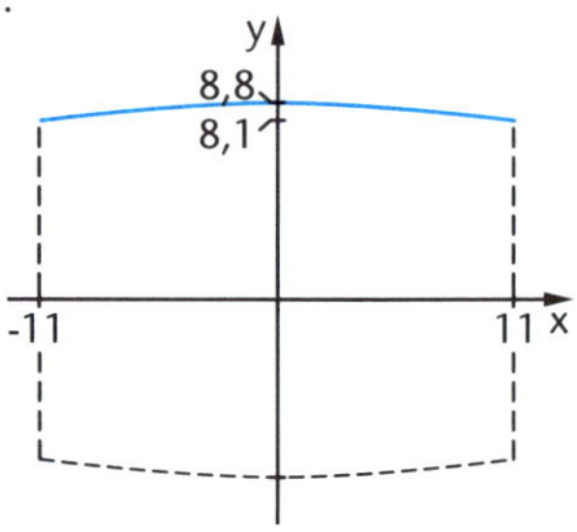

Das Volumen des Fasses kann nun unter Ausnutzung der Symmetrie berechnet werden:

$$V = 2\pi \cdot \int_0^{11} \left(-\frac{7}{1210}x^2 + \frac{44}{5}\right)^2 dx \approx 5075.$$

Also beträgt das Volumen des Fasses 5075 ml ≈ 5 ℓ.

(2) Ein Blumenkübel entsteht durch Rotation des Graphen einer Funktion f mit

$f(x) = 0{,}1x^3 - x^2 + 2{,}5x + 2$

über dem Intervall [0; 6] (1 Einheit = 1 dm). Bestimmen Sie das Volumen des Gefäßes.

$$V = 2\pi \int_0^6 f^2(x)\,dx$$

$$= \pi \cdot \int_0^6 (0{,}1x^3 - x^2 + 2{,}5x + 2)^2\,dx \approx 167\ \ell$$

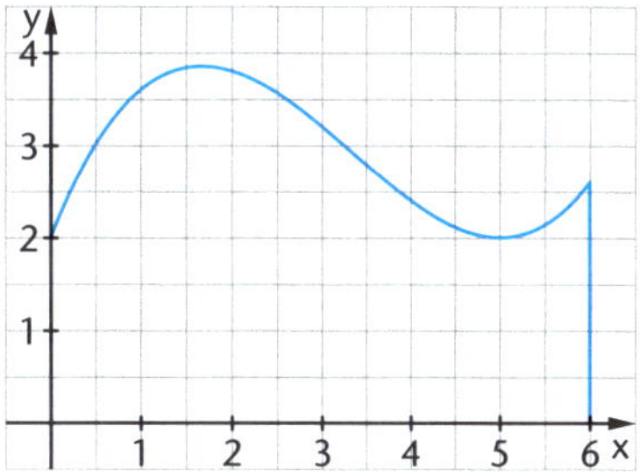

E1 Verschiebungen durch Vektoren sowie Punkte im Raum durch Ortsvektoren und Vektorketten beschreiben und damit realitätsnahe Situationen mathematisch modellieren.

Vektoren im Raum sind geordnete Zahlentripel, die in Spaltenform notiert werden.

Der Vektor $\vec{u} = \begin{pmatrix} u_1 \\ u_2 \\ u_3 \end{pmatrix}$ kann interpretiert werden als der **Ortsvektor** des Punktes $U(u_1|u_2|u_3)$, als **Pfeil** vom Ursprung $O(0|0|0)$ zum Punkt $U(u_1|u_2|u_3)$ oder auch als eine **Verschiebung** parallel zu diesem Pfeil.

Bei der Addition zweier Vektoren werden zugehörige Pfeile aneinandergesetzt. Es gilt die sogenannte **Dreiecksregel:** $\overrightarrow{XY} + \overrightarrow{YZ} = \overrightarrow{XZ}$ (**Vektorkette** von X über Y nach Z).

Bei der Subtraktion wird der Gegenvektor addiert: Der **Verbindungsvektor** $\overrightarrow{PQ}$ lässt sich schreiben als Differenzvektor der beiden Ortsvektoren:

$$\overrightarrow{PQ} = \overrightarrow{PO} + \overrightarrow{OQ} = \overrightarrow{OQ} + (-\overrightarrow{OP}) = \overrightarrow{OQ} - \overrightarrow{OP} = \vec{q} - \vec{p}.$$

Der **Nullvektor** $\vec{o} = \begin{pmatrix} 0 \\ 0 \\ 0 \end{pmatrix}$ lässt sich als eine geschlossene Vektorkette auffassen:

$$\vec{o} = \overrightarrow{OA} + \overrightarrow{AB} + \overrightarrow{BC} + \ldots + \overrightarrow{ZO}.$$

Der Ortsvektor $\overrightarrow{OM}$ des **Mittelpunkts M einer Strecke AB** wird dargestellt in der Form

$$\overrightarrow{OM} = \overrightarrow{OA} + \frac{1}{2} \cdot \overrightarrow{AB} = \overrightarrow{OA} + \frac{1}{2} \cdot (\overrightarrow{OB} - \overrightarrow{OA}) = \frac{1}{2} \cdot (\overrightarrow{OA} + \overrightarrow{OB}).$$

Beispiel

(1) Der Verbindungsvektor der Punkte $P(2|-3|5)$ und $Q(4|1|-2)$ ist: $\overrightarrow{PQ} = \begin{pmatrix} 4 \\ 1 \\ -2 \end{pmatrix} - \begin{pmatrix} 2 \\ -3 \\ 5 \end{pmatrix} = \begin{pmatrix} 2 \\ 4 \\ -7 \end{pmatrix}$.

Der Mittelpunkt der Strecke PQ ist $M\left(\frac{1}{2} \cdot (2+4) \,\middle|\, \frac{1}{2} \cdot (-3+1) \,\middle|\, \frac{1}{2} \cdot (5+(-2))\right) = (3|-1|1{,}5)$.

(2) Ein Spat ABCDEFGH ist gegeben durch die Eckpunkte $A(1|-2|3)$, $B(3|-1|3)$, $D(4|0|3)$ und $E(2|-3|5)$. Dann ergeben sich die Koordinaten der übrigen Eckpunkte wie folgt:

$$\overrightarrow{OC} = \overrightarrow{OB} + \overrightarrow{BC} = \overrightarrow{OB} + \overrightarrow{AD} = \begin{pmatrix} 3 \\ -1 \\ 3 \end{pmatrix} + \begin{pmatrix} 4-1 \\ 0-(-2) \\ 3-3 \end{pmatrix} = \begin{pmatrix} 3+3 \\ -1+2 \\ 3+0 \end{pmatrix} = \begin{pmatrix} 6 \\ 1 \\ 3 \end{pmatrix},$$

$$\overrightarrow{OF} = \overrightarrow{OE} + \overrightarrow{EF} = \overrightarrow{OE} + \overrightarrow{AB} = \begin{pmatrix} 2 \\ -3 \\ 5 \end{pmatrix} + \begin{pmatrix} 3-1 \\ -1-(-2) \\ 3-3 \end{pmatrix} = \begin{pmatrix} 4 \\ -2 \\ 5 \end{pmatrix},$$

$$\overrightarrow{OG} = \overrightarrow{OF} + \overrightarrow{FG} = \overrightarrow{OF} + \overrightarrow{BC} = \begin{pmatrix} 4 \\ -2 \\ 5 \end{pmatrix} + \begin{pmatrix} 6-3 \\ 1-(-1) \\ 3-3 \end{pmatrix} = \begin{pmatrix} 7 \\ 0 \\ 5 \end{pmatrix},$$

$$\overrightarrow{OH} = \overrightarrow{OE} + \overrightarrow{EH} = \overrightarrow{OE} + \overrightarrow{AD} = \begin{pmatrix} 2 \\ -3 \\ 5 \end{pmatrix} + \begin{pmatrix} 4-1 \\ 0-(-2) \\ 3-3 \end{pmatrix} = \begin{pmatrix} 5 \\ -1 \\ 5 \end{pmatrix}.$$

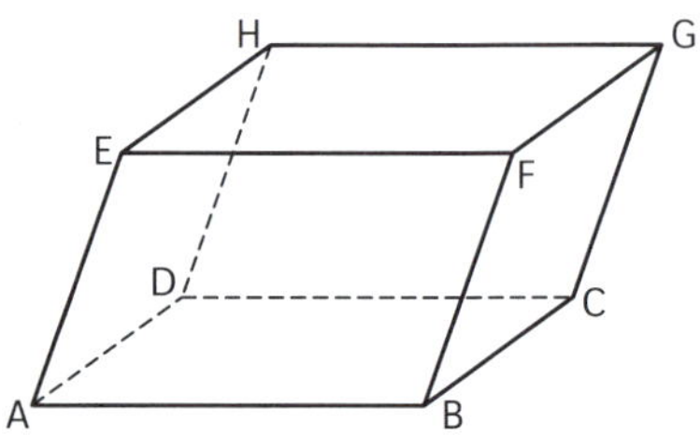

E2 Das Skalarprodukt zweier Vektoren berechnen und damit entscheiden, ob die Vektoren zueinander orthogonal sind.

Das Skalarprodukt zweier Vektoren $\vec{u} = \begin{pmatrix} u_1 \\ u_2 \\ u_3 \end{pmatrix}$ und $\vec{v} = \begin{pmatrix} v_1 \\ v_2 \\ v_3 \end{pmatrix}$ ist definiert als die Summe der Produkte der Komponenten der beiden Vektoren, also durch

$$\vec{u} * \vec{v} = \begin{pmatrix} u_1 \\ u_2 \\ u_3 \end{pmatrix} * \begin{pmatrix} v_1 \\ v_2 \\ v_3 \end{pmatrix} = u_1 \cdot v_1 + u_2 \cdot v_2 + u_3 \cdot v_3$$

Die beiden Vektoren spannen einen Winkel φ auf.
Für diesen gilt: $\vec{u} * \vec{v} = |\vec{u}| \cdot |\vec{v}| \cdot \cos(\varphi)$.*
In Worten: Das Skalarprodukt zweier Vektoren ist gleich dem Produkt aus der Länge des einen Vektors mit der Länge der orthogonalen Projektion des anderen Vektors auf diesen Vektor.

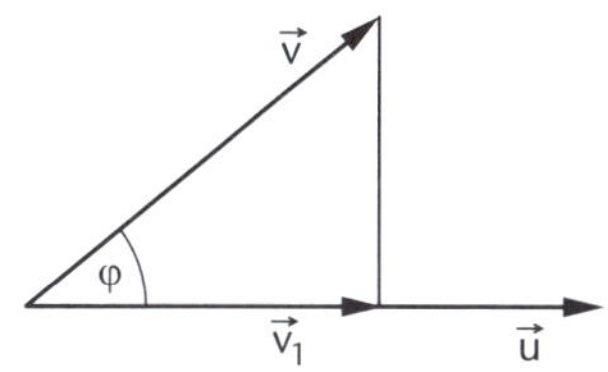

$|\vec{v}_1| = |\vec{v}| \cdot \cos\varphi$

Daher gilt: Das Skalarprodukt zweier gleichgerichteter Vektoren ist gleich dem Produkt der Längen der Vektoren, das Skalarprodukt zweier entgegengerichteter Vektoren gleich dem negativen Produkt ihrer Längen. Und: Das Skalarprodukt zweier Vektoren ist genau dann gleich null, wenn diese zueinander orthogonal sind.

Hinweis: Das Skalarprodukt zweier Vektoren $\vec{u} * \vec{v}$ (dies ist eine reelle Zahl!) darf nicht verwechselt werden mit dem Vervielfachen eines Vektors mit einer Zahl $s \in \mathbb{R}$, also $s \cdot \vec{v}$ (dies ist ein Vektor). In diesem Buch verwenden wir konsequent die Zeichen $*$ bzw. $\cdot$, um den Unterschied zwischen den beiden Vektoroperationen hervorzuheben, auch wenn es oft üblich ist, für beide Operationen dasselbe Zeichen zu verwenden.

Beispiele

(1) Die Vektoren $\vec{u} = \begin{pmatrix} 3 \\ -1 \\ 2 \end{pmatrix}$ und $\vec{v} = \begin{pmatrix} -1 \\ -1 \\ 1 \end{pmatrix}$ sind orthogonal zueinander, denn

$$\begin{pmatrix} 3 \\ -1 \\ 2 \end{pmatrix} * \begin{pmatrix} -1 \\ -1 \\ 1 \end{pmatrix} = 3 \cdot (-1) + (-1) \cdot (-1) + 2 \cdot 1 = -3 + 1 + 2 = 0.$$

(2) Jeder Vektor der Form $\vec{n} = \begin{pmatrix} 2a \\ b \\ -a \end{pmatrix}$ ist orthogonal zu $\vec{u} = \begin{pmatrix} 1 \\ 0 \\ 2 \end{pmatrix}$, denn $2a + 0 \cdot b - 2a = 0$.

(3) Manchmal kann man durch eine einfache Überlegung sogar einen Vektor angeben, der orthogonal zu zwei gegebenen Vektoren ist:

Der Vektor $\vec{u} = \begin{pmatrix} 2 \\ 6 \\ 1 \end{pmatrix}$ ist orthogonal sowohl zum Vektor $\vec{v} = \begin{pmatrix} 1 \\ 0 \\ -2 \end{pmatrix}$ als auch zum Vektor $\vec{w} = \begin{pmatrix} 3 \\ -1 \\ 0 \end{pmatrix}$, also zu der Ebene, die von den Vektoren $\vec{v}$ und $\vec{w}$ aufgespannt wird, vgl. F4.

E3 Längen von Strecken im Raum und den Betrag von Vektoren berechnen.

Der **Betrag eines Vektors** $\vec{u} = \begin{pmatrix} u_1 \\ u_2 \\ u_3 \end{pmatrix}$ (oder auch Länge des zugehörigen Pfeils) berechnet sich nach dem Satz des PYTHAGORAS mithilfe von $|\vec{u}| = \sqrt{\vec{u} * \vec{u}} = \sqrt{u_1^2 + u_2^2 + u_3^2}$.

Einen Vektor mit dem Betrag 1 nennt man **Einheitsvektor.**
Zu einem Vektor $\vec{v}$ erhält man den zugehörigen Einheitsvektor $\vec{v_0}$, indem man den Vektor mit dem Faktor $\frac{1}{|\vec{v}|}$ multipliziert: $\vec{v}_0 = \frac{1}{|\vec{v}|} \cdot \vec{v}$.
Die **Länge einer Strecke** PQ im Raum ist gleich dem Betrag des zugehörigen Verbindungsvektors der Endpunkte der Strecke:

$$|\overrightarrow{PQ}| = \sqrt{\overrightarrow{PQ} * \overrightarrow{PQ}} = \sqrt{\begin{pmatrix} q_1 - p_1 \\ q_2 - p_2 \\ q_3 - p_3 \end{pmatrix} * \begin{pmatrix} q_1 - p_1 \\ q_2 - p_2 \\ q_3 - p_3 \end{pmatrix}} = \sqrt{(q_1 - p_1)^2 + (q_2 - p_2)^2 + (q_3 - p_3)^2}$$

Beispiele

(1) Der Betrag des Vektors $\vec{u} = \begin{pmatrix} -2 \\ 0 \\ 3 \end{pmatrix}$ ist $|\vec{u}| = \sqrt{(-2)^2 + 0^2 + 3^2} = \sqrt{4 + 0 + 9} = \sqrt{13}$

Der zum Vektor $\vec{u} = \begin{pmatrix} -2 \\ 0 \\ 3 \end{pmatrix}$ gehörende Einheitsvektor ist $u_0 = \frac{1}{\sqrt{13}} \cdot \begin{pmatrix} -2 \\ 0 \\ 3 \end{pmatrix}$.

Die Länge der Strecke PQ mit P(1|3|−1) und Q(5|−2|0) ist

$|\overrightarrow{PQ}| = \sqrt{(5-1)^2 + (-2-3)^2 + (0-(-1))^2} = \sqrt{16 + 25 + 1} = \sqrt{42}$.

(2) Das Tetraeder ABCD mit A(0|−6|0), B($6\sqrt{3}$|0|0), C(0|6|0) und D($2\sqrt{3}$|0|$4\sqrt{6}$) ist ein reguläres Tetraeder, da alle Seiten gleich lang sind:

$|AB|^2 = 6^2 + 3 \cdot 6^2 = 144$; $|AC|^2 = 12^2 = 144$; $|AD|^2 = 3 \cdot 2^2 + 6^2 + 6 \cdot 4^2 = 144$;

$|BC|^2 = 6^2 + 3 \cdot 6^2 = 144$; $|BD|^2 = 3 \cdot 4^2 + 6 \cdot 4^2 = 144$; $|CD|^2 = 3 \cdot 2^2 + 6^2 + 6 \cdot 4^2 = 144$.

E4 nur eA: Die Definition für die lineare (Un-)abhängigkeit von Vektoren angeben und Vektoren auf lineare (Un-)abhängigkeit untersuchen.

Eine Summe von Vielfachen von Vektoren wird als **Linearkombination** der Vektoren bezeichnet. Vektoren heißen **voneinander linear abhängig,** wenn sich wenigstens einer der Vektoren als eine Linearkombination der übrigen darstellen lässt; sie heißen **voneinander linear unabhängig,** wenn keiner der Vektoren als Linearkombination der anderen dargestellt werden kann.
Spezialfälle: Zwei Vektoren $\vec{u} \neq \vec{o}$ und $\vec{v} \neq \vec{o}$ werden auch als **kollinear** bezeichnet, wenn der Vektor $\vec{u}$ als ein Vielfaches des Vektors $\vec{v}$ dargestellt werden kann, d. h., wenn es ein $r \in \mathbb{R}\setminus\{0\}$ gibt, so dass gilt: $\vec{u} = r \cdot \vec{v}$. Drei Vektoren $\vec{u} \neq \vec{o}$, $\vec{v} \neq \vec{o}$ und $\vec{w} \neq \vec{o}$ heißen **komplanar**, wenn Vektor $\vec{u}$ als ein Linearkombination der Vektoren $\vec{v}$ und $\vec{w}$ dargestellt werden kann, d. h., wenn es ein Zahlenpaar $(r, s) \in \mathbb{R} \times \mathbb{R}\setminus\{(0|0)\}$ gibt, so dass gilt: $\vec{u} = r \cdot \vec{v} + s \cdot \vec{w}$.

Beispiele

(1) Spannen drei Vektoren $\vec{u}$, $\vec{v}$, $\vec{w}$ einen Spat auf, dann sind sie voneinander linear unabhängig, z. B.

$$\vec{u} = \begin{pmatrix}1\\2\\0\end{pmatrix},\ \vec{v} = \begin{pmatrix}0\\1\\1\end{pmatrix},\ \vec{w} = \begin{pmatrix}1\\0\\2\end{pmatrix}.$$

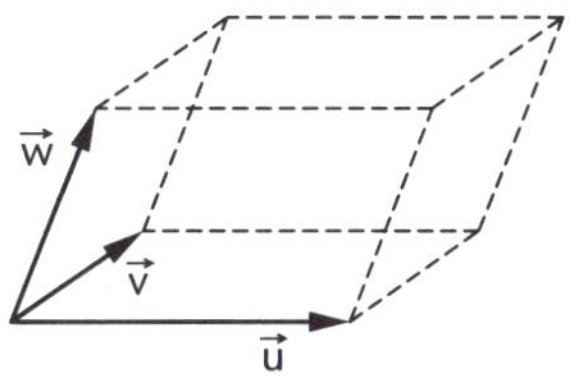

(2) In einem 3-dimensionalen Raum lässt sich jeder Vektor eindeutig als Linearkombination von irgendwelchen drei voneinander linear unabhängigen Vektoren darstellen; diese bilden eine Basis des 3-dimensionalen Raums.

Die zugehörige Linearkombination für die Darstellung eines Vektors $\vec{x} = \begin{pmatrix}5\\3\\5\end{pmatrix}$ mithilfe der drei (Basis-) Vektoren $\vec{u}$, $\vec{v}$, $\vec{w}$ erhält man durch Lösen des folgenden Gleichungssystems:

$$\left|\begin{array}{l} 1r + 0s + 1t = 5 \\ 2r + 1s + 0t = 3 \\ 0r + 1s + 2t = 5 \end{array}\right| \Leftrightarrow \left|\begin{array}{l} 1r + 0s + 1t = 5 \\ 0r + 1s - 2t = -7 \\ 0r + 1s + 2t = 5 \end{array}\right| \Leftrightarrow \left|\begin{array}{l} 1r + 0s + 1t = 5 \\ 0r + 1s - 2t = -7 \\ 0r + 0s + 4t = 12 \end{array}\right| \Leftrightarrow \left|\begin{array}{l} r = 2 \\ s = -1 \\ t = 3 \end{array}\right|$$

Probe: $2 \cdot \vec{u} + (-1) \cdot \vec{v} + 3 \cdot \vec{w} = \begin{pmatrix}2-0+3\\4-1+0\\0-1+6\end{pmatrix} = \begin{pmatrix}5\\3\\5\end{pmatrix}$.

Man kann auch sagen: Bzgl. der Basis $\vec{u}$, $\vec{v}$, $\vec{w}$ hat der Punkt (5|3|5) die Koordinaten (2|−1|3).

Lösung des Gleichungssystems mithilfes eines GTR:

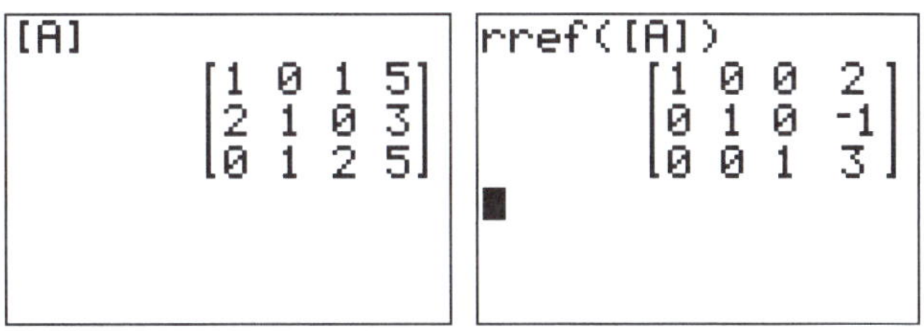

F1 Parameterdarstellungen für Geraden aus zwei gegebenen Punkten ermitteln sowie überprüfen, ob ein Punkt auf einer gegebenen Gerade liegt (Punktprobe) und die Ergebnisse im Sachzusammenhang interpretieren.

Auch im Raum ist eine Gerade g durch zwei Punkte A, B festgelegt. Zu einem Punkt X der Geraden gelangt man so: Vom Ursprung O geht man zu einem der beiden Punkte der Geraden, dann trägt man ein Vielfaches des Verbindungsvektors $\overrightarrow{AB}$ (sog. *Richtungsvektor* der Geraden) ab.

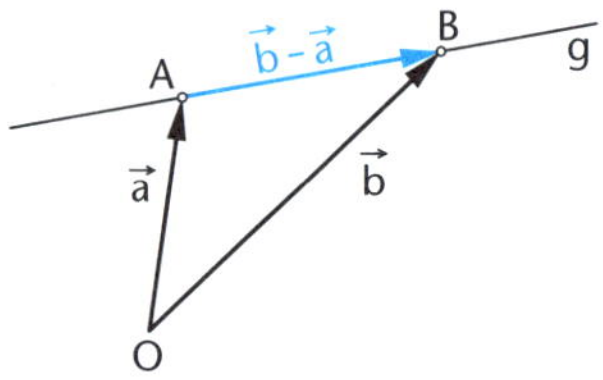

Als Richtungsvektor kann auch irgendein Vielfaches von $\overrightarrow{AB}$, z. B. mit möglichst kleinen ganzzahligen Komponenten, verwendet werden.

g: $\vec{x} = \overrightarrow{OX} = \overrightarrow{OA} + r \cdot \overrightarrow{AB} = \vec{a} + r \cdot (\vec{b} - \vec{a})$ oder g: $\vec{x} = \overrightarrow{OX} = \overrightarrow{OB} + s \cdot \overrightarrow{BA} = \vec{b} + s \cdot (\vec{a} - \vec{b})$.

Punktprobe: Ein Punkt P liegt genau dann auf einer Geraden g, wenn seine Koordinaten die Parameterdarstellung der Geraden erfüllen, d. h. wenn ein $r \in \mathbb{R}$ (bzw. $s \in \mathbb{R}$) existiert derart, dass alle drei Gleichungen des zugehörigen linearen Gleichungssystems, erfüllt werden.

Ein Punkt liegt genau dann auf der Strecke AB, wenn für den Parameter r der Parameterdarstellung g: $\vec{x} = \vec{a} + r \cdot (\vec{b} - \vec{a})$ der Geraden g durch A, B gilt: $0 \le r \le 1$.

Beispiele

(1) Gegeben sind die Punkte A(2|3|−1) und B(4|−2|2). Punkte der Geraden g durch A, B können dargestellt werden mithilfe der Parameterdarstellung:

$$g\colon \vec{x} = \overrightarrow{OX} = \begin{pmatrix} 2 \\ 3 \\ -1 \end{pmatrix} + r \cdot \begin{pmatrix} 4-2 \\ -2-3 \\ 2-(-1) \end{pmatrix} = \begin{pmatrix} 2 \\ 3 \\ -1 \end{pmatrix} + r \cdot \begin{pmatrix} 2 \\ -5 \\ 3 \end{pmatrix} = \begin{pmatrix} 2+2r \\ 3-5r \\ -1+3r \end{pmatrix} \text{ oder } g\colon \vec{x} = \overrightarrow{OX} = \begin{pmatrix} 4 \\ -2 \\ 2 \end{pmatrix} + s \cdot \begin{pmatrix} -2 \\ 5 \\ -3 \end{pmatrix}$$

Der Punkt P(0|8|−4) liegt auf der Geraden g, weil das lineare Gleichungssystem mit drei Gleichungen und einer Variablen (eindeutig) lösbar ist:

$$\left| \begin{array}{r} 2+2r = 0 \\ 3-5r = 8 \\ -1+3r = -4 \end{array} \right| \Leftrightarrow \left| \begin{array}{r} 2r = -2 \\ -5r = 5 \\ 3r = -3 \end{array} \right| \Leftrightarrow \left| \begin{array}{l} r = -1 \\ r = -1 \\ r = -1 \end{array} \right|.$$

Der Punkt P liegt nicht auf der Strecke AB, da der Parameterwert r = − 1 ist

Der Punkt Q(4|−2|5) liegt nicht auf der Geraden g, weil das lineare Gleichungssystem keine Lösung besitzt:

$$\left| \begin{array}{r} 2+2r = 4 \\ 3-5r = -2 \\ -1+3r = 5 \end{array} \right| \Leftrightarrow \left| \begin{array}{r} 2r = 2 \\ -5r = -5 \\ 3r = 6 \end{array} \right| \Leftrightarrow \left| \begin{array}{l} r = 1 \\ r = 1 \\ r = 2 \end{array} \right|.$$

(2) Die Koordinatenachsen sind spezielle Geraden. Sie lassen sich am einfachsten mithilfe folgender Parameterdarstellungen beschreiben:

$$\text{x-Achse: } \vec{x} = \begin{pmatrix} 0 \\ 0 \\ 0 \end{pmatrix} + r \cdot \begin{pmatrix} 1 \\ 0 \\ 0 \end{pmatrix};\ \text{y-Achse: } \vec{x} = \begin{pmatrix} 0 \\ 0 \\ 0 \end{pmatrix} + r \cdot \begin{pmatrix} 0 \\ 1 \\ 0 \end{pmatrix};\ \text{z-Achse: } \vec{x} = \begin{pmatrix} 0 \\ 0 \\ 0 \end{pmatrix} + r \cdot \begin{pmatrix} 0 \\ 0 \\ 1 \end{pmatrix}.$$

In Anwendungssituationen ist es oft einfacher, die folgenden Bedingungen für die Koordinaten zu beachten:

Punkt der x-Achse: Die y- und die z-Koordinate sind gleich null.
Punkt der y-Achse: Die x- und die z-Koordinate sind gleich null.
Punkt der z-Achse: Die x- und die y-Koordinate sind gleich null.

F2 Geraden auf ihre gegenseitige Lage untersuchen und möglicherweise vorhandene Schnittpunkte bestimmen.

Zwei Geraden g und h im Raum, die durch eine Parameterdarstellung gegeben sind g: $\vec{x} = \vec{a} + r \cdot \vec{u}$ und h: $\vec{x} = \vec{b} + s \cdot \vec{v}$, sind entweder (1) identisch, (2) liegen zueinander echt parallel, (3) verlaufen zueinander windschief oder (4) haben genau einen Punkt gemeinsam (schneiden sich in genau einem Punkt).

(1) Die beiden Geraden sind identisch, wenn die gegebenen Parameterdarstellungen dieselbe Gerade auf verschiedene Weise darstellen. Dies erkennt man daran, dass die beiden Richtungsvektoren zueinander parallel sind (Vielfache voneinander) und der Auf(hänge)punkt der einen Geraden auch auf der anderen Geraden liegt.

(2) Die beiden Geraden sind zueinander echt parallel, wenn die beiden Richtungsvektoren zueinander parallel sind (Vielfache voneinander), jedoch der Auf(hänge)punkt der einen Geraden nicht auf der anderen Geraden liegt.

(3) Die beiden Geraden sind zueinander windschief, wenn die Richtungsvektoren nicht zueinander parallel sind (nicht Vielfache voneinander) und kein Punkt der einen Geraden auf der anderen Geraden liegt.

(4) Die beiden Geraden schneiden sich in genau einem Punkt, wenn dieser Punkt mithilfe der Parameterdarstellungen der beiden Geraden darstellbar ist und die Richtungsvektoren keine Vielfachen voneinander sind.

Vorgehensweise zur Überprüfung der gegenseitigen Lage von Geraden

- Mit einem Blick kann man erkennen, ob die Richtungsvektoren $\vec{u}$, $\vec{v}$ der beiden Geraden Vielfache voneinander sind:
  Wenn dies der Fall ist, sind die beiden Geraden entweder identisch oder zueinander parallel.
  Wenn dies nicht der Fall ist, sind sie zueinander windschief oder haben genau einen Punkt gemeinsam.

- In einem zweiten Schritt überprüft man, ob das Gleichungssystem $\vec{a} + r \cdot \vec{u} = \vec{b} + s \cdot \vec{v}$ mit drei Gleichungen und zwei Variablen r, s eindeutig lösbar ist.
  Wenn dies der Fall ist, dann existiert ein gemeinsamer Punkt (ein Schnittpunkt) oder es existieren unendlich viele gemeinsame Punkte (identische Geraden).
  Wenn dies nicht der Fall ist, dann sind die Geraden zueinander parallel oder zueinander windschief.

Beispiel

Für die Geraden g_1: $\vec{x} = \begin{pmatrix} 1 \\ -2 \\ 2 \end{pmatrix} + r \cdot \begin{pmatrix} 2 \\ 1 \\ -1 \end{pmatrix}$, g_2: $\vec{x} = \begin{pmatrix} 2 \\ -1 \\ 2 \end{pmatrix} + s \cdot \begin{pmatrix} -4 \\ -2 \\ 2 \end{pmatrix}$, g_3: $\vec{x} = \begin{pmatrix} 1 \\ 3 \\ -3 \end{pmatrix} + t \cdot \begin{pmatrix} -1 \\ 2 \\ -2 \end{pmatrix}$,
g_4: $\vec{x} = \begin{pmatrix} 5 \\ 0 \\ 0 \end{pmatrix} + r \cdot \begin{pmatrix} 4 \\ 2 \\ -2 \end{pmatrix}$ gelten folgende Lagebeziehungen:

(1) Die Geraden g_1: $\vec{x} = \begin{pmatrix} 1 \\ -2 \\ 2 \end{pmatrix} + r \cdot \begin{pmatrix} 2 \\ 1 \\ -1 \end{pmatrix}$ und g_4: $\vec{x} = \begin{pmatrix} 5 \\ 0 \\ 0 \end{pmatrix} + r \cdot \begin{pmatrix} 4 \\ 2 \\ -2 \end{pmatrix}$ sind identisch, denn die Richtungsvektoren sind Vielfache voneinander und die Auf(hänge)punkte der Geraden lassen sich durch die jeweils andere Parameterdarstellung beschreiben:

$$\begin{pmatrix} 5 \\ 0 \\ 0 \end{pmatrix} = \begin{pmatrix} 1 \\ -2 \\ 2 \end{pmatrix} + 2 \cdot \begin{pmatrix} 2 \\ 1 \\ -1 \end{pmatrix} \text{ bzw. } \begin{pmatrix} 1 \\ -2 \\ 2 \end{pmatrix} = \begin{pmatrix} 5 \\ 0 \\ 0 \end{pmatrix} + (-1) \cdot \begin{pmatrix} 4 \\ 2 \\ -2 \end{pmatrix}.$$

(2) g_1 ist echt parallel zu g_2,
denn die beiden Richtungsvektoren sind Vielfache voneinander: $\begin{pmatrix} -4 \\ -2 \\ 2 \end{pmatrix} = (-2) \cdot \begin{pmatrix} 2 \\ 1 \\ -1 \end{pmatrix}$,
und der Auf(hänge)punkt von g_1 liegt nicht auf g_2, d. h. das Gleichungssystem

$$\begin{pmatrix} 1 \\ -2 \\ 2 \end{pmatrix} = \begin{pmatrix} 2 \\ -1 \\ 2 \end{pmatrix} + s \cdot \begin{pmatrix} -4 \\ -2 \\ 2 \end{pmatrix} \text{ hat keine Lösung: } \left| \begin{array}{c} 1 = 2 - 4s \\ -2 = -1 - 2s \\ 2 = 2 + 2s \end{array} \right| \Leftrightarrow \left| \begin{array}{c} -1 = -4s \\ -1 = -2s \\ 0 = s \end{array} \right| \Leftrightarrow \left| \begin{array}{l} s = \frac{1}{4} \\ s = \frac{1}{2} \\ s = 0 \end{array} \right|$$

(umgekehrt könnte man auch prüfen, ob der Auf(hänge)punkt von g_2 auf g_1 liegt).

(3) g_2 und g_3 sind nicht parallel zueinander und haben keinen gemeinsamen Punkt, sind also windschief zueinander, denn die Richtungsvektoren sind keine Vielfachen voneinander und das lineare Gleichungssystem mit drei Gleichungen und zwei Variablen hat keine Lösung:

$$\begin{pmatrix} 2 \\ -1 \\ 2 \end{pmatrix} + s \cdot \begin{pmatrix} -4 \\ -2 \\ 2 \end{pmatrix} = \begin{pmatrix} 1 \\ 3 \\ -3 \end{pmatrix} + t \cdot \begin{pmatrix} -1 \\ 2 \\ -2 \end{pmatrix} \Leftrightarrow \left| \begin{array}{c} 2 - 4s = 1 - t \\ -1 - 2s = 3 + 2t \\ 2 + 2s = -3 - 2t \end{array} \right| \Leftrightarrow \left| \begin{array}{l} -4s + t = -1 \\ 2s + 2t = -4 \\ 2s + 2t = -5 \end{array} \right|.$$

(4) g_1 und g_3 sind nicht parallel zueinander und haben (genau) einen Schnittpunkt
Das Gleichungssystem mit drei Gleichungen und zwei Variablen ist eindeutig lösbar:

$$\begin{pmatrix} 1 \\ -2 \\ 2 \end{pmatrix} + r \cdot \begin{pmatrix} 2 \\ 1 \\ -1 \end{pmatrix} = \begin{pmatrix} 1 \\ 3 \\ -3 \end{pmatrix} + t \cdot \begin{pmatrix} -1 \\ 2 \\ -2 \end{pmatrix} \Leftrightarrow \left| \begin{array}{c} 1 + 2r = 1 - t \\ -2 + r = 3 + 2t \\ 2 - r = -3 - 2t \end{array} \right| \Leftrightarrow \left| \begin{array}{c} 2r + t = 0 \\ r - 2t = 5 \\ -r + 2t = -5 \end{array} \right| \Leftrightarrow \left| \begin{array}{l} r = 1 \\ t = -2 \end{array} \right|.$$

Der Schnittpunkt $S(3|-1|1)$ wird bestimmt durch die beiden Parameterdarstellungen:

$$\vec{x} = \begin{pmatrix} 1 \\ -2 \\ 2 \end{pmatrix} + 1 \cdot \begin{pmatrix} 2 \\ 1 \\ -1 \end{pmatrix} = \begin{pmatrix} 3 \\ -1 \\ 1 \end{pmatrix} \text{ und } \vec{x} = \begin{pmatrix} 1 \\ 3 \\ -3 \end{pmatrix} + (-2) \cdot \begin{pmatrix} -1 \\ 2 \\ -2 \end{pmatrix} = \begin{pmatrix} 3 \\ -1 \\ 1 \end{pmatrix}.$$

Bei Verwendung des GTR kann man die Variablenbezeichnungen frei wählen. Auch müssen die Gleichungen vor der Eingabe nicht umgeformt werden. Lösung der linearen Gleichungssysteme zu (3), (4):

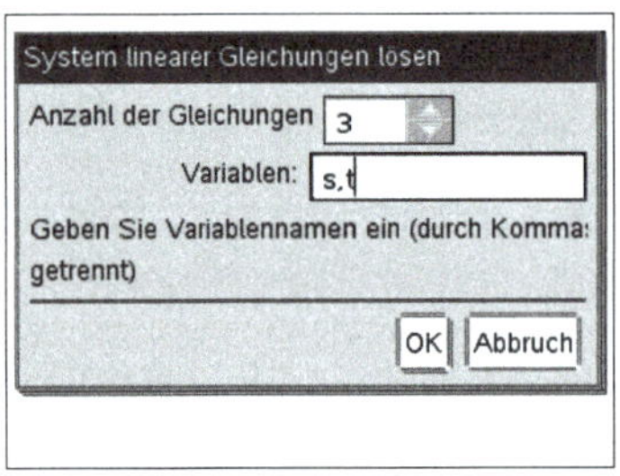

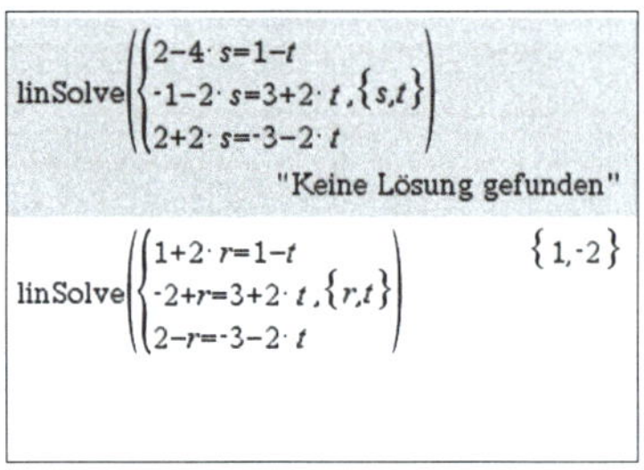

F3 Parameterdarstellungen für Ebenen aus drei gegebenen Punkten ermitteln sowie überprüfen, ob ein Punkt auf einer gegebenen Ebene liegt (Punktprobe) und die Ergebnisse im Sachzusammenhang interpretieren.

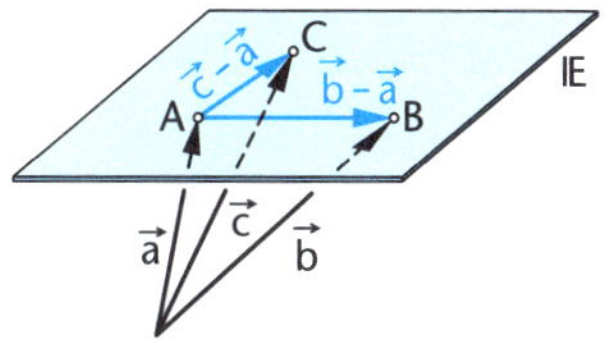

Drei Punkte $A(a_1|a_2|a_3)$, $B(b_1|b_2|b_3)$, $C(c_1|c_2|c_3)$, die nicht auf einer Geraden liegen, bestimmen eindeutig eine Ebene E. Ein Punkt X der Ebene kann beispielsweise dadurch dargestellt werden, dass man irgendeinen der drei Punkte als Auf(hänge)punkt der Ebene wählt und die Verbindungsvektoren zu den beiden anderen Punkten als Richtungsvektoren der Ebene (man sagt: diese spannen die Ebene auf).

$E\colon \vec{x} = \overrightarrow{OA} + r \cdot \overrightarrow{AB} + s \cdot \overrightarrow{AC} = \vec{a} + r \cdot (\vec{b} - \vec{a}) + s \cdot (\vec{c} - \vec{a})$

Punktprobe: Ein Punkt P liegt genau dann in der durch eine Parameterdarstellung gegebenen Ebene E, wenn seine Koordinaten die Parameterdarstellung erfüllen, d. h. wenn zwei Zahlen $r, s \in \mathbb{R}$ existieren, für die das folgende lineare Gleichungssystem mit drei Gleichungen und zwei Variablen erfüllt ist:

$$\begin{pmatrix} p_1 \\ p_2 \\ p_3 \end{pmatrix} = \begin{pmatrix} a_1 \\ a_2 \\ a_3 \end{pmatrix} + r \cdot \begin{pmatrix} b_1 - a_1 \\ b_2 - a_2 \\ b_3 - a_3 \end{pmatrix} + s \cdot \begin{pmatrix} c_1 - a_1 \\ c_2 - a_2 \\ c_3 - a_3 \end{pmatrix}$$

Ein Punkt liegt genau dann in dem Parallelogramm, das durch die Eckpunkte A, B, C bestimmt ist, wenn für die Parameter r, s der Parameterdarstellung $E\colon \vec{x} = \vec{a} + r \cdot (\vec{b} - \vec{a}) + s \cdot (\vec{c} - \vec{a})$ der Ebene E gilt: $0 \le r, s \le 1$.

Ein Punkt liegt genau dann in dem Dreieck ABC, wenn für die Parameter r, s der Parameterdarstellung $E\colon \vec{x} = \vec{a} + r \cdot (\vec{b} - \vec{a}) + s \cdot (\vec{c} - \vec{a})$ der Ebene E gilt: $0 \le r, s \le 1$ und $0 \le r + s \le 1$.

Beispiele

(1) Aus den Koordinaten der Punkte $A(2|2|4)$, $B(-1|5|2)$, $C(1|-2|-4)$ kann man beispielsweise die folgende Parameterdarstellung gewinnen:

$$E\colon \vec{x} = \begin{pmatrix} 2 \\ 2 \\ 4 \end{pmatrix} + r \cdot \begin{pmatrix} -1-2 \\ 5-2 \\ 2-4 \end{pmatrix} + s \cdot \begin{pmatrix} 1-2 \\ -2-2 \\ -4-4 \end{pmatrix} = \begin{pmatrix} 2 \\ 2 \\ 4 \end{pmatrix} + r \cdot \begin{pmatrix} -3 \\ 3 \\ -2 \end{pmatrix} + s \cdot \begin{pmatrix} -1 \\ -4 \\ -8 \end{pmatrix}.$$

Der Punkt $P(3|1|-2)$ liegt nicht in der Ebene E, da das Gleichungssystem keine Lösung hat:

$$\begin{pmatrix} 3 \\ 1 \\ -2 \end{pmatrix} = \begin{pmatrix} 2 \\ 2 \\ 4 \end{pmatrix} + r \cdot \begin{pmatrix} -3 \\ 3 \\ -2 \end{pmatrix} + s \cdot \begin{pmatrix} -1 \\ -4 \\ -8 \end{pmatrix} \Leftrightarrow \left| \begin{array}{r} 3r + s = -1 \\ 3r - 4s = -1 \\ 2r + 8s = 6 \end{array} \right| \Leftrightarrow \left| \begin{array}{r} r = -\frac{1}{3} \\ s = 0 \\ r + 4s = 3 \end{array} \right|$$

Hinweis: Aus den ersten beiden Gleichungen wurde die Lösung $r = -\frac{1}{3}$ und $s = 0$ gewonnen, die aber nicht die dritte Gleichung erfüllen.

(2) Der Punkt $P\left(-\frac{1}{2}\middle|2\middle|-\frac{4}{3}\right)$ liegt in dem Parallelogramm, das durch die Eckpunkte A, B, C bestimmt ist, aber nicht innerhalb des Dreiecks ABC:

Die Lösung des linearen Gleichungssystem ergibt nämlich die Parameterwerte $r = \frac{2}{3}$ und $s = \frac{1}{2}$, also $0 \le r,\ s \le 1$, aber $r + s > 1$.

$$\text{linSolve}\left(\begin{cases} 3=2-3\cdot r-s \\ 1=2+3\cdot r-4\cdot s \\ -2=4-2\cdot r-8\cdot s \end{cases},\{r,s\}\right)$$

"Keine Lösung gefunden"

$$\text{linSolve}\left(\begin{cases} \frac{-1}{2}=2-3\cdot r-s \\ 2=2+3\cdot r-4\cdot s \\ \frac{-4}{3}=4-2\cdot r-8\cdot s \end{cases},\{r,s\}\right) \quad \left\{\frac{2}{3},\frac{1}{2}\right\}$$

(3) Die Koordinatenebenen sind spezielle Ebenen. Sie lassen sich mithilfe folgender Parameterdarstellungen beschreiben:

x-y-Ebene: $\vec{x} = \begin{pmatrix}0\\0\\0\end{pmatrix} + r \cdot \begin{pmatrix}1\\0\\0\end{pmatrix} + s \cdot \begin{pmatrix}0\\1\\0\end{pmatrix}$; x-z-Ebene: $\vec{x} = \begin{pmatrix}0\\0\\0\end{pmatrix} + r \cdot \begin{pmatrix}1\\0\\0\end{pmatrix} + s \cdot \begin{pmatrix}0\\0\\1\end{pmatrix}$;

y-z-Ebene: $\vec{x} = \begin{pmatrix}0\\0\\0\end{pmatrix} + r \cdot \begin{pmatrix}0\\1\\0\end{pmatrix} + s \cdot \begin{pmatrix}0\\0\\1\end{pmatrix}$.

In Anwendungssituationen ist es oft einfacher, eine Bedingung für die Koordinaten zu beachten:
Punkt in der x-y-Ebene: Die z-Koordinate ist gleich null.
Punkt in der x-z-Ebene: Die y-Koordinate ist gleich null.
Punkt in der y-z-Ebene: Die x-Koordinate ist gleich null.

F4 Spurpunkte von Geraden sowie Spurpunkte und Spurgeraden von Ebenen bestimmen.

(1) Schnittpunkte einer Geraden g mit den Koordinatenebenen werden als **Spurpunkte der Geraden** bezeichnet. Diese Spurpunkte erfüllen sowohl die Parameterdarstellung der Geraden als auch die jeweilige Parameterdarstellung einer Koordinatenebene.

(2) Schnittpunkte einer Ebene E mit den Koordinatenachsen werden als **Spurpunkte der Ebene** bezeichnet. Diese Spurpunkte erfüllen sowohl die Parameterdarstellung der Ebene als auch die jeweilige Parameterdarstellung einer Koordinatenachse.

(3) Schnittgeraden einer Ebene E mit den Koordinatenebenen werden als **Spurgeraden der Ebene** bezeichnet. Die Punkte dieser Spurgeraden erfüllen sowohl die Parameterdarstellung der Ebene als auch die jeweilige Parameterdarstellung einer Koordinatenebene.

Um Spurpunkte von Geraden bzw. Ebenen oder Spurgeraden von Ebenen zu bestimmen, müssen also lineare Gleichungssysteme bestimmt werden.
Spurpunkte und Spurgeraden können dazu dienen, die zugehörigen Geraden und Ebenen in ein Schrägbild einzuzeichnen.

Beispiele

(1) Für eine Skizze der Geraden g, die durch die Parameterdarstellung $g\colon \vec{x} = \begin{pmatrix} 1 \\ 2 \\ 2 \end{pmatrix} + r \cdot \begin{pmatrix} 1 \\ -1 \\ -2 \end{pmatrix}$ gegeben ist, sollen die Spurpunkte bestimmt werden.

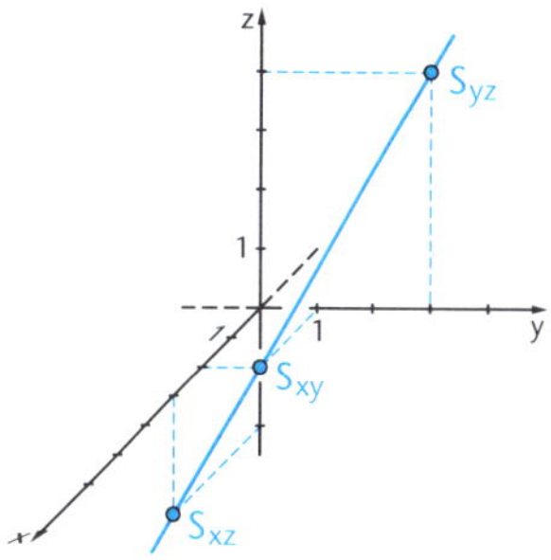

Der Schnittpunkt mit der x-y-Ebene lässt sich durch die Bedingung $z = 0$ charakterisieren, d. h. für den Parameter r muss gelten: $2 + r \cdot (-2) = 0$. Dies ist für $r = 1$ erfüllt. Einsetzen von $r = 1$ in die Parameterdarstellung ergibt den Spurpunkt $S_{xy}(2|1|0)$.

Analog ergibt sich als Bedingung für den Schnittpunkt mit der x-z-Ebene: $y = 0$, d. h. für den Parameter r muss gelten:
$2 + r \cdot (-1) = 0 \Leftrightarrow r = 2$.
Einsetzen von $r = 2$ in die Parameterdarstellung ergibt den Spurpunkt $S_{xz}(3|0|-2)$.
Bedingung für den Schnittpunkt mit der y-z-Ebene: $z = 0$, d. h. für den Parameter r muss gelten:
$1 + r \cdot 1 = 0 \Leftrightarrow r = -1$.
Einsetzen von $r = -1$ in die Parameterdarstellung ergibt den Spurpunkt $S_{yz}(0|3|4)$.

(2) Für die Skizze der Ebene, die durch die Parameterdarstellung $\vec{x} = \begin{pmatrix} 3 \\ 0 \\ 1 \end{pmatrix} + r \cdot \begin{pmatrix} 1 \\ 2 \\ 1 \end{pmatrix} + s \cdot \begin{pmatrix} -1 \\ 1 \\ 2 \end{pmatrix}$ gegeben ist, bestimmt man die Spurpunkte auf den Koordinatenachsen wie folgt:
Schnittpunkt mit der x-Achse: Die Bedingung $y = 0$ und $z = 0$ ergibt das Gleichungssystem

$$\left| \begin{matrix} 0 + 2r + 1s = 0 \\ 1 + 1r + 2s = 0 \end{matrix} \right| \Leftrightarrow \left| \begin{matrix} 2r + 1s = 0 \\ 1r + 2s = -1 \end{matrix} \right| \Leftrightarrow \left| \begin{matrix} r = \frac{1}{3} \\ s = -\frac{2}{3} \end{matrix} \right|$$

```
linSolve({2·r+1·s=0, 1·r+2·s=-1},{r,s})     {1/3, -2/3}
```

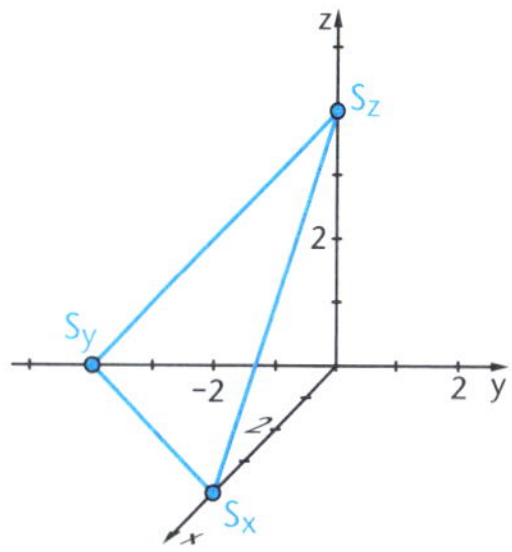

Einsetzen dieser Parameterwerte ergibt für die x-Koordinate des Punkts auf der x-Achse:

$x = 3 + \frac{1}{3} \cdot 1 - \frac{2}{3} \cdot (-1) = 4$; d. h. der Spurpunkt der Ebene auf der x-Achse ist $S_x(4|0|0)$. Analog bestimmt man die Spurpunkte $S_y(0|-4|0)$ und $S_z(0|0|4)$.

Die Geraden durch je zwei dieser Spurpunkte sind Spurgeraden der Koordinaten-Ebenen; sie lassen sich mithilfe folgender Parameterdarstellungen beschreiben:

$g_{xy}\colon \vec{x} = \begin{pmatrix} 4 \\ 0 \\ 0 \end{pmatrix} + r \cdot \begin{pmatrix} -4 \\ -4 \\ 0 \end{pmatrix}$; $g_{xz}\colon \vec{x} = \begin{pmatrix} 4 \\ 0 \\ 0 \end{pmatrix} + r \cdot \begin{pmatrix} -4 \\ 0 \\ 4 \end{pmatrix}$; $g_{yz}\colon \vec{x} = \begin{pmatrix} 0 \\ -4 \\ 0 \end{pmatrix} + r \cdot \begin{pmatrix} 0 \\ 4 \\ 4 \end{pmatrix}$.

(3) Verläuft eine Gerade parallel zu einer Koordinatenebene, dann besitzt sie i. A. zwei Spurpunkte, ist sie parallel zu einer Koordinatenachse, gibt es nur einen Spurpunkt.

Verläuft eine Ebene parallel zu einer Koordinatenebene, dann besitzt sie nur einen Spurpunkt; verläuft sie parallel zu einer Koordinatenachse, hat sie i. A. zwei Spurpunkte.

F5 Ebenen mithilfe von Koordinatengleichungen beschreiben und Darstellungen von Ebenen umwandeln.

(1) Parameterdarstellungen und Koordinatengleichungen

Eine Ebene im Raum kann beschrieben werden durch eine Parameterdarstellung der Form $\vec{x} = \vec{a} + r \cdot \vec{u} + s \cdot \vec{v}$ oder durch eine Koordinatengleichung $a x_1 + b x_2 + c x_3 = d$.

- Bei den Parameterdarstellungen wird beschrieben, wie man von einem Auf(hänge)-punkt A der Ebene mithilfe einer Summe von Vielfachen der beiden Richtungsvektoren $\vec{u}, \vec{v}$ der Ebene zu einem Punkt der Ebene kommt.
- An den Koordinatengleichungen kann man unmittelbar ablesen, welche Lage die Ebene im Koordinatensystem hat, d. h. welche Richtung der auf ihr senkrecht stehende Normalenvektor hat, nämlich $\vec{n} = \begin{pmatrix} a \\ b \\ c \end{pmatrix}$, und in welchen Punkten die Ebene ggf. die Koordinatenachsen und die Koordinatenebenen schneidet. Die Koordinatengleichung kann man auch in der Form $\vec{n} * (\vec{x} - \vec{p}) = 0$ oder $\vec{n} * \vec{x} = \vec{n} * \vec{p}$ schreiben, wobei P irgendein Punkt der Ebene ist.

(2) Koordinatengleichung in eine Parameterdarstellung umwandeln und umgekehrt

Ist eine Ebene durch eine Koordinatengleichung gegeben, dann findet man eine Parameterdarstellung für diese Ebene, indem man
- irgendwelche drei Punkte der Ebene wählt und hieraus eine Parameterdarstellung der Ebene bestimmt oder
- irgendeinen Punkt der Ebene wählt und irgend zwei (nicht zueinander parallele) Vektoren, die orthogonal zum Normalenvektor der Ebene sind.

Ist eine Ebene durch eine Parameterdarstellung gegeben, dann findet man eine Koordinatengleichung für diese Ebene, indem man einen Normalenvektor für die Ebene sucht, also einen Vektor, der orthogonal zu beiden Richtungsvektoren ist (einen solchen findet man durch Lösen eines entsprechenden Gleichungssystems mit zwei Gleichungen und drei Variablen oder mithilfe des Vektorprodukts, vgl. Basiswissen G6) und hiermit den Koeffizienten d der Koordinatengleichung bestimmt, wobei $d = \vec{a} * \vec{n}$.

(3) HESSE'sche Normalenform einer Ebenengleichung

Die HESSE'sche Normalenform ist eine besondere Form einer Koordinatengleichung der Ebene. Formt man die Gleichung $a x_1 + b x_2 + c x_3 = d$ um zu $a x_1 + b x_2 + c x_3 - d = 0$ und dividiert beide Seiten der Gleichung durch die Länge (den Betrag) des Normalenvektors $\vec{n} = \begin{pmatrix} a \\ b \\ c \end{pmatrix}$, dann erhält man die nach dem Mathematiker L. O. HESSE benannte Form:

$$\frac{a x_1 + b x_2 + c x_3 - d}{\sqrt{a^2 + b^2 + c^2}} = 0.$$

Diese Form der Ebenengleichung ist nützlich bei der Bestimmung des Abstands eines Punktes von einer Ebene (vgl. Basiswissen G3)

Beispiele

(1) Gegeben ist eine Ebene E durch eine Koordinatengleichung E: $3x_1 - 4x_2 + 2x_3 = 1$. Um eine Parameterdarstellung für die Ebene E zu bestimmen, sucht man einen Punkt der Ebene sowie zwei Vektoren, die orthogonal zum Normalenvektor $\vec{n} = \begin{pmatrix} 3 \\ -4 \\ 2 \end{pmatrix}$ sind. Die Koordinaten des Punktes P(1|1|1) erfüllen die Koordinatengleichung der Ebene, denn $3 - 4 + 2 = 1$. Zwei orthogonale Vektoren sind beispielsweise $\vec{u} = \begin{pmatrix} 4 \\ 3 \\ 0 \end{pmatrix}$ und $\vec{v} = \begin{pmatrix} 0 \\ 1 \\ 2 \end{pmatrix}$.
Daher ist E: $x = \begin{pmatrix} 1 \\ 1 \\ 1 \end{pmatrix} + r \cdot \begin{pmatrix} 4 \\ 3 \\ 0 \end{pmatrix} + s \cdot \begin{pmatrix} 0 \\ 1 \\ 2 \end{pmatrix}$ eine mögliche Parameterdarstellung der Ebene.

(2) Gegeben ist eine Parameterdarstellung einer Ebene E: $\vec{x} = \begin{pmatrix} 3 \\ 0 \\ 1 \end{pmatrix} + r \cdot \begin{pmatrix} 1 \\ 2 \\ 1 \end{pmatrix} + s \cdot \begin{pmatrix} -1 \\ 1 \\ 2 \end{pmatrix}$.

Um eine Koordinatengleichung der Ebene zu bestimmen, sucht man einen Normalenvektor der Ebene. Dessen Komponenten müssen das folgende Gleichungssystem mit zwei Gleichungen und drei Variablen erfüllen:

$$\vec{n} * \begin{pmatrix} 1 \\ 2 \\ 1 \end{pmatrix} = 0 \wedge \vec{n} * \begin{pmatrix} -1 \\ 1 \\ 2 \end{pmatrix} = 0 \Leftrightarrow \left| \begin{array}{r} n_1 + 2n_2 + n_3 = 0 \\ -n_1 + n_2 + 2n_3 = 0 \end{array} \right| \Leftrightarrow \left| \begin{array}{r} n_1 + 2n_2 + n_3 = 0 \\ 3n_2 + 3n_3 = 0 \end{array} \right|$$

$$\Leftrightarrow \left| \begin{array}{r} n_1 + 2n_2 + n_3 = 0 \\ n_2 = -n_3 \end{array} \right| \Leftrightarrow \left| \begin{array}{l} n_1 = n_3 \\ n_2 = -n_3 \end{array} \right|.$$

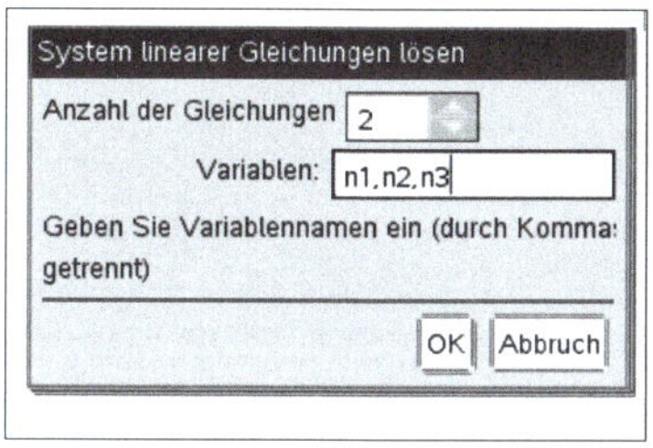

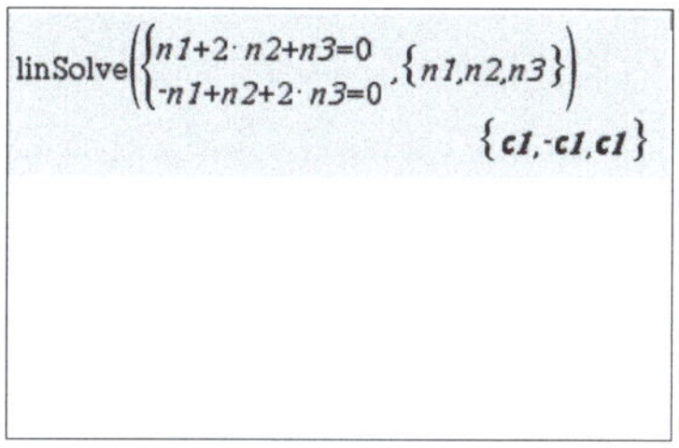

Der Vektor $\vec{n} = \begin{pmatrix} 1 \\ -1 \\ 1 \end{pmatrix}$ ist ein solcher Vektor. Wegen $d = \vec{n} * \vec{a} = \begin{pmatrix} 1 \\ -1 \\ 1 \end{pmatrix} * \begin{pmatrix} 3 \\ 0 \\ 1 \end{pmatrix} = 4$ ist $x_1 - x_2 + x_3 = 4$ eine Koordinatengleichung der Ebene.

(3) Aus der Ebenengleichung $3x_1 + 2x_2 - x_3 = 4$ erhält man nach Umformen die HESSE'sche Normalenform: $\frac{3x_1 + 2x_2 - x_3 - 4}{\sqrt{14}} = 0$.

(4) Die Ebene mit der Koordinatengleichung E: $2x_1 + 3x_2 = 6$ verläuft parallel zur z-Achse (hat also keinen Punkt mit dieser Achse gemeinsam). Sie hat die Spurpunkte $A_1(3|0|0)$ und $A_2(0|2|0)$.

F6 Schnittprobleme zwischen Geraden und Ebenen in Sachzusammenhängen (z. B. bei Schattenwürfen) untersuchen.

Zwischen einer Geraden g und einer Ebene E können folgende Lagebeziehungen bestehen:

(1) die Gerade g verläuft parallel zu E oder
(2) die Gerade g verläuft innerhalb der Ebene E oder
(3) die Gerade g durchstößt die Ebene E in genau einem Punkt.

Interpretiert man diese Fragestellung als Lösen eines linearen Gleichungssystems, dann bedeuten die drei Fälle: (1) das LGS hat keine Lösung, (2) das LGS hat unendlich viele Lösungen, (3) das LGS hat genau eine Lösung.

Will man nur die Frage klären, welche Lage vorliegt, und ist an dem konkreten Schnittpunkt im Fall (3) nicht interessiert, kann man zunächst prüfen, ob der Normalenvektor der Ebene orthogonal ist zum Richtungsvektor der Geraden. Wenn dies der Fall ist, kommen nur die Fälle (1) und (2) in Frage. Um zu entscheiden, welcher dieser beiden Fälle vorliegt, prüft man noch, ob der Auf(hänge)punkt der Geraden die Koordinatengleichung der Ebene erfüllt (Punktprobe).

Beispiele

(1) (GK) Gegeben ist die Gerade $g: \vec{x} = \begin{pmatrix}1\\2\\3\end{pmatrix} + r\cdot\begin{pmatrix}1\\-1\\1\end{pmatrix}$ und die Ebene $E: \vec{x} = \begin{pmatrix}2\\0\\1\end{pmatrix} + s\cdot\begin{pmatrix}1\\1\\5\end{pmatrix} + t\cdot\begin{pmatrix}0\\1\\1\end{pmatrix}$.

Gemeinsame Punkte müssen das lineare Gleichungssystem erfüllen, d. h. es muss gelten:

$$\left|\begin{array}{c}1+r=2+s\\2-r=s+t\\3+r=1+5s+t\end{array}\right| \Leftrightarrow \left|\begin{array}{c}r-s=1\\r+s+t=2\\r-5s-t=-2\end{array}\right| \Leftrightarrow \left|\begin{array}{c}r-s=1\\2s+t=1\\-4s-t=-3\end{array}\right| \Leftrightarrow \left|\begin{array}{c}r-s=1\\2s+t=1\\-2s=-2\end{array}\right| \Leftrightarrow \left|\begin{array}{c}r=2\\t=-1\\s=1\end{array}\right|$$

Einsetzen der Parameterwerte in die beiden Parameterdarstellungen ergibt die Koordinaten des Schnittpunkts:

$$x = \begin{pmatrix}1\\2\\3\end{pmatrix} + 2\cdot\begin{pmatrix}1\\-1\\1\end{pmatrix} = \begin{pmatrix}3\\0\\5\end{pmatrix} \text{ und (zur Kontrolle): } x = \begin{pmatrix}2\\0\\1\end{pmatrix} + 1\cdot\begin{pmatrix}1\\1\\5\end{pmatrix} + (-1)\cdot\begin{pmatrix}0\\1\\1\end{pmatrix} = \begin{pmatrix}3\\0\\5\end{pmatrix}.$$

$$\text{linSolve}\left(\begin{cases}1+r=2+s\\2-r=s+t\\3+r=1+5\cdot s+t\end{cases}, \{r,s,t\}\right) \quad \{2,1,-1\}$$

(2) Gegeben ist die Gerade $g\colon \vec{x} = \begin{pmatrix} 1 \\ -1 \\ -2 \end{pmatrix} + r \cdot \begin{pmatrix} 4 \\ -1 \\ 5 \end{pmatrix}$ und die Ebene $E\colon 4x_1 + x_2 - 3x_3 = 9$.

Einsetzen der Koordinatengleichungen aus der Parameterdarstellung der Geraden in die Koordinatengleichung der Ebene ergibt:

$4 \cdot (1 + 4r) + (-1 - r) - 3 \cdot (-2 + 5r) = 9 \Leftrightarrow 4 + 16r - 1 - r + 6 - 15r = 9 \Leftrightarrow 9 = 9.$

Da sich eine wahre Aussage ergibt, gibt es unendlich viele Lösungen, d. h. die Gerade verläuft innerhalb der Ebene.

Alternativ hätte man das folgende Gleichungssystem mit (eigentlich) vier Gleichungen und vier Variablen lösen können:

```
linSolve({4·x1+x2-3·x3=9
          x1=1+4·r
          x2=-1-r
          x3=-2+5·r      ,{x1,x2,x3,r})
                {4·c2+1,-c2-1,5·c2-2,c2}
```

Löst man das lineare Gleichungssystem mit 4 Gleichungen und 4 Variablen mit dem GTR, dann gibt dieser ebenfalls unendlich viele Lösungen an: Für r können beliebige Zahlen c2 eingesetzt werden, für x_1, x_2, x_3 gilt:

$x = \begin{pmatrix} 1 \\ -1 \\ -2 \end{pmatrix} + c2 \cdot \begin{pmatrix} 4 \\ -1 \\ 5 \end{pmatrix}.$

Dies ist genau die Parameterdarstellung der Geraden, d. h. die gemeinsamen Punkte von Gerade und Ebene sind genau die Punkte der Geraden.

(3) Die Bodenplatte eines Hauses ist in einem lokalen Koordinatensystem bestimmt durch die Eckpunkte A(3|1|0), B(11|−1|0), C(14|11|0), D(6|13|0). Die Seitenwände sind 6 m hoch; der Dachfirst hat die Eckpunkte E(7|0|10) und F(10|12|10) – Angaben in Metern. An welcher Stelle durchstößt der Kamin das Dach, der im Punkt K(10|2|0) auf die Bodenplatte gesetzt ist?
Die beiden Dachflächen werden aufgespannt durch den Firstvektor $\overrightarrow{EF} = \begin{pmatrix} 3 \\ 12 \\ 0 \end{pmatrix}$ und durch $\overrightarrow{EA_1} = \begin{pmatrix} 3 \\ 1 \\ 6 \end{pmatrix} - \begin{pmatrix} 7 \\ 0 \\ 10 \end{pmatrix} = \begin{pmatrix} -4 \\ 1 \\ -4 \end{pmatrix}$ bzw. $\overrightarrow{EB_1} = \begin{pmatrix} 11 \\ -1 \\ 6 \end{pmatrix} - \begin{pmatrix} 7 \\ 0 \\ 10 \end{pmatrix} = \begin{pmatrix} 4 \\ -1 \\ -4 \end{pmatrix}$, vgl. Abbildung bei (3).

Ein Normalenvektor der einen Dachfläche ist $\vec{x} = \begin{pmatrix} 16 \\ -4 \\ -17 \end{pmatrix}$,

ein Normalenvektor der anderen Dachfläche ist $\vec{x} = \begin{pmatrix} 16 \\ -4 \\ 17 \end{pmatrix}$.

Eine Koordinatengleichung der beiden Dachflächen ist (E lässt sich als Auf(hänge)punkt wählen): E_1: $16x_1 - 4x_2 - 17x_3 = \begin{pmatrix} 16 \\ -4 \\ -17 \end{pmatrix} * \begin{pmatrix} 7 \\ 0 \\ 10 \end{pmatrix} = -58$

bzw. E_2: $16x_1 - 4x_2 + 17x_3 = \begin{pmatrix} 16 \\ -4 \\ 17 \end{pmatrix} * \begin{pmatrix} 7 \\ 0 \\ 10 \end{pmatrix} = 282$.

Der Kamin kann durch die Gerade $\vec{x} = \begin{pmatrix} 10 \\ 2 \\ 0 \end{pmatrix} + r \cdot \begin{pmatrix} 0 \\ 0 \\ 1 \end{pmatrix} = \begin{pmatrix} 10 \\ 2 \\ r \end{pmatrix}$ beschrieben werden.

Nach Lage im Grundriss wird der Kamin aus der „rechten" Dachhälfte heraustreten; man bestimmt also den Schnittpunkt mit der Ebene E_2: $16 \cdot 10 - 4 \cdot 2 + 17 \cdot r = 282$, d.h. $17r = 130$, also $r = 130/17 \approx 7{,}65$.
Der Kamin tritt „im Punkt" $K'(10|2|7{,}65)$ aus der Dachfläche heraus.

(4) Das Haus aus (2) wirft bei Sonnenschein einen Schatten; zu einem bestimmten Zeitpunkt liegt der Schatten des Firstpunktes E in $E'(20|-20|0)$. Bestimme den Schattenbereich des Hauses.
Sonnenstrahlen verlaufen parallel zum Vektor $\overrightarrow{EE'} = \begin{pmatrix} 20 \\ -20 \\ 0 \end{pmatrix} - \begin{pmatrix} 7 \\ 0 \\ 10 \end{pmatrix} = \begin{pmatrix} 13 \\ -20 \\ -10 \end{pmatrix}$.

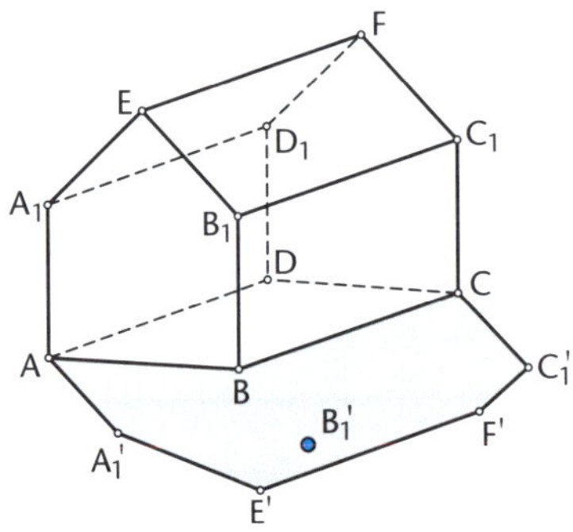

Der Sonnenstrahl vom First-Eckpunkt F schneidet in
$F'(10 + 13|12 - 20|10 - 10) = (23|-8|0)$.
Der Sonnenstrahl vom Punkt $A_1(3|1|6)$ erzeugt eine Gerade mit der Parameterdarstellung:

$\vec{x} = \begin{pmatrix} 3 \\ 1 \\ 6 \end{pmatrix} + r \cdot \begin{pmatrix} 13 \\ -20 \\ -10 \end{pmatrix}$.

Diese schneidet die x-y-Ebene, wenn $6 + r \cdot (-10) = 0$, also wenn $r = 0{,}6$.

Das Schattenbild von A_1 ist also:
$A_1'(3 + 0{,}6 \cdot 13|1 + 0{,}6 \cdot (-20)|6 + 0{,}6 \cdot (-10)) = (10{,}8|-11|0)$.

Analog ergibt sich das Schattenbild von C_1: $C_1'(21{,}8|-1|0)$ bzw. von B_1: $B_1'(18{,}8|-13|0)$.
In der Zeichnung erkennt man, dass der Punkt B_1' im Schattenbereich des Hauses liegt.

F7 nur eA: Ebenen auf ihre gegenseitige Lage untersuchen und möglicherweise vorhandene Schnittgeraden bestimmen.

Zwei Ebenen E_1 und E_2 im Raum sind entweder (1) zueinander parallel oder (2) identisch oder (3) haben eine Schnittgerade gemeinsam.
Wenn die Normalenvektoren der beiden Ebenen Vielfache voneinander sind, liegt Fall (1) oder Fall (2) vor; dann wählt man irgendeinen Punkt der einen Ebene aus und prüft, ob dieser in der anderen Ebene liegt. Falls dies der Fall ist, sind die Ebenen identisch, sonst zueinander parallel.
Wenn die beiden Normalenvektoren nicht Vielfache voneinander sind, muss es eine Schnittgerade geben. Deren Parameterdarstellung erhält man aus dem Gleichungssystem, das sich aus den Darstellungen der beiden Ebenen ergibt:

Aufgabentyp 1: Die beiden Ebenen sind durch Koordinatengleichungen gegeben:

$$\left| \begin{array}{l} a_1 x_1 + b_1 x_2 + c_1 x_3 = d_1 \\ a_2 x_1 + b_2 x_2 + c_2 x_3 = d_2 \end{array} \right|$$ ist ein Gleichungssystem mit zwei Gleichungen und drei

Variablen (x_1, x_2, x_3), das entweder keine Lösung hat (Ebenen parallel) oder nach Umformung zu zwei identischen Gleichungen führt (beide Ebenen sind identisch) oder als Lösungsmenge eine Parameterdarstellung mit einem Parameter hat, also die Darstellung einer Geraden.

Aufgabentyp 2: Die eine Ebene ist durch eine Koordinatengleichung gegeben und die andere durch eine Parameterdarstellung:

$$\left| \begin{array}{l} a x_1 + b x_2 + c x_3 = d \\ x_1 = e_1 + r \cdot u_1 + s \cdot v_1 \\ x_2 = e_2 + r \cdot u_2 + s \cdot v_2 \\ x_3 = e_3 + r \cdot u_3 + s \cdot v_3 \end{array} \right|$$ ist eigentlich ein Gleichungssystem mit vier Gleichungen und fünf Variablen (x_1, x_2, x_3, r, s).

Wenn man die drei unteren Gleichungen in die obere Gleichung einsetzt, erhält man entweder eine falsche Aussage (Ebenen zueinander parallel) oder eine wahre Aussage (Ebenen identisch) oder eine Beziehung zwischen r und s. Ersetzt man dann in der Parameterdarstellung der einen Ebene beispielsweise den Parameter s durch einen Term, der die Variable r enthält, bleibt eine Parameterdarstellung von Punkten im Raum mit einem Parameter, also die Darstellung einer Geraden – der Schnittgeraden der beiden Ebenen.

Aufgabentyp 3: Beide Ebenen sind durch eine Parameterdarstellung gegeben: Man wandelt eine Parameterdarstellung in die Koordinatenform um (vgl. Basiswissen F4) und geht dann wie beim Aufgabentyp 2 vor.

Beispiele

(1) Die beiden Ebenen sind durch Koordinatengleichungen gegeben; sie sind offensichtlich weder identisch noch zueinander parallel:

$$\left| \begin{array}{l} x_1 + x_2 - x_3 = 1 \\ 4x_1 - x_2 - x_3 = 3 \end{array} \right| \Leftrightarrow \left| \begin{array}{l} x_1 + x_2 - x_3 = 1 \\ 5x_1 - 2x_3 = 4 \end{array} \right| \Leftrightarrow \left| \begin{array}{c} -2x_1 - 2x_2 + 2x_3 = -2 \\ 5x_1 - 2x_3 = 4 \end{array} \right|$$

$$\Leftrightarrow \left| \begin{array}{l} 3x_1 - 2x_2 = 2 \\ 5x_1 - 2x_3 = 4 \end{array} \right| \Leftrightarrow \left| \begin{array}{l} x_2 = 1{,}5x_1 - 1 \\ x_3 = 2{,}5x_1 - 2 \end{array} \right|.$$

Mit $x_1 = r$ ergibt sich die Schnittgerade: $\vec{x} = \begin{pmatrix} x_1 \\ x_2 \\ x_3 \end{pmatrix} = \begin{pmatrix} r \\ 1{,}5r - 1 \\ 2{,}5r - 2 \end{pmatrix} = \begin{pmatrix} 0 \\ -1 \\ -2 \end{pmatrix} + r \cdot \begin{pmatrix} 1 \\ 1{,}5 \\ 2{,}5 \end{pmatrix}$

Lösung mit dem GTR: Der Lösungsvektor $x = \begin{pmatrix} \frac{4}{5} \\ \frac{1}{5} \\ 0 \end{pmatrix} + c3 \cdot \begin{pmatrix} \frac{2}{5} \\ \frac{3}{5} \\ 1 \end{pmatrix}$ beschreibt dieselbe Gerade:

Der Richtungsvektor ergibt sich aus dem oben angegebenen durch Multiplikation mit 0,4; setzt man in der o. a. Parameterdarstellung den Parameterwert r = 0,8 ein, dann erhält man den Auf(hänge)punkt $(0\,|-1\,|-2)$.

$$\text{linSolve}\left(\begin{cases} x1+x2-x3=1 \\ 4\cdot x1-x2-x3=3 \end{cases},\{x1,x2,x3\}\right)$$
$$\left\{\frac{2\cdot c3}{5}+\frac{4}{5},\frac{3\cdot c3}{5}+\frac{1}{5},c3\right\}$$

(2) Die eine Ebene ist durch eine Koordinatengleichung gegeben und die andere durch eine Parameterdarstellung: E_1: $x_1 + x_2 + x_3 = 5$ und E_2: $\vec{x} = \begin{pmatrix} 1 \\ 3 \\ 1 \end{pmatrix} + r \cdot \begin{pmatrix} 2 \\ 1 \\ 0 \end{pmatrix} + s \cdot \begin{pmatrix} 1 \\ -1 \\ 1 \end{pmatrix} = \begin{pmatrix} 1+2r+s \\ 2+r-s \\ 1+s \end{pmatrix}$.

Der Normalenvektor von E_1 ist nicht orthogonal zu den beiden Richtungsvektoren von E_2: $\begin{pmatrix} 1 \\ 1 \\ 1 \end{pmatrix} * \begin{pmatrix} 2 \\ 1 \\ 0 \end{pmatrix} = 3 \wedge \begin{pmatrix} 1 \\ 1 \\ 1 \end{pmatrix} * \begin{pmatrix} 1 \\ -1 \\ 1 \end{pmatrix} = 1$,

daher muss eine Schnittgerade vorliegen. Einsetzen der drei Koordinatengleichungen für x_1, x_2, x_3 aus der Parameterdarstellung von E_2 in die Koordinatengleichung von E_1 ergibt: $(1+2r+s)+(2+r-s)+(1+s)=5 \Leftrightarrow 4+3r+s=5 \Leftrightarrow s=1-3r$,
und Rückeinsetzen in die Parameterdarstellung von E_2 ergibt eine Parameterdarstellung für die Schnittgerade:

$$\vec{x} = \begin{pmatrix} 1 \\ 3 \\ 1 \end{pmatrix} + r \cdot \begin{pmatrix} 2 \\ 1 \\ 0 \end{pmatrix} + (-3r) \cdot \begin{pmatrix} 1 \\ -1 \\ 1 \end{pmatrix} = \begin{pmatrix} 1+2r-3r \\ 3+r+3r \\ 1-3r \end{pmatrix} = \begin{pmatrix} 1 \\ 3 \\ 1 \end{pmatrix} + r \cdot \begin{pmatrix} -1 \\ 4 \\ -3 \end{pmatrix}$$

F8 nur eA: Geraden- und Ebenenscharen innermathematisch und in Sachzusammenhängen untersuchen.

Unter einer Geraden- bzw. Ebenenschar versteht man eine Menge verschiedener Geraden bzw. Ebenen, deren Gleichungen sich in mindestens einem Parameter, dem sogenannten Scharparameter, unterscheiden.

Aufgabenstellungen im Zusammenhang mit Scharen bestehen meist darin, die gemeinsamen Eigenschaften der Geraden bzw. Ebenen zu untersuchen.

Die Geraden einer Schar können z. B. alle einen gemeinsamen Punkt besitzen (Geradenbündel) oder in einer gemeinsamen Ebene liegen. Bei einer Parallelenschar haben alle Geraden dieselbe Richtung.

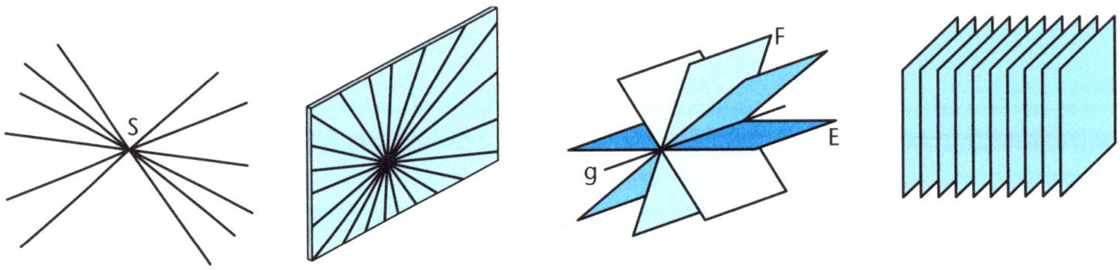

Die Ebenen einer Schar können beispielsweise alle durch einen bestimmten Punkt verlaufen (Ebenenbündel), eine gemeinsame Schnittgerade, auch Trägergerade genannt, haben (Ebenenbüschel), oder parallel zueinander liegen (Parallelenschar).

Beispiel *Geradenschar*

Gegeben sei die Geradenschar $g_a\colon \vec{x} = \begin{pmatrix} 0 \\ 2 \\ 0 \end{pmatrix} + r \cdot \begin{pmatrix} -1 \\ 4-a \\ a \end{pmatrix}$ mit $a, r \in \mathbb{R}$;

alle Geraden verlaufen durch den Punkt S(0|2|0).

Alle Geraden liegen in einer Ebene, wie man erkennt, wenn man die Parameterdarstellung umformt:

$$\vec{x} = \begin{pmatrix} 0 \\ 2 \\ 0 \end{pmatrix} + r \cdot \begin{pmatrix} -1 \\ 4 \\ 0 \end{pmatrix} + (r \cdot a) \cdot \begin{pmatrix} 0 \\ -1 \\ 1 \end{pmatrix} = \begin{pmatrix} 0 \\ 2 \\ 0 \end{pmatrix} + r \cdot \begin{pmatrix} -1 \\ 4 \\ 0 \end{pmatrix} + s \cdot \begin{pmatrix} 0 \\ -1 \\ 1 \end{pmatrix}.$$

Gesucht ist diejenige Gerade g_a aus der Schar, welche durch den Punkt Q(1|3|−5) verläuft.
Die Punktprobe liefert das folgende Gleichungssystem:

$$\left| \begin{array}{r} -r = 1 \\ 2 + (4-a) \cdot r = 3 \\ a \cdot r = -5 \end{array} \right| \Leftrightarrow \left| \begin{array}{r} r = -1 \\ 2 + (4-a) \cdot r = 3 \\ a \cdot r = -5 \end{array} \right|$$

Aus der 1. Zeile des Gleichungssystems ergibt sich $r = -1$. Setzt man dies in die 3. Zeile des Gleichungssystems ein. so erhält man $a = 5$. Durch Einsetzen überprüft man, ob auch die Gleichung in der 2. Zeile des Gleichungssystems für $r = -1$ und $a = 5$ erfüllt ist. Es ergibt sich eine wahre Aussage, d. h. die Gerade g_5 mit der

Parameterdarstellung $g_5\colon \vec{x} = \begin{pmatrix} 0 \\ 2 \\ 0 \end{pmatrix} + r \cdot \begin{pmatrix} -1 \\ -1 \\ 5 \end{pmatrix}$ mit $r \in \mathbb{R}$ verläuft durch den Punkt Q(1|3|−5).

Beispiel *Ebenenschar*

Wenn eine Ebenenschar durch eine Parameterdarstellung gegeben ist, dann lassen sich gemeinsame Eigenschaften leicht ablesen:
Tritt der Scharparameter nur in einem der Richtungsvektoren auf, dann liegt ein Ebenenbüschel vor, z. B. hat die Ebenenschar

$E_a\colon \vec{x} = \begin{pmatrix} 2 \\ 1 \\ -1 \end{pmatrix} + r \cdot \begin{pmatrix} 1 \\ -1 \\ 2 \end{pmatrix} + s \cdot \begin{pmatrix} a \\ 1 \\ 0 \end{pmatrix}$ die Gerade $g\colon \begin{pmatrix} 2 \\ 1 \\ -1 \end{pmatrix} + r \cdot \begin{pmatrix} 1 \\ -1 \\ 2 \end{pmatrix}$ als gemeinsame Gerade.

Tritt der Scharparameter nur in beiden Richtungsvektoren auf, dann liegt ein Ebenenbündel vor, z. B. hat die Ebenenschar

$E_{a,b}\colon \vec{x} = \begin{pmatrix} 1 \\ 3 \\ 1 \end{pmatrix} + r \cdot \begin{pmatrix} a \\ 0 \\ -1 \end{pmatrix} + s \cdot \begin{pmatrix} 2 \\ b \\ 1 \end{pmatrix}$ den Punkt P (1|3|1) gemeinsam.

F9 Lineare Gleichungssysteme systematisch lösen.

Lineare Gleichungssysteme (LGS) **mit n Variablen** bestehen aus zwei oder mehreren linearen Gleichungen, die gleichzeitig erfüllt sein sollen. Sofern eine Lösung existiert oder unendlich viele Lösungen existieren, lassen sich diese wie Punkte $(x_1, x_2, \ldots, x_n)$ im n-dimensionalen Raum notieren

Ein lineares Gleichungssystem kann man durch **elementare Zeilenumformungen** (EZU) vereinfachen (GAUSS'sches Lösungsverfahren). Bei den Umformungen darf man nur dann eine Gleichung weglassen, wenn zwei identische Gleichungen auftreten, oder wenn in einer Zeile eine wahre Aussage (wie beispielsweise 0 = 0) entsteht.
Durch folgende elementare Zeilenumformungen wird die Lösungsmenge eines Gleichungssystems nicht verändert:
- Multiplikation einer Zeile mit einem Faktor (ungleich null)
- Addition des Vielfachen einer Zeile zu einer anderen Zeile
- Vertauschen von Zeilen

Am Übersichtlichsten ist es, wenn man die Gleichungen des Systems in Form einer Tabelle (als **erweiterte Koeffizientenmatrix**) notiert. Ziel der elementaren Zeilenumformungen ist es, im linken Teil der erweiterten Koeffizientenmatrix
- eine **Dreiecksform** (ref = Row Echelon Form) zu erzeugen, so dass man die Lösungen von unten nach oben ablesen bzw. berechnen kann, oder
- eine **Diagonalform** (rref = Reduced Row Echelon Form) herzustellen, aus der sich die Lösungen unmittelbar ergeben.

(1) **Lineare Gleichungssysteme mit *zwei* Variablen**
Folgende Fälle sind zu unterscheiden:
(a) Zwei Gleichungen:
  - das LGS hat eine eindeutig bestimmte Lösung;
  - das LGS hat keine Lösung (bei den EZU entsteht in einer Zeile eine falsche Aussage);
  - das LGS hat unendlich viele Lösungen (bei den EZU entfällt eine Zeile, da zwei identische Zeilen entstehen oder in einer Zeile eine wahre Aussage).

(b) Drei oder mehr Gleichungen (überbestimmtes Gleichungssystem):
  - das LGS hat eine eindeutig bestimmte Lösung (bei den EZU bleiben zwei Gleichungen übrig, aus denen das Lösungspaar abgelesen werden kann);
  - das LGS hat keine Lösung (bei den EZU tritt eine falsche Aussage auf);
  - das LGS hat unendlich viele Lösungen (bei den EZU bleibt nur eine Zeile übrig).

(2) **Lineare Gleichungssysteme mit *drei* Variablen**
Folgende Fälle sind zu unterscheiden:
(a) Zwei Gleichungen (unterbestimmtes Gleichungssystem).
(b) Drei Gleichungen:
- das LGS hat eine eindeutig bestimmte Lösung;
- das LGS hat unendlich viele Lösungen (bei den EZU bleiben zwei Gleichungen oder sogar nur eine Gleichung übrig, aus denen das Lösungstripel abgelesen werden kann);
- das LGS hat keine Lösung (bei den EZU tritt eine falsche Aussage auf).

(c) Vier oder mehr Gleichungen (überbestimmtes Gleichungssystem):
  - das LGS hat eine eindeutig bestimmte Lösung (bei den EZU bleiben drei Gleichungen übrig, aus denen das Lösungstripel abgelesen werden kann);
  - das LGS hat unendlich viele Lösungen (bei den EZU bleiben entweder zwei Gleichungen übrig oder bei den EZU bleibt nur eine Gleichung übrig);
  - das LGS hat keine Lösung (bei den EZU tritt eine falsche Aussage auf).

Beispiele zu (1)

(a) $\left|\begin{matrix} 2x_1 - 3x_2 = 1 \\ 4x_1 + 1x_2 = 9 \end{matrix}\right|$ notierenwir als erweiterte Koeffizientenmatrix in der Form $\left|\begin{matrix} 2 & -3 \\ 4 & 1 \end{matrix}\middle|\begin{matrix} 1 \\ 9 \end{matrix}\right|$.

EZU: Multipliziert man die 1. Zeile mit 0,5, dann entsteht in der Diagonale eine Eins (Normierung der 1. Zeile); multipliziert man die 1. Zeile mit (– 2) und addiert sie zur 2. Zeile, dann entsteht in der 1. Spalte eine Null.

$$\left|\begin{matrix} 2 & -3 \\ 4 & 1 \end{matrix}\middle|\begin{matrix} 1 \\ 9 \end{matrix}\right| \quad \cdot 0{,}5 \quad \cdot(-2) \oplus \quad \Leftrightarrow \quad \left|\begin{matrix} 1 & -1{,}5 \\ 0 & 7 \end{matrix}\middle|\begin{matrix} 0{,}5 \\ 7 \end{matrix}\right|$$

Da die Matrix links Dreiecksgestalt hat, kann man in der unteren Zeile ablesen $7x_2 = 7$, also $x_2 = 1$. Setzt man dies in die 1. Zeile ein, dann ergibt sich: $1 \cdot x_1 - 1{,}5 \cdot 1 = 0{,}5 \Leftrightarrow x_1 = 2$. Die Lösung ist also das Paar $(2\,|\,1)$.

Man kann aber auch die EZU fortsetzen und erhält:

$$\left|\begin{matrix} 1 & -1{,}5 \\ 0 & 7 \end{matrix}\middle|\begin{matrix} 0{,}5 \\ 7 \end{matrix}\right| \quad \cdot\frac{1}{7} \quad \cdot\frac{3}{14} \oplus \quad \Leftrightarrow \quad \left|\begin{matrix} 1 & 0 \\ 0 & 1 \end{matrix}\middle|\begin{matrix} 2 \\ 1 \end{matrix}\right|$$

Aus diesem LGS, bei dem die Matrix links Diagonalgestalt hat, kann man unmittelbar das Lösungspaar $(2\,|\,1)$ ablesen.

(b) $\left|\begin{matrix} 1x_1 - 2x_2 = -8 \\ 2x_1 + 1x_2 = -1 \\ -1x_1 + 3x_2 = 11 \end{matrix}\right|$

Aus dem überbestimmten Gleichungssystem mit drei Gleichungen und zwei Variablen ergibt sich nach EZU

$$\left|\begin{matrix} 1 & -2 \\ 2 & 1 \\ -1 & 3 \end{matrix}\middle|\begin{matrix} -8 \\ -1 \\ 11 \end{matrix}\right| \quad \cdot(-2) \oplus \; \oplus \quad \Leftrightarrow \quad \left|\begin{matrix} 1 & -2 \\ 0 & 5 \\ 0 & 1 \end{matrix}\middle|\begin{matrix} -8 \\ 15 \\ 3 \end{matrix}\right| \quad \cdot\frac{1}{5} \quad \cdot\frac{2}{5} \oplus \quad \cdot\left(-\frac{1}{5}\right) \oplus \quad \Leftrightarrow \quad \left|\begin{matrix} 1 & 0 \\ 0 & 1 \\ 0 & 0 \end{matrix}\middle|\begin{matrix} -2 \\ 3 \\ 0 \end{matrix}\right|$$

Nach drei Schritten erhält man eine Matrix in Diagonalgestalt, aus der sich das Lösungspaar $(-2\,|\,3)$ ablesen lässt, sowie eine Zeile, in der die wahre Aussage $0 = 0$ steht.

Eine Änderung bei der 3. Gleichung des LGS kann folgende Wirkung haben:
EZU beim LGS führen schließlich zu einem Gleichungssystem, bei dem in der 3. Zeile eine falsche Aussage steht. Daher besitzt dieses LGS keine Lösung.

$$\left|\begin{matrix} 1x_1 - 2x_2 = -8 \\ 2x_1 + 1x_2 = -1 \\ 1x_1 + 2x_2 = 5 \end{matrix}\right| \Leftrightarrow \ldots \Leftrightarrow \left|\begin{matrix} 1 & 0 \\ 0 & 1 \\ 0 & 0 \end{matrix}\middle|\begin{matrix} -2 \\ 3 \\ 1 \end{matrix}\right|$$

Beispiele zu (2)

(a) $\left|\begin{matrix} 1x_1 - 3x_2 + 1x_3 = 1 \\ 2x_1 + 0x_2 - 2x_3 = 3 \end{matrix}\right|$

Das LGS mit zwei Gleichungen und drei Variablen notiert man als erweiterte Koeffizientenmatrix in der Form

$$\left|\begin{matrix} 1 & -3 & 1 \\ 2 & 0 & -2 \end{matrix}\middle|\begin{matrix} 1 \\ 3 \end{matrix}\right| \quad \cdot(-2) \oplus \quad \Leftrightarrow \quad \left|\begin{matrix} 1 & -3 & 1 \\ 0 & 6 & -4 \end{matrix}\middle|\begin{matrix} 1 \\ 1 \end{matrix}\right| \quad \cdot\frac{1}{6} \quad \cdot\frac{1}{2} \oplus \quad \Leftrightarrow \quad \left|\begin{matrix} 1 & 0 & -1 \\ 0 & 1 & -\frac{2}{3} \end{matrix}\middle|\begin{matrix} 1{,}5 \\ \frac{1}{6} \end{matrix}\right|$$

Aus der umgeformten erweiterten Koeffizientenmatrix in Diagonalform liest man eine Parameterdarstellung für die unendlich vielen Lösungstripel ab: $(x_1\,|\,x_2\,|\,x_3)$ mit

$x_1 = 1{,}5 + x_3$ und $x_2 = \frac{1}{6} + \frac{2}{3}x_3$, wobei $x_3 \in \mathbb{R}$ beliebig gewählt werden kann.

(b) $\left|\begin{array}{l} 1x_1 - 2x_2 + x_3 = 0 \\ 3x_1 - 1x_2 + 2x_3 = 7 \\ 1x_1 + 2x_2 - x_3 = 2 \end{array}\right|$

Das LGS mit drei Gleichungen und drei Variablen notiert man als erweiterte Koeffizientenmatrix in der Form

$$\left|\begin{array}{rrr|r} 1 & -2 & 1 & 0 \\ 3 & -1 & 2 & 7 \\ 1 & 2 & -1 & 2 \end{array}\right| \quad \cdot(-3) \;\; \cdot(-1) \quad \Leftrightarrow \quad \left|\begin{array}{rrr|r} 1 & -2 & 1 & 0 \\ 0 & 5 & -1 & 7 \\ 0 & 4 & -2 & 2 \end{array}\right| \quad \cdot\frac{1}{5} \;\; \cdot\frac{2}{5} \;\; \cdot\left(-\frac{4}{5}\right)$$

$$\left|\begin{array}{rrr|r} 1 & 0 & 0{,}6 & 2{,}8 \\ 0 & 1 & -0{,}2 & 1{,}4 \\ 0 & 0 & -1{,}2 & -3{,}6 \end{array}\right| \quad \cdot\left(-\frac{5}{6}\right) \;\; \cdot\frac{1}{2} \;\; \cdot\left(-\frac{1}{6}\right) \quad \Leftrightarrow \quad \left|\begin{array}{rrr|r} 1 & 0 & 0 & 1 \\ 0 & 1 & 0 & 2 \\ 0 & 0 & 1 & 3 \end{array}\right|$$

Aus der umgeformten erweiterten Koeffizientenmatrix in Diagonalform liest man das eindeutig bestimmte Lösungstripel ab: $(1|2|3)$.

(c) $\left|\begin{array}{l} 1x_1 + 1x_2 + 2x_3 = 4 \\ 2x_1 - 1x_2 + 1x_3 = 5 \\ 1x_1 - 2x_2 - x_3 = 1 \\ 1x_1 + 3x_2 + 4x_3 = 6 \end{array}\right| \Leftrightarrow \ldots \Leftrightarrow \left|\begin{array}{rrr|r} 1 & 0 & 1 & 3 \\ 0 & 1 & 1 & 1 \\ 0 & 0 & 0 & 0 \\ 0 & 0 & 0 & 0 \end{array}\right|$

Aus der erweiterten Koeffizientenmatrix in Diagonalform liest man eine Parameterdarstellung für die unendlich vielen Lösungstripel ab: $(x_1|x_2|x_3)$ mit $x_1 = 3 - x_3$ und $x_2 = 1 - x_3$, wobei $x_3 \in \mathbb{R}$ beliebig gewählt werden kann.

G1 Winkel zwischen zwei Vektoren, Schnittwinkel zwischen zwei Geraden, zwischen zwei Ebenen sowie zwischen einer Gerade und einer Ebene berechnen.

Für das Skalarprodukt zweier Vektoren $\vec{u}, \vec{v}$ gilt (vgl. Basiswissen E2): $\vec{u} * \vec{v} = |\vec{u}| \cdot |\vec{v}| \cdot \cos(\varphi)$, wobei φ der von den beiden Vektoren aufgespannte Winkel ist.

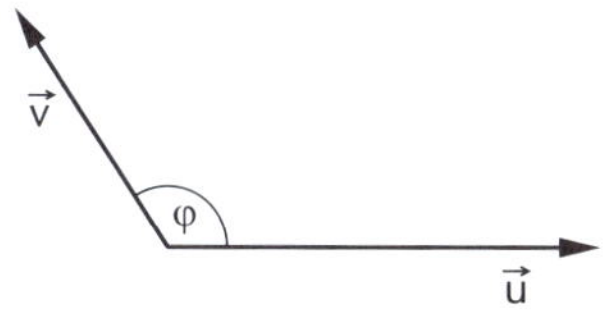

Daher lässt sich mithilfe von $\cos(\varphi) = \frac{\vec{u} * \vec{v}}{|\vec{u}| \cdot |\vec{v}|}$ die Größe dieses Richtungsunterschieds φ bestimmen, wobei $0° \leq \varphi \leq 180°$.

(1) **Winkel zwischen Geraden:** Da die Richtung von Geraden durch ihre Richtungsvektoren $\vec{u}_1, \vec{u}_2$ bestimmt wird, ergibt sich der Winkel zwischen zwei sich schneidenden Geraden durch die Gleichung:

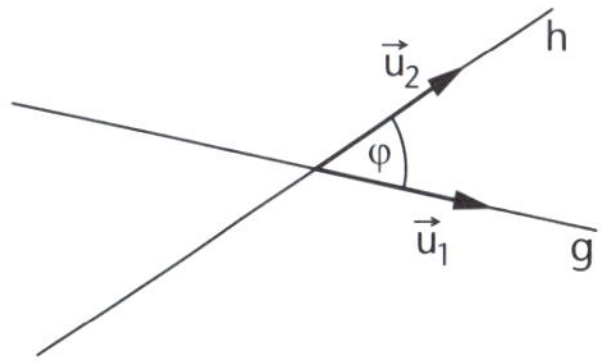

$$\cos(\varphi) = \frac{|\vec{u}_1 * \vec{u}_2|}{|\vec{u}_1| \cdot |\vec{u}_2|},$$

wobei $0° \leq \varphi \leq 90°$.

Durch die Betragsbildung im Zähler wird der kleinere der beiden Winkel zwischen den Geraden ausgewählt.
Man beachte: Winkel in Vielecken, z. B. in Dreiecken, werden durch die Richtungsunterschiede zwischen Verbindungsvektoren bestimmt – hier sind Winkel über 90° möglich!

(2) **Winkel zwischen Ebenen:** Da die Normalenvektoren $\vec{n}_1, \vec{n}_2$ der Ebenen orthogonal zu den Ebenen sind, wird der Schnittwinkel zweier Ebenen durch den Winkel zwischen den Normalenvektoren bestimmt:

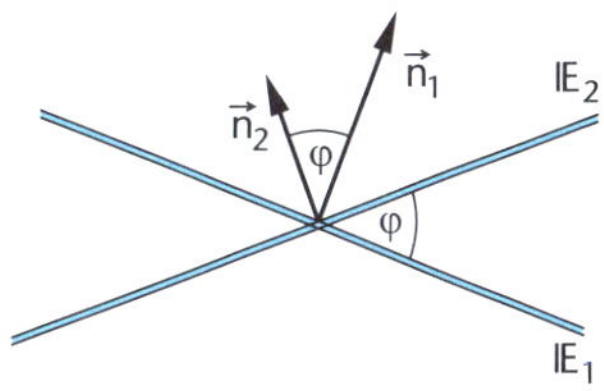

$$\cos(\varphi) = \frac{|\vec{n}_1 * \vec{n}_2|}{|\vec{n}_1| \cdot |\vec{n}_2|},$$

wobei $0° \leq \varphi \leq 90°$.

Durch die Betragsbildung im Zähler wird der kleinere der beiden Winkel zwischen den Ebenen ausgewählt. Falls eine Ebene durch eine Parameterdarstellung gegeben ist, muss erst eine Koordinatengleichung erstellt werden.

(3) **Winkel zwischen einer Geraden und einer Ebene:**
Der Schnittwinkel und der Winkel, der durch einen Normalenvektor $\vec{n}$ der Ebene sowie den Richtungsvektor $\vec{u}$ der Geraden bestimmt wird, ergänzen sich zu 90°. Daher gilt für den gesuchten Schnittwinkel φ zwischen Gerade und Ebene:

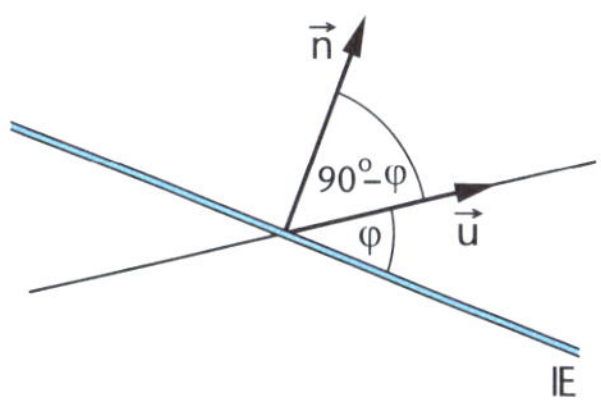

$$\cos(\varphi') = \frac{|\vec{u} * \vec{n}|}{|\vec{u}| \cdot |\vec{n}|} \text{ und } \varphi = 90° - \varphi'.$$

Wegen $\sin(\varphi) = \sin(90° - \varphi') = \cos(\varphi')$ kann man Schnittwinkel zwischen einer Geraden und einer Ebene auch direkt mithilfe der Umkehrfunktion $\sin^{-1}$ der Sinusfunktion bestimmen:

$$\sin(\varphi) = \frac{|\vec{u} * \vec{n}|}{|\vec{u}| \cdot |\vec{n}|} \Leftrightarrow \varphi = \sin^{-1}\left(\frac{|\vec{u} * \vec{n}|}{|\vec{u}| \cdot |\vec{n}|}\right).$$

Beispiele

(1) Gegeben ist eine Ebene E durch eine Koordinatengleichung E: $3x_1 - 4x_2 + 2x_3 = 1$.

Wo und unter welchem Winkel schneidet die Gerade g: $\vec{x} = \begin{pmatrix} 1 \\ 1 \\ -1 \end{pmatrix} + r \cdot \begin{pmatrix} 2 \\ -2 \\ 3 \end{pmatrix}$ die Ebene?

Gemeinsame Punkte von Gerade und Ebene müssen das folgende Gleichungssystem erfüllen: $3x_1 - 4x_2 + 2x_3 = 1$ und $\begin{pmatrix} x_1 \\ x_2 \\ x_3 \end{pmatrix} = \begin{pmatrix} 1 \\ 1 \\ -1 \end{pmatrix} + r \cdot \begin{pmatrix} 2 \\ -2 \\ 3 \end{pmatrix} = \begin{pmatrix} 1+2r \\ 1-2r \\ -1+3r \end{pmatrix}$.

Durch Einsetzen der Bedingungen für x_1, x_2, x_3 in die Koordinatengleichung erhalten wir:
$3 \cdot (1+2r) - 4 \cdot (1-2r) + 2 \cdot (-1+3r) = 1$, also $20r = 4$, also $r = 0{,}2$.
Der Schnittpunkt von Gerade und Ebene hat also die Koordinaten $S(1{,}4|0{,}6|-0{,}4)$.
Der Schnittwinkel φ zwischen einer Geraden und einer Ebene ist gleich 90° – φ′, wobei φ′ der Winkel zwischen dem Normalenvektor der Ebene E und dem Richtungsvektor der Geraden ist:

$$\cos(\varphi') = \frac{\left|\begin{pmatrix} 3 \\ -4 \\ 2 \end{pmatrix} * \begin{pmatrix} 2 \\ -2 \\ 3 \end{pmatrix}\right|}{\sqrt{29} \cdot \sqrt{17}} = \frac{|6+8+6|}{\sqrt{29} \cdot \sqrt{17}} = \frac{20}{\sqrt{29 \cdot 17}} \quad \Leftrightarrow \quad \varphi' = \cos^{-1}\left(\frac{20}{\sqrt{29 \cdot 17}}\right) = 25{,}74°.$$

Der gesuchte Winkel ist also $\varphi = 64{,}26°$.

(2) Die Punkte $A(1|1|-1)$, $B(-3|5|1)$, $C(5|-1|-1)$ und $D(-3|1|-4)$ bestimmen ein (unregelmäßiges) Tetraeder.

a) Welche Winkel treten im Dreieck ABC auf?
Der Winkel α im Dreieck ABC wird durch die Vektoren $\overrightarrow{AB} = \begin{pmatrix} -4 \\ 4 \\ 2 \end{pmatrix}$, $\overrightarrow{AC} = \begin{pmatrix} 4 \\ -2 \\ 0 \end{pmatrix}$ bestimmt, der Winkel β durch die Vektoren $\overrightarrow{BC} = \begin{pmatrix} 8 \\ -6 \\ -2 \end{pmatrix}$, $\overrightarrow{BA} = \begin{pmatrix} 4 \\ -4 \\ -2 \end{pmatrix}$. Hiermit ergibt sich:

$$\cos(\alpha) = \frac{-24}{6 \cdot \sqrt{20}} \Leftrightarrow \alpha = 153{,}43° \text{ und } \cos(\beta) = \frac{60}{\sqrt{104} \cdot 6} \Leftrightarrow \beta = 11{,}31°,$$

also $\gamma = 180° - 153{,}43° - 11{,}31° = 15{,}26°$.

b) Welche der Flächen ABD, BCD, CAD hat gegenüber der Grundfläche ABC die größte Neigung?
Um die Winkel zwischen den Flächen zu bestimmen, berechnen wir jeweils zunächst die Normalenvektoren der einzelnen Ebenen.

Fläche ABC:
Gesucht ist ein Normalenvektor zu den Vektoren $\overrightarrow{AB} = \begin{pmatrix} -4 \\ 4 \\ 2 \end{pmatrix}$ und $\overrightarrow{AC} = \begin{pmatrix} 4 \\ -2 \\ 0 \end{pmatrix}$,

d. h. es muss gelten: $\begin{pmatrix} -4 \\ 4 \\ 2 \end{pmatrix} * \begin{pmatrix} n_1 \\ n_2 \\ n_3 \end{pmatrix} = 0$ und $\begin{pmatrix} -4 \\ 2 \\ 0 \end{pmatrix} * \begin{pmatrix} n_1 \\ n_2 \\ n_3 \end{pmatrix} = 0$.

Ohne lange Rechnung kann man ablesen, dass ein solcher Vektor durch $\vec{n}_a = \begin{pmatrix} 1 \\ 2 \\ -2 \end{pmatrix}$ gegeben ist (erste und zweite Komponente des Vektors bestimmen, dann passende dritte Komponente).

Fläche ABD:
Gesucht ist ein Normalenvektor zu den Vektoren $\overrightarrow{AB} = \begin{pmatrix} -4 \\ 4 \\ 2 \end{pmatrix}$ und $\overrightarrow{AD} = \begin{pmatrix} -4 \\ 0 \\ -3 \end{pmatrix}$,

d. h. es muss gelten: $\begin{pmatrix} -4 \\ 0 \\ -3 \end{pmatrix} * \begin{pmatrix} n_1 \\ n_2 \\ n_3 \end{pmatrix} = 0$ und $\begin{pmatrix} -4 \\ 4 \\ 2 \end{pmatrix} * \begin{pmatrix} n_1 \\ n_2 \\ n_3 \end{pmatrix} = 0$.

Ohne lange Rechnung kann man ablesen, dass ein solcher Vektor durch $\vec{n}_a = \begin{pmatrix} 3 \\ 5 \\ -4 \end{pmatrix}$ gegeben ist (erste und dritte Komponente des Vektors bestimmen, dann passende zweite Komponente).

Der gesuchte Winkel ist also gegeben durch

$$\cos(\alpha) = \frac{\left|\begin{pmatrix} 3 \\ 5 \\ -4 \end{pmatrix} * \begin{pmatrix} 1 \\ 2 \\ -2 \end{pmatrix}\right|}{\sqrt{50} \cdot 3} = \frac{21}{\sqrt{50} \cdot 3}, \text{ also } \alpha = 8{,}13°.$$

Fläche BCD:

$\vec{n}_b = \begin{pmatrix} 11 \\ 20 \\ -16 \end{pmatrix}$ ist ein Normalenvektor zu $\overrightarrow{BC}$, $\overrightarrow{BD} = \begin{pmatrix} 0 \\ -4 \\ -5 \end{pmatrix}$.

Der gesuchte Winkel ergibt sich aus

$$\cos(\beta) = \frac{\left|\begin{pmatrix} 11 \\ 20 \\ -16 \end{pmatrix} * \begin{pmatrix} 1 \\ 2 \\ -2 \end{pmatrix}\right|}{\sqrt{777} \cdot 3} = \frac{83}{\sqrt{777} \cdot 3}, \text{ also } \beta = 7{,}00°.$$

Fläche CAD:

$\vec{n}_c = \begin{pmatrix} 3 \\ 6 \\ -4 \end{pmatrix}$ ist ein Normalenvektor zu $\overrightarrow{CA} = \begin{pmatrix} -4 \\ 2 \\ 0 \end{pmatrix}$ sowie $\overrightarrow{CD} = \begin{pmatrix} -8 \\ 2 \\ -3 \end{pmatrix}$

Der gesuchte Winkel ergibt sich aus

$$\cos(\gamma) = \frac{\left|\begin{pmatrix} 3 \\ 6 \\ -4 \end{pmatrix} * \begin{pmatrix} 1 \\ 2 \\ -2 \end{pmatrix}\right|}{\sqrt{61} \cdot 3} = \frac{23}{\sqrt{61} \cdot 3}, \text{ also } \gamma = 11{,}00°.$$

Die Fläche CAD bildet also den größten Winkel zur Grundfläche.

G2 Den Flächeninhalt eines Dreiecks und das Volumen einer dreiseitigen Pyramide (Tetraeder) nach elementaren Methoden bestimmen.

- Für den Flächeninhalt eines Dreiecks gilt:

  $A = \frac{1}{2} \cdot \text{Grundseite} \cdot \text{Flächenhöhe}$

  Ein Dreieck ABC wird durch die beiden Vektoren $\overrightarrow{AB}$, $\overrightarrow{AC}$ aufgespannt. Elementargeometrisch kann die Höhe h auf AB beschrieben werden durch

  $\sin(\alpha) = \frac{h}{|AC|}$, also $h = |AC| \cdot \sin(\alpha)$.

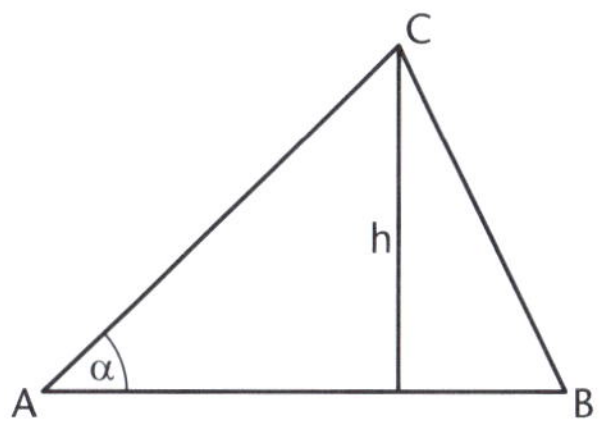

  Für den Kosinus des Winkel α gilt: $\cos(\alpha) = \frac{\overrightarrow{AB} * \overrightarrow{AC}}{|AB| \cdot |AC|}$ (vgl. Basiswissen G1).

  Da für beliebige Winkel α gilt: $\sin^2(\alpha) + \cos^2(\alpha) = 1$, also

  $$\sin(\alpha) = \sqrt{1 - \cos^2(\alpha)} = \sqrt{1 - \left(\frac{\overrightarrow{AB} * \overrightarrow{AC}}{|AB| \cdot |AC|}\right)^2},$$

  kann man den Flächeninhalt des Dreiecks ABC wie folgt berechnen:

  $$A_{Dreieck} = \frac{1}{2} \cdot |AB| \cdot |AC| \cdot \sin(\alpha), \text{ also } A_{Dreieck} = \frac{1}{2} \cdot \sqrt{|AB|^2 \cdot |AC|^2 - (\overrightarrow{AB} * \overrightarrow{AC})^2}$$

- Für das Volumen einer Pyramide gilt:

  $V = \frac{1}{3} \cdot \text{Grundfläche} \cdot \text{Raumhöhe}$

  Im Falle eines allgemeinen (nicht notwendig regelmäßigen) Tetraeders kann die Grundfläche nach der o. a. Formel berechnet werden. Um die Raumhöhe zu bestimmen, nutzt man die Projektionseigenschaft des Skalarprodukts (vgl. Basiswissen E2):
  Man bestimmt einen beliebigen Vektor $\vec{n}$, der orthogonal zu $\overrightarrow{AB}$ und $\overrightarrow{AC}$ ist; dann ist

  die Länge der Raumhöhe gegeben durch $\frac{|\vec{n} * \overrightarrow{AD}|}{|\vec{n}|}$. Daher gilt:

  $V_{\text{Tetraeder}} = \frac{1}{6} \cdot \frac{|\vec{n} * \overrightarrow{AD}|}{|\vec{n}|} \cdot \sqrt{|AB|^2 \cdot |AC|^2 - (\overrightarrow{AB} * \overrightarrow{AC})^2}$

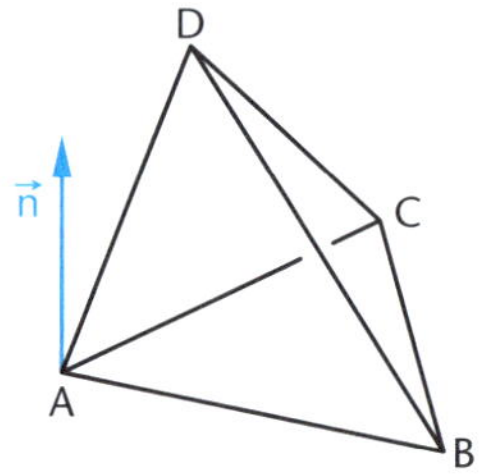

Beispiel

Die Punkte A(1|1|−1), B(−3|5|1), C(5|−1|−1) und D(−3|1|−4) bestimmen ein (unregelmäßiges) Tetraeder. Welches Volumen hat das Tetraeder?

Das Dreieck ABC wird durch die Vektoren $\overrightarrow{AB} = \begin{pmatrix} -4 \\ 4 \\ 2 \end{pmatrix}$, $\overrightarrow{AC} = \begin{pmatrix} 4 \\ -2 \\ 0 \end{pmatrix}$ aufgespannt.

Für den Flächeninhalt gilt daher: $A_{\text{Dreieck}} = \frac{1}{2} \cdot \sqrt{6^2 \cdot \sqrt{20}^2 - (-24)^2} = \frac{1}{2} \cdot \sqrt{144} = 6.$

An den Komponenten des Vektors $\overrightarrow{AC}$ kann man ablesen, dass ein zu $\overrightarrow{AC}$ orthogonaler Vektor $\vec{n}$ die Komponenten $\vec{n} = \begin{pmatrix} 1 \\ 2 \\ n_3 \end{pmatrix}$ (oder Vielfache hiervon) haben muss.

Aus dem Skalarprodukt mit dem Vektor $\overrightarrow{AB}$ ergibt sich:

$\overrightarrow{AB} * \vec{n} = \begin{pmatrix} -4 \\ 4 \\ 2 \end{pmatrix} * \begin{pmatrix} 1 \\ 2 \\ n_3 \end{pmatrix} = -4 + 8 + 2n_3 = 0$. Das bedeutet, dass dann $n_3 = -2$ sein muss.

Für die Länge von $\vec{n}$ gilt: $|\vec{n}| = \left|\begin{pmatrix} 1 \\ 2 \\ -2 \end{pmatrix}\right| = \sqrt{1^2 + 2^2 + (-2)^2} = 3.$

Die Höhe der Pyramide ist daher gleich $\frac{|\vec{n} * \overrightarrow{AD}|}{|\vec{n}|} = \frac{2}{3}$.

Daher gilt: $V_{\text{Tetraeder}} = \frac{1}{3} \cdot \frac{2}{3} \cdot 6 = \frac{4}{3}.$

G3 Den Abstand eines Punktes von einer Ebene berechnen.

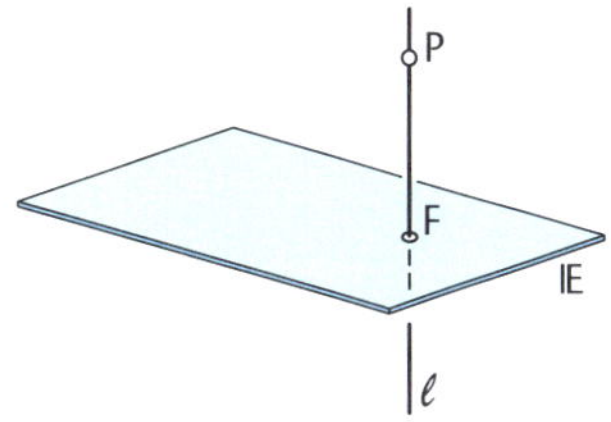

Idee: Um den Abstand eines Punktes P von einer Ebene E zu berechnen, benötigt man eine Lotgerade von P auf E. Der Schnittpunkt der Lotgerade mit der Ebene ist der Fußpunkt F des Lotes. Der Abstand von P zu E ist gleich der Länge des Vektors $\overrightarrow{PF}$.

Allgemeine Darstellung der Methode:

Gegeben sind $P(p_1|p_2|p_3)$ und E: $a x_1 + b x_2 + c x_3 = d$,

wobei $\vec{n} = \begin{pmatrix} a \\ b \\ c \end{pmatrix}$ der Normalenvektor der Ebene ist.

Parameterdarstellung der Lotgeraden ist l: $\vec{x} = \begin{pmatrix} p_1 \\ p_2 \\ p_2 \end{pmatrix} + r \cdot \begin{pmatrix} a \\ b \\ c \end{pmatrix} = \begin{pmatrix} p_1 + r a \\ p_2 + r b \\ p_3 + r c \end{pmatrix}$

Schnittpunkt von l mit der Ebene E: Damit ein Punkt gleichzeitig zu l und zu E gehört, muss gelten:

$a \cdot (p_1 + r a) + b \cdot (p_2 + r b) + c \cdot (p_3 + r c) = d \Leftrightarrow (a \cdot p_1 + b \cdot p_2 + c \cdot p_3) + r \cdot (a^2 + b^2 + c^2) = d$

$\Leftrightarrow r \cdot |\vec{n}|^2 = d - \begin{pmatrix} p_1 \\ p_2 \\ p_2 \end{pmatrix} * \begin{pmatrix} a \\ b \\ c \end{pmatrix} \Leftrightarrow r = \frac{1}{|\vec{n}|^2} \cdot (d - (\vec{p} * \vec{n}))$.

Wenn man diesen Wert für r in die Parameterdarstellung von l einsetzen würde, hätte man die Koordinaten des Fußpunktes F. Um die Länge der Strecke PF zu bestimmen, betrachten wir den zugehörigen Vektor:

$|\overrightarrow{PF}| = \left| \begin{pmatrix} p_1 + r a - p_1 \\ p_2 + r b - p_2 \\ p_3 + r c - p_3 \end{pmatrix} \right| = |r| \cdot \left| \begin{pmatrix} a \\ b \\ c \end{pmatrix} \right| = |r| \cdot |\vec{n}|$.

Setzt man nun den oben berechneten Wert des Parameters r ein, dann erhält man die Abstandsformel:

Abstand $(P, E) = \frac{1}{|\vec{n}|} \cdot |\vec{p} * \vec{n} - d|$.

Spezialfall P = O (Ursprung): Abstand $(O, E) = \frac{|d|}{|\vec{n}|}$.

Zusatz: Ist die Ebenengleichung in HESSE'scher Normalenform gegeben (vgl. Basiswissen F8),

d. h. in der Form E: $\frac{1}{|\vec{n}|} \cdot (\vec{x} * \vec{n} - d) = 0$, dann erhält man den Abstand eines Punkt P unmittelbar durch Einsetzen der Koordinaten von P in die Gleichung der Ebene.

Zusatz: Abstand einer Geraden von einer Ebene

Aus der Untersuchung der Lage der Geraden zur Ebene (vergleiche F6) ergibt sich, ob die Gerade in der Ebene liegt oder die Ebene in einem Punkt geschnitten wird (Abstand null) oder die Gerade parallel zur Ebene liegt. Im letzten Fall wählt man einen Punkt der Geraden aus und bestimmt dessen Abstand zur Ebene.

Beispiele

(1) Gegeben ist ein Punkt $P(3|1|-2)$ und eine Ebene durch E: $x_1 + 2x_2 - 2x_3 = 1$.
Die Lotgerade l durch P hat die Parameterdarstellung:

l: $\vec{x} = \begin{pmatrix} 3 \\ 1 \\ -2 \end{pmatrix} + r \cdot \begin{pmatrix} 1 \\ 2 \\ -2 \end{pmatrix} = \begin{pmatrix} 3 + r \\ 1 + 2r \\ -2 - 2r \end{pmatrix}$.

Um den Fußpunkt der Lotgeraden mit der Ebene zu bestimmen, werden die in der Parameterdarstellung enthaltenen Koordinatengleichungen in die Koordinatengleichung der Ebene eingesetzt:
$(3 + r) + 2 \cdot (1 + 2r) - 2 \cdot (-2 - 2r) = 1 \Leftrightarrow 9 + 9r = 1 \Leftrightarrow r = -\frac{8}{9}$.

Daher hat der Punkt F die Koordinaten $F\left(\frac{19}{9} \middle| -\frac{7}{9} \middle| -\frac{2}{9}\right)$ und die Länge des Vektors ist

$$|\overrightarrow{PF}| = \sqrt{\left(3 - \frac{19}{9}\right)^2 + \left(1 + \frac{7}{9}\right)^2 + \left(-2 + \frac{2}{9}\right)^2} = \sqrt{\frac{64}{81} + \frac{256}{81} + \frac{256}{81}} = \sqrt{\frac{576}{81}} = \frac{24}{9} = \frac{8}{3}.$$

Bloßes Anwenden der o. a. Abstandsformel ergibt:
$\text{Abstand}(P, E) = \frac{1}{|\vec{n}|} \cdot |\vec{p} * \vec{n} - d| = \frac{1}{3} \cdot |9 - 1| = \frac{8}{3}$
oder ggf. vorher Umformung der Koordinatengleichung der Ebene in die HESSE'schen

Normalenform: $E: \frac{1}{|\vec{n}|} \cdot (\vec{x} * \vec{n} - d) = \frac{1}{3} \cdot \left(\begin{pmatrix} x_1 \\ x_2 \\ x_3 \end{pmatrix} * \begin{pmatrix} 1 \\ 2 \\ -2 \end{pmatrix} - 1 \right) = 0.$

(2) Die o. a. Methode zur Bestimmung des Lotfußpunktes wird auch verwendet, wenn man den Spiegelpunkt eines Punktes an einer Ebene ermitteln soll.

Gegeben ist eine Ebene $E: x_1 + x_2 - x_3 = 6$ und ein Punkt $P(3|-1|2)$.

Aufstellen der Parameterdarstellung der Lotgeraden: $l: x = \begin{pmatrix} 3 \\ 1 \\ -2 \end{pmatrix} + r \cdot \begin{pmatrix} 1 \\ 2 \\ -2 \end{pmatrix}$.
Um den Fußpunkt zu erhalten:
Einsetzen in die Koordinatengleichung der Ebene: $(3 + r) + (-1 + r) - (2 - r) = 6$.
Auflösen nach r: $3r = 6 \Leftrightarrow r = 2$. Setzt man statt $r = 2$ den Wert $r = 4$ in die Parameterdarstellung der Lotgeraden ein, so erhält man: $P'(7|3|-2)$ als Spiegelpunkt.

G4 nur eA: Den Abstand eines Punktes von einer Geraden berechnen.

Die kürzeste Entfernung eines Punktes P zu einer Geraden g ist durch das Lot vom Punkt auf die Gerade gegeben. Man untersucht also, bei welchem Parameterwert der Verbindungsvektor von P zu einem beliebigen Punkt X der Geraden orthogonal ist zum Richtungsvektor der Geraden, und erhält so den Fußpunkt F des Lotes von P auf g. Die Länge der Strecke PF ist dann der gesuchte Abstand.

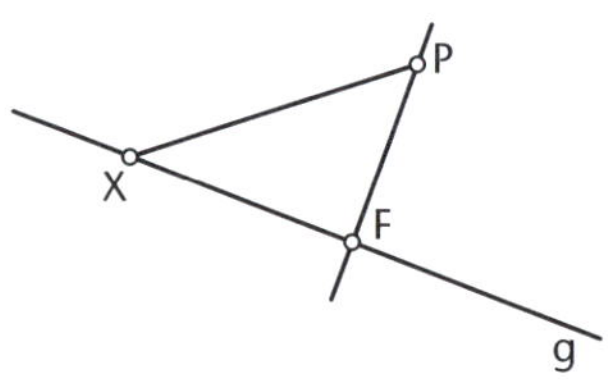

Allgemeine Darstellung der Methode: Gegeben sind $P(p_1|p_2|p_3)$ und $g: \vec{x} = \vec{a} + r \cdot \vec{u}$

Es muss gelten: $(\vec{x} - \vec{p}) * \vec{u} = (\vec{a} - \vec{p} + r \cdot \vec{u}) * \vec{u} = 0 \Leftrightarrow (\vec{a} - \vec{p}) * \vec{u} + r \cdot \vec{u} * \vec{u} = 0$

$\Leftrightarrow r = \frac{(\vec{p} - \vec{a}) * \vec{u}}{|\vec{u}|^2}$.

Wenn man diesen Wert für r in die Parameterdarstellung von g einsetzen würde, hätte man die Koordinaten des Lotfußpunktes F. Um die Länge der Strecke PF zu bestimmen, bestimmt man den zugehörigen Vektor $\overrightarrow{PF} = (\vec{a} - \vec{p}) + r \cdot \vec{u}$ und berechnet dessen Länge.

Beispiel

P (3|1|1), g: $\vec{x} = \begin{pmatrix} 0 \\ -1 \\ 1 \end{pmatrix} + r \cdot \begin{pmatrix} 2 \\ 1 \\ 0 \end{pmatrix}$; $(\vec{p} - \vec{a}) * \vec{u} = \begin{pmatrix} 3-0 \\ 1-(-1) \\ 1-1 \end{pmatrix} * \begin{pmatrix} 2 \\ 1 \\ 0 \end{pmatrix} = 8$; $|\vec{u}|^2 = 5$; $r = 1{,}6$

also $\overrightarrow{PF} = (\vec{a} - \vec{p}) + r \cdot \vec{u} = \begin{pmatrix} -3 \\ -2 \\ 0 \end{pmatrix} + 1{,}6 \cdot \begin{pmatrix} 2 \\ 1 \\ 0 \end{pmatrix} = \begin{pmatrix} 0{,}2 \\ -0{,}4 \\ 0 \end{pmatrix}$, $|\overrightarrow{PF}| = \sqrt{0{,}2} \approx 0{,}447$.

G5 nur eA: Den Abstand zweier windschiefer Geraden berechnen.

Idee: Gesucht ist ein gemeinsames Lot der beiden Geraden. Der Abstand der beiden Geraden ist dann gleich der Entfernung der beiden Fußpunkte dieses Lotes.
Allgemeine Darstellung der Methode: Gegeben sind die beiden Geraden g und h durch: g: $\vec{x} = \vec{a} + r \cdot \vec{u}$ und h: $\vec{x} = \vec{b} + s \cdot \vec{v}$. Gesucht sind Punkte $P \in g$ und $Q \in h$ mit der Eigenschaft: $\overrightarrow{PQ} * \vec{u} = 0$ und $\overrightarrow{PQ} * \vec{v} = 0$.

Der Verbindungsvektor der beiden Punkte P und Q lässt sich mithilfe der beiden Parameterdarstellungen beschreiben: $\overrightarrow{PQ} = (\vec{b} + s \cdot \vec{v}) - (\vec{a} + r \cdot \vec{u}) = (\vec{b} - \vec{a}) + s \cdot \vec{v} - r \cdot \vec{u}$, also muss gelten:

$(\vec{b} - \vec{a}) * \vec{u} + s \cdot \vec{v} * \vec{u} - r \cdot \vec{u} * \vec{u} = 0$ und $(\vec{b} - \vec{a}) * \vec{v} + s \cdot \vec{v} * \vec{v} - r \cdot \vec{u} * \vec{v} = 0$.

Dies ist ein Gleichungssystem mit zwei Gleichungen und zwei Variablen, mit deren Lösung man die Fußpunkte des Lotes und damit den Abstand der beiden Geraden berechnen kann.

Zusatz: Abstand zweier paralleler Geraden
Wenn man herausgefunden hat, dass zwei Geraden zueinander parallel sind, wählt man irgendeinen Punkt der einen Geraden und bestimmt deren Abstand zu der anderen Geraden.

Beispiel

g: $\vec{x} = \begin{pmatrix} 2 \\ 1 \\ 1 \end{pmatrix} + r \cdot \begin{pmatrix} 1 \\ -1 \\ 2 \end{pmatrix}$ und h: $\vec{x} = \begin{pmatrix} 1 \\ 0 \\ 1 \end{pmatrix} + s \cdot \begin{pmatrix} -1 \\ 2 \\ 0 \end{pmatrix}$.

Für $\overrightarrow{PQ}$ gilt dann: $\overrightarrow{PQ} = \begin{pmatrix} -1 \\ -1 \\ 0 \end{pmatrix} + s \cdot \begin{pmatrix} -1 \\ 2 \\ 0 \end{pmatrix} - r \cdot \begin{pmatrix} 1 \\ -1 \\ 2 \end{pmatrix}$.

Die Orthogonalitätsbedingungen sind:

$$\left(\begin{pmatrix} -1 \\ -1 \\ 0 \end{pmatrix} + s \cdot \begin{pmatrix} -1 \\ 2 \\ 0 \end{pmatrix} - r \cdot \begin{pmatrix} 1 \\ -1 \\ 2 \end{pmatrix}\right) * \begin{pmatrix} 1 \\ -1 \\ 2 \end{pmatrix} = 0 + s \cdot (-3) - r \cdot 6 = 0,$$

$$\left[\begin{pmatrix} -1 \\ -1 \\ 0 \end{pmatrix} + s \cdot \begin{pmatrix} -1 \\ 2 \\ 0 \end{pmatrix} - r \cdot \begin{pmatrix} 1 \\ -1 \\ 2 \end{pmatrix}\right] * \begin{pmatrix} -1 \\ 2 \\ 0 \end{pmatrix} = -1 + s \cdot 5 - r \cdot (-3) = 0.$$

Das Gleichungssystem $-3s - 6r = 0 \wedge 5s + 3r = 1$ hat die Lösungen $r = -\frac{1}{7} \wedge s = \frac{2}{7}$;

$$|\overrightarrow{PQ}| = \left|\begin{pmatrix} -1 \\ -1 \\ 0 \end{pmatrix} + \frac{2}{7} \cdot \begin{pmatrix} -1 \\ 2 \\ 0 \end{pmatrix} - \left(-\frac{1}{7}\right) \cdot \begin{pmatrix} 1 \\ -1 \\ 2 \end{pmatrix}\right| = \left|\begin{pmatrix} -\frac{8}{7} \\ -\frac{4}{7} \\ \frac{2}{7} \end{pmatrix}\right| = \sqrt{\frac{84}{49}} = \sqrt{\frac{12}{7}} \approx 1{,}309.$$

H1 Mittelwert und Stichprobenstreuung einer Häufigkeitsverteilung bestimmen.

(1) **Häufigkeitsverteilung**
Bei Erhebungen erfasst man, mit welchen **absoluten** oder **relativen Häufigkeiten** die verschiedenen möglichen **Ausprägungen** eines **Merkmals** auftreten. Eine Tabelle, in der jeder Ausprägung eines betrachteten Merkmals die relative Häufigkeit zugeordnet wird und in der die Summe der relativen Häufigkeiten 1 beträgt, wird als **Häufigkeitsverteilung** dieses Merkmals bezeichnet.
Die Häufigkeitsverteilung eines quantitativen Merkmals, also eines Merkmals, dessen Ausprägungen Zahlen sind, lässt sich durch Lage- und Streumaße charakterisieren.

(2) **Arithmetisches Mittel**
Das **arithmetische Mittel** $\overline{x}$ von m Merkmalswerten $x_1, x_2, x_3, ..., x_m$, erhält man, indem man die m Zahlen addiert und die Summe durch m teilt:
$\overline{x} = \frac{1}{m} \cdot (x_1 + x_2 + x_3 + ... + x_m)$

Wenn die verschiedenen Merkmalswerte nicht nur einmal, sondern mit den absoluten Häufigkeiten $H(x_1), H(x_2), H(x_3), ..., H(x_m)$ auftreten, dann berechnet man zunächst die Gesamtzahl der Werte $n = H(x_1) + H(x_2) + H(x_3) + ... + H(x_m)$ und hiermit dann das arithmetische Mittel:
$\overline{x} = \frac{1}{n} \cdot [H(x_1) \cdot x_1 + H(x_2) \cdot x_2 + H(x_3) \cdot x_3 + ... + H(x_m) \cdot x_m]$

Sind statt der absoluten Häufigkeiten $H(x_1), H(x_2), H(x_3), ..., H(x_m)$ die relativen Häufigkeiten $h(x_1), h(x_2), h(x_3), ..., h(x_m)$ gegeben, dann berechnet sich das **arithmetische Mittel $\overline{x}$ der Häufigkeitsverteilung** nach der Formel
$\overline{x} = h(x_1) \cdot x_1 + h(x_2) \cdot x_2 + h(x_3) \cdot x_3 + ... + h(x_m) \cdot x_m$
Man bezeichnet $\overline{x}$ auch als **gewichtetes Mittel** der Merkmalswerte $x_1, x_2, x_3, ..., x_m$.

(3) **Streuung**
Die Streuung der Werte einer Stichprobe kann am einfachsten beschrieben werden durch die **Spannweite**, das ist die Differenz zwischen dem größten und kleinsten Wert einer Stichprobe; jedoch ist dieses Streumaß nicht robust: Ausreißerwerte haben unmittelbar Einfluss darauf, wie groß die Spannweite einer Datenmenge ist.

Die mittlere quadratische Abweichung der Daten einer Stichprobe vom Mittelwert $\overline{x}$ wird auch als **empirische Varianz $\overline{s}^2$** bezeichnet:
Für m einzelne Daten ist: $\overline{s}^2 = \frac{1}{m} \cdot [(x_1 - \overline{x})^2 + (x_2 - \overline{x})^2 + (x_3 - \overline{x})^2 + ... + (x_m - \overline{x})^2]$

Für eine Häufigkeitsverteilung mit relativen Häufigkeiten $h(x_1), h(x_2), h(x_3), ..., h(x_m)$ gilt entsprechend:
$\overline{s}^2 = (x_1 - \overline{x})^2 \cdot h(x_1) + (x_2 - \overline{x})^2 \cdot h(x_2) + (x_3 - \overline{x})^2 \cdot h(x_3) + ... + (x_m - \overline{x})^2 \cdot h(x_m)$
Die Wurzel $\overline{s}$ aus der empirischen Varianz wird als **empirische Standardabweichung** oder auch als **Stichprobenstreuung** bezeichnet.
Den Term für $\overline{s}^2$ kann man umformen und erhält eine vereinfachte Berechnungsformel:
$\overline{s}^2 = [x_1^2 \cdot h(x_1) + x_2^2 \cdot h(x_2) + x_3^2 \cdot h(x_3) + ... + x_m^2 \cdot h(x_m)] - \overline{x}^2$

Beispiele

(1) In einem Kurs wurde erfasst, wie viele Schüler/innen Geschwister haben:

Anzahl k der Geschwister	0	1	2	3
absolute Häufigkeit H(k) der Schüler/innen mit k Geschwistern	11	9	4	1

Insgesamt sind in der Häufigkeitverteilung mit absoluten Häufigkeiten $n = 11 + 9 + 4 + 1 = 25$ Daten erfasst; das arithmetische Mittel ist daher

$$\bar{x} = \frac{1}{25} \cdot (11 \cdot 0 + 9 \cdot 1 + 4 \cdot 2 + 1 \cdot 3) = \frac{20}{25} = 0{,}8.$$

Im Mittel haben die Schüler/innen des Kurses also 0,8 Geschwister.

Gibt man die Werte als Listen L1, L2 in den GTR ein, dann werden Lagemaß $\bar{x}$ und Streumaß $\bar{s}$ durch Eingabe des Befehls *1-Var Stats* L1, L2 berechnet und als $\bar{x}$ und σX ausgegeben:

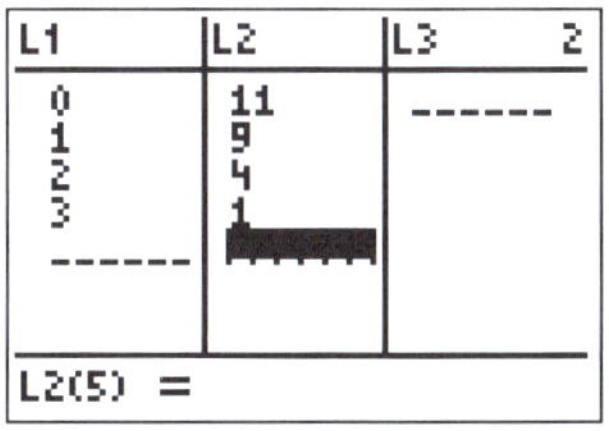

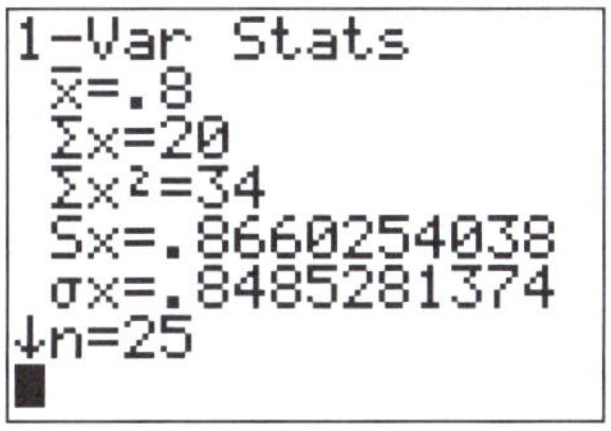

(2) In einer großen Stichprobe wurde die Anzahl der nicht-volljährigen Kinder in Haushalten erfasst:

Anzahl k der Kinder	0	1	2	3	4	5
relative Häufigkeit h(k) der Familien mit k Kindern	48,3 %	21,2 %	21,3 %	6,9 %	1,8 %	0,6 %

Wäre dies beispielsweise eine Stichprobe vom Umfang $n = 1000$ gewesen, dann hätte man das arithmetische Mittel wie in (1) berechnen können:

$$\bar{x} = \frac{1}{1000} \cdot (483 \cdot 0 + 211 \cdot 1 + 213 \cdot 2 + 69 \cdot 3 + 18 \cdot 4 + 6 \cdot 5) = \frac{946}{1000} = 0{,}946.$$

Den Bruch zur Berechnung von $\bar{x}$ kann man auch wie folgt schreiben:

$$\bar{x} = \frac{483}{1000} \cdot 0 + \frac{211}{1000} \cdot 1 + \frac{213}{1000} \cdot 2 + \frac{69}{1000} \cdot 3 + \frac{18}{1000} \cdot 4 + \frac{6}{1000} \cdot 5$$

$$= 0{,}483 \cdot 0 + 0{,}211 \cdot 1 + 0{,}213 + 2 \cdot 0{,}069 + 3 + 0{,}018 \cdot 4 + 0{,}006 \cdot 5 = 0{,}946.$$

Im Mittel sind in den erfassten Haushalten 0,946 Kinder.
Die empirische Varianz ist hier:

$$\overline{s}^2 = (0 - 0{,}946)^2 \cdot 0{,}483 + (1 - 0{,}946)^2 \cdot 0{,}211 + (2 - 0{,}946)^2 \cdot 0{,}213$$
$$+ (3 - 0{,}946)^2 \cdot 0{,}069 + (4 \cdot 0{,}946)^2 \cdot 0{,}018 + (5 - 0{,}946)^2 \cdot 0{,}0006$$
$$= (0^2 \cdot 0{,}483 + 1^2 \cdot 0{,}211 + 2^2 \cdot 0{,}213 + 3^2 \cdot 0{,}069 + 4^2 \cdot 0{,}018 + 5^2 \cdot 0{,}006) - 0{,}946^2$$
$$\approx 1{,}227$$

Die empirische Standardabweichung (Stichprobenstreung) beträgt $\overline{s} = \sqrt{1{,}227} \approx 1{,}108$.

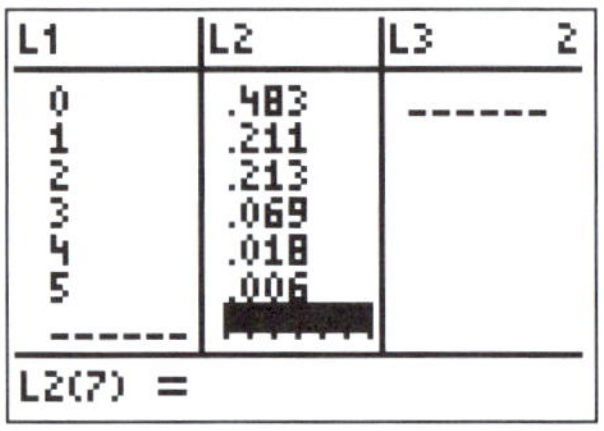

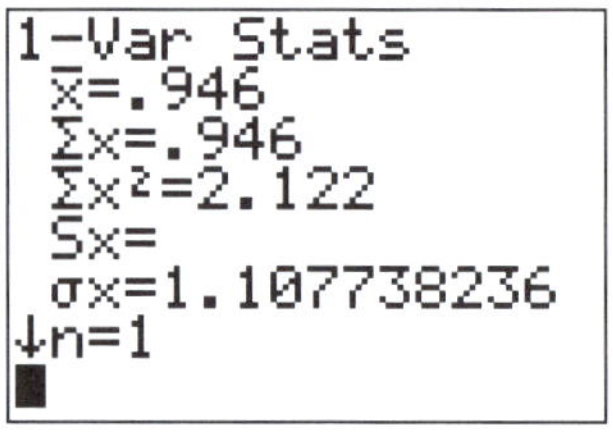

I1 Mehrstufige Entscheidungsvorgänge mithilfe von Baumdiagrammen veranschaulichen und die Anzahl der Möglichkeiten mithilfe der Grundregel der Kombinatorik bestimmen.

(1) Die **Grundregel der Kombinatorik** besagt: Besteht ein Zufallsversuch aus k Stufen und ist die Anzahl der möglichen Ergebnisse auf den einzelnen Stufen gleich m_1, m_2, ..., m_k, dann hat der Zufallsversuch ingesamt $m_1 \cdot m_2 \cdot ... \cdot m_k$ verschiedene mögliche Ergebnisse.
Diese Grundregel kann man mithilfe von Baumdiagrammen veranschaulichen.

(2) Die Grundregel der Kombinatorik lässt sich bei der Untersuchung von Ziehvorgängen anwenden:
Beim k-fachen Ziehen aus einer Urne mit n unterscheidbaren Kugeln sind folgende Fälle zu unterscheiden:
- Beim Ziehen mit Zurücklegen (mit Wiederholung) gibt es n^k verschiedene Möglichkeiten.
- Beim Ziehen ohne Zurücklegen (ohne Wiederholung) gibt es $n \cdot (n-1) \cdot ... \cdot (n-k+1)$ verschiedene Möglichkeiten.
- Beim Ziehen mit einem Griff gibt es $\binom{n}{k} = \frac{n \cdot (n-1) \cdot ... \cdot (n-k+1)}{k \cdot (k-1) \cdot ... \cdot 1} = \frac{n!}{k! \cdot (n-k)!}$ verschiedene Möglichkeiten.*)

Sonderfall beim Ziehen ohne Zurücklegen: Für das vollständige Leeren einer Urne mit n Kugeln gibt es n! Möglichkeiten; hierdurch werden die n Kugeln in eine Reihenfolge gebracht.

Konsequenz: Es gibt n! Möglichkeiten, n Dinge anzuordnen.

(3) Für Stichprobennahmen ergibt sich aus (2)
Nimmt man in einer Gesamtheit vom Umfang n eine Stichprobe vom Umfang k, so sind $\binom{n}{k} = \frac{n \cdot (n-1) \cdot ... \cdot (n-k+1)}{k \cdot (k-1) \cdot ... \cdot 1}$ verschiedene Stichproben dieser Art möglich.
Bei Stichprobennahmen handelt es sich um einen Ziehvorgang ohne Zurücklegen (vergleiche Zähler des Bruchs), bei dem aber die Reihenfolge der Ziehung keine Rolle spielt (vergleiche Nenner des Bruchs); daher könnte die Ziehung auch mit einem Griff erfolgen.
Die natürlichen Zahlen $\binom{n}{k}$ werden auch als **Binomialkoeffizienten** bezeichnet.

*)Für das Produkt aufeinander folgender natürlicher Zahlen $n \cdot (n-1) \cdot ... \cdot 3 \cdot 2 \cdot 1$ schreibt man kurz: n! (n Fakultät) – Sonderfälle: 0! = 1, 1! = 1.

Beispiele

(1) Stehen auf einer Speisekarte drei verschiedene Vorspeisen, vier verschiedene Hauptgerichte und zwei Desserts, dann kann man insgesamt $3 \cdot 4 \cdot 2 = 24$ verschiedene Essen zusammenstellen, darstellbar durch ein Baumdiagramm mit drei Verzweigungen auf der 1. Stufe, vier auf der 2. Stufe, zwei auf der 3. Stufe.

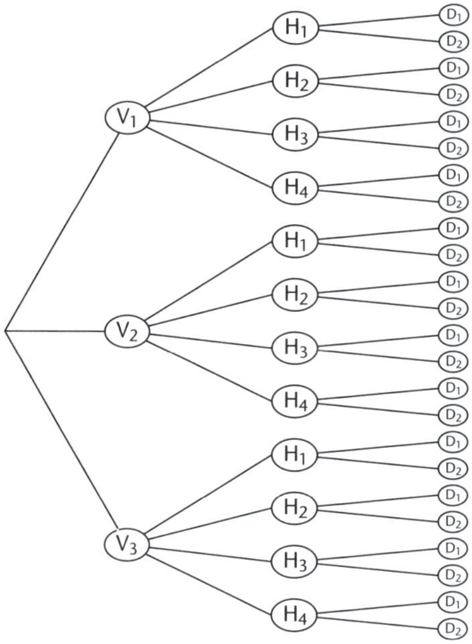

(2) In einer Klasse mit 30 Schülern/innen kann man fünf Freikarten auf verschiedene Arten verteilen:
- Man wählt 5 Schüler/innen mithilfe eines Glücksrads aus (Ziehen mit Wiederholung): 30^5 Möglichkeiten.
- Man wählt 5 Schüler/innen durch einzelnes Ziehen von Namenszetteln aus (Ziehen ohne Wiederholung): $30 \cdot 29 \cdot 28 \cdot 27 \cdot 26$ Möglichkeiten.
- Man zieht fünf Namenszettel auf einmal: $\binom{30}{5} = \frac{30 \cdot 29 \cdot 28 \cdot 27 \cdot 26}{5 \cdot 4 \cdot 3 \cdot 2 \cdot 1}$ Möglichkeiten.

(3) Beim Lottospiel *6 aus 49* kreuzt man 6 Zahlen an – hierfür gibt es $\binom{49}{6} = 13\,983\,816$ Möglichkeiten.

(4) Anwendung von (3):
Die Wahrscheinlichkeit, vier Zahlen richtig getippt zu haben, berechnet sich zu $\frac{\binom{6}{4}\binom{43}{2}}{\binom{49}{6}} = \frac{13545}{13\,983\,816}$, denn es gibt 6 Gewinnzahlen, von denen 4 auf dem Tippzettel vorkommen, und 43 Nicht-Gewinnzahlen, von denen 2 auf dem Tippzettel vorkommen.

I2 Mehrstufige Zufallsversuche mit Baumdiagrammen beschreiben und Wahrscheinlichkeiten mit den Pfadregeln berechnen (Pfadadditions-/Pfadmultiplikationsregel) sowie die Komplementärregel anwenden.

Darstellung durch Baumdiagramme: Mehrstufige Zufallsversuche lassen sich mithilfe eines Baumdiagramms darstellen. Zu jedem der möglichen Ergebnisse des Zufallsexperiments gehört ein Pfad im Baumdiagramm. Zeichnet man ein vollständiges Baumdiagramm, dann ist eine Kontrolle möglich: Die Summe der Wahrscheinlichkeiten nach einer Verzweigung ist gleich 1.

Pfadmultiplikationsregel: Die Wahrscheinlichkeit eines Pfades ist gleich dem Produkt der Wahrscheinlichkeiten längs dieses Pfades.

Pfadadditionsregel: Gehören zu einem Ereignis mehrere Pfade, dann ist die Wahrscheinlichkeit dieses Ereignisses gleich der Summe der Wahrscheinlichkeiten der zugehörigen Pfade.

Komplementärregel: Kennt man die Wahrscheinlichkeit eines Ereignisses E, dann kennt man auch die Wahrscheinlichkeit des Gegenereignisses $\overline{E}$; diese ergänzen sich nämlich zu 1: $P(\overline{E}) = 1 - P(E)$

Beispiel 1 *Pfadmultiplikations- und Pfadadditionsregel*

Bei der Kontrolle von Keramikgefäßen werden drei Eigenschaften überprüft, die erfahrungsgemäß mit den Wahrscheinlichkeiten 0,9 bzw. 0,95 bzw. 0,85 erfüllt sind. Nur Gefäße, die alle drei Kontrollen bestehen, sind 1. Wahl; fällt eine der Kontrollen negativ aus, ist das Produkt 2. Wahl. Mit welcher Wahrscheinlichkeit sind die produzierten Gefäße 1. bzw. 2. Wahl oder Ausschuss?

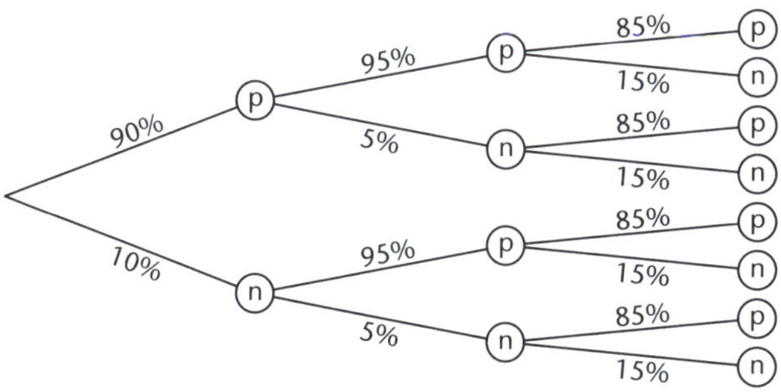

Ergebnis	Wahrscheinlichkeit	
ppp	72,68 %	← 1.Wahl
ppn	12,83 %	← 2. Wahl
pnp	3,83 %	← 2. Wahl
pnn	0,68 %	← Ausschuss
npp	8,08 %	← 2. Wahl
npn	1,43 %	← Ausschuss
nnp	0,43 %	← Ausschuss
nnn	0,08 %	← Ausschuss

P (1. Wahl) $= P(ppp) = 0{,}7268$

P (2. Wahl) $= P(ppn) + P(pnp) + P(npp) = 0{,}1283 + 0{,}0383 + 0{,}0808 = 0{,}2474$

P (Ausschuss) $= P(pnn) + P(npn) + P(nnp) + P(nnn) = 0{,}0068 + 0{,}0143 + 0{,}0043 + 0{,}0008$
$= 0{,}0262$

Das Baumdiagramm kann vereinfacht werden, denn nach zwei negativen Kontrollergebnissen braucht man nicht weiter zu testen – der restliche Teilbaum könnte entfallen. Oder man beschränkt sich in der Darstellung nur auf die Pfade, die zu den Ereignissen „1. Wahl“ bzw. „2. Wahl“ gehören, und bestimmt die Wahrscheinlichkeit für das Ereignis „Ausschussware“ mithilfe der Komplementärregel.

Beispiele 2 *Komplementärregel*

Man wendet die Komplementärregel an, wenn es einfacher ist, die Wahrscheinlichkeit des Gegenereignisses zu bestimmen (vgl. oben). Dies ist auch oft der Fall, wenn in der Aufgabenstellung das Wort „mindestens“ verwendet wird.

(1) Klassisches Geburtstagsproblem: Wie groß ist die Wahrscheinlichkeit, dass unter k zufällig ausgewählten Personen mindestens zwei sind, die am gleichen Tag Geburtstag haben?
Es ist leichter und weniger aufwändig, das Gegenereignis zum gesuchten Ereignis zu betrachten: „die k zufällig ausgewählten Personen haben lauter verschiedene Geburtstage“.

$P(\text{2 Personen haben lauter verschiedene Geburtstage}) = \frac{364}{365} = \frac{365 \cdot 364}{365^2}$

$P(\text{3 Personen haben lauter verschiedene Geburtstage}) = \frac{365 \cdot 364 \cdot 363}{365^3}$

$P(\text{4 Personen haben lauter verschiedene Geburtstage}) = \frac{365 \cdot 364 \cdot 363 \cdot 362}{365^4}$

usw.

$P(\text{k Personen haben lauter verschiedene Geburtstage}) = \frac{365 \cdot 364 \cdot \ldots \cdot (366-k)}{365^k}$

$P(\text{Mindestens zwei Personen mit gleichem Geburtstag}) = 1 - \frac{365 \cdot 364 \cdot \ldots \cdot (366-k)}{365^k}$

Mithilfe des *seq*-Modus des GTR kann eine Folge rekursiv definiert werden; in der Wertetabelle findet man den paradox erscheinenden Wert
P (23 Personen haben lauter verschiedene Geburtstage) ≈ 49,3 %, also
P (mindestens zwei Personen von 23 haben am gleichen Tag Geburtstag) ≈ 50,7 %.

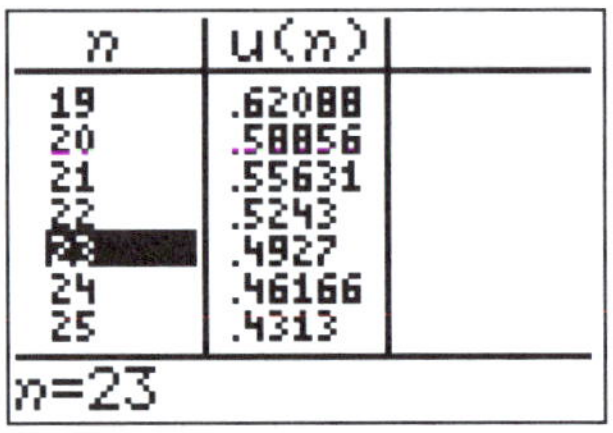

(2) Da die Ereignisse „Mindestens ein Erfolg“ und „Lauter Misserfolge“ bei einem n-stufigen BERNOULLI-Versuch Gegenereignisse voneinander sind, ergänzen sich die Wahrscheinlichkeiten zu 1:
$P(X = 0) = q^n$ und $P(X \geq 1) = 1 - P(X = 0) = 1 - q^n$.

I3 Daten aus Vierfeldertafeln als Wahrscheinlichkeiten von zweistufigen Zufallsversuchen interpretieren sowie Vierfeldertafeln zur Umkehrung von Baumdiagrammen nutzen.

In einer Vierfeldertafel wird erfasst, mit welchen relativen oder absoluten Häufigkeiten zwei Merkmalsausprägungen zweier Merkmale und auch deren Kombination auftreten.

Die Daten aus der Vierfeldertafel lassen sich auf zwei Arten in einem zweistufigen Baumdiagramm wiedergeben (auf der 1. Stufe wird das eine, auf der 2. Stufe das andere Merkmal betrachtet).
Umgekehrt lassen sich die Daten aus einem Baumdiagramm in eine Vierfeldertafel übertragen und daraus das andere („umgekehrte“) Baumdiagramm entwickeln.

Beispiel 1

Im Jahr 2009 waren in Deutschland durchschnittlich ca. 34,203 Mio. Personen erwerbstätig, davon 16,199 Mio. Frauen. Von diesen hatten 7,412 Mio. eine Teilzeitbeschäftigung, insgesamt gab es 9,076 Mio. teilzeitbeschäftigte Personen.
Diese Daten kann man in eine Vierfeldertafel eintragen und fehlende Daten ergänzen (Tabelle links). Die Daten der Vierfeldertafel mit absoluten Häufigkeiten kann man auch als Vierfeldertafel mit relativen Häufigkeiten (rechts) notieren.

	Männer	Frauen	gesamt
Vollzeit	16,340	8,787	25,127
Teilzeit	1,664	7,412	9,076
gesamt	18,004	16,199	34,203

	Männer	Frauen	gesamt
Vollzeit	47,8 %	25,7 %	73,5 %
Teilzeit	4,9 %	21,7 %	26,5 %
gesamt	52,6 %	47,4 %	100,0 %

(Achtung: Bei den Prozentangaben sind rundungsbedingte Abweichungen möglich!)

Man kann diese Daten auch hierarchisch in Form eines Organigramms darstellen. Hier sind zwei Anordnungen möglich, je nachdem, welches Merkmal man als erstes betrachtet:

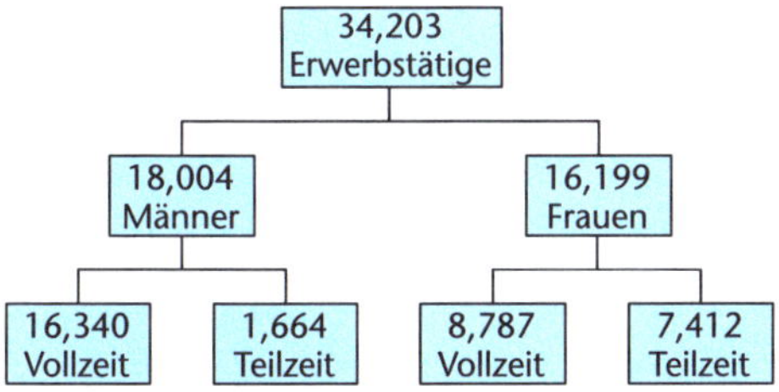

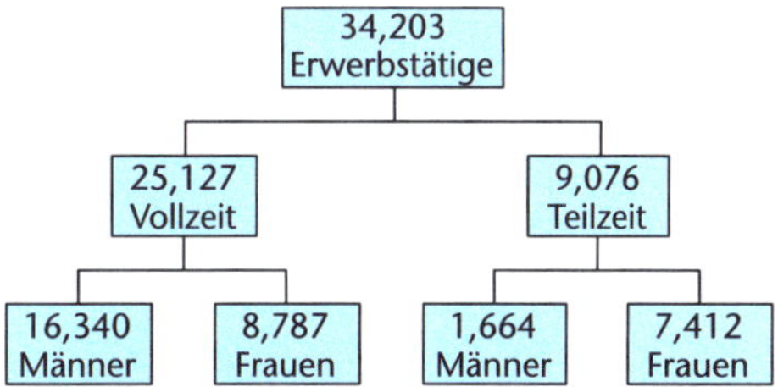

Die statistischen Daten lassen sich im Sinne eines Zufallsversuchs deuten: Aus der Gesamtheit aller Erwerbstätigen wird eine Person zufällig ausgewählt. Die Organigramme werden damit zu Baumdiagrammen. Die Wahrscheinlichkeiten auf der ersten Stufe der Baumdiagramme entsprechen den Summenfeldern der Vierfeldertafel auf Seite 87, beim Baumdiagramm links sind es die Summenfelder der Spalten, beim Baumdiagramm rechts die der Zeilen. Die am Ende der Pfade stehenden Pfad-Wahrscheinlichkeiten sind gerade die Daten aus den inneren Feldern der Vierfeldertafel.

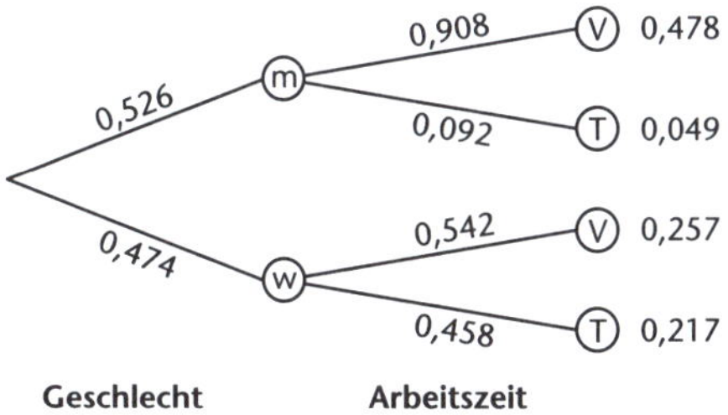

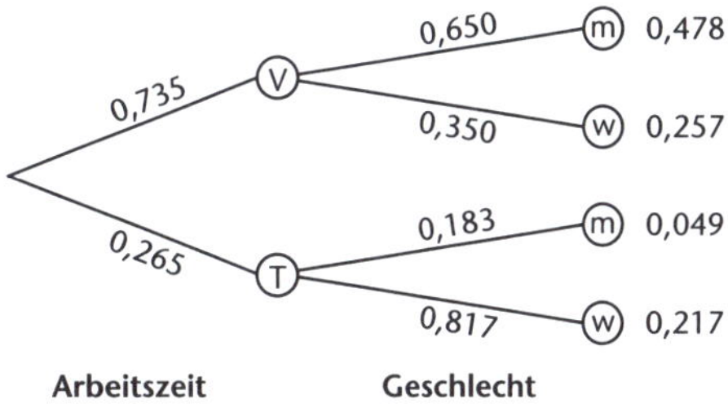

Zu den Baumdiagrammen lassen sich kurze Zeitungsartikel verfassen, die alle wesentlichen Daten enthalten, aber wegen der unterschiedlichen Reihenfolge unterschiedliche Akzente setzen:

- 52,6 % der Erwerbstätigen in Deutschland sind Männer; von diesen üben 90,8 % eine Vollzeittätigkeit aus. Von den erwerbstätigen Frauen haben nur 54,2 % einen Vollzeitjob.
- 73,5 % der Erwerbstätigen in Deutschland haben einen Vollzeitjob; von diesen sind 65,0 % Männer. Teilzeitjobs sind überwiegend Frauensache: In 81,7 % der Teilzeitstellen sind Frauen beschäftigt.

Beispiel 2

Bei Infektionskrankheiten ist es wichtig, dass man schnell die Art der Krankheit erkennt, damit man sie bekämpfen kann. Hierzu führt man Schnelltests durch, die allerdings Mängel haben: Manchmal wird eine Krankheit angezeigt, obwohl sie nicht vorliegt; gelegentlich wird eine Krankheit nicht angezeigt, obwohl sie vorhanden ist.

Beispiel HIV-Test:
Man kann heute davon ausgehen, dass etwa 0,1 % der Bevölkerung Deutschlands HIV-infiziert ist. Die vorliegenden Testverfahren zum Nachweis der Infektion haben mittlerweile eine hohe Sicherheit (Sensitivität): bei 99,9 % der tatsächlich Infizierten erfolgt positive Testreaktion; nur bei 0,3 % der nicht-infizierten Testpersonen wird irrtümlich eine Infektion angezeigt (Spezifität 99,7 %).
Die Informationen lassen sich unmittelbar in ein Baumdiagramm übertragen (links):
1. Stufe: Infektion liegt vor – ja/nein, 2. Stufe: Testreaktion – positiv/negativ.
Die aus den Angaben berechneten Pfadwahrscheinlichkeiten kann man in die inneren Felder der Vierfeldertafel eintragen (rechts).

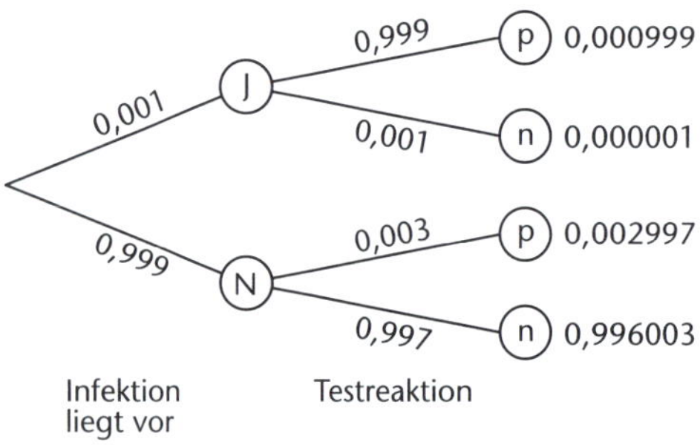

	Test positiv	Test negativ	gesamt
Infektion liegt vor	0,0999 %	0,0001 %	0,1 %
Infektion liegt nicht vor	0,2997 %	99,6003 %	99,9 %
gesamt	0,3996 %	99,6004 %	100,0 %

Von der Vierfeldertafel kommt man zum umgekehrten Baumdiagramm, indem man die Gesamtwahrscheinlichkeiten für einen positiven oder einen negativen Test aus der letzten Zeile der Vierfeldertafel entnimmt und diese auf der ersten Stufe des umgekehrten Baumdiagramms einträgt.
Die vier Pfad-Wahrscheinlichkeiten dieses Baumdiagramms können unverändert aus den inneren Feldern der Vierfeldertafel übernommen werden.

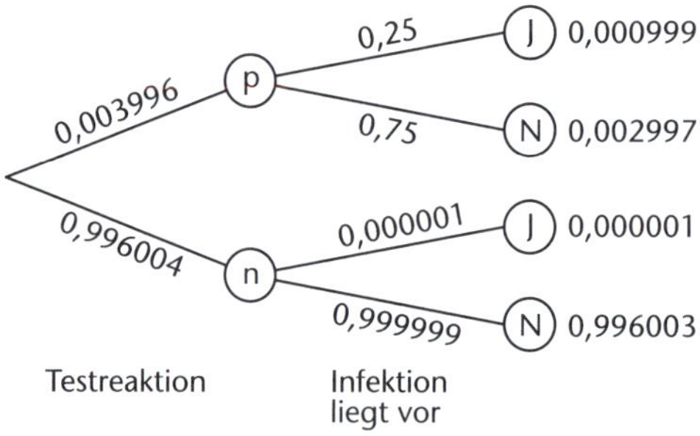

Nun können die noch fehlenden bedingten Wahrscheinlichkeiten für die unterschiedlichen Testreaktionen mithilfe der Pfadmultiplikationsregel durch Division der Pfad-Wahrscheinlichkeiten durch die Wahrscheinlichkeiten der ersten Stufe berechnet werden.

Zu den Informationen des umgekehrten Baumdiagramms kann man folgenden Text schreiben:
Führt man den HIV-Test mit zufällig ausgewählten Personen durch, dann wird in ungefähr 0,4 % der Fälle eine positive Testreaktion zu beobachten sein. Die Wahrscheinlichkeit, dass eine Person mit positivem Testergebnis tatsächlich HIV-infiziert ist, beträgt allerdings nur ca. 25 %.
In 99,6 % der Fälle wird die Testreaktion negativ sein. Personen mit negativem Testergebnis sind nur mit vernachlässigbar geringer Wahrscheinlichkeit dennoch HIV-infiziert.

I4 Anhand von Vierfeldertafeln die Unabhängigkeit von Merkmalen nachweisen; LK zusätzlich: den Begriff der Unabhängigkeit von Ereignissen erläutern.

Der Begriff der **stochastischen Unabhängigkeit von Ereignissen** ist zunächst ein rein formaler Begriff:
Wenn zwischen zwei Ereignissen E1 und E2 die Beziehung $\mathbf{P(E1 \cap E2) = P(E1) \cdot P(E2)}$ gilt, dann sind E1 und E2 voneinander stochastisch unabhängig.
Werden die beiden Ereignisse E1 und E2 auf zwei Stufen eines Baumdiagramms betrachtet (wobei also das Ereignis E1 ∩ E2 einen Pfad im Baumdiagramm darstellt), dann gilt die Multiplikationsregel:
$P(E1 \cap E2) = P(E1) \cdot P_{E1}(E2)$ oder
$P(E1 \cap E2) = P(E2) \cdot P_{E2}(E1)$ bei umgekehrter Anordnung der Stufen.
Aus der Beziehung $P(E1 \cap E2) = P(E1) \cdot P(E2)$ folgt dann
$P_{E1}(E2) = P(E2)$ bzw. $P_{E2}(E1) = P(E1)$,
was inhaltlich bedeutet: E2 hängt nicht von E1 ab und E1 hängt nicht von E2 ab.
In der Darstellung eines Vorgangs mithilfe von Baumdiagrammen bedeutet dies: Wenn auf der 2. Stufe der beiden möglichen Baumdiagramme gleiche Teilbäume auftreten, dann sind die betrachteten Merkmale (und zugehörigen Ereignisse) **voneinander unabhängig**, sonst **voneinander abhängig**.
Für die Darstellung mithilfe einer Vierfeldertafel gilt: Stehen die Wahrscheinlichkeiten in den Spalten oder in den Zeilen der Vierfeldertafel im gleichen Zahlenverhältnis, dann sind die zugehörigen Merkmale voneinander unabhängig, sonst voneinander abhängig.

Beispiel

Bei einem Bürgerentscheid über den Bebauungsplan einer Gemeinde konnten sich die Bürger zwischen den Alternativen A und B entscheiden. Die Zusammensetzung der Stimmen zeigen, dass das Abstimmungsverhalten **unabhängig** vom Geschlecht, aber **abhängig** vom Alter war.

- das Abstimmungsverhalten war unabhängig vom Geschlecht:

Die Zahlen in den Zeilen und Spalten der Vierfeldertafel stehen im gleichen Zahlenverhältnis, beispielsweise:
$22:33 = 18:27 = 40:60 = 2:3$
$22:18 = 33:27 = 55:45 = 11:9$
Die Teilbäume der 2. Stufe der Baumdiagramme stimmen überein.

		Abstimmungsalternativen A	Abstimmungsalternativen B	gesamt
Geschlecht	weiblich	22 %	33 %	55 %
	männlich	18 %	27 %	45 %
gesamt		40 %	60 %	100 %

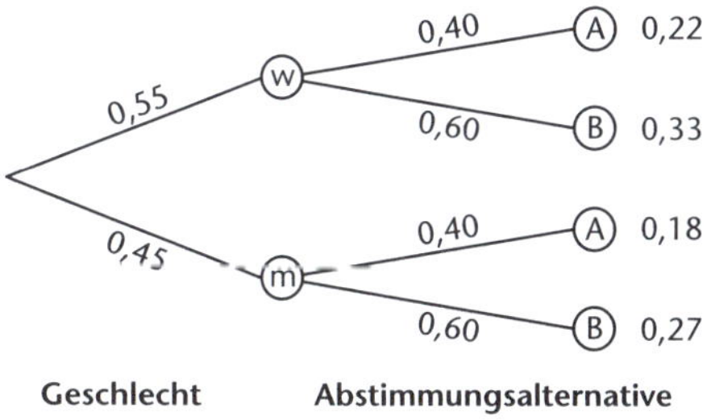

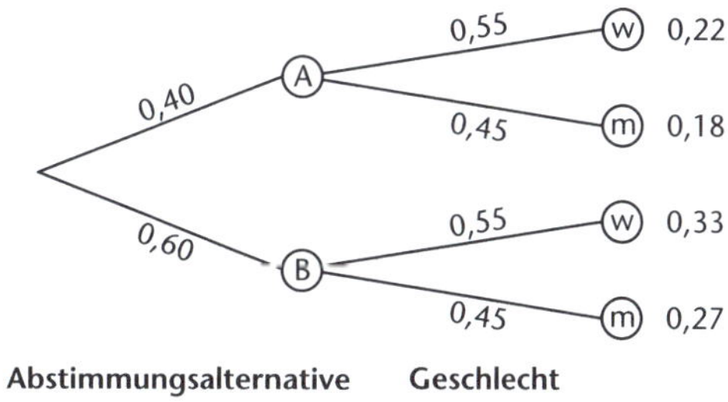

- das Abstimmungsverhalten war abhängig vom Alter:

  Die Zahlen in den Zeilen und Spalten der Vierfeldertafel stehen nicht im gleichen Zahlenverhältnis, beispielsweise:
  $16:30 \neq 24:30 \neq 40:60$
  $16:24 \neq 30:30 \neq 46:54$
  Die Teilbäume der 2. Stufe der Baumdiagramme stimmen nicht überein.

		Abstimmungsalternativen A	Abstimmungsalternativen B	gesamt
Alter	bis 40 J.	16 %	30 %	46 %
	über 40 J.	24 %	30 %	54 %
gesamt		40 %	60 %	100 %

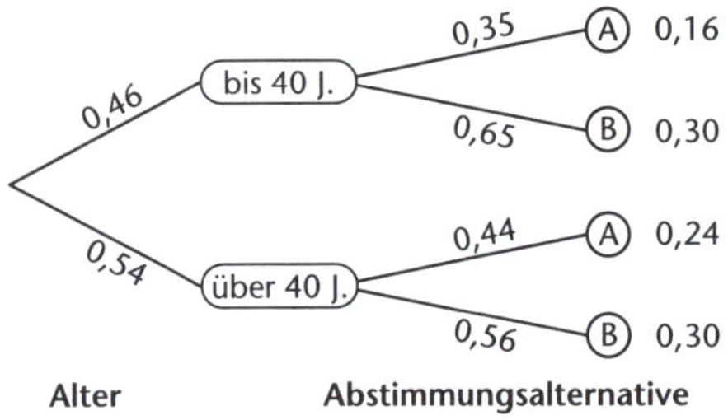

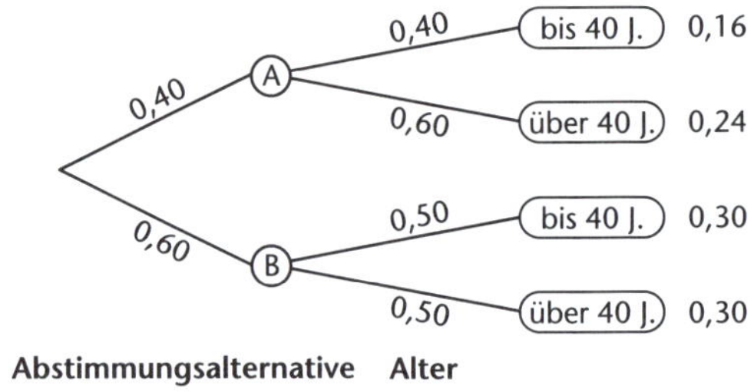

J1 Die Wahrscheinlichkeitsverteilung einer Zufallsgröße bestimmen sowie den Erwartungswert und die Standardabweichung der Zufallsgröße berechnen.

Zufallsgrößen sind Funktionen, die jedem Ergebnis eines Zufallsversuchs eine Zahl zuordnen.

Eine Liste mit den möglichen Werten der Zufallsgröße und den dazu gehörenden Wahrscheinlichkeiten wird als **Wahrscheinlichkeitsverteilung** bezeichnet.

Wahrscheinlichkeitsverteilungen werden durch Abzählen der zugehörigen Ergebnisse in der Ergebnismenge bestimmt oder aufgrund von einheitlichen Strukturen mithilfe eines Terms berechnet (vgl. Beispiele).

Der **Erwartungswert einer Zufallsgröße** ist der Mittelwert der Wahrscheinlichkeitsverteilung der Zufallsgröße, d. h. das gewichtete Mittel der Werte, welche die Zufallsgröße annehmen kann:

$$E(X) = \mu = a_1 \cdot P(X = a_1) + a_2 \cdot P(X = a_2) + \ldots + a_m \cdot P(X = a_m) = \sum_{i=1}^{m} a_i \cdot P(X = a_i)$$

Die Berechnung erfolgt mithilfe der um eine Spalte erweiterten Tabelle der Verteilung, in der das Produkt $a_i \cdot P(X = a_i)$ eingetragen wird.

Hinweis: Die Formel zur Berechnung des Erwartungswerts einer Zufallsgröße entspricht der Formel zur Berechnung des arithmetischen Mittelwerts der Häufigkeitsverteilung eines Merkmals, vergleiche H1.

Für einzelne Verteilungen gibt es Formeln, mit deren Hilfe der Erwartungswert direkt berechnet werden kann, z. B. bei der Binomialverteilung gilt: $\mu = n \cdot p$, wobei n die Anzahl der Stufen und p die Erfolgswahrscheinlichkeit des BERNOULLI-Versuchs ist.

Die **Varianz einer Zufallsgröße** ist die mittlere quadratische Abweichung der Werte der Zufallsgröße vom Erwartungswert der Zufallsgröße:

$$V(X) = \sigma^2 = (a_1 - \mu)^2 \cdot P(X = a_1) + (a_2 - \mu)^2 \cdot P(X = a_2) + \ldots + (a_m - \mu)^2 \cdot P(X = a_m)$$

$$= \sum_{i=1}^{m} (a_i - \mu)^2 \cdot P(X = a_i)$$

dabei ist σ die **Standardabweichung** der Zufallsgröße.

Die Varianz kann nach Definition berechnet werden (eine weitere Spalte mit $(a_i - \mu)^2 \cdot P(X = a_i)$ ergänzen) oder mithilfe einer durch Anwendung der binomischen Formel vereinfachten Darstellung (eine weitere Spalte mit $a_i^2 \cdot P(X = a_i)$ ergänzen):

$$V(X) = \sigma^2 = [a_1^2 \cdot P(X = a_1) + a_2^2 \cdot P(X = a_2) + \ldots + a_m^2 \cdot P(X = a_m)] - \mu^2 = \left(\sum_{i=1}^{m} a_i^2 \cdot P(X = a_i)\right) - \mu^2$$

Hinweis: Die Formel zur Berechnung der Varianz einer Zufallsgröße entspricht der Formel zur Berechnung der empirischen Varianz der Häufigkeitsverteilung eines Merkmals, auch die vereinfachte Darstellung, vergleiche H1.

Für einzelne Verteilungen gibt es Formeln, mit deren Hilfe die Varianz direkt berechnet werden kann, z. B. bei der Binomialverteilung gilt $\sigma^2 = n \cdot p \cdot (1 - p)$, wobei n die Anzahl der Stufen und p die Erfolgswahrscheinlichkeit des BERNOULLI-Versuchs ist.

Beispiel 1

Die Verteilung der Zufallsgröße
X: *Augensumme beim doppelten Hexaederwurf* erhält man durch Abzählen der Ergebnisse, welche die Augensumme 2, 3, 4, …, 12 ergeben.

(1|1)	(1|2)	(1|3)	(1|4)	(1|5)	(1|6)
(2|1)	(2|2)	(2|3)	(2|4)	(2|5)	(2|6)
(3|1)	(3|2)	(3|3)	(3|4)	(3|5)	(3|6)
(4|1)	(4|2)	(4|3)	(4|4)	(4|5)	(4|6)
(5|1)	(5|2)	(5|3)	(5|4)	(5|5)	(5|6)
(6|1)	(6|2)	(6|3)	(6|4)	(6|5)	(6|6)

k	zugehörige Ergebnisse	P (X = k)	k · P (X = k)	(k – 7)² · P (X = k)
2	(1|1)	1/36	2/36	25/36
3	(1|2), (2|1)	2/36	6/36	32/36
4	(1|3), (2|2), (3|1)	3/36	12/36	27/36
5	(1|4), (2|3), (3|2), (4|1)	4/36	20/36	16/36
6	(1|5), (2|4), (3|3), (4|2), (5|1)	5/36	30/36	5/36
7	(1|6), (2|5), (3|4), (4|3), (5|2), (6|1)	6/36	42/36	0
8	(2|6), (3|5), (4|4), (5|3), (6|2)	5/36	40/36	5/36
9	(3|6), (4|5), (5|4), (6|3)	4/36	36/36	16/36
10	(4|6), (5|5), (6|4)	3/36	30/36	27/36
11	(5|6), (6|5)	2/36	22/36	32/36
12	(6|6)	1/36	12/36	25/36
	Summe	**1**	**E (X) = 7**	**V (X) = 35/6**

Beispiel 2

In einer Urne sind drei rote und zwei grüne Kugeln. Nacheinander werden Kugeln ohne Zurücklegen gezogen.
Die Verteilung der Zufallsgröße
X: *Anzahl der notwendigen Ziehungen, bis zwei grüne Kugeln gezogen sind* lässt sich mithilfe eines Baumdiagramms bestimmen.

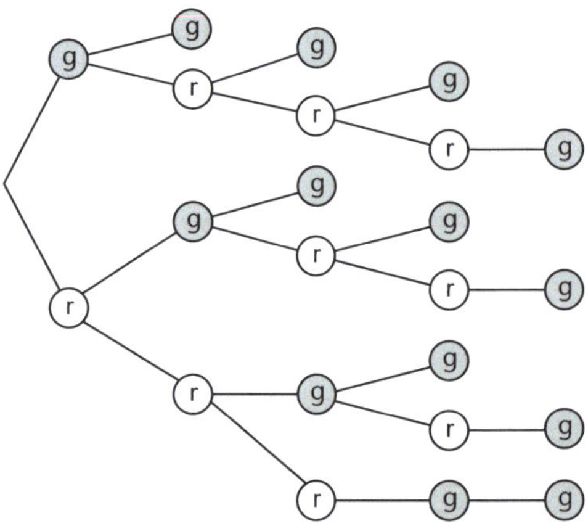

$P(X = 2) = \frac{2 \cdot 1}{5 \cdot 4} = \frac{1}{10}$

$P(X = 3) = 2 \cdot \frac{3 \cdot 2 \cdot 1}{5 \cdot 4 \cdot 3} = \frac{1}{5}$

$P(X = 4) = 3 \cdot \frac{3 \cdot 2 \cdot 2 \cdot 1}{5 \cdot 4 \cdot 3 \cdot 2} = \frac{3}{10}$

$P(X = 5) = 4 \cdot \frac{3 \cdot 2 \cdot 1 \cdot 2 \cdot 1}{5 \cdot 4 \cdot 3 \cdot 2 \cdot 1} = \frac{2}{5}$

Erwartungswert und die Varianz:

k	P (X = k)	k · P (X = k)	(k – 4)² · P (X = k)
2	0,1	0,2	0,4
3	0,2	0,6	0,2
4	0,3	1,2	0
5	0,4	2,0	0,4
Summe	**1**	**E (X) = 4**	**V (X) = 1**

E (X) = 4 bedeutet: Im Mittel benötigt man 4 Ziehungen, bis zwei grüne Kugeln gezogen sind.

Beispiel 3

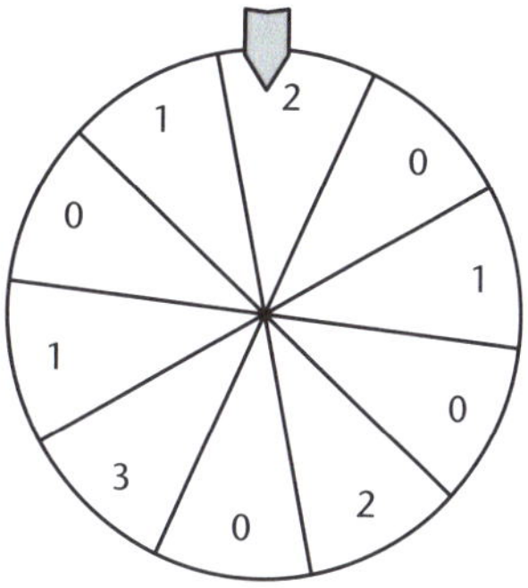

Ein Glücksspiel wird als **fair** bezeichnet, wenn der Erwartungswert der Auszahlung gleich dem Spieleinsatz ist.

Bei dem Glücksrad rechts wird der in dem Sektor stehende Betrag in Euro ausgezahlt, wenn der Zeiger auf diesem Sektor stehen bleibt. Der Erwartungswert der Zufallsgröße X: *Auszahlung in Euro* berechnet sich wie folgt:

$E(X) = \frac{4}{10} \cdot 0 + \frac{3}{10} \cdot 1 + \frac{2}{10} \cdot 2 + \frac{1}{10} \cdot 3 = 1,$

d. h., das Spiel ist fair, wenn der Spieleinsatz 1 Euro beträgt.

J2 Geeignete Zufallsversuche mithilfe des Binomialmodells beschreiben und Wahrscheinlichkeiten mithilfe der BERNOULLI-Formel berechnen und erläutern, unter welchen Bedingungen auch Ziehvorgänge ohne Zurücklegen näherungsweise als BERNOULLI-Versuche interpretiert werden können.

Ein n-stufiger **BERNOULLI-Versuch** ist ein n-stufiger Zufallsversuch, bei dem man sich nur dafür interessiert, ob ein bestimmtes Ergebnis (= „Erfolg") eintritt oder nicht („Misserfolg"). Während der Versuchsdurchführungen ändert sich die Wahrscheinlichkeit für das interessierende Ergebnis nicht (Erfolgswahrscheinlichkeit p bzw. Misserfolgswahrscheinlichkeit $q = 1 - p$ des BERNOULLI-Versuchs).
Die Zufallsgröße X zählt, wie oft der Erfolg eintritt (X: *Anzahl der Erfolge*).

Ein n-stufiger BERNOULLI-Versuch kann 0 Erfolge, 1 Erfolg, ..., n Erfolge haben. Würde man das zugehörige Baumdiagramm zeichnen, dann hätte dieses 2^n Verzweigungen.

Zum Ereignis $X = k$ gehören $\binom{n}{k}$ Pfade, denn es gibt $\binom{n}{k}$ Möglichkeiten, aus den n Stufen k auszuwählen, auf denen ein Erfolg stattfindet. Jeder Pfad mit k Erfolgen und $n - k$ Misserfolgen hat nach Pfadmultiplikationsregel die Wahrscheinlichkeit $p^k \cdot (1 - p)^{n-k}$.

Daher gilt die **BERNOULLI-Formel:** Die Wahrscheinlichkeit für k Erfolge berechnet sich mithilfe von $P(X = k) = \binom{n}{k} \cdot p^k \cdot (1 - p)^{n-k}$.

Die Wahrscheinlichkeitsverteilung der Zufallsgröße X heißt **Binomialverteilung**.
Man kann die Wahrscheinlichkeit für k Erfolge beim n-stufigen BERNOULLI-Versuch auch iterativ berechnen:

$P(X = 0) = P(\text{lauter Misserfolge}) = q^n,$

$P(X = k) = \frac{n - k + 1}{k} \cdot \frac{p}{q} \cdot P(X = k - 1)$ für $k = 1, 2, ..., n$.

Ziehen mit und ohne Zurücklegen: Beim mehrfachen Ziehen aus einer Urne ohne Zurücklegen verändert sich der Inhalt der Urne bei jeder Ziehung. Die Wahrscheinlichkeiten für bestimmte Ziehungsergebnisse lassen sich mithilfe der **hypergeometrischen** Verteilung berechnen.
Ist jedoch das Verhältnis des Umfangs der Gesamtheit (Inhalt der Urne) zum Umfang der Stichprobe groß, dann können Wahrscheinlichkeiten in guter Näherung mit einem Binomialansatz berechnet werden.

Beispiele *BERNOULLI-Versuche*

(1) Beim Hexaederwurf kann man „Augenzahl 6“ als *Erfolg* und die übrigen Augenzahlen als *Misserfolg* interpretieren. Erfolgswahrscheinlichkeit ist dann $p = \frac{1}{6}$, Misserfolgswahrscheinlichkeit $q = 1 - p = \frac{5}{6}$.

(2) In Deutschland ist die Wahrscheinlichkeit für die Geburt eines Mädchen 48,6 %, die eines Jungen 51,4 %. Die Zuordnung der Begriffe „Erfolg“, „Misserfolg“ ist willkürlich.

(3) Für den 6-stufigen BERNOULLI-Versuch mit $p = 0{,}2$ ergibt sich:

$P(X = 0) = 0{,}8^6 = 0{,}262$

$P(X = 1) = \binom{6}{1} \cdot 0{,}2^1 \cdot 0{,}8^5 = 0{,}393$ oder iterativ: $P(X = 1) = \frac{6}{1} \cdot \frac{0{,}2}{0{,}8} \cdot P(X = 0) = 0{,}393$

$P(X = 2) = \binom{6}{2} \cdot 0{,}2^2 \cdot 0{,}8^4 = 0{,}246$ oder iterativ: $P(X = 2) = \frac{5}{2} \cdot \frac{0{,}2}{0{,}8} \cdot P(X = 1) = 0{,}246$

$P(X = 3) = \binom{6}{3} \cdot 0{,}2^3 \cdot 0{,}8^3 = 0{,}082$ oder iterativ: $P(X = 3) = \frac{4}{3} \cdot \frac{0{,}2}{0{,}8} \cdot P(X = 2) = 0{,}082$

$P(X = 4) = \binom{6}{4} \cdot 0{,}2^4 \cdot 0{,}8^2 = 0{,}015$ oder iterativ: $P(X = 4) = \frac{3}{4} \cdot \frac{0{,}2}{0{,}8} \cdot P(X = 3) = 0{,}015$

$P(X = 5) = \binom{6}{5} \cdot 0{,}2^5 \cdot 0{,}8^1 = 0{,}0015$ oder iterativ: $P(X = 5) = \frac{2}{5} \cdot \frac{0{,}2}{0{,}8} \cdot P(X = 4) = 0{,}0015$

$P(X = 6) = 0{,}2^6 = 0{,}00006$ oder iterativ: $P(X = 6) = \frac{1}{6} \cdot \frac{0{,}2}{0{,}8} \cdot P(X = 5) = 0{,}00006$

Beispiel *Ziehen mit bzw. ohne Zurücklegen*

Aus einer Urne mit 60 % roten und 40 % grünen Kugeln werden drei Kugeln mit bzw. ohne Zurücklegen gezogen. Betrachtet wird die Zufallsgröße X: *Anzahl der roten Kugeln.*

Die Wahrscheinlichkeiten beim Ziehen mit bzw. ohne Zurücklegen können deutlich voneinander abweichen – je nachdem, ob man aus einer kleinen oder großen Gesamtheit zieht:

	Ziehen mit Zurücklegen (Binomialansatz)	**Ziehen ohne Zurücklegen aus einer Urne mit … Kugeln**	
		6 rote und 4 grüne	**60 rote und 40 grüne**
k	$P(X = k)$	$P(X = k)$	$P(X = k)$
0	0,064	$\frac{4}{10} \cdot \frac{3}{9} \cdot \frac{2}{8} \approx 0{,}033$	$\frac{40}{100} \cdot \frac{39}{99} \cdot \frac{38}{98} \approx 0{,}061$
1	0,288	$3 \cdot \frac{6}{10} \cdot \frac{4}{9} \cdot \frac{3}{8} = 0{,}300$	$3 \cdot \frac{60}{100} \cdot \frac{40}{99} \cdot \frac{39}{98} = 0{,}289$
2	0,432	$3 \cdot \frac{6}{10} \cdot \frac{5}{9} \cdot \frac{4}{8} = 0{,}500$	$3 \cdot \frac{60}{100} \cdot \frac{59}{99} \cdot \frac{40}{98} = 0{,}438$
3	0,216	$\frac{6}{10} \cdot \frac{5}{9} \cdot \frac{4}{8} \approx 0{,}167$	$\frac{60}{100} \cdot \frac{59}{99} \cdot \frac{58}{98} \approx 0{,}212$

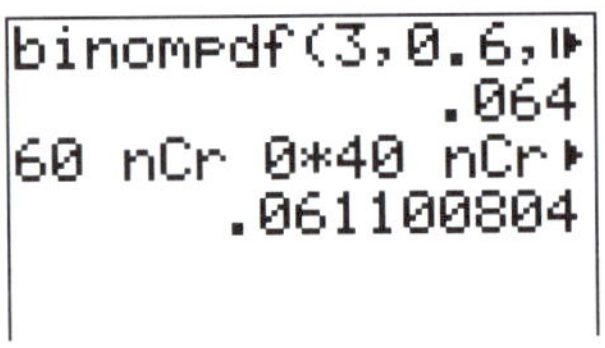

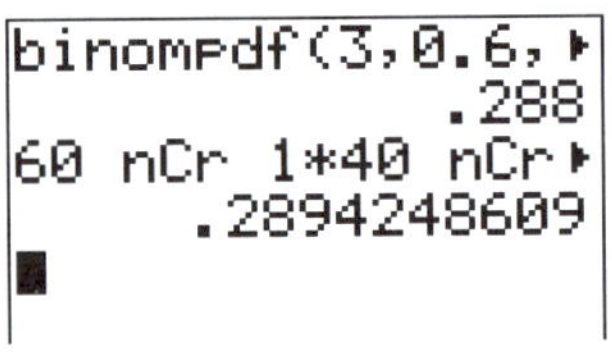

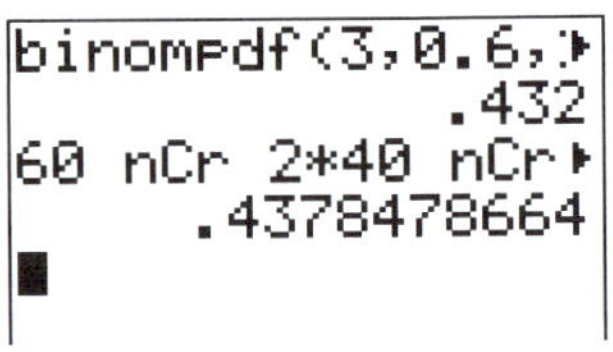

J3 Berechnen, wie oft ein BERNOULLI-Versuch mindestens durchgeführt werden muss, um mit einer gegebenen Mindestwahrscheinlichkeit mindestens einen Erfolg zu erzielen.

Gegeben ist ein n-stufiger BERNOULLI-Versuch mit Erfolgswahrscheinlichkeit p.
Die Zufallsgröße ist X: *Anzahl der Erfolge*.
Die Wahrscheinlichkeit für mindestens einen Erfolg wird mithilfe der Komplementärregel berechnet: Man betrachtet das Gegenereignis (lauter Misserfolge im n-stufigen BERNOULLI-Versuch).
Die Wahrscheinlichkeit für lauter Misserfolge ist: $P(X = 0) = q^n$
Für die Wahrscheinlichkeit für mindestens einen Erfolg $P(X \geq 1) = 1 - q^n$ muss die Bedingung $P(X \geq 1) \geq M$ erfüllt sein.
Aus der Gleichung $1 - q^n \geq M$ bestimmt man die gesuchte Anzahl n durch Probieren oder Logarithmieren.

Beispiel

Wie oft muss ein Ikosaeder mindestens geworfen werden, damit mit einer Wahrscheinlichkeit von mindestens M = 90 % mindestens einmal Augenzahl 1 gefallen sein wird?

Hier ist $p = \frac{1}{20} = 0{,}05$; also $q = 0{,}95$.

P (lauter Misserfolge) = P (n Würfe ohne Augenzahl 1) = $0{,}95^n$
Gesucht ist also die Anzahl n, sodass $P(X \geq 1) = 1 - 0{,}95^n \geq 0{,}90$
Aus der Ungleichung $0{,}95^n \leq 0{,}10$ erhält man $n \geq 45$

Methode 1: Logarithmieren der Ungleichung (Basis des Logarithmus beliebig)

$$0{,}95^n \leq 0{,}10 \Leftrightarrow n \cdot \log(0{,}95) \leq \log(0{,}1) \Leftrightarrow n \geq \frac{\log(0{,}1)}{\log(0{,}95)} \approx 44{,}89$$

Hinweis: Bei der Division durch log (0,95) – dies ist eine negative Zahl – kehrt sich das Ungleichheitszeichen um (sogenanntes Inversionsgesetz).

Methode 2: Man sucht in der Wertetabelle der Funktion f mit $f(x) = 0{,}95^x$ denjenigen Wert von x, für den sich $f(x) \approx 0{,}1$ ergibt. Beim GTR beispielsweise lassen sich die Funktionswerte mithilfe der TABLE-Funktionen ablesen; hierbei wählt man ΔTBL = 1 und findet so diejenige natürliche Zahl x, von der ab die Bedingung erfüllt ist.

Methode 3: Wie Methode 2; statt der Wertetabelle benutzt man die *intersect*-Option des GTR, um den x-Wert zu bestimmen, für den die Gleichung $0{,}95^x = 0{,}1$ erfüllt ist.

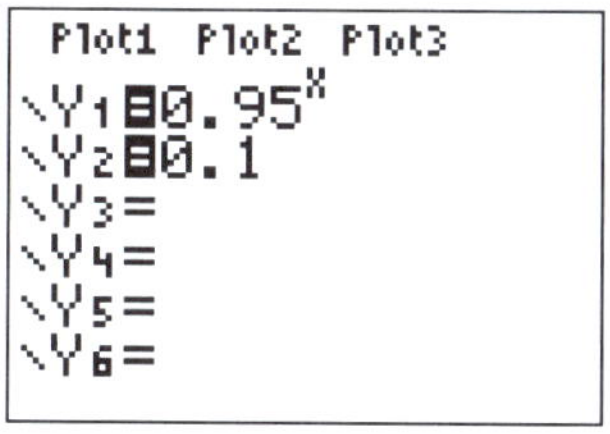

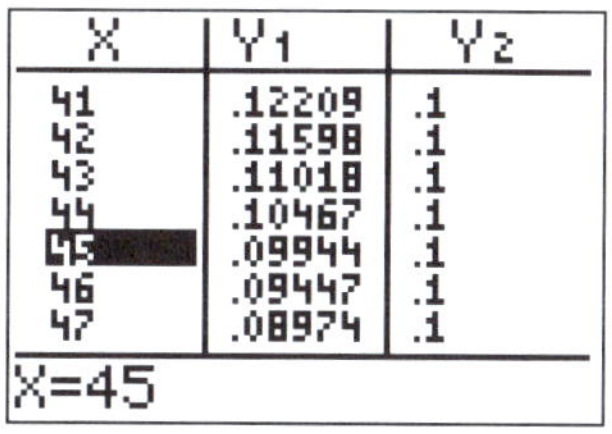

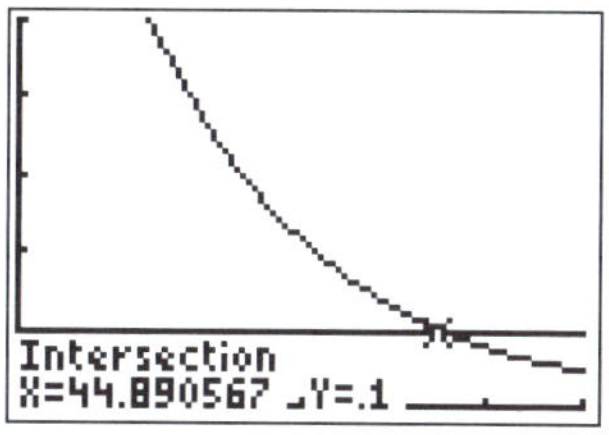

J4 Den Erwartungswert und die Standardabweichung von Binomialverteilungen berechnen und mithilfe der Sigma-Regeln Umgebungen um den Erwartungswert bei vorgegebener Wahrscheinlichkeit der Umgebung bestimmen.

Erwartungswert und Standardabweichung von Binomialverteilungen

Für Binomialverteilungen ist der Erwartungswert $E(X) = \mu = n \cdot p$

Dies ist plausibel, denn das Produkt $n \cdot p$ entspricht genau der Häufigkeitsinterpretation der Wahrscheinlichkeit p in einem n-stufigen Zufallsversuch. Das Maximum einer Binomialverteilung liegt in der Nähe von $\mu = n \cdot p$.
Die Varianz wird nach der Formel $V(X) = \sigma^2 = n \cdot p \cdot (1 - p) = n \cdot p \cdot q$ berechnet.

Sigma-Regeln

Falls $\sigma > 3$ (LAPLACE-Bedingung), dann gilt für symmetrische Umgebungen des Erwartungswerts von Binomialverteilungen bei großem Stichprobenumfang:
$P(\mu - 1{,}64\sigma \le X \le \mu + 1{,}64\sigma) \approx 90\,\%$
$P(\mu - 1{,}96\sigma \le X \le \mu + 1{,}96\sigma) \approx 95\,\%$
$P(\mu - 2{,}58\sigma \le X \le \mu + 2{,}58\sigma) \approx 99\,\%$
Die Sigma-Regeln geben nur Näherungswerte für die Wahrscheinlichkeiten der Umgebungen an. Bei der Anwendung der Sigma-Regeln im Rahmen der Beurteilenden Statistik (vgl. hierzu auch Basiswissen K1 ff.) rundet man daher meistens „zur sicheren Seite“ (d.h. nach außen), damit die vorgegebene Intervall-Wahrscheinlichkeit „sicher“ erfüllt ist (oder man bestimmt das ungefähre Intervall nach den Sigma-Regeln, berechnet dann die exakte Wahrscheinlichkeit für das Intervall und korrigiert danach die Intervallgrenzen, falls dies erforderlich ist).

Beispiel *Berechnung von Erwartungswert und Varianz*

(1) $n = 120$; $p = \frac{1}{6}$: $\mu = 120 \cdot \frac{1}{6} = 20$, d.h. im Mittel ist bei 120 Hexaederwürfen 20-mal Augenzahl 6 zu erwarten.
Für die Varianz gilt: $V(X) = \sigma^2 = 120 \cdot \frac{1}{6} \cdot \frac{5}{6} = \frac{50}{3}$, die Standardabweichung ist $\sigma \approx 4{,}08$.

(2) $n = 100$; $p = 0{,}5$: $\mu = 100 \cdot 0{,}5 = 50$, d.h. im Mittel ist bei 100 Münzwürfen 50-mal Wappen zu erwarten.
Für die Varianz gilt: $V(X) = \sigma^2 = 100 \cdot 0{,}5 \cdot 0{,}5 = 25$, die Standardabweichung ist $\sigma = 5$.

Beispiel *Berechnung von Sigma-Umgebungen*

$n = 100$; $p = 0{,}5$; $\mu = 50$; $\sigma = 5$

$P(\mu - 1{,}64\sigma \le X \le \mu + 1{,}64\sigma) \approx 90\,\%$:
$P(50 - 1{,}64 \cdot 5 \le X \le 50 + 1{,}64 \cdot 5)$
$\approx P(42 \le X \le 58) = 0{,}911$

$P(\mu - 1{,}96\sigma \le X \le \mu + 1{,}96\sigma) \approx 95\,\%$:
$P(50 - 1{,}96 \cdot 5 \le X \le 50 + 1{,}96 \cdot 5)$
$\approx P(41 \le X \le 59) = 0{,}943$

$P(\mu - 2{,}58\sigma \le X \le \mu + 2{,}58\sigma) \approx 99\,\%$:
$P(50 - 2{,}58 \cdot 5 \le X \le 50 + 2{,}58 \cdot 5)$
$\approx P(38 \le X \le 62) = 0{,}988$

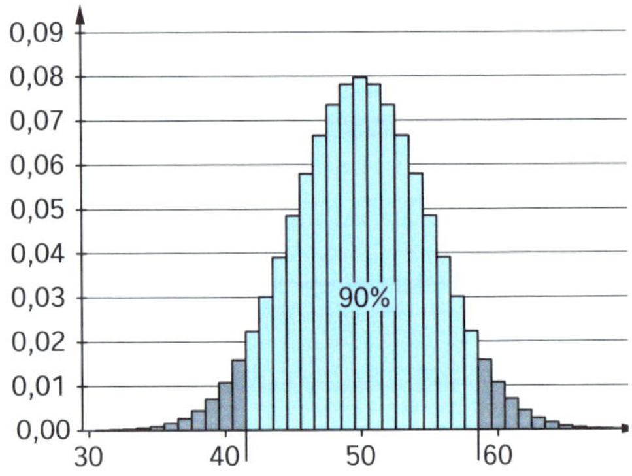

J5 nur eA: Berechnen, wie oft ein Bernoulli-Versuch mindestens durchgeführt werden muss, um mit einer vorgegebenen Sicherheitswahrscheinlichkeit mindestens k Erfolge zu erzielen.

Gegeben ist ein n-stufiger Bernoulli-Versuch mit Erfolgswahrscheinlichkeit p.
Die Zufallsgröße ist X: *Anzahl der Erfolge*.
In besonderen Fällen kann die Wahrscheinlichkeit für *mindestens k Erfolge* mithilfe der Sigma-Regeln abgeschätzt werden.

Ergebnisse
- oberhalb von $\mu - 1{,}28\,\sigma$ haben eine Wahrscheinlichkeit von 90 %,
- oberhalb von $\mu - 1{,}64\,\sigma$ haben eine Wahrscheinlichkeit von 95 %,
- oberhalb von $\mu - 2{,}33\,\sigma$ haben eine Wahrscheinlichkeit von 99 %.

Wenn die Sicherheitswahrscheinlichkeiten von 90 %, 95 % bzw. 99 % und eine Mindestanzahl k von Erfolgen vorgegeben sind, kann man den hierfür notwendigen Stichprobenumfang n hieraus berechnen.
Analog ist eine Aufgabenstellung zu behandeln, bei der zu einer vorgegebenen Sicherheitswahrscheinlichkeit höchstens k Erfolge erzielt werden sollen.

Beispiel

Für eine Erhebung werden 500 Personen benötigt; jedoch werden erfahrungsgemäß nur 75 % der ausgewählten Personen angetroffen. Wie viele Personen müssen ausgewählt werden, damit man mit einer Wahrscheinlichkeit von 95 % mindestens 500 Personen für die Stichprobe hat.
Betrachtet wird hier die Zufallsgröße X: *Anzahl der Personen, die für die Erhebung tatsächlich zur Verfügung stehen*, und es gilt: $p = 0{,}75$. Dann ist ein Stichprobenumfang n gesucht derart, dass nur in 5 % der Fälle weniger als 500 Erfolge eintreten.
Diese Bedingung ist erfüllt, wenn gilt: $\mu - 1{,}64\,\sigma \geq 500$
Dies ist eine Ungleichung mit der Variablen n, die algebraisch gelöst werden kann:

$$\mu - 1{,}64\,\sigma \geq 500 \Leftrightarrow 0{,}75\,n - 1{,}64 \cdot \sqrt{n \cdot 0{,}75 \cdot 0{,}25} \geq 500 \Leftrightarrow n - \frac{1{,}64}{0{,}75} \cdot \sqrt{0{,}75 \cdot 0{,}25} \cdot \sqrt{n} \geq \frac{500}{0{,}75}$$

$$\Leftrightarrow n - 0{,}947 \cdot \sqrt{n} \geq 666{,}67 \Leftrightarrow (\sqrt{n} - 0{,}473)^2 \geq 666{,}98 \Leftrightarrow \sqrt{n} \geq 26{,}297$$

$$\Leftrightarrow n \geq 691{,}5 \Leftrightarrow n \geq 692.$$

Bei Einsatz eines GTR betrachtet man die Funktion f mit $f(x) = 0{,}75\,x - 1{,}64 \cdot \sqrt{x \cdot 0{,}75 \cdot 0{,}25}$.
Anhand der Wertetabelle oder mithilfe der *intersect*-Option kann man entscheiden, für welche n die Bedingung erfüllt ist (Screenshots 1 und 2).
Eine Bestimmung dieses Mindestumfangs der Stichprobe ist auch ohne Verwendung der Sigma-Regeln möglich: Untersucht werden muss, für welches n die Funktion f mit
$f(x) = P(X \geq 500) = 1 - P(X \leq 499) = 1 -$ binomcdf(X, 0.75, 499)
den Wert von 95 % überschreitet (Screenshot 3).

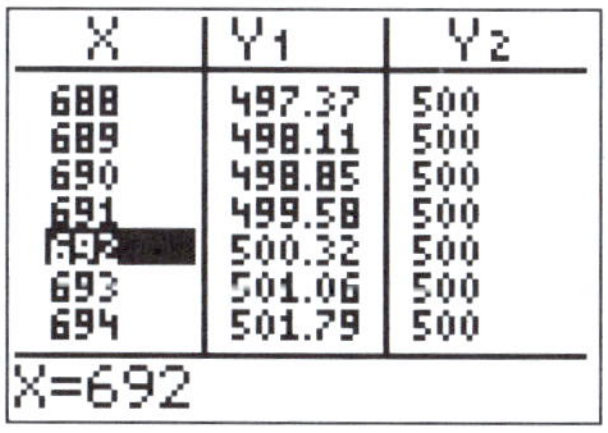

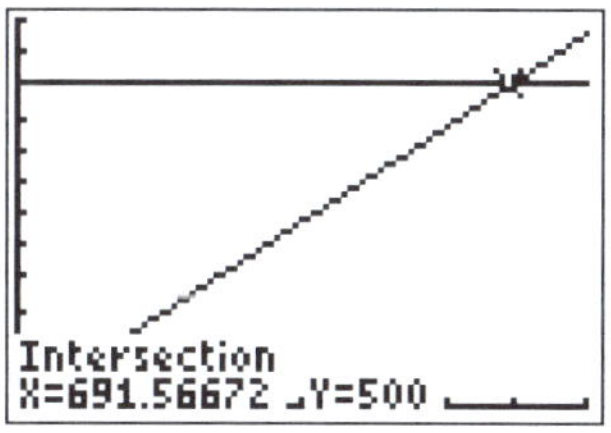

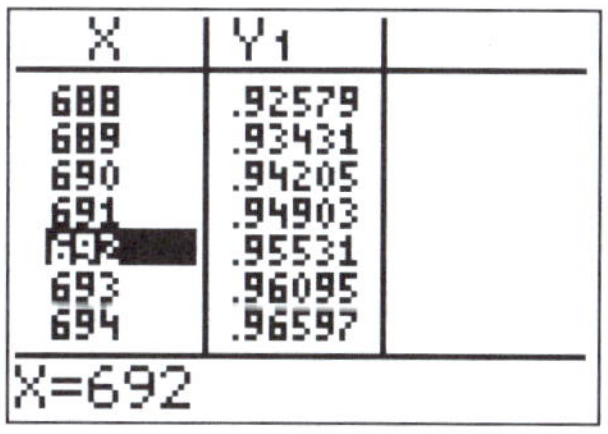

J6 nur eA: Wahrscheinlichkeiten für binomialverteilte Zufallsgrößen näherungsweise mithilfe der Formeln von MOIVRE und LAPLACE berechnen.

Lokale Näherungsformel von MOIVRE und LAPLACE

Da für $\sigma > 3$ die Histogramme von Binomialverteilungen durch den Graphen der GAUSS'schen Dichtefunktion approximiert werden können, gilt:

$P(X = k) \approx \frac{1}{\sigma} \cdot \varphi\left(\frac{k-\mu}{\sigma}\right)$.

Integrale Näherungsformeln von MOIVRE und LAPLACE

Mithilfe von $\Phi(z) = \int_{-\infty}^{z} \varphi(x)\,dx$, der Integralfunktion zur GAUSS'schen Dichtefunktion, können Wahrscheinlichkeiten für Intervalle näherungsweise durch Flächenbestimmung ermittelt werden:

$P(X \le k) \approx \Phi\left(\frac{k+0{,}5-\mu}{\sigma}\right)$ und $P(a \le X \le b) \approx \Phi\left(\frac{b+0{,}5-\mu}{\sigma}\right) - \Phi\left(\frac{a-0{,}5-\mu}{\sigma}\right)$

Beispiel 1 *Anwendung der lokalen Näherungsformel*

$n = 100;\ p = 0{,}5;\ \mu = 50;\ \sigma = 5$

$P(X = 50) \approx \frac{1}{5} \cdot \varphi\left(\frac{50-50}{5}\right) = \frac{1}{5} \cdot \varphi(0) = \frac{1}{5} \cdot \text{normalpdf}(0,10)$

$= \frac{1}{5} \cdot \text{normalpdf}(0) \approx 0{,}0798$

Man beachte: Wegen der Standardisierung gilt für die Funktion normalpdf: $\mu = 0;\ \sigma = 1$

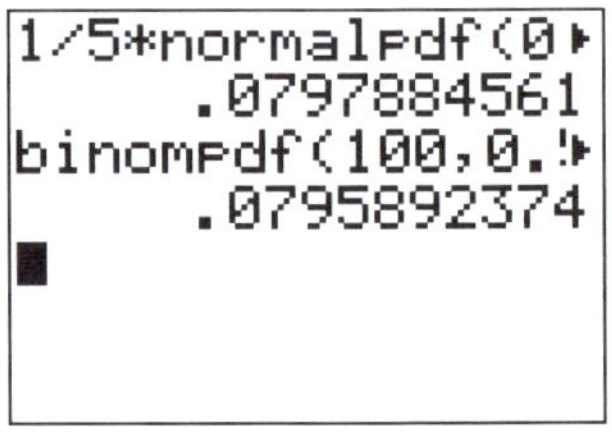

Beispiel 2 *Anwendung der integralen Näherungsformel*

$n = 100;\ p = 0{,}5;\ \mu = 50;\ \sigma = 5$

$P(45 \le X \le 55) \approx \Phi\left(\frac{55{,}5-50}{5}\right) - \Phi\left(\frac{44{,}5-50}{5}\right) = \Phi(1{,}1) - \Phi(-1{,}1) = \text{normalpdf}(-1.1, -1.1) \approx 0{,}7287$

$P(X = 50) \approx \Phi\left(\frac{50{,}5-50}{5}\right) - \Phi\left(\frac{49{,}5-50}{5}\right) \approx \Phi(0{,}1) - \Phi(-0{,}1) = \text{normalpdf}(-0.1, -0.1) \approx 0{,}0797$

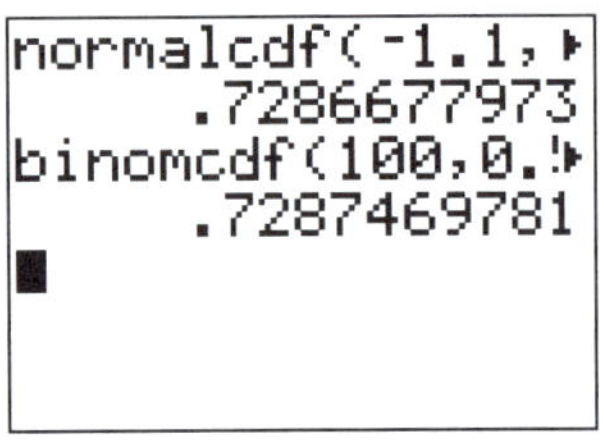

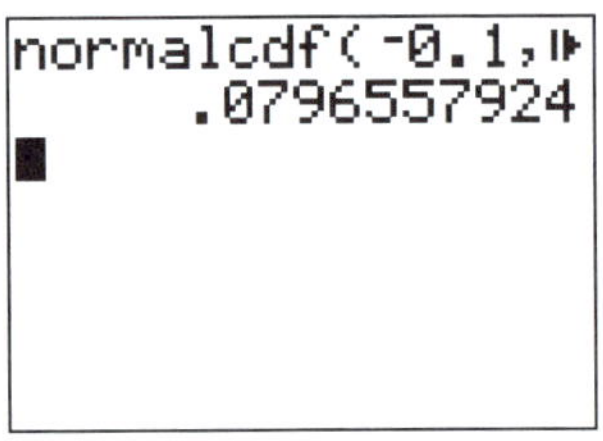

Veranschaulichung am Graphen:

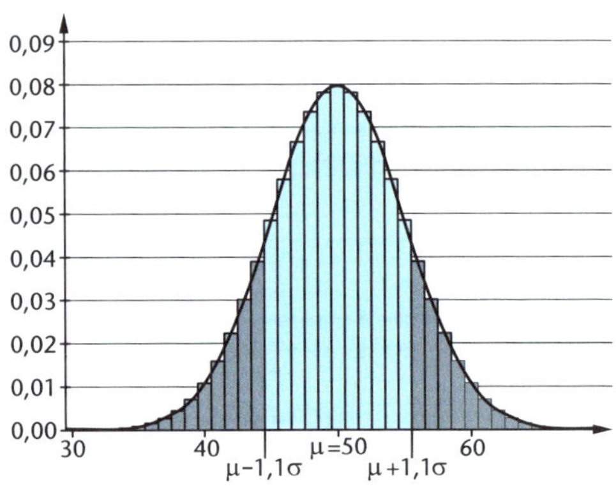

J7 nur eA: Wahrscheinlichkeitsberechnungen bei normalverteilten Zufallsgrößen durchführen.

Eine Funktion f heißt Dichtefunktion einer stetigen Zufallsgröße X, wenn folgende Eigenschaften erfüllt sind:

(1) Für alle $x \in \mathbb{R}$ gilt: $f(x) \geq 0$. (2) $P(a \leq X \leq b) = \int_a^b f(x)\,dx$ (3) $\int_{-\infty}^{+\infty} f(x)\,dx = 1$

Eine stetige Zufallsgröße X heißt **normalverteilt** mit den Parametern μ und σ, wenn ihre zugehörige Dichtefunktion $\varphi_{\mu,\sigma}$ gegeben ist durch

$$\varphi_{\mu,\sigma}(x) = \frac{1}{\sigma \cdot \sqrt{2\pi}} \cdot \exp\left(-\frac{1}{2} \cdot \left(\frac{x-\mu}{\sigma}\right)^2\right).$$

Die Dichtefunktion für den Sonderfall $\mu = 0$ und $\sigma = 1$ wird auch als GAUSS'sche Dichtefunktion φ oder Dichtefunktion der Standard-Normalverteilung bezeichnet; sie ist definiert durch $\varphi(x) = \frac{1}{\sqrt{2\pi}} \cdot e^{-\frac{x^2}{2}}$.

Die Funktionswerte können mit dem GTR unmittelbar mithilfe von $\varphi_{\mu,\sigma}(x)$ = normalpdf(x, μ, σ) bzw. $\varphi(x)$ = normalpdf(x) aufgerufen werden.

Wahrscheinlichkeitsberechnungen können mithilfe der zugehörigen Integralfunktion der oberen Grenze, der GAUSS'schen Integralfunktion $\Phi_{\mu,\sigma}$, durchgeführt werden. Im Falle $\mu = 0$, $\sigma = 1$ schreibt man kurz nur Φ, vgl. auch den Sonderfall der Formeln von MOIVRE und LAPLACE J6. Es gilt

$$\begin{aligned} P(a \leq X \leq b) &= \int_a^b \varphi_{\mu,\sigma}(x)\,dx = \int_{-\infty}^b \varphi_{\mu,\sigma}(x)\,dx - \int_{-\infty}^a \varphi_{\mu,\sigma}(x)\,dx \\ &= \Phi_{\mu,\sigma}(b) - \Phi_{\mu,\sigma}(a) = \Phi\left(\frac{b-\mu}{\sigma}\right) - \Phi\left(\frac{a-\mu}{\sigma}\right). \end{aligned}$$

Im Falle von klassierten Daten stehen die Randwerte a, b jeweils für eine Klasse; dann sollte bei der Berechnung von Wahrscheinlichkeiten die Klassenbreite berücksichtigt werden.
Da die Dichtefunktion der Normalverteilung nicht elementar integrierbar ist, müssen die Funktionswerte der Integralfunktion mithilfe eines GTR ermittelt werden. Beim GTR gilt $P(a \leq X \leq b)$ = normalcdf(a, b, μ, σ);
falls $\mu = 0$ und $\sigma = 1$: $P(a \leq X \leq b)$ = normalcdf(a, b).

Beispiel 1 *Wahrscheinlichkeitsberechnung*

Im Rahmen eines Mikrozensus ergab sich für die Körpergröße von 18- bis 20-jährigen Frauen ein Mittelwert von 1,68 m bei einer Standardabweichung von 6,5 cm. Die Körpergröße kann näherungsweise als normalverteilt angesehen werden.

Mit welcher Wahrscheinlichkeit ist eine zufällig ausgewählte Frau dieser Altersgruppe größer als 1,63 m?

$P(X > 163) = 1 - P(X \leq 163) \approx 1 - \Phi_{168;6,5}(163) = 1 - \Phi\left(\frac{163-168}{6,5}\right) \approx 1 - \Phi(-0,77) \approx 78\,\%$

Wenn der GTR nicht über das Symbol „+∞" bzw. „−∞" verfügt, muss ein (im Vergleich zu Erwartungswert μ und Standardabweichung σ) kleiner bzw. großer Wert für a bzw. b eingetippt werden: $P(X > 163) = 1 - P(X \leq 163) \approx 1$ − normalcdf(100, 163, 168, 6.5) oder direkt: $P(X > 163) \approx$ normalcdf(163, 200, 168, 6.5).

Wenn aus der Aufgabenstellung klar wird, dass die Angabe der Körperlänge sich auf Klassen der Breite 1 cm bezieht, dann ist es angemessener, die Klassenbreite zu berücksichtigen: Jemand, der größer ist als 1,63 cm, hat eine Körperlänge, die oberhalb der Klasse [162,5; 163,5[liegt, also

$$P(X > 163) = P(X > 163{,}5) = 1 - P(X \leq 163{,}5) \approx 1 - \Phi\left(\frac{163{,}5 - 168}{6{,}5}\right) \approx \Phi(-0{,}69) \approx 76\,\%$$

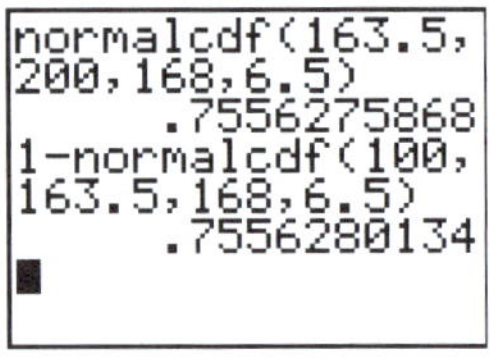

Entsprechend würde der Anteil der Frauen, deren Körpergröße mindestens 1,60 m und höchstens 1,70 m beträgt, unter Berücksichtigung der halben Klassenbreite wie folgt berechnet:
$P(160\text{ cm} \leq X \leq 170\text{ cm}) \approx$
normalcdf(159.5, 170.5, 168, 6.5) ≈55 %.

Beispiel 2 *Bestimmen von Perzentilen*

Die Perzentilwerte P_{10}, P_{25}, P_{75}, P_{90} sind im Beispiel 1 diejenigen Körpergrößen, für die gilt, dass 10 %, 25 %, 75 % bzw. 90 % der Bevölkerungsgruppe unterhalb dieses Wertes liegen, d. h. gesucht ist z. B. diejenige Körpergröße a, so dass gilt: $P(X \leq a) \approx 0{,}25$.
Der Wert von a kann mithilfe des GTR direkt bestimmt werden durch den Befehl invNorm(0.25, 168, 6.5) ≈ 163,6; allgemein durch invNorm(a, μ, σ) oder durch die Suche, für welches x die Funktion f mit f(x) = normalcdf(100, x, 168, 6.5) den Wert 0.25 annimmt:

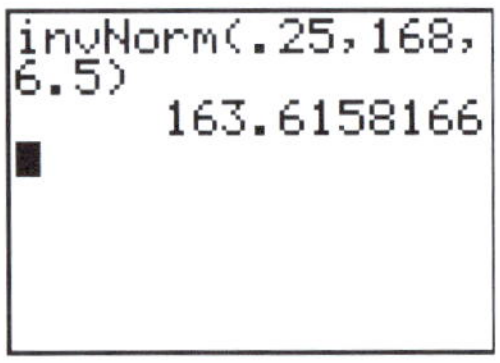

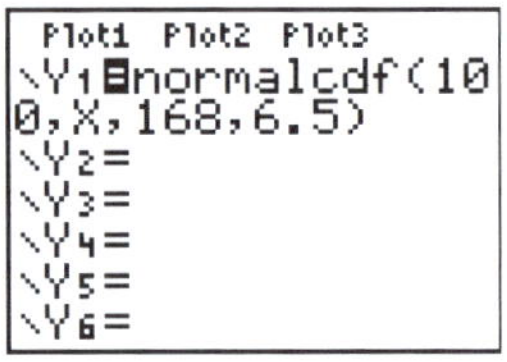

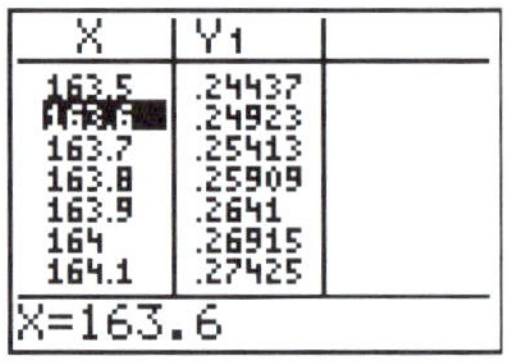

K1 Für den Schluss von der Gesamtheit auf die Stichprobe die zu erwartenden absoluten bzw. relativen Häufigkeiten abschätzen und damit die Signifikanz von Aussagen bewerten.

Beim **„Schluss von der Gesamtheit auf die Stichprobe"** ist der Anteil in der Gesamtheit (d. h. die Erfolgswahrscheinlichkeit für einen auszuführenden BERNOULLI-Versuch) bekannt. Es soll eine Prognose gemacht werden, welche Ergebnisse in der Stichprobe (d. h. bei wiederholter Durchführung des Zufallsversuchs) auftreten werden.

Hierzu werden für die Schätzung absoluter Häufigkeiten die Sigma-Regeln verwendet (vgl. Basiswissen J5) bzw. für die Schätzung relativer Häufigkeiten die

Regeln für $\frac{\sigma}{n}$-Umgebungen von p:

$$P\left(p - 1{,}64\,\frac{\sigma}{n} \le \frac{X}{n} \le p + 1{,}64\,\frac{\sigma}{n}\right) \approx 90\,\%$$

$$P\left(p - 1{,}96\,\frac{\sigma}{n} \le \frac{X}{n} \le p + 1{,}96\,\frac{\sigma}{n}\right) \approx 95\,\%$$

$$P\left(p - 2{,}58\,\frac{\sigma}{n} \le \frac{X}{n} \le p + 2{,}58\,\frac{\sigma}{n}\right) \approx 99\,\%$$

Stichprobenergebnisse (relative oder absolute Häufigkeiten), die innerhalb der 95 %-Umgebung von p bzw. μ liegen, werden als **„verträglich mit p"** bezeichnet, die außerhalb der 95 %-Umgebung liegenden als **signifikant abweichend.**
Die Komplementärwahrscheinlichkeit zur **Sicherheitswahrscheinlichkeit** (beispielsweise 95 %) wird als **Signifikanzniveau** (also 5 %) bezeichnet.

Beispiel *Schätzung absoluter Häufigkeiten*

$n = 500$; $p = 0{,}5$; $\mu = n \cdot p = 250$; $\sigma = \sqrt{n \cdot p \cdot (1-p)} \approx 11{,}18$ (500-facher Münzwurf)

Punktschätzung: Wir erwarten, dass ca. 250-mal Wappen auftritt.

Intervallschätzung: In 90 % der Versuchsdurchführungen (d. h. von 500fachen Münzwürfen) wird das Ergebnis zwischen $\mu - 1{,}64\sigma$ und $\mu + 1{,}64\sigma$ liegen, also im Intervall [232; 268], mit einer Wahrscheinlichkeit von ca. 95 % zwischen $\mu - 1{,}96\sigma$ und $\mu + 1{,}96\sigma$, also im Intervall [228; 272], und mit einer Wahrscheinlichkeit von ca. 99% zwischen $\mu - 2{,}58\sigma$ und $\mu + 2{,}58\sigma$, also im Intervall [221; 279].

Hinweis: Die Intervalle wurden zunächst näherungsweise nach den Sigma-Regeln bestimmt, teilweise jedoch nach Berechnung der exakten Wahrscheinlichkeiten korrigiert (nach außen „gerundet", vgl. J5).

Signifikante Abweichung: Wenn in 500 Münzwürfen weniger als 228-mal Wappen oder mehr als 272-mal Wappen auftritt, dann ist dieses ein signifikant abweichendes Ergebnis.

Beispiel *Schätzung relativer Häufigkeiten*

Bei der Bundestagswahl 2009 erreichte die CDU/CSU einen Anteil von p = 33,8 % der gültigen Zweitstimmen.

Punktschätzung: Wenn man am Tag nach der Wahl eine Zufallsstichprobe vom Umfang n = 800 unter den Teilnehmern der Wahl durchgeführt hätte, dann hätten wir erwarten können, dass auch in der Stichprobe der Anteil der CDU/CSU-Wähler $\frac{X}{n} = 0{,}338$ ist.

Intervallschätzung: Für n = 800 und p = 0,338 ist $\frac{\sigma}{n} = \sqrt{\frac{0{,}338 \cdot 0{,}662}{800}} = 0{,}0167$

also $1{,}64\frac{\sigma}{n} \approx 0{,}0274 \approx 2{,}7\,\%$ bzw. $1{,}96\frac{\sigma}{n} \approx 0{,}0328 \approx 3{,}3\,\%$.

In 90 % der Versuchsdurchführungen (Stichproben vom Umfang n = 800) wird der Anteil in der Stichprobe zwischen $p - 1{,}64\frac{\sigma}{n}$ und $p + 1{,}64\frac{\sigma}{n}$ liegen, also im Intervall [31,1 %; 36,5 %], mit einer Wahrscheinlichkeit von ca. 95 % zwischen $p - 1{,}96\frac{\sigma}{n}$ und $p + 1{,}96\frac{\sigma}{n}$, also im Intervall [30,5 %; 37,1 %].

Signifikante Abweichung: Wenn in der Stichprobe weniger als 30,5 % oder mehr als 37,1 % der Befragten angegeben hätten, dass sie CDU/CSU gewählt haben, wäre dies ein vom Wahlergebnis signifikant abweichendes Ergebnis gewesen.

K2 Für den Schluss von der Stichprobe auf die Gesamtheit Vertrauensintervalle (Konfidenzintervalle) bestimmen.

Beim Aufgabentyp **„Schluss von der Stichprobe auf die Gesamtheit“** ist das Ergebnis einer Stichprobe bekannt (d. h. die Anzahl oder der Anteil der „Erfolge“ in einem BERNOULLI-Versuch). Gesucht sind alle diejenigen Erfolgswahrscheinlichkeiten p, für die gilt, dass das Stichprobenergebnis innerhalb der σ-Umgebung des Erwartungswerts μ liegt, also verträglich mit p ist.

Das **90 %-Vertrauensintervall (Konfidenzintervall)** zu einem vorliegenden Stichprobenergebnis umfasst also alle p, für die gilt, dass das Stichprobenergebnis innerhalb der 1,64 σ-Umgebung von μ liegt. Der Ansatz kann prinzipiell nur in 90 % der Fälle zu einem Intervall führen, welches das wahre p enthält, da man ja beim Ansatz voraussetzt, dass es sich beim vorliegenden Stichprobenergebnis um ein mit dem zugrunde liegenden p verträgliches Ergebnis handelt.
Wenn man statt der Sicherheitswahrscheinlichkeit 90 % eine andere wählt, muss entsprechend (gemäß Sigma-Regeln) das Vielfache von σ verändert werden.

Beispiel

Bei einer Befragung von 1000 Wahlberechtigten geben 518 vor einer Wahl an, eine bestimmte Partei wählen zu wollen. Wird diese Partei die Mehrheit der Stimmen erhalten?

Gesucht sind alle Erfolgswahrscheinlichkeiten (Anteile in der Gesamtheit) p, für die gilt:
$\mu - 1{,}64\sigma \le 518 \le \mu + 1{,}64\sigma$, wobei $\mu = 1000 \cdot p$ und $\sigma^2 = 1000 \cdot p \cdot (1 - p)$.

Die Ungleichung kann man numerisch lösen, indem man Schnittstellen der Funktionen $f(x) = 1000x - 1{,}64 \cdot \sqrt{1000 \cdot x \cdot (1 - x)}$ bzw. $f(x) = 1000x + 1{,}64 \cdot \sqrt{1000 \cdot x \cdot (1 - x)}$ mit $g(x) = 518$ sucht.

Mithilfe der *intersect*-Option des GTR finden wir die Schnittstellen für $p_1 = 0{,}49207...$ und für $p_2 = 0{,}54383...$:

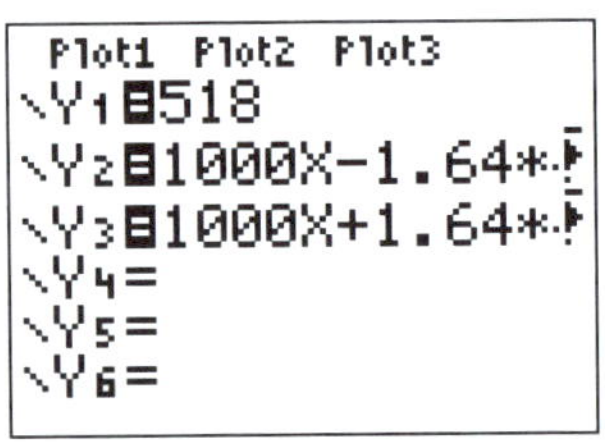

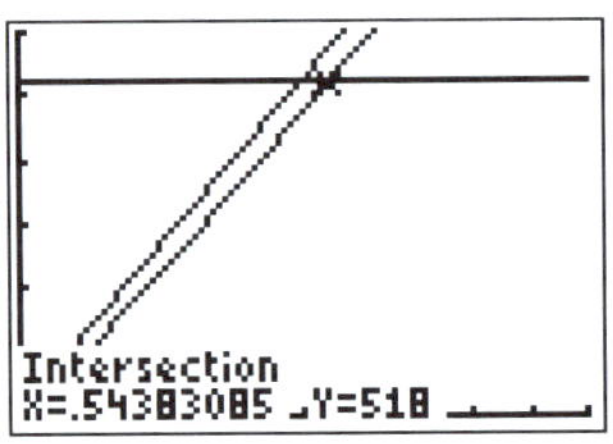

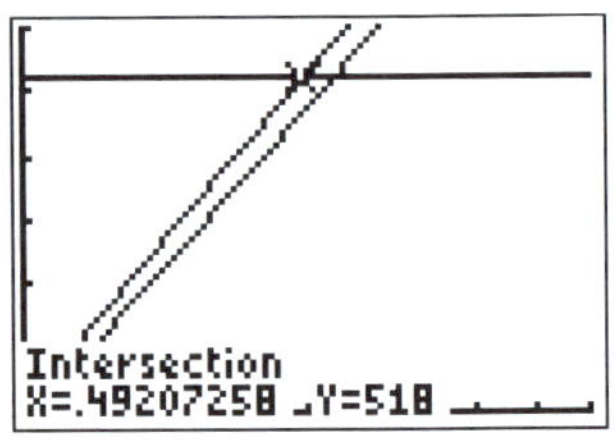

Aus der Wertetabelle von $f(x) = 1000x - 1{,}64 \cdot \sqrt{1000 \cdot x \cdot (1 - x)}$ lesen wir ab:
Für $p \ge 0{,}544$ weicht das Stichprobenergebnis X = 518 signifikant nach unten ab.

Aus der Wertetabelle von $f(x) = 1000x + 1{,}64 \cdot \sqrt{1000 \cdot x \cdot (1-x)}$ lesen wir ab:
Für $p \leq 0{,}492$ weicht das Stichprobenergebnis $X = 518$ signifikant nach oben ab.

X	Y2	Y3
.541	515.16	566.84
.542	516.16	567.84
.543	517.17	568.83
.544	518.17	569.83
.545	519.17	570.83
.546	520.18	571.82
.547	521.18	572.82

Y2=518.169921905

X	Y2	Y3
.49	464.07	515.93
.491	465.07	516.93
.492	466.07	517.93
.493	467.07	518.93
.494	468.07	519.93
.495	469.07	520.93
.496	470.07	521.93

Y3=518.928135483

Alternativ könnte man statt der Sigma-Regeln für absolute Häufigkeiten X auch die Sigma-Regeln für relative Häufigkeiten anwenden:
Mit einer Wahrscheinlichkeit von 90 % unterscheidet sich der unbekannte Anteil der Personen, welche die bestimmte Partei wählen wollen, vom Anteil $\frac{X}{n}$ in der Stichprobe um höchstens $1{,}64\frac{\sigma}{n}$.

Gegeben ist hier $n = 1000$ und $\frac{X}{n} = 0{,}518$. Gesucht sind alle p, welche die folgende Bedingung erfüllen:

$|0{,}518 - p| \leq 1{,}64 \cdot \sqrt{\frac{p \cdot (1-p)}{1000}}$, für die also gilt:

$$p - 1{,}64 \cdot \sqrt{\frac{p \cdot (1-p)}{1000}} \geq 0{,}518 \quad \text{und} \quad p + 1{,}64 \cdot \sqrt{\frac{p \cdot (1-p)}{1000}} \leq 0{,}518.$$

Um das Intervall zu bestimmen, betrachten wir die Graphen der Funktionen mit

$$y_1 = 0{,}518,\ \ y_2 = x - 1{,}64 \cdot \sqrt{\frac{x \cdot (1-x)}{1000}} \quad \text{und} \quad y_3 = x + 1{,}64 \cdot \sqrt{\frac{x \cdot (1-x)}{1000}}$$

(d. h. im Vergleich zu oben sind alle Funktionsterme durch 1000 dividiert).

Mithilfe der *intersect*-Option des GTR findet man (nach Anpassung des GTR-Fensters) die selben Intervall-Eckwerte wie oben:

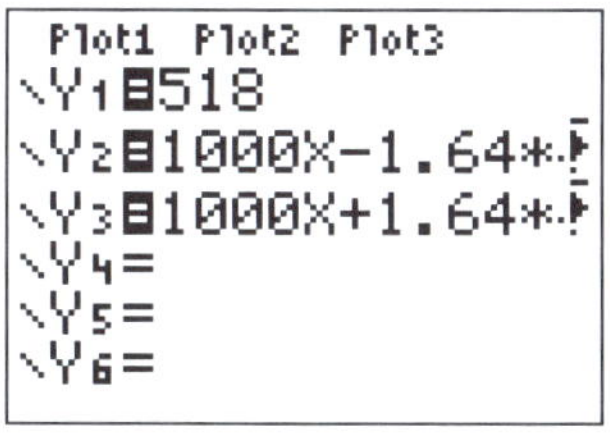

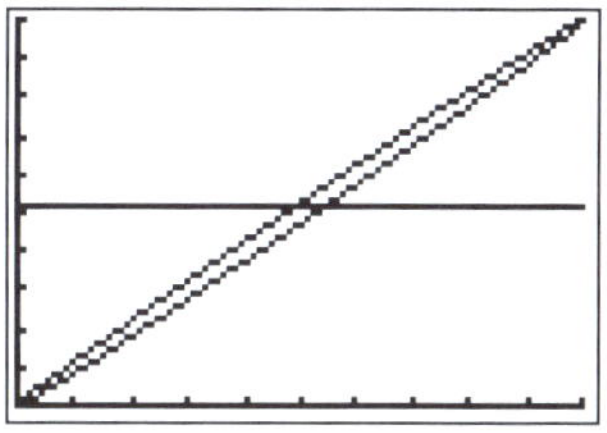

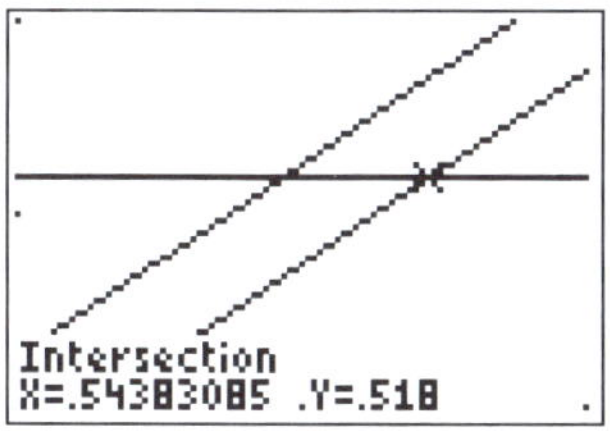

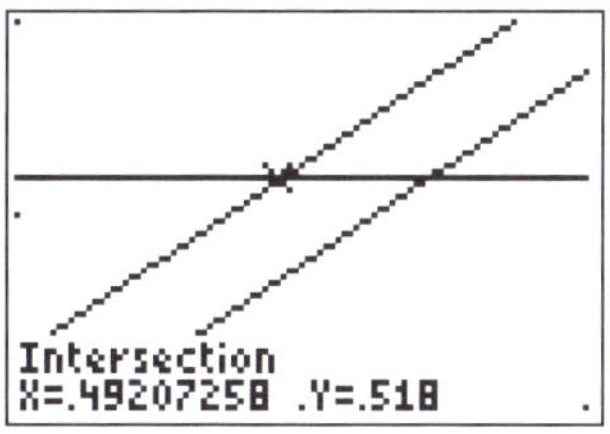

Analog zu oben könnte man auch die Wertetabellen der Funktionen betrachten.
Die Eckwerte des Intervalls müssen *nach innen* gerundet werden, wenn man das Vertrauensintervall auf drei Dezimalstellen genau angeben will:

$p = 0{,}493$ ist der kleinste Anteil p in der Gesamtheit, innerhalb dessen $1{,}64\frac{\sigma}{n}$-Umgebung das Stichprobenergebnis $\frac{X}{n} = 0{,}518$ liegt ($\frac{X}{n} = 0{,}518$ liegt am oberen Rand der $1{,}64\frac{\sigma}{n}$-Umgebung von p, ist also noch verträglich mit $p = 0{,}493$).

$p = 0{,}543$ ist der größte Anteil p in der Gesamtheit, innerhalb dessen $1{,}64\frac{\sigma}{n}$-Umgebung das Stichprobenergebnis $\frac{X}{n} = 0{,}518$ liegt ($\frac{X}{n} = 0{,}518$ liegt am unteren Rand der $1{,}64\frac{\sigma}{n}$-Umgebung von p, ist also ist noch verträglich mit $p = 0{,}543$).

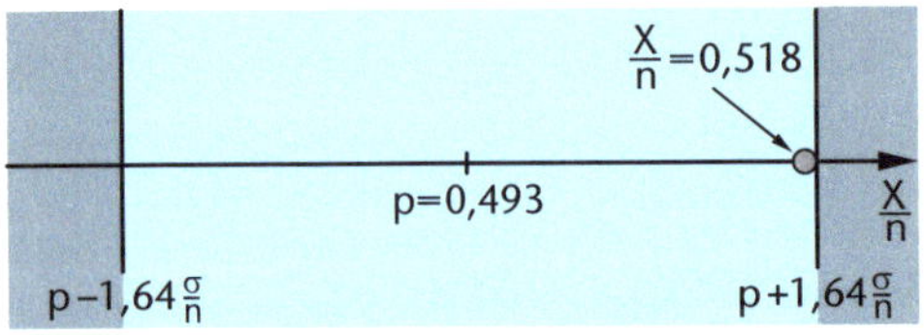

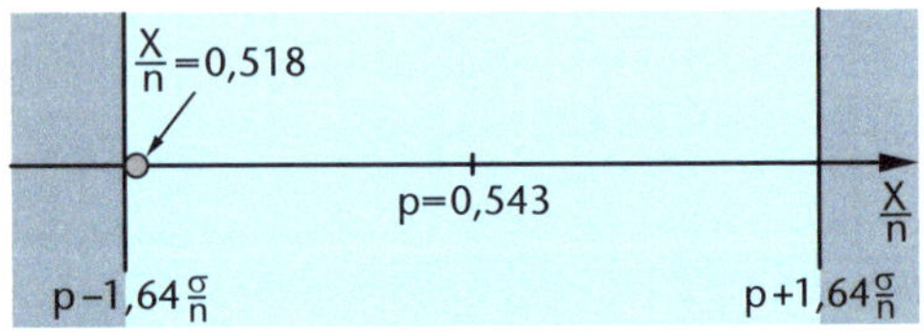

Man kann die Ungleichung auch als Betragsungleichung mit der Variablen p auffassen mit $|518 - 1000\,p| \leq 1{,}64 \cdot \sqrt{1000 \cdot p \cdot (1-p)}$.

Dies führt auf eine quadratische Ungleichung: $(518 - 1000\,p)^2 \leq 1{,}64^2 \cdot 1000 \cdot p \cdot (1-p)$.

Als Lösung der Ungleichung ergibt sich das Intervall: $0{,}493 \leq p \leq 0{,}543$.

Da im 90%-Konfidenzintervall auch Anteile p (an der Gesamtheit) enthalten sind, die unter 50% liegen, kann man über die Mehrheit der Partei keine Aussagen machen.

K3 Die Bestimmung eines genügend großen Umfangs einer Stichprobe vornehmen.

Zu vorgegebenem n kann man den Radius der $1{,}96\frac{\sigma}{n}$-Umgebung von p berechnen, also den maximalen Abstand, den das Stichprobenergebnis (relative Häufigkeit) vom zugrunde liegenden p in 95% der Fälle hat:

$P\left(\left|\frac{X}{n} - p\right| \leq 1{,}96\frac{\sigma}{n}\right) \approx 0{,}95$.

Gibt man andererseits einen maximalen Abstand d vor (*Genauigkeit*), dann kann man aus der Ungleichung $1{,}96\frac{\sigma}{n} \leq d$ den notwendigen Umfang der Stichprobe berechnen, der mit einer Wahrscheinlichkeit von 95% zu einem Stichprobenergebnis führt, das die vorgegebene Bedingung erfüllt.

Allgemein führt die Ungleichung $1{,}96 \cdot \sqrt{\frac{p \cdot (1-p)}{n}} \leq d$ nach Umformung zu

$n \geq 1{,}96^2 \cdot \frac{p \cdot (1-p)}{d^2}$.

Wenn man statt der Sicherheitswahrscheinlichkeit 95% eine andere wählt, muss entsprechend (gemäß Sigma-Regeln) das Vielfache von $\frac{\sigma}{n}$ verändert werden.

Beispiel

Der Anteil der Haushalte mit einer bestimmten Ausstattung soll auf 5 Prozentpunkte genau geschätzt werden, d.h. der Stichprobenumfang n ist so zu wählen, dass in 95% der Fälle der Radius der Umgebung $1{,}96\frac{\sigma}{n}$ die maximale Abweichung von 5 Prozentpunkten nicht überschreitet: $1{,}96\frac{\sigma}{n} \leq 0{,}05$.

Ist nichts über p bekannt, muss man mit dem ungünstigsten Wert, nämlich $p = 0{,}5$ rechnen. Dann ist:

$$1{,}96 \cdot \sqrt{\frac{0{,}5 \cdot 0{,}5}{n}} \leq 0{,}05 \Leftrightarrow 1{,}96^2 \cdot \frac{0{,}5 \cdot 0{,}5}{n} \leq 0{,}05^2 \Leftrightarrow 1{,}96^2 \cdot \frac{0{,}5 \cdot 0{,}5}{0{,}05^2} \leq n \Leftrightarrow n \geq 384{,}2.$$

Durch Quadrieren und Auflösen nach n erhält man $n \geq 385$.

Ein Stichprobenumfang von mindestens 385 sollte gewählt werden.

Wenn der Anteil auf 4 [3, 2, 1] Prozentpunkte genau geschätzt werden soll, ergibt sich analog ein Mindest-Stichprobenumfang von n = 601 [1068, 2401, 9604].

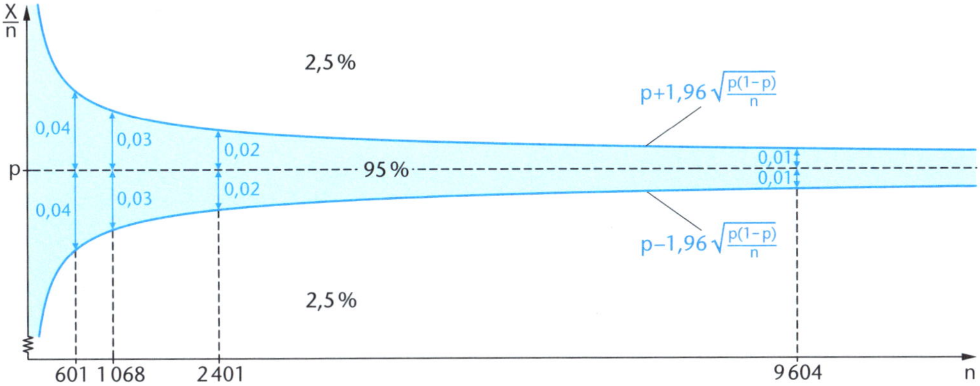

Falls man Informationen über den Anteil der Haushalte hat, z. B. dass der Anteil ungefähr 20 % beträgt, dann verringert sich der für die Erhebung notwendige Stichprobenumfang:
$n \geq 1{,}96^2 \cdot \frac{0{,}2 \cdot 0{,}8}{0{,}05^2} \approx 245{,}9$, also $n \geq 246$, und entsprechend größere Werte für n, falls eine höhere Genauigkeit für die Schätzung verlangt wird.

Aufgaben zum Trainieren

Pflichtteil Analysis

Aufgabe P1

Das Dreieck A(0|4), B(2|0), C(2|4) wird durch den Graphen der Funktion f mit $f(x) = 4 - x^2$ geteilt.

(1) Fertigen Sie eine Skizze an.

(2) Ermitteln Sie die Flächeninhalte der beiden Teilflächen und bestimmen Sie jeweils den Anteil, den die beiden Flächen an der Dreiecksfläche haben. D1 D2

Aufgabe P2

(1) Berechnen Sie $\int_{-2}^{2} (x^3 - 4x)\,dx$. D2

(2) Interpretieren Sie das Ergebnis. Fertigen Sie zur Bestätigung Ihrer Vermutung eine Skizze an.

Aufgabe P3

(1) Begründen Sie:

$$\int_{-2}^{2} (x^4 - 3x^2 + 2)\,dx = 2 \cdot \int_{0}^{2} (x^4 - 3x^2 + 2)\,dx$$ D2 B1

(2) Der Graph der Funktion f mit $f(x) = x^4 - 3x^2 + 2$ hat die Nullstellen $-\sqrt{2}, -1, 1, \sqrt{2}$. Geben Sie an, wie die Flächeninhalte der Flächenstücke berechnet werden können, die der Graph von f mit der x-Achse einschließt (keine Rechnung ausführen). D2

Aufgabe P4

Die Funktion f ist gegeben durch $f(x) = x^3$.

(1) Zeigen Sie, dass die Tangente t im Punkt P(1|1) an den Graphen der Funktion f durch die Gleichung $t(x) = 3x - 2$ beschrieben werden kann. A3

(2) Zeigen Sie, dass die Tangente t und der Graph von f auch den Punkt P(−2|−8) gemeinsam haben.

(3) Fertigen Sie eine Skizze an.

(4) Bestimmen Sie den Flächeninhalt der Fläche, die von f und t eingeschlossen wird. D2

Aufgabe P5

(1) Zeigen Sie, dass die Gerade g mit $g(x) = -x$ den Graphen der Funktion f mit $f(x) = -x^3 + x$ im Ursprung senkrecht schneidet. A3

(2) Zeigen Sie, dass die Graphen von f und g auch die Punkte $P_1(-\sqrt{2}\,|\,\sqrt{2})$ und $P_2(\sqrt{2}\,|\,-\sqrt{2})$ gemeinsam haben.

(3) Fertigen Sie eine Skizze an.

(4) Begründen Sie, warum die beiden von den Graphen von f und g eingeschlossenen Flächenstücke gleich groß sind. A2

(5) Bestimmen Sie den Flächeninhalt der beiden Flächenstücke. D2

Aufgabe P6

Die Funktion f ist gegeben durch $f(x) = e^x$.

(1) Zeigen Sie, dass die Tangente t an den Graphen der Funktion f im Punkt $(a \mid e^a)$ durch die Gleichung $t(x) = e^a \cdot x + (1 - a) \cdot e^a$ beschrieben werden kann. A3

(2) Für welches a verläuft die Tangente durch den Ursprung?

Aufgabe P7

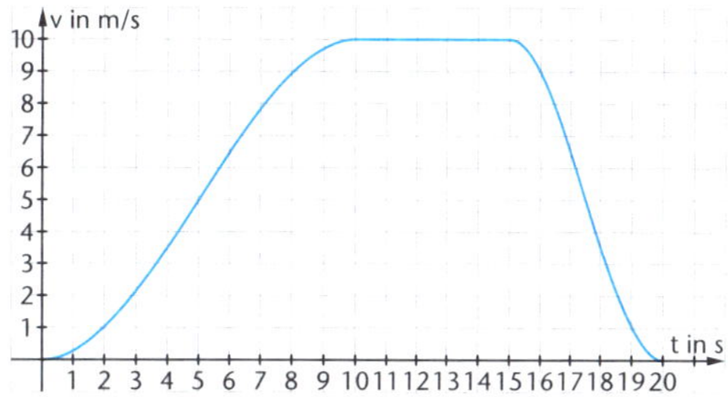

Der Grafik ist zu entnehmen, mit welcher Geschwindigkeit (in m/s) sich ein Fahrzeug in einem Zeitraum von 20 s bewegt hat. D4

(1) Beschreiben Sie den Vorgang mit Worten.

(2) Bestimmen Sie (näherungsweise) den zurückgelegten Weg.

Aufgabe P8

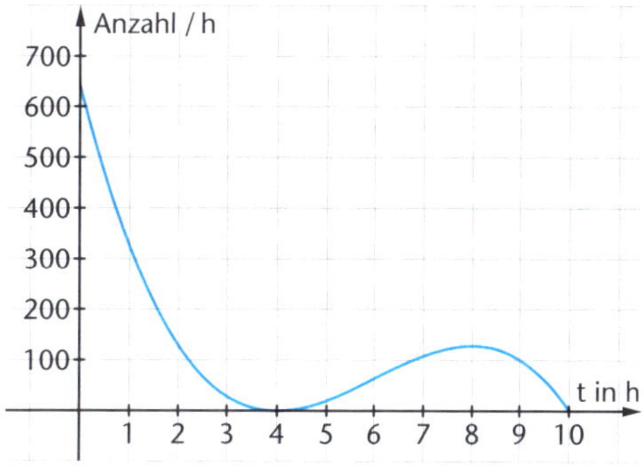

Der Verlauf des Kartenverkaufs für ein Popkonzert kann näherungsweise durch den nebenstehenden Graphen modelliert werden. D4

(1) Beschreiben Sie den Verlauf mit Worten. Ermitteln Sie einen Schätzwert für die Anzahl der in 10 Stunden verkauften Karten.

(2) Aus einem der nachfolgend abgebildeten Graphen kann man entnehmen, wie viele Karten zum Zeitpunkt t verkauft waren. Entscheiden Sie begründet, durch welchen der Graphen diese Information angegeben wird.

(a)

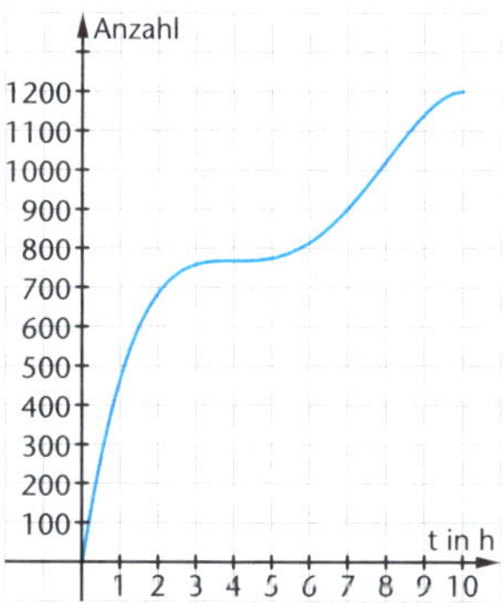

(b)

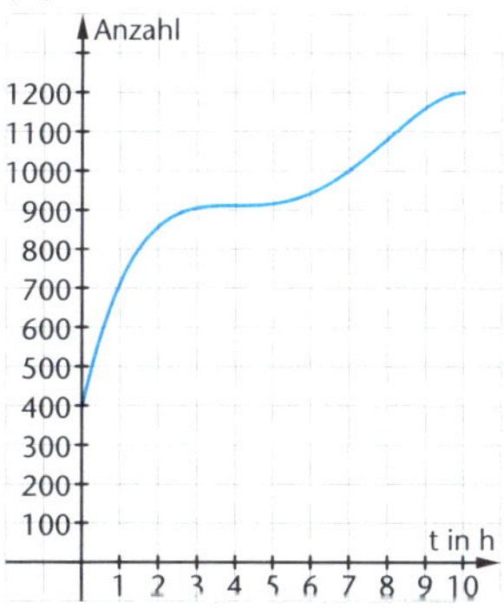

(c)

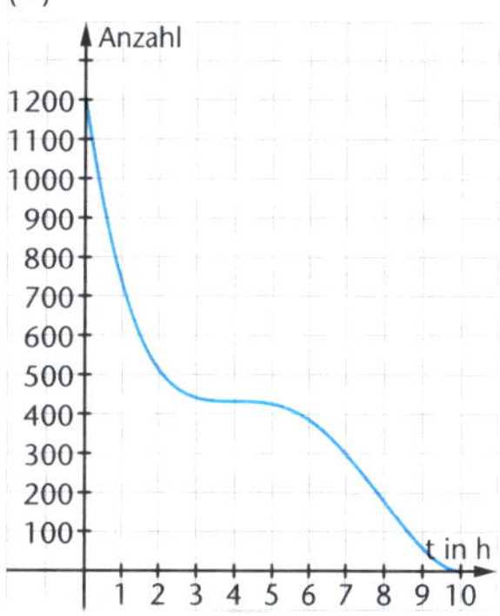

Pflichtteil Analytische Geometrie

Aufgabe P9

Eine Ebene E wird aufgespannt durch die Vektoren $\vec{u} = \begin{pmatrix} 2 \\ 1 \\ 0 \end{pmatrix}$ und $\vec{v} = \begin{pmatrix} -1 \\ 0 \\ 1 \end{pmatrix}$; sie enthält den Punkt P(−1|2|1). Eine Gerade g ist gegeben durch g: $\vec{x} = \begin{pmatrix} 1 \\ -2 \\ 3 \end{pmatrix} + t \cdot \begin{pmatrix} 1 \\ -2 \\ 1 \end{pmatrix}$.

(1) Geben Sie eine Parameterdarstellung der Ebene E an. F3
(2) Zeigen Sie, dass die Gerade g die Ebene E im Punkt P senkrecht schneidet. F4 E2
(3) Bestimmen Sie zwei Punkte auf der Geraden, die vom Schnittpunkt P die gleiche Entfernung haben.

Aufgabe P10

Die Punkte A(1|1|1), B(4|3|−1), C(5|6|−4) sowie der Punkt D bilden das Parallelogramm ABCD.

(1) Bestimmen Sie die Koordinaten des Punktes D. E1
(2) Bestimmen Sie die Seitenlängen des Parallelogramms. E3
(3) Zeigen Sie: Die Diagonalen des Parallelogramms schneiden sich nicht im rechten Winkel. E2

Aufgabe P11

Eine Gerade g verläuft durch die Punkte A(2|−1|1) und B(−1|2|−1).

(1) Zeigen Sie, dass der Punkt C(0|5|2) nicht auf der Geraden durch A und B liegt. F1
(2) Weisen Sie nach, dass das Dreieck ABC ein rechtwinkliges Dreieck ist. Welche der Dreiecksseiten ist die Hypotenuse? E2 E3

Aufgabe P12

Eine Gerade g ist gegeben durch g: $\vec{x} = \begin{pmatrix} 1 \\ -2 \\ 1 \end{pmatrix} + t \cdot \begin{pmatrix} 1 \\ 2 \\ -2 \end{pmatrix}$.

(1) Bestimmen Sie die Spurpunkte S_{xy}, S_{xz}, S_{yz} der Geraden g mit den Koordinatenebenen. F5
(2) Zeigen Sie: Der Punkt M(1|−2|1) ist Mittelpunkt M der Strecke $S_{xz}\,S_{yz}$. E1
(3) Bestimmen Sie die Länge der Strecke MS_{xz}. E3

Aufgabe P13

Gegeben ist eine Ebene E durch E: $\vec{x} = \begin{pmatrix} -1 \\ 1 \\ 2 \end{pmatrix} + r \cdot \begin{pmatrix} 1 \\ 1 \\ 0 \end{pmatrix} + s \cdot \begin{pmatrix} 0 \\ -1 \\ 1 \end{pmatrix}$.

(1) Bestimmen Sie die Spurpunkte der Ebene E mit den Koordinatenachsen. F5
(2) Geben Sie die Parameterdarstellung einer Ursprungsgeraden g_1 an, die keinen Punkt mit der Ebene gemeinsam hat. F1
(3) Geben Sie die Parameterdarstellung der Ursprungsgeraden g_2 an, welche die Ebene orthogonal schneidet. E2

Aufgabe P14

Gegeben ist der Vektor $\vec{u} = \begin{pmatrix} -3 \\ 4 \\ 8 \end{pmatrix}$.

(1) Geben Sie einen Vektor $\vec{v} = \begin{pmatrix} a \\ 2 \\ 7 \end{pmatrix}$ an, der die gleiche Länge hat wie der Vektor $\vec{u}$.

(2) Geben Sie einen Vektor $\vec{w} = \begin{pmatrix} a \\ -3 \\ 6 \end{pmatrix}$ an, der orthogonal zu Vektor $\vec{u}$ ist.

Erläutern Sie, um welches besondere Viereck es sich handelt, das von

(3) $\vec{u}$ und $\vec{v}$ (4) $\vec{u}$ und $\vec{w}$

aufgespannt wird.

Hinweis: Die Aufgaben (3), (4) können unabhängig von den Lösungen in (1) und (2) gelöst werden.

Aufgabe P15

(1) Ein lineares Gleichungssystem besteht aus zwei Gleichungen mit drei Variablen. Ein Taschenrechner gibt als Lösungsmenge an: $\{c+1;\ -c;\ c\}$.
Erläutern Sie diese Lösung.

(2) Bestimmen Sie die Lösungsmenge des linearen Gleichungssystems $\begin{vmatrix} 2x + y = 5 \\ 2y + z = 4 \\ x - 2z = 5 \end{vmatrix}$.

Aufgabe P16

Gegeben sind die Punkte $A(2|3|-1)$, $B(-2|1|3)$, $C(1|4|-2)$.

(1) Zeigen Sie, dass diese Punkte ein Dreieck bilden.
(2) Welche der drei Seiten des Dreiecks ist am längsten?
(3) Ergänzen Sie das Dreieck zu einem Parallelogramm (*Hinweis*: Es gibt drei verschiedene Möglichkeiten; wählen Sie eine davon).

Aufgabe P17

Gegeben ist die Gerade $g: \vec{x} = \begin{pmatrix} 1 \\ -1 \\ 2 \end{pmatrix} + t \cdot \begin{pmatrix} 2 \\ 2 \\ -1 \end{pmatrix}$.

Geben Sie eine Parameterdarstellung einer Geraden h an, die

(1) die Gerade g orthogonal schneidet,
(2) (echt) parallel zur Geraden g verläuft (also nicht identisch mit g ist).

Begründen Sie Ihre Wahl.

Aufgabe P18

Die Gerade g und die Ebene E werden durch folgende Gleichungen beschrieben:

$g: \vec{x} = \begin{pmatrix} 1 \\ 0 \\ 2 \end{pmatrix} + t \cdot \begin{pmatrix} 3 \\ 1 \\ -2 \end{pmatrix}$; $E: x_1 - x_2 + x_3 = 5$.

(1) Bestimmen Sie einen Normalenvektor der Ebene E.
(2) Begründen Sie, warum man ohne umfangreiche Rechnung ablesen kann, dass E und g sich nicht schneiden. Wie ergibt sich dies durch eine Rechnung?

Pflichtteil Stochastik

Aufgabe P19

Eine Zufallsgröße ist binomialverteilt mit $n = 10$ und $p = 0{,}3$.

(1) Das zugehörige Histogramm ist rechts abgebildet. Entnehmen Sie diesem näherungsweise die Wahrscheinlichkeit $P(E)$ für das Ereignis E: *Mindestens ein Erfolg.* I2

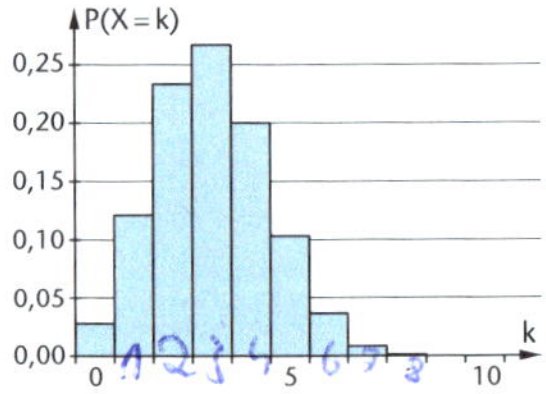

(2) Das Histogramm rechts ist durch Spiegelung aus dem Histogramm aus (1) entstanden. Geben Sie die diesem Histogramm zugrunde liegende Erfolgswahrscheinlichkeit sowie die Spiegelachse an. Beschreiben Sie das Ereignis, das eine Wahrscheinlichkeit hat, die gleich der in (1) abgelesenen Wahrscheinlichkeit $P(E)$ ist. J2

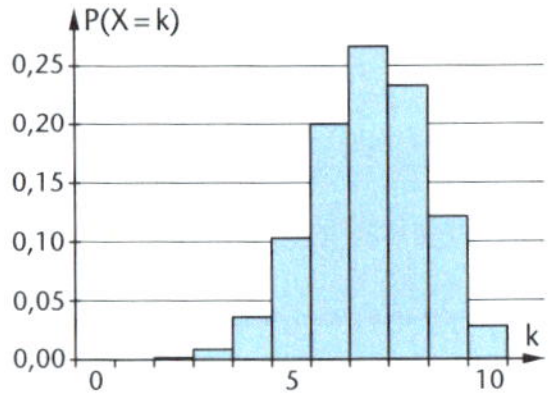

(3) Für $n = 9$ Versuchsdurchführungen des BERNOULLI-Versuchs mit $p = 0{,}3$ ergibt sich die rechts stehende Wahrscheinlichkeitsverteilung.
Erläutern Sie, wie man mithilfe von Daten aus der Tabelle die Wahrscheinlichkeit für das Ereignis *4 Erfolge im 10-stufigen Bernoulli-Versuch mit p = 0,3* berechnen könnte. Geben Sie einen Term hierfür an. J2

k	P (X = k)
0	0,0404
1	0,1556
2	0,2668
3	0,2668
4	0,1715
5	0,0735
6	0,0210
7	0,0039
8	0,0004
9	0,0000

Aufgabe P20

Bei einem Spiel wird das abgebildete Glücksrad zweimal gedreht. Der Zeiger kann auf einem der weiß (w), blau (b) oder grau (g) gefärbten Sektoren stehen bleiben.

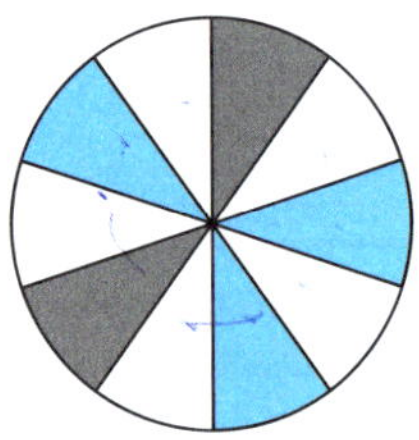

(1) Stellen Sie die möglichen Abläufe des Zufallsversuchs mithilfe eines Baumdiagramms dar. I1

(2) Bestimmen Sie die Wahrscheinlichkeit für das Ereignis E: *Das Rad bleibt zweimal hintereinander auf einem Sektor mit gleicher Färbung stehen.* I2

(3) Der Spielveranstalter plant für das Spiel einen Einsatz von 1 € und man soll 2 € ausgezahlt bekommen, wenn das Ereignis E eintritt. Bewerten Sie diese Spielregel. J1

(4) Als das Interesse an dem Spiel nachlässt, verändert der Spielveranstalter die Regeln. Es bleibt bei der Regel, dass 2 € ausgezahlt werden, wenn der Zeiger zweimal auf einem Sektor gleicher Farbe stehen bleibt. Wenn dies nicht der Fall ist, darf der Spielteilnehmer das Rad noch einmal drehen, und er erhält seinen Einsatz zurück, wenn dann der Zeiger hintereinander auf drei verschieden gefärbten Sektoren stehen geblieben ist. Überprüfen Sie, ob diese Spielregel für die Teilnehmer interessanter ist. J1

Aufgabe P21

(1) In einer Urne sind 6 blaue und 3 weiße Kugeln. Nacheinander werden zwei Kugeln ohne Zurücklegen gezogen. Stellen Sie den Zufallsversuch mithilfe eines Baumdiagramms dar und bestimmen Sie die Wahrscheinlichkeit, dass zwei gleichfarbige Kugeln gezogen werden. I1 I2

(2) In einer Urne sind 6 blaue und 3 weiße Kugeln. Aus der Urne wird eine Kugel gezogen und in eine zweite Urne gelegt, in der sich ursprünglich 3 blaue und 6 weiße Kugeln befinden. Die Kugeln der zweiten Urne werden gemischt und dann wird aus der zweiten Urne eine Kugel gezogen.

Stellen Sie den Zufallsversuch mithilfe eines Baumdiagramms dar und bestimmen Sie die Wahrscheinlichkeit, dass aus der zweiten Urne eine Kugel gezogen wird, welche die gleiche Farbe hat wie die Kugel, die aus der ersten Urne gezogen wurde. I2

(3) Angenommen, beim Zufallsversuch in (2) wird aus der zweiten Urne eine blaue Kugel gezogen. Bestimmen Sie die Wahrscheinlichkeit, dass auch bereits aus der ersten Urne eine blaue Kugel gezogen wurde. I3

Aufgabe P22

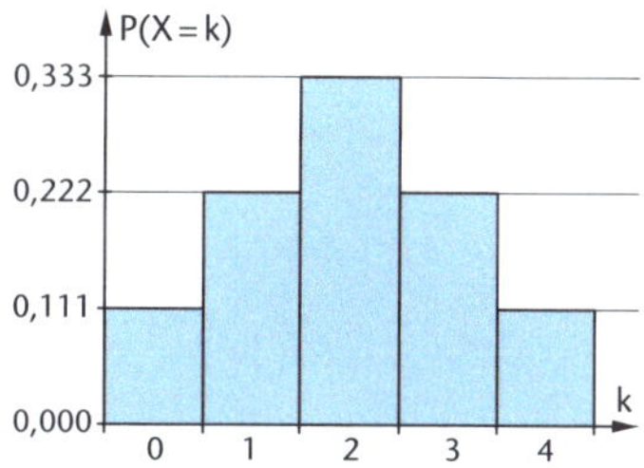

(1) Begründen Sie, warum das abgebildete Histogramm nicht zu einer Binomialverteilung mit $n = 4$ gehören kann. J2

(2) Begründen Sie: Wenn die Erfolgswahrscheinlichkeit $p = 0{,}5$ ist, dann ist für jede Stufenzahl n das Histogramm der Binomialverteilung symmetrisch. J2

(3) Bestimmen Sie die Verteilung zu einem 4-stufigen BERNOULLI-Versuch mit $p = 0{,}5$ und skizzieren Sie das hierzu gehörende Histogramm. J2

(4) Auch das Histogramm zu einer Binomialverteilung mit $p = 0{,}5$ und $n = 5$ ist symmetrisch. Beschreiben Sie den Unterschied zum Fall $n = 4$. J2

Aufgabe P23

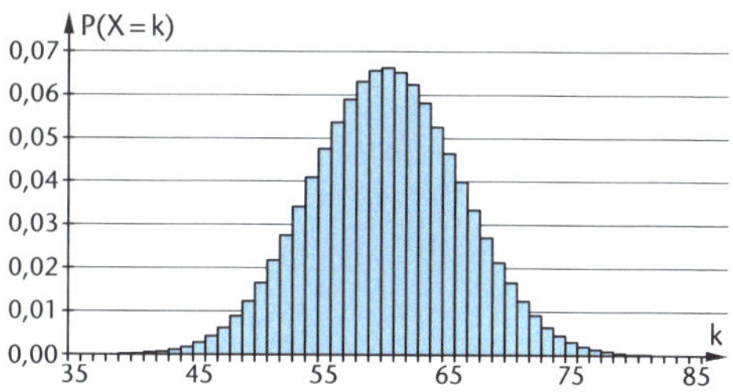

Die Abbildung zeigt das Histogramm einer Binomialverteilung mit $n = 150$ und $p = 0{,}4$.

(1) Berechnen Sie Erwartungswert und Standardabweichung zu dieser Wahrscheinlichkeitsverteilung. J5

(2) Bei einem Spiel gewinnt man mit einer Wahrscheinlichkeit von $p = 0{,}4$. Machen Sie eine Prognose, wie oft man wohl in 150 Spielrunden gewinnen wird. J5

(3) Jemand wettet darauf, dass die Anzahl X der gewonnenen Spiele im Intervall $54 \le X \le 66$ liegen wird. Beurteilen Sie, ob dies eine günstige Wette ist. J5

Lösungen Pflichtteil

Lösung Aufgabe P1

(1)

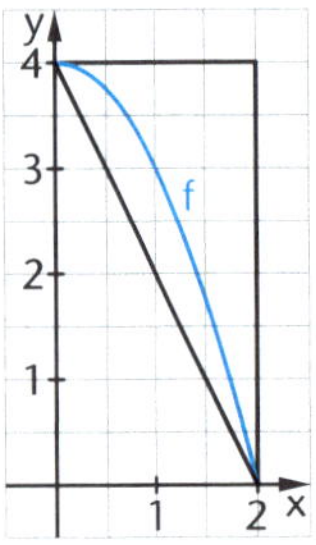

(2) Das abgebildete Rechteck hat einen Flächeninhalt von 8 FE, das Dreieck hat daher einen Flächeninhalt von 4 FE. Der Flächeninhalt des Flächenstücks zwischen der Strecke $\overline{AB}$ und dem Graphen von f ergibt sich aus

$$\int_0^2 4 - x^2\,dx - 4 = \left[4x - \frac{x^3}{3}\right]_0^2 - 4$$
$$= 8 - \frac{8}{3} - 4 = \frac{4}{3}.$$

Der Anteil dieses Flächenstücks an der Dreiecksfläche ist also ein Drittel. Der Anteil des oberen Flächenstücks an der Dreiecksfläche ist daher zwei Drittel; es ist doppelt so groß wie das Flächenstück unterhalb des Graphen.
Der Flächeninhalt dieses Flächenstücks
ist $4 - \frac{4}{3} = \frac{8}{3}$ FE.

Lösung Aufgabe P2

(1) $\int_{-2}^{2} x^3 - 4x\,dx = \left[\frac{x^4}{4} - 2x^2\right]_{-2}^{2} = (4 - 8) - (4 - 8) = 0$

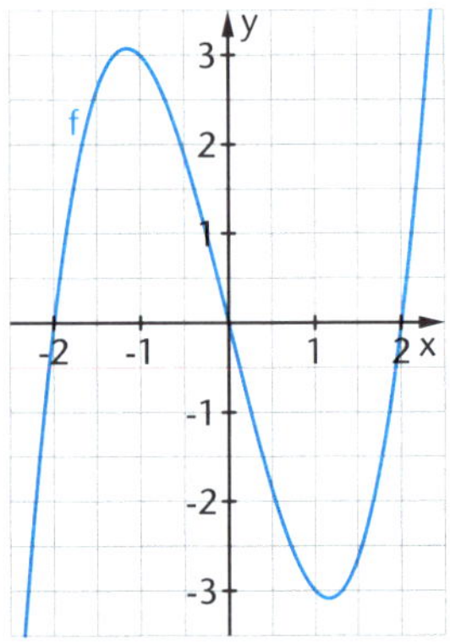

(2) Wenn das Integral einer Funktion über einem Intervall den Wert null ergibt, muss der Flächeninhalt des Flächenstücks oder der Flächenstücke oberhalb der x-Achse genauso groß sein wie der Flächeninhalt des Flächenstücks oder der Flächenstücke unterhalb der x-Achse. Da der Term der Integrandfunktion nur Potenzen mit ungeraden Exponenten enthält, ist der Graph punktsymmetrisch zum Ursprung. Und da das Integrationsintervall symmetrisch zum Ursprung liegt, werden zwei gleich große, aber auf verschiedenen Seiten der x-Achse liegende Flächenstücke von Graph und x-Achse eingeschlossen.

Lösung Aufgabe P3

(1) Da der Term der Integrandfunktion nur Potenzen mit geraden Exponenten enthält, ist der Graph achsensymmetrisch zur y-Achse. Und da das Integrationsintervall symmetrisch zur y-Achse ist, werden gleich große, aber auf verschiedenen Seiten der y-Achse liegende Flächenstücke von Graph und x-Achse eingeschlossen. Daher genügt es, das Integral nur für die rechte Hälfte des Integrationsintervalls zu bestimmen und dann zu verdoppeln.

(2) Da die ganzrationale Funktion 4. Grades vier Nullstellen hat, hat der Graph keine doppelten Nullstellen. Daher werden drei Flächenstücke von Graph und x-Achse eingeschlossen. Wegen der Achsensymmetrie des Graphen von f zur y-Achse genügt es, die Beträge der Integrale über die Intervalle $[0; 1]$ und $[1; \sqrt{2}]$ zu berechnen und zu verdoppeln.

Skizze zur Verdeutlichung

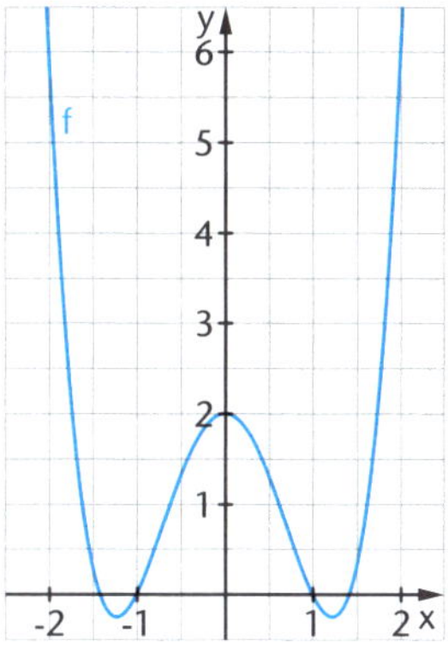

Lösung Aufgabe P4

(1) Die Steigung der Tangente im Punkt $(1\,|\,1)$ ist gegeben durch $f'(1) = 3 \cdot 1^2 = 3$.
Die Tangentengleichung ist daher
$t(x) = 3 \cdot (x-1) + 1 = 3x - 3 + 1 = 3x - 2$.

(2) Die Punktproben ergeben:
$t(-2) = 3 \cdot (-2) - 2 = -8$ und
$f(-2) = (-2)^3 = -8$.

(3)

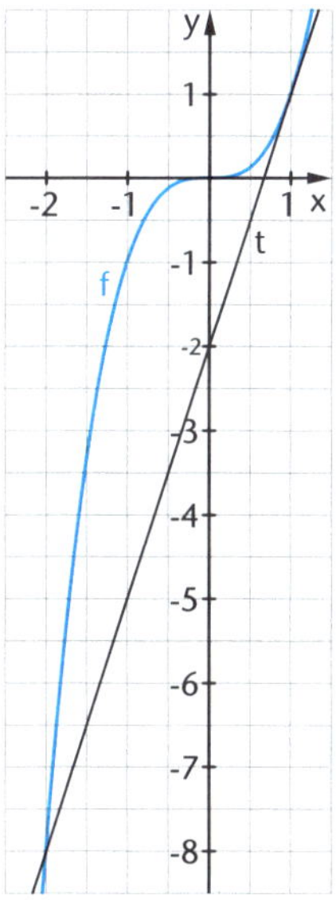

(4) Um den Flächeninhalt des Flächenstücks zu bestimmen, berechnet man das Integral über die Differenzfunktion $d(x) = f(x) - t(x)$. Da der Graph von f im Intervall $[-2; 1]$ oberhalb der Tangente verläuft, ergibt sich ein positiver Wert für das Integral:

$$\int_{-2}^{1} (x^3 - (3x-2))\,dx = \left[\frac{x^4}{4} - \frac{3x^2}{2} + 2x\right]_{-2}^{1}$$

$$= \left(\frac{1}{4} - \frac{3}{2} + 2\right) - (4 - 6 - 4) = 6{,}75.$$

Lösung Aufgabe P5

(1) Steigung m_1 des Graphen der Funktion f im Ursprung: $f'(x) = -3x^2 + 1$, also $m_1 = f'(0) = 1$. Die Steigung der Geraden g ist $m_2 = -1$, das Produkt der beiden Steigungen ist also $m_1 \cdot m_2 = -1$, d. h., die Gerade g schneidet den Graphen von f im rechten Winkel.

(2) Punktproben ergeben:
$f(-\sqrt{2}) = -(-\sqrt{2})^3 + (-\sqrt{2}) = 2\sqrt{2} - \sqrt{2} = \sqrt{2}$
$= g(-\sqrt{2})$,
$f(\sqrt{2}) = -\sqrt{2^3} + \sqrt{2} = -2\sqrt{2} + \sqrt{2} = -\sqrt{2} = g(\sqrt{2})$.

(3)

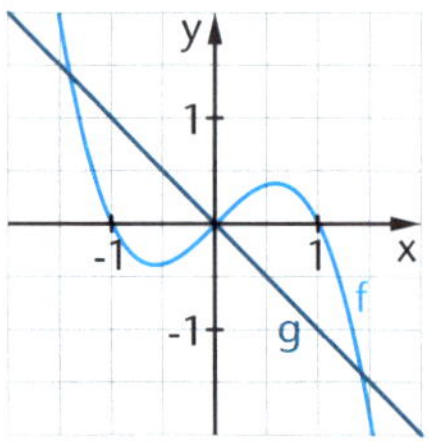

(4) Beide Graphen sind punktsymmetrisch zum Ursprung, da in den Funktionstermen nur Potenzen mit ungeraden Exponenten auftreten; daher kann man auch die beiden Flächenstücke durch Punktspiegelung am Ursprung jeweils ineinander überführen.

(5) Um den Flächeninhalt eines Flächenstücks zu bestimmen, berechnet man das Integral über die Differenzfunktion $d(x) = f(x) - g(x)$ für das Intervall $[0; \sqrt{2}]$:

$$\int_0^{\sqrt{2}} ((-x^3 + x) - (-x))\,dx = \int_0^{\sqrt{2}} (-x^3 + 2x)\,dx = \left[-\frac{x^4}{4} + x^2\right]_0^{\sqrt{2}} = -1 + 2 = 1.$$

Lösung Aufgabe P6

Skizze zur Verdeutlichung

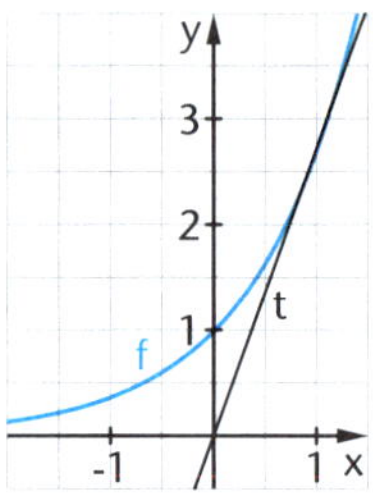

(1) Steigung der Tangente an der Stelle a:
$f'(a) = e^a$.
Tangentengleichung:
$t(x) = e^a \cdot (x - a) + e^a = e^a \cdot x - a \cdot e^a + e^a$
$= e^a \cdot x + (1 - a) \cdot e^a$.

(2) Es soll gelten $t(0) = 0$. Dies ist der Fall, wenn $e^a \cdot 0 + (1 - a) \cdot e^a = 0$, also wenn $a = 1$.

Lösung Aufgabe P7

(1) Das Fahrzeug wird während der ersten 10 Sekunden beschleunigt, dann fährt es 5 Sekunden mit konstanter Geschwindigkeit und wird dann wieder abgebremst (die Geschwindigkeit wird verringert), bis das Fahrzeug zum Stillstand kommt.

(2) Wenn man die abschnittsweise definierten Funktionen mit v_1, v_2 und v_3 bezeichnet, dann kann der zurückgelegte Weg s durch Integrale bestimmt werden:

$$s = \int_0^{10} v_1(t)\,dt + \int_{10}^{15} v_2(t)\,dt + \int_{15}^{20} v_3(t)\,dt,$$ näherungsweise durch die Flächeninhalte von Dreiecken bzw. des Rechtecks:

$$\int_0^{10} v_1(t)\,dt \approx \frac{1}{2} \cdot 10 \cdot 10 = 50; \quad \int_{10}^{15} v_2(t)\,dt = 10 \cdot 5 = 50; \quad \int_{15}^{20} v_3(t)\,dt \approx \frac{1}{2} \cdot 10 \cdot 5 = 25;$$

insgesamt hat das Fahrzeug also 125 m zurückgelegt.

Lösung Aufgabe P8

(1) Zunächst werden sehr viele Karten pro Zeiteinheit verkauft (während der 1. Stunde im Mittel etwa 470 Karten), dann lässt die Nachfrage nach (während der 2. Stunde im Mittel etwa 220 Karten, in der 3. Stunde etwa 70 Karten). Aus irgendeinem Grund (möglicherweise technische Probleme) werden in der 4. und 5. Stunde insgesamt nur ca. 20 Karten verkauft. Dann steigt die Nachfrage wieder an: In der 6. Stunde im Mittel ca. 40 Karten, in der 7. Stunde ca. 90 Karten, in der 8. Stunde ca. 120 Karten, in der 9. Stunde ebenso ca. 120 Karten. In der 10. Stunde lässt der Verkauf (nur noch ca. 50 Karten) dann nach und endet nach 10 Stunden. Durch die Schätzung der Flächenstücke unter dem abgebildeten Graphen durch etwa flächengleiche Rechtecke kommt man so auf eine Gesamtkartenzahl von ca. 1200 Karten.

(2) Richtig ist der Graph (a). Denn die Funktionswerte entsprechen den geschätzten Werten, wenn man auf der y-Achse Einheiten von 200 Karten abträgt. Graph (b) kann es nicht sein, weil zu Beginn der Aktion noch keine Karten verkauft sind. Graph (c) beschreibt den Kartenbestand zum Zeitpunkt t (anfangs 1200 Karten, am Ende 0 Karten).

Lösung Aufgabe P9

(1) $E\colon \vec{x} = \begin{pmatrix} -1 \\ 2 \\ 1 \end{pmatrix} + r \cdot \begin{pmatrix} 2 \\ 1 \\ 0 \end{pmatrix} + s \cdot \begin{pmatrix} -1 \\ 0 \\ 1 \end{pmatrix}$

(2) Mithilfe einer Punktprobe zeigt man, dass $P \in g$. Zu lösen ist das lineare Gleichungssystem

$$\begin{pmatrix} 1 \\ -2 \\ 3 \end{pmatrix} + t \cdot \begin{pmatrix} 1 \\ -2 \\ 1 \end{pmatrix} = \begin{pmatrix} -1 \\ 2 \\ 1 \end{pmatrix} \Leftrightarrow t \cdot \begin{pmatrix} 1 \\ -2 \\ 1 \end{pmatrix} = \begin{pmatrix} -2 \\ 4 \\ -2 \end{pmatrix} \Leftrightarrow \begin{vmatrix} t = -2 \\ -2t = 4 \\ t = -2 \end{vmatrix} \Leftrightarrow \begin{vmatrix} t = -2 \\ t = -2 \\ t = -2 \end{vmatrix} \Leftrightarrow t = -2.$$

Dann muss noch gezeigt werden, dass der Richtungsvektor von g und die Richtungsvektoren von E zueinander orthogonal sind, d. h. dass die Skalarprodukte jeweils gleich null sind:

$$\begin{pmatrix} 1 \\ -2 \\ 1 \end{pmatrix} * \begin{pmatrix} 2 \\ 1 \\ 0 \end{pmatrix} = 1 \cdot 2 + (-2) \cdot 1 + 1 \cdot 0 = 0; \quad \begin{pmatrix} 1 \\ -2 \\ 1 \end{pmatrix} * \begin{pmatrix} -1 \\ 0 \\ 1 \end{pmatrix} = 1 \cdot (-1) + (-2) \cdot 0 + 1 \cdot 1 = 0.$$

(3) Da $P \in g$ gemäß (2), kann g auch durch die Parameterdarstellung g: $\vec{x} = \begin{pmatrix} -1 \\ 2 \\ 1 \end{pmatrix} + t \cdot \begin{pmatrix} 1 \\ -2 \\ 1 \end{pmatrix}$ beschrieben werden.

Setzt man irgendeine reelle Zahl t ein und auch die Gegenzahl −t, dann erhält man zwei Punkte der Geraden, die zueinander Spiegelpunkte sind (Punktspiegelung an P), die also gleich weit von P entfernt sind.

Lösung Aufgabe P10

(1) Es gilt: $\overrightarrow{BC} = \begin{pmatrix} 5-4 \\ 6-3 \\ -4-(-1) \end{pmatrix} = \begin{pmatrix} 1 \\ 3 \\ -3 \end{pmatrix}$, daher ist:

$$\overrightarrow{OD} = \overrightarrow{OA} + \overrightarrow{AD} = \overrightarrow{OA} + \overrightarrow{BC} = \begin{pmatrix} 1 \\ 1 \\ 1 \end{pmatrix} + \begin{pmatrix} 1 \\ 3 \\ -3 \end{pmatrix} = \begin{pmatrix} 2 \\ 4 \\ -2 \end{pmatrix}, \text{ also } D(2|4|-2).$$

(2) $\overrightarrow{AB} = \begin{pmatrix} 4-1 \\ 3-1 \\ -1-1 \end{pmatrix} = \begin{pmatrix} 3 \\ 2 \\ -2 \end{pmatrix}$, also $|\overrightarrow{AB}| = |\overrightarrow{DC}| = \sqrt{\begin{pmatrix} 3 \\ 2 \\ -2 \end{pmatrix} * \begin{pmatrix} 3 \\ 2 \\ -2 \end{pmatrix}} = \sqrt{9+4+4} = \sqrt{17}$ und

$|\overrightarrow{AD}| = |\overrightarrow{BC}| = \sqrt{\begin{pmatrix} 1 \\ 3 \\ -3 \end{pmatrix} * \begin{pmatrix} 1 \\ 3 \\ -3 \end{pmatrix}} = \sqrt{1+9+9} = \sqrt{19}$.

(3) $\overrightarrow{AC} = \begin{pmatrix} 5-1 \\ 6-1 \\ -4-1 \end{pmatrix} = \begin{pmatrix} 4 \\ 5 \\ -5 \end{pmatrix}$; $\overrightarrow{DB} = \begin{pmatrix} 4-2 \\ 3-4 \\ -1-(-2) \end{pmatrix} = \begin{pmatrix} 2 \\ -1 \\ 1 \end{pmatrix}$; $\begin{pmatrix} 4 \\ 5 \\ -5 \end{pmatrix} * \begin{pmatrix} 2 \\ -1 \\ 1 \end{pmatrix} = 8-5-5 = -2 \neq 0$.

Da das Skalarprodukt der beiden Diagonalenvektoren ungleich null ist, gilt, dass sich die Diagonalen nicht im rechten Winkel schneiden.

Lösung Aufgabe P11

(1) Es gilt: $\overrightarrow{AB} = \begin{pmatrix} -1-2 \\ 2-(-1) \\ -1-1 \end{pmatrix} = \begin{pmatrix} -3 \\ 3 \\ -2 \end{pmatrix}$; also werden durch die Parameterdarstellung g:

$\vec{x} = \begin{pmatrix} 2 \\ -1 \\ 1 \end{pmatrix} + t \cdot \begin{pmatrix} -3 \\ 3 \\ -2 \end{pmatrix}$ alle Punkte erfasst, die auf der Geraden durch A und B liegen.

Die Punktprobe $\begin{pmatrix} 2 \\ -1 \\ 1 \end{pmatrix} + t \cdot \begin{pmatrix} -3 \\ 3 \\ -2 \end{pmatrix} = \begin{pmatrix} 0 \\ 5 \\ 2 \end{pmatrix} \Leftrightarrow t \cdot \begin{pmatrix} -3 \\ 3 \\ -2 \end{pmatrix} = \begin{pmatrix} -2 \\ 6 \\ 1 \end{pmatrix} \Leftrightarrow \left| \begin{matrix} t = \frac{2}{3} \\ t = 2 \\ t = -\frac{1}{2} \end{matrix} \right|$ zeigt,

dass C nicht auf g liegt.

(2) $|\overrightarrow{AB}| = \sqrt{\begin{pmatrix} -3 \\ 3 \\ -2 \end{pmatrix} * \begin{pmatrix} -3 \\ 3 \\ -2 \end{pmatrix}} = \sqrt{9+9+4} = \sqrt{22}$; $|\overrightarrow{BC}| = \sqrt{\begin{pmatrix} 1 \\ 3 \\ 3 \end{pmatrix} * \begin{pmatrix} 1 \\ 3 \\ 3 \end{pmatrix}} = \sqrt{1+9+9} = \sqrt{19}$;

$|\overrightarrow{CA}| = \sqrt{\begin{pmatrix} 2 \\ -6 \\ -1 \end{pmatrix} * \begin{pmatrix} 2 \\ -6 \\ -1 \end{pmatrix}} = \sqrt{4+36+1} = \sqrt{41}$.

Aus $AB^2 + BC^2 = AC^2$ folgt, dass das Dreieck ABC rechtwinklig ist mit AC als Hypotenuse.

Lösung Aufgabe P12

(1) Spurpunkte der Geraden mit den Koordinatenebenen sind Punkte, bei denen eine der drei Koordinaten gleich null ist. Zu lösen sind also drei Gleichungssysteme:

$\begin{pmatrix} 1 \\ -2 \\ 1 \end{pmatrix} + t \cdot \begin{pmatrix} 1 \\ 2 \\ -2 \end{pmatrix} = \begin{pmatrix} 0 \\ b \\ c \end{pmatrix} \Leftrightarrow \left| \begin{matrix} t = -1 \\ b = -2 + 2t \\ c = 1 - 2t \end{matrix} \right| \Leftrightarrow \left| \begin{matrix} t = -1 \\ b = -4 \\ c = 3 \end{matrix} \right|$,

d.h. die Gerade g schneidet die y-z-Ebene im Punkt $S_{yz}(0|-4|3)$.

$\begin{pmatrix} 1 \\ -2 \\ 1 \end{pmatrix} + t \cdot \begin{pmatrix} 1 \\ 2 \\ -2 \end{pmatrix} = \begin{pmatrix} a \\ 0 \\ c \end{pmatrix} \Leftrightarrow \left| \begin{matrix} a = 1 + t \\ t = 1 \\ c = 1 - 2t \end{matrix} \right| \Leftrightarrow \left| \begin{matrix} a = 2 \\ t = 1 \\ c = -1 \end{matrix} \right|$,

d.h. die Gerade g schneidet die x-z-Ebene im Punkt $S_{xz}(2|0|-1)$.

$$\begin{pmatrix}1\\-2\\1\end{pmatrix}+t\cdot\begin{pmatrix}1\\2\\-2\end{pmatrix}=\begin{pmatrix}a\\b\\0\end{pmatrix}\Leftrightarrow\left|\begin{array}{c}a=1+t\\b=2t-2\\t=0{,}5\end{array}\right|\Leftrightarrow\left|\begin{array}{l}a=1{,}5\\b=-1\\t=0{,}5\end{array}\right|,$$

d. h. die Gerade g schneidet die x-y-Ebene im Punkt $S_{xy}\,(1{,}5\,|\,-1\,|\,0)$.

(2) Die Koordinaten des Mittelpunkts einer Strecke ergeben sich durch die arithmetischen Mittelwerte der entsprechenden Koordinaten:

$\frac{1}{2}\cdot(0+2)=1;\ \frac{1}{2}\cdot(-4+0)=-2;\ \frac{1}{2}\cdot(3+(-1))=1.$

Dass M der Mittelpunkt der Strecke ist, kann auch an den Parameterwerten $t=-1$ bzw. $t=1$ abgelesen werden, die sich bei der Bestimmung von S_{xz} und S_{yz} ergaben.

(3) $|\overrightarrow{MS_{xz}}|=\sqrt{\begin{pmatrix}1\\2\\-2\end{pmatrix}*\begin{pmatrix}1\\2\\-2\end{pmatrix}}=\sqrt{1+4+4}=\sqrt{9}=3$

Lösung Aufgabe P13

(1) Spurpunkte der Ebene mit den Koordinatenachsen sind Punkte, bei denen zwei der drei Koordinaten gleich null sind. Zu lösen sind also drei Gleichungssysteme:

$$\begin{pmatrix}-1\\1\\2\end{pmatrix}+r\cdot\begin{pmatrix}1\\1\\0\end{pmatrix}+s\cdot\begin{pmatrix}0\\-1\\1\end{pmatrix}=\begin{pmatrix}a\\0\\0\end{pmatrix}\Leftrightarrow\left|\begin{array}{c}r=a+1\\r-s=-1\\s=-2\end{array}\right|\Leftrightarrow\left|\begin{array}{l}a=-4\\r=-3\\s=-2\end{array}\right|,$$

d. h. die Ebene E schneidet die z-Achse im Punkt $(-4\,|\,0\,|\,0)$.

$$\begin{pmatrix}-1\\1\\2\end{pmatrix}+r\cdot\begin{pmatrix}1\\1\\0\end{pmatrix}+s\cdot\begin{pmatrix}0\\-1\\1\end{pmatrix}=\begin{pmatrix}0\\b\\0\end{pmatrix}\Leftrightarrow\left|\begin{array}{c}r=1\\r-s=b-1\\s=-2\end{array}\right|\Leftrightarrow\left|\begin{array}{c}r=1\\b=4\\s=-2\end{array}\right|,$$

d. h. die Ebene E schneidet die y-Achse im Punkt $(0\,|\,4\,|\,0)$.

$$\begin{pmatrix}-1\\1\\2\end{pmatrix}+r\cdot\begin{pmatrix}1\\1\\0\end{pmatrix}+s\cdot\begin{pmatrix}0\\-1\\1\end{pmatrix}=\begin{pmatrix}0\\0\\c\end{pmatrix}\Leftrightarrow\left|\begin{array}{c}r=1\\r-s=-1\\s-c=-2\end{array}\right|\Leftrightarrow\left|\begin{array}{c}r=1\\s=2\\c=4\end{array}\right|,$$

d. h. die Ebene E schneidet die z-Achse im Punkt $(0\,|\,0\,|\,4)$.

(2) Der Richtungsvektor einer Geraden, die parallel zur Ebene verläuft, muss sich als Linearkombination der beiden Richtungsvektoren der Ebene darstellen lassen, beispielsweise $\vec{u}=1\cdot\begin{pmatrix}1\\1\\0\end{pmatrix}+1\cdot\begin{pmatrix}0\\-1\\1\end{pmatrix}=\begin{pmatrix}1\\0\\1\end{pmatrix}$. Da eine Ursprungsgerade gesucht ist, ist eine solche Gerade durch $g_1\colon \vec{x}=r\cdot\begin{pmatrix}1\\0\\1\end{pmatrix}$ gegeben.

(3) Für den Richtungsvektor $\vec{u}$ einer Geraden, welche die Ebene orthogonal schneidet, muss gelten:

$\vec{u}*\begin{pmatrix}1\\1\\0\end{pmatrix}=0$ und $\vec{u}*\begin{pmatrix}0\\-1\\1\end{pmatrix}=0$. Ein solcher Vektor ist beispielsweise $\vec{u}=\begin{pmatrix}1\\-1\\-1\end{pmatrix}$.

Da eine Ursprungsgerade gesucht ist, ist eine solche Gerade durch $g_2\colon \vec{x}=r\cdot\begin{pmatrix}1\\-1\\-1\end{pmatrix}$ gegeben.

Lösung Aufgabe P14

(1) Der Vektor $\vec{u}$ hat die Länge $|\vec{u}| = \sqrt{(-3)^2 + 4^2 + 8^2} = \sqrt{89}$. Die Länge des Vektors $\vec{v}$ ist $|\vec{v}| = \sqrt{a^2 + 2^2 + 7^2} = \sqrt{a^2 + 53}$. Die Bedingung ist für a = 6 bzw. für a = −6 erfüllt.

(2) $\vec{u} * \vec{w} = \begin{pmatrix} -3 \\ 4 \\ 8 \end{pmatrix} * \begin{pmatrix} a \\ -3 \\ 6 \end{pmatrix} = -3a - 12 + 48 = 0 \Leftrightarrow 3a = 36 \Leftrightarrow a = 12.$

(3) Da beide Vektoren die gleiche Länge besitzen, handelt es sich um eine Raute.
Da für das Skalarprodukt gilt: $\vec{u} * \vec{v} = \begin{pmatrix} -3 \\ 4 \\ 8 \end{pmatrix} * \begin{pmatrix} a \\ 2 \\ 7 \end{pmatrix} = -3a + 8 + 56 = \mp 18 + 8 + 56 \neq 0$, handelt es sich nicht um ein Quadrat.

(4) Da die beiden Vektoren orthogonal zueinander sind, handelt es sich um ein Rechteck.
Da $|\vec{v}| = \left|\begin{pmatrix} 12 \\ 2 \\ 7 \end{pmatrix}\right| = \sqrt{12^2 + 2^2 + 7^2} \neq \sqrt{89}$, handelt es sich nicht um ein Quadrat.

Lösung Aufgabe P15

(1) Das lineare Gleichungssystem besitzt unendlich viele Lösungen, die sich in der Form $x = \begin{pmatrix} c+1 \\ -c \\ c \end{pmatrix} = \begin{pmatrix} 1 \\ 0 \\ 0 \end{pmatrix} + c \cdot \begin{pmatrix} 1 \\ -1 \\ 1 \end{pmatrix}$, $c \in \mathbb{R}$, darstellen lassen.
(Geometrische Veranschaulichung: Di e beiden Gleichungen können als Koordinatengleichungen von zwei Ebenen interpretiert werden; die Lösung ist eine Parameterdarstellung der Schnittgerade.)

(2) $\begin{vmatrix} 2x + y = 5 \\ 2y + z = 4 \\ x - 2z = 5 \end{vmatrix} \Leftrightarrow \begin{vmatrix} 2x + y = 5 \\ -4x + z = -6 \\ x - 2z = 5 \end{vmatrix} \Leftrightarrow \begin{vmatrix} 2x + y = 5 \\ -4x + z = -6 \\ -7x = -7 \end{vmatrix} \Leftrightarrow \begin{vmatrix} y = 3 \\ z = -2 \\ x = 1 \end{vmatrix}$

1. Schritt: (−2)-Faches der 1. Zeile zur 2. Zeile addieren
2. Schritt: 2-Faches der 2. Zeile zur 3. Zeile addieren
3. Schritt: nacheinander Lösungskoordinaten einsetzen

Lösung Aufgabe P16

(1) Zu zeigen ist, dass die drei Punkte nicht auf einer Geraden liegen.
Dies ist auf verschiedene Arten möglich.

Möglichkeit 1:
$\overrightarrow{AB} = \begin{pmatrix} -2-2 \\ 1-3 \\ 3-(-1) \end{pmatrix} = \begin{pmatrix} -4 \\ -2 \\ 4 \end{pmatrix}$; $\overrightarrow{AC} = \begin{pmatrix} 1-2 \\ 4-3 \\ -2-(-1) \end{pmatrix} = \begin{pmatrix} -1 \\ 1 \\ -1 \end{pmatrix}$; $\overrightarrow{BC} = \begin{pmatrix} 1-(-2) \\ 4-1 \\ -2-3 \end{pmatrix} = \begin{pmatrix} 3 \\ 3 \\ -5 \end{pmatrix}$.

Da diese drei Vektoren nicht Vielfache voneinander sind, liegen sie nicht auf einer Geraden.

Möglichkeit 2:
Geprüft wird, ob der Punkt C auf der Geraden g durch A, B liegt: $g: \vec{x} = \begin{pmatrix} 2 \\ 3 \\ -1 \end{pmatrix} + r \cdot \begin{pmatrix} -4 \\ -2 \\ 4 \end{pmatrix}$;

Punktprobe: $C \in g \Leftrightarrow \begin{pmatrix} 1 \\ 4 \\ -2 \end{pmatrix} = \begin{pmatrix} 2 \\ 3 \\ -1 \end{pmatrix} + r \cdot \begin{pmatrix} -4 \\ -2 \\ 4 \end{pmatrix} \Leftrightarrow \begin{pmatrix} -1 \\ 1 \\ -1 \end{pmatrix} = r \cdot \begin{pmatrix} -4 \\ -2 \\ 4 \end{pmatrix} \Leftrightarrow \begin{vmatrix} r = \frac{1}{4} \\ r = -\frac{1}{2} \\ r = -\frac{1}{4} \end{vmatrix}$.

Da das lineare Gleichungssystem keine Lösung hat, liegt C nicht auf der Geraden durch A, B. Die drei Punkte bilden also ein Dreieck.

(2) Vergleich der Seitenlängen: Es genügt, die Quadrate der Seitenlängen zu berechnen: $|AB|^2 = 36$, $|AC|^2 = 3$, $|BC|^2 = 43$. Die Seite BC ist die längste Seite.

(3) $\overrightarrow{OD_1} = \overrightarrow{OC} + \overrightarrow{CD_1} = \overrightarrow{OC} + \overrightarrow{AB} = \begin{pmatrix} 1+(-4) \\ 4+(-2) \\ -2+4 \end{pmatrix} = \begin{pmatrix} -3 \\ 2 \\ 2 \end{pmatrix}$; $D_1(-3|2|2)$

$\overrightarrow{OD_2} = \overrightarrow{OC} + \overrightarrow{CD_2} = \overrightarrow{OC} + \overrightarrow{BA} = \begin{pmatrix} 1+4 \\ 4+2 \\ -2+(-4) \end{pmatrix} = \begin{pmatrix} 5 \\ 6 \\ -6 \end{pmatrix}$; $D_2(5|6|-6)$

$\overrightarrow{OD_3} = \overrightarrow{OB} + \overrightarrow{BD_3} = \overrightarrow{OB} + \overrightarrow{CA} = \begin{pmatrix} -2+1 \\ 1+(-1) \\ 3+1 \end{pmatrix} = \begin{pmatrix} -1 \\ 0 \\ 4 \end{pmatrix}$; $D_3(-1|0|4)$

Lösung Aufgabe P17

(1) Eine Gerade h, die durch den gemeinsamen Punkt $(1|-1|2)$ verläuft, ist beispielsweise gegeben durch $h: \vec{x} = \begin{pmatrix} 1 \\ -1 \\ 2 \end{pmatrix} + t \cdot \begin{pmatrix} 1 \\ -1 \\ 0 \end{pmatrix}$, deren Richtungsvektor die Orthogonalitätsbedingung $\begin{pmatrix} 2 \\ 2 \\ -1 \end{pmatrix} * \begin{pmatrix} 1 \\ -1 \\ 0 \end{pmatrix}$ erfüllt.

(2) Man wählt für die Gerade h den gleichen Richtungsvektor wie für g sowie einen Punkt als Aufhängepunkt, der nicht auf g liegt, z. B. den Ursprung: $h: \vec{x} = \begin{pmatrix} 0 \\ 0 \\ 0 \end{pmatrix} + t \cdot \begin{pmatrix} 2 \\ 2 \\ -1 \end{pmatrix}$.
Nachweis, dass $O(0|0|0)$ nicht auf g liegt:
$1 + 2t = 0 \Leftrightarrow t = -0{,}5$; $-1 + 2t = 0 \Leftrightarrow t = 0{,}5$; $2 + t = 0 \Leftrightarrow t = -2$.

Wenn die Gerade g den Ursprung enthalten würde, müsste sich bei den drei Koordinaten der gleiche Parameterwert t ergeben.

Lösung Aufgabe P18

(1) Ein Normalenvektor der Ebene ist $\vec{n} = \begin{pmatrix} 1 \\ -1 \\ 1 \end{pmatrix}$.

(2) Da das Skalarprodukt von Richtungsvektor der Geraden und Normalenvektor der Ebene gleich null ist: $\begin{pmatrix} 3 \\ 1 \\ -2 \end{pmatrix} * \begin{pmatrix} 1 \\ -1 \\ 1 \end{pmatrix} = 3 - 1 - 2 = 0$, verläuft die Gerade in der Ebene oder parallel zur Ebene. Da die Koordinaten des Aufhängepunkts der Geraden die Ebenengleichung nicht erfüllen $(1 - 0 + 2 \neq 5)$, liegt er nicht in der Ebene und damit auch nicht die Gerade.
Nachweis durch eine Rechnung: Gemeinsame Punkte von Gerade und Ebene müssen beide Gleichungen erfüllen. Einsetzen der Parameterdarstellung von Punkten der Geraden in die Koordinatengleichung der Ebene ergibt: $(1 + 3t) - (0 + t) + (2 - 2t) = 5$
$\Leftrightarrow 3 = 5$, d. h., Gerade und Ebene haben keine Punkte gemeinsam.

Lösung Aufgabe P19

(1) Das Ereignis E: *Mindestens ein Erfolg* ist das Gegenereignis zum Ereignis $\overline{E}$: *Kein Erfolg*. Dieses hat gemäß Histogramm die Wahrscheinlichkeit $P(X = 0) \approx 0{,}03$, also gilt gemäß Komplementärregel: $P(X \geq 1) \approx 0{,}97$.

(2) Wenn das Histogramm durch Spiegelung entstanden ist, dann wurden beim zugehörigen BERNOULLI-Versuch Erfolg und Misserfolg miteinander vertauscht, d. h. es handelt sich um die Wahrscheinlichkeitsverteilung mit $n = 10$ und $p = 0{,}7$. Da das Ereignis E in (1) das Ereignis *Mindestens ein Erfolg* (mit $p = 0{,}3$) beschreibt und Erfolg und Misserfolg miteinander vertauscht wurden, ist hier das Ereignis *Höchstens neun Erfolge* (mit $p = 0{,}7$) angesprochen, dessen Wahrscheinlichkeit ca. 97 % beträgt.
Die Spiegelachse liegt beim $k = \frac{1}{2} \cdot n$.

(3) Damit es zu 4 Erfolgen bei einem 10-stufigen BERNOULLI-Versuch kommt, müssen nach 9 Stufen entweder bereits 4 Erfolge vorgelegen haben und dann trat auf der 10. Stufe ein Misserfolg ein oder es lagen 3 Erfolge vor und auf der 10. Stufe trat ein Erfolg ein. Die Wahrscheinlichkeit ist daher
$P(X = 4) = \text{Wahrscheinlichkeit für 4 Erfolge} \cdot (1 - p) + \text{Wahrscheinlichkeit für 3 Erfolge} \cdot p$
$= 0{,}1715 \cdot 0{,}7 + 0{,}2668 \cdot 0{,}3$

Lösung Aufgabe P20

(1)

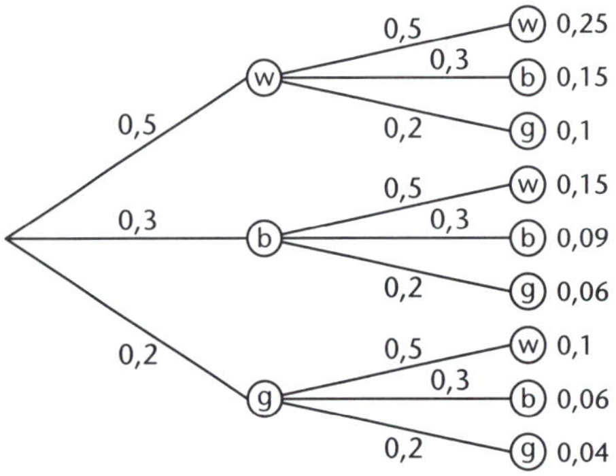

(2) $P(E) = 0{,}5^2 + 0{,}3^2 + 0{,}2^2 = 0{,}38$

(3) Zufallsgröße X: *Auszahlung in €*
$E(X) = 0{,}38 \cdot 2\,€ + 0{,}62 \cdot 0\,€ = 0{,}76\,€$
Im Mittel werden pro Spiel 0,76 € ausgezahlt, d. h. der Spielbetreiber hat im Mittel einen Gewinn von 0,24 € pro Spiel.

(4) Die Wahrscheinlichkeit für das Ereignis „drei verschieden gefärbte Sektoren" ist $6 \cdot (0{,}5 \cdot 0{,}3 \cdot 0{,}2) = 0{,}18$.
Im Mittel wird dann ausgezahlt: $E(X) = 0{,}38 \cdot 2\,€ + 0{,}18 \cdot 1\,€ + 0{,}44 \cdot 0\,€ = 0{,}94\,€$
Im Mittel werden pro Spiel 0,94 € ausgezahlt, d.h. der Spielbetreiber hat im Mittel nur noch einen Gewinn von 0,06 € pro Spiel.
Da der mittlere Gewinn des Spielbetreibers deutlich geringer geworden ist, wird das Spiel für die Teilnehmer interessanter sein.

Lösung Aufgabe P21

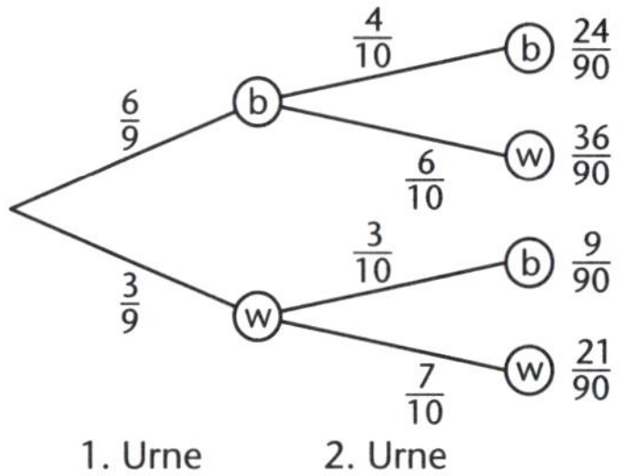

(1) P (zwei Kugeln mit gleicher Farbe)
$= \frac{30}{72} + \frac{6}{72} = \frac{36}{72} = \frac{1}{2}$

(2) P (zwei Kugeln mit gleicher Farbe)
$= \frac{24}{90} + \frac{21}{90} = \frac{45}{90} = \frac{1}{2}$

(3) P (aus der zweiten Urne wurde eine blaue Kugel gezogen) $= \frac{33}{90}$.

Zu bestimmen ist die bedingte Wahrscheinlichkeit

$P_{\text{aus der zweiten Urne wurde eine blaue Kugel gezogen}}$ (aus der ersten Urne wurde eine blaue Kugel gezogen)

$= \frac{24/90}{33/90} = \frac{24}{33} = \frac{8}{11}$.

Lösung Aufgabe P22

(1) Aus dem Histogramm ist zu entnehmen:
$P(X=0) = P(X=4) = \frac{1}{9}$; $P(X=1) = P(X=3) = \frac{2}{9}$ sowie $P(X=2) = \frac{3}{9}$.

Da das Histogramm symmetrisch ist, müsste $p = 0{,}5$ sein; allerdings ist dann:

$P(X=0) = P(X=4) = 0{,}5^4 = 0{,}0625$; $P(X=1) = P(X=2) = 4 \cdot 0{,}5^4 = 0{,}25$ und
$P(X=3) = 6 \cdot 0{,}5^4 = 0{,}375$, was nicht mit den Werten des Histogramms übereinstimmt.
Alternativ kann man schließen: Aus $P(X=0) = p^4 = \frac{1}{9}$, dass gilt: $p = \frac{1}{\sqrt[4]{9}} = \frac{1}{\sqrt{3}}$;
andererseits müsste wegen $P(X=4) = (1-p)^4$ auch gelten: $q = \frac{1}{\sqrt[4]{9}} = \frac{1}{\sqrt{3}}$.

Da aber $p + q = 1$ sein muss, kann das abgebildete Histogramm nicht zu einer Binomialverteilung gehören.

(2) Wenn $p = 0{,}5$ ist, dann ist auch $q = 0{,}5$ und daher vereinfacht sich die Berechnung gemäß BERNOULLI-Formel: $P(X=k) = \binom{n}{k} \cdot 0{,}5^k$. Da für die Binomialkoeffizienten gilt $\binom{n}{k} = \binom{n}{n-k}$, d. h. das PASCAL'sche Dreieck ist symmetrisch, folgt

$P(X = n-k) = \binom{n}{n-k} \cdot 0{,}5^k = \binom{n}{k} \cdot 0{,}5^k = P(X=k)$.

(3) Die Wahrscheinlichkeitsverteilung wurde bereits in der Lösung von (2) angegeben:

k	P (X = k)
0	0,0625
1	0,2500
2	0,3750
3	0,2500
4	0,0625

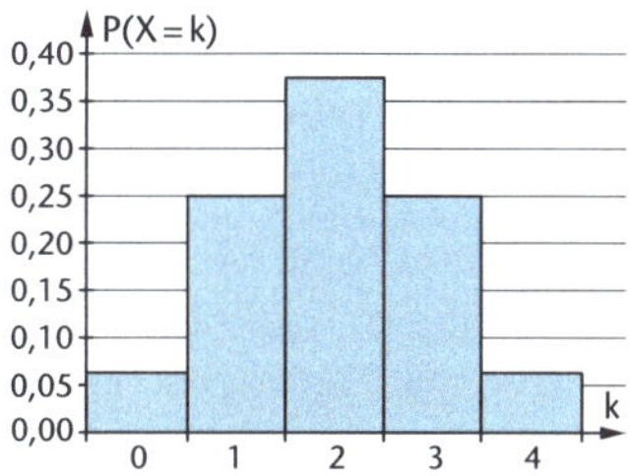

(4) Da n ungerade ist, ist der Erwartungswert nicht ganzzahlig. Hier ergibt sich:
$E(X) = 5 \cdot 0{,}5 = 2{,}5$. Daher gibt es zwei Anzahlen von Erfolgen, für welche die Wahrscheinlichkeit maximal ist:
Es gilt $P(X=2) = P(X=3) = 10 \cdot 0{,}5^5 = 0{,}3125$.

Lösung Aufgabe P23

(1) $\mu = n \cdot p = 150 \cdot 0{,}4 = 60$; $\sigma = \sqrt{150 \cdot 0{,}4 \cdot 0{,}6} = \sqrt{36} = 6$.

(2) Die LAPLACE-Bedingung ($\sigma > 3$) ist erfüllt. Daher lassen sich die Sigma-Regeln anwenden.
$1{,}96 \cdot \sigma \approx 11{,}76$. Mit einer Wahrscheinlichkeit von ca. 95 % wird die Anzahl der gewonnenen Spiele also zwischen 49 und 71 (einschließlich) liegen.

(3) In der 1σ-Umgebung von μ liegen ungefähr zwei Drittel der Ergebnisse, d. h. die Wahrscheinlichkeit, dass die Anzahl der gewonnenen Spiele in das Intervall $54 \le X \le 66$ fällt, ist deutlich größer als 50 %, also ist die Wette vorteilhaft.

Beispiele aus der Zentrale Vergleichsklausur

Aufgabe 1 *Analysis*

Die Abbildung zeigt den Graphen einer für $-1 \leq x \leq 3$ mit $x \in \mathbb{R}$ definierten Funktion f, die bei $x = -1$, $x = 1$ und $x = 3$ Nullstellen besitzt.
Die Funktion F mit $F(x) = -\frac{1}{6} \cdot (\sqrt{-x^2 + 2x + 3})^3$ ist eine Stammfunktion von f.

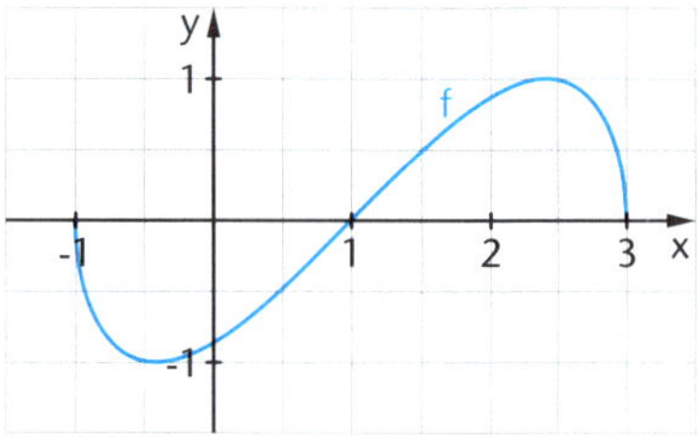

a) Begründen Sie, dass die für $-1 \leq x \leq 3$ mit $x \in \mathbb{R}$ definierte Funktion H mit $H(x) = -\frac{1}{6} \cdot (\sqrt{-x^2 + 2x + 3})^3 + 1$ ebenfalls eine Stammfunktion von f ist. **D1**

b) Begründen Sie, dass der Wert des Integrals $\int_0^3 f(x)\,dx$ nicht mit dem Inhalt der Fläche übereinstimmt, die für $0 \leq x \leq 3$ zwischen dem Graphen von f und der x-Achse liegt. **D2**

c) Berechnen Sie den Inhalt der Fläche, die der Graph von f im ersten Quadranten mit der x-Achse einschließt. **D2**

Lösung

a) Zu zeigen ist: $H'(x) = f(x)$.
H(x) und F(x) unterscheiden sich nur um eine Konstante, konkret gilt: $H(x) = F(x) + 1$.
Da beim Ableiten der konstante Summand „+1" wegfällt, gilt:
$H'(x) = F'(x) + (1)' = f(x) + 0 = f(x)$, d. h. H(x) ist ebenfalls eine Stammfunktion für f(x).

b) Da der Graph im Integrationsintervall [0 ; 3] eine Nullstelle mit Vorzeichenwechsel hat, ist das Integral über das Intervall nicht gleich dem Flächeninhalt der mit der x-Achse eingeschlossenen Fläche, vielmehr gilt:
$\int_0^1 f(x)\,dx < 0$ und $\int_1^3 f(x)\,dx > 0$ und das Integral $\int_0^3 f(x)\,dx$ ist gleich der Differenz der Flächeninhalte der beiden Flächenstücke.

c) Das Flächenstück im ersten Quadranten wird durch den Graph zwischen den Nullstellen bei $x = 1$ und $x = 3$ begrenzt:

$$\int_1^3 f(x)\,dx = \left[-\frac{1}{6} \cdot (-x^2 + 2x + 3)^{\frac{3}{2}}\right]_1^3 = F(3) - F(1) = \left(-\frac{1}{6} \cdot 0^{\frac{3}{2}}\right) - \left(-\frac{1}{6} \cdot 4^{\frac{3}{2}}\right) = 0 + \frac{1}{6} \cdot 8 = \frac{4}{3}$$

Ergänzung: Den Term der Funktion f erhält man durch Ableiten (gemäß Kettenregel):

$$F'(x) = \left(-\frac{1}{6} \cdot (-x^2 + 2x + 3)^{\frac{3}{2}}\right)' = \left(-\frac{1}{6}\right) \cdot \frac{3}{2} \cdot (-x^2 + 2x + 3)^{\frac{1}{2}} \cdot (-2x + 2)$$

$$= \left(-\frac{1}{6}\right) \cdot \frac{3}{2} \cdot (-x^2 + 2x + 3)^{\frac{1}{2}} \cdot (-2) \cdot (x - 1) = \frac{1}{2} \cdot (x - 1) \cdot \sqrt{-x^2 + 2x + 3}$$

Ergänzung zur Definitionsmenge der Funktion f(x):
Eine Wurzelfunktion ist nur für Argumente definiert, die nicht-negativ sind.

Die Ungleichung $-x^2 + 2x + 3 \geq 0$ ist erfüllt für $-1 \leq x \leq +3$; denn:
Für die zugehörige quadratische Gleichung gilt:

$-x^2 + 2x + 3 = 0 \Leftrightarrow x^2 - 2x = 3 \Leftrightarrow x^2 - 2x + 1 = 3 + 1 \Leftrightarrow (x - 1)^2 = 2^2$
$\Leftrightarrow x - 1 = 2 \vee x - 1 = -2 \Leftrightarrow x = 3 \vee x = -1.$

Der Graph der Funktion $q(x) = -x^2 + 2x + 3$ ist eine nach unten geöffnete quadratische Parabel, der zwischen den beiden Nullstellen oberhalb der x-Achse verläuft, d. h. $-x^2 + 2x + 3 \geq 0$ ist erfüllt für $-1 \leq x \leq +3$.

Aufgabe 2 *Analysis*

Die Abbildung zeigt den Graphen einer ganzrationalen Funktion f.

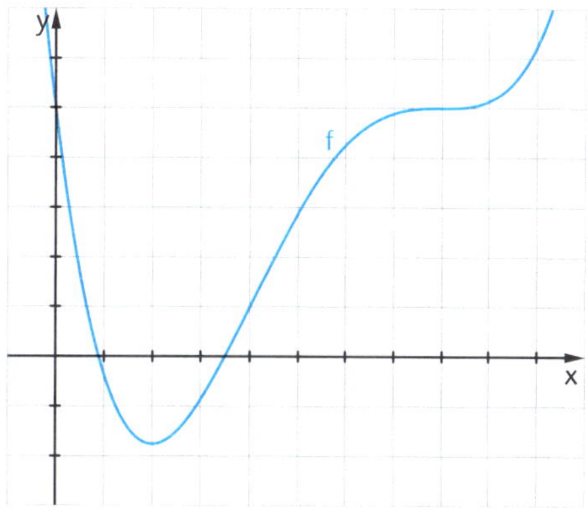

a) Skizzieren Sie in der Abbildung den Graphen der ersten Ableitungsfunktion von f.

B3 B4

b) Begründen Sie, dass der Grad der Funktion f mindestens vier ist.

Lösung

a) Um den Graphen der Ableitungsfunktion zu skizzieren, kann man folgende Eigenschaften der Graphen berücksichtigen:
Da der Graph von f streng monoton fallend ist für $x < 2$, verläuft der Graph von f' unterhalb der x-Achse.
Da der Graph von f streng monoton steigend ist für $2 < x < 8$, verläuft der Graph von f' oberhalb der x-Achse.
Da der Graph von f streng monoton steigend ist für $x > 8$, verläuft der Graph von f' oberhalb der x-Achse.
Da der Graph an der Stelle $x = 2$ einen Tiefpunkt hat, besitzt der Graph von f' an der Stelle $x = 2$ eine Nullstelle mit VZW von – nach +.
Da der Graph an der Stelle $x = 8$ einen Sattelpunkt hat, besitzt der Graph von f' an der Stelle $x = 8$ eine Nullstelle ohne VZW, also eine Extremstelle (da $f'(x) > 0$ für $2 < x < 8$ und $x > 8$, muss dies ein lokales Minimum sein).
Da der Graph von f' an den Stellen $x = 2$ und $x = 8$ eine Nullstelle hat, muss dazwischen ein Extrempunkt von f' liegen, also ein Wendepunkt des Graphen von f (wegen des Sattelpunktes bei $x = 8$ muss dies ein lokales Maximum von f' sein).

Skizze: 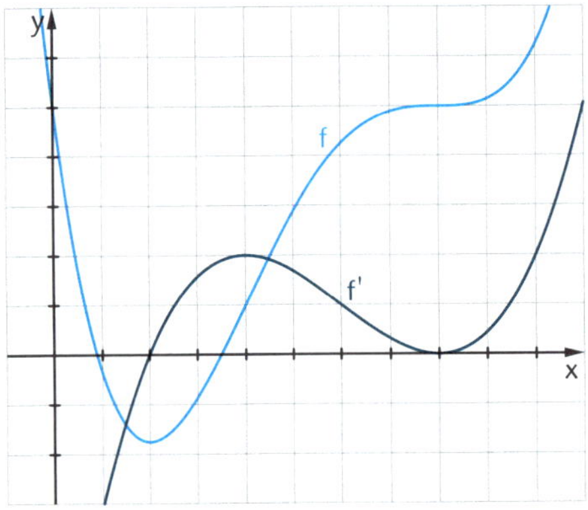

b) *Begründung über die Nullstellen:* Verschiebt man den Graphen um 5 Einheiten nach unten, dann liegt der Sattelpunkt auf der x-Achse (3-fache Nullstelle) und der Graph verläuft durch den Ursprung. Damit hat der Graph vier Nullstellen, hat also mindestens den Grad 4.

Begründung über die Wendepunkte: Da der Graph von f (im dargestellten Bereich) zwei Wendepunkte hat, muss die 2. Ableitung von f (mindestens) zwei Nullstellen haben, ist also ein Term von (mindestens) 2. Grad. Da sich der Grad eines ganzrationalen Funktionsterms durch das Ableiten jeweils um eins verringert, muss der Grad von f mindestens 4 sein.

Ergänzung: Aus der Nullstellen-Begründung in Teilaufgabe b) ergibt sich für die Funktionsgleichung von f der Ansatz:

$f(x) = k \cdot x \cdot (x-8)^3 + 5$ mit einem Streckungsfaktor $k \in \mathbb{R}^+$.

Für den Wendepunkt kann man die Koordinaten W(4|1) ablesen, also gilt:

$f(4) = k \cdot 4 \cdot (4-8)^3 + 5 = k \cdot (-256) + 5 = 1 \Leftrightarrow k = \frac{1}{64}$, also:

$f(x) = \frac{1}{64} \cdot x \cdot (x^3 - 24x^2 + 192x - 512) + 5 = \frac{1}{64} \cdot x^4 - \frac{3}{8} \cdot x^3 + 3x^2 - 8x + 5$

und $f'(x) = \frac{1}{16} \cdot x^3 - \frac{9}{8} \cdot x^2 + 6x - 8$.

Aufgabe 3 *Stochastik*

Bei der Produktion von Halbleiterbauteilen eines bestimmten Typs ist im Mittel jedes fünfte Bauteil fehlerhaft. Jedes produzierte Bauteil wird abschließend einer Kontrolle unterzogen und dabei entweder als fehlerhaft oder als einwandfrei eingestuft. Im Rahmen der Kontrolle wird ein fehlerhaftes Bauteil mit einer Wahrscheinlichkeit von 90 % als fehlerhaft eingestuft. Die Wahrscheinlichkeit dafür, dass ein einwandfreies Bauteil als fehlerhaft eingestuft wird, beträgt 40 %.

a) Bestimmen Sie die Wahrscheinlichkeit dafür, dass ein nach der Kontrolle zufällig ausgewähltes Bauteil einwandfrei ist und im Rahmen der Kontrolle korrekt eingestuft wurde. I3

b) Ermitteln Sie die Wahrscheinlichkeit dafür, dass ein nach der Kontrolle zufällig ausgewähltes Bauteil fehlerhaft ist, wenn es im Rahmen der Kontrolle als einwandfrei eingestuft wurde. I3

Lösung

Vorbemerkung: Mithilfe der Darstellung durch ein Baumdiagramm gewinnt man einen Überblick über die Informationen. Die Pfadwahrscheinlichkeiten des Baumdiagramms treten auch beim zugehörigen umgekehrten Baumdiagramm rechts auf; die Wahrscheinlichkeiten der 1. Stufe ergeben sich als Summe der Pfadwahrscheinlichkeiten des Baumdiagramms links

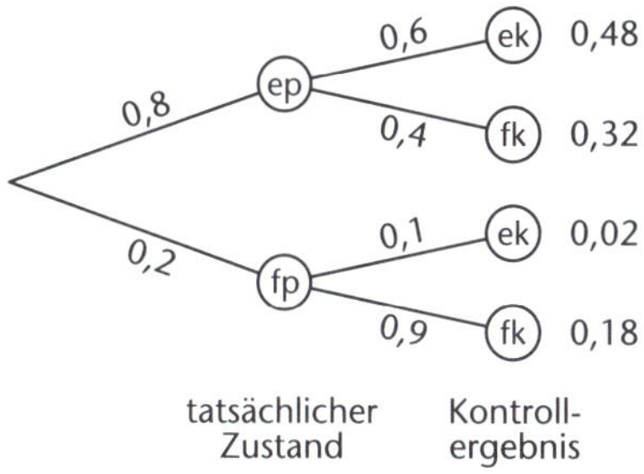

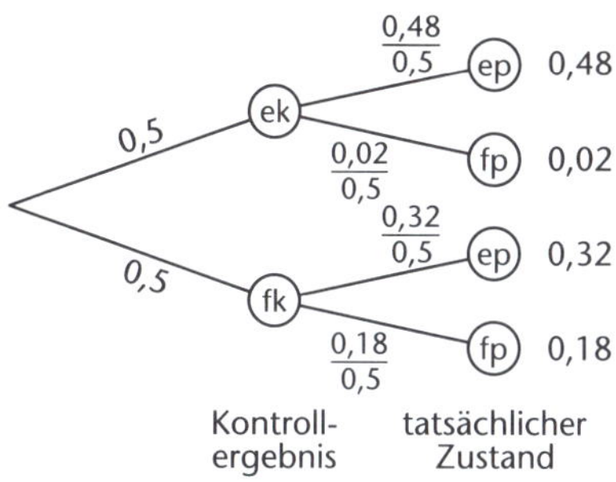

ep = tatsächlich einwandfrei produziert; fp = tatsächlich fehlerhaft produziert;
ek = in der Kontrolle als einwandfrei eingestuft; ef = in der Kontrolle als fehlerhaft eingestuft

Die Pfadwahrscheinlichkeiten stehen in den inneren Feldern der zugehörigen Vierfeldertafel; die Wahrscheinlichkeiten in den Summenfeldern bilden die Wahrscheinlichkeiten der 1. Stufe im zugehörigen Baumdiagramm.

		tatsächlicher Zustand		**gesamt**
		einwandfrei (ep)	**fehlerhaft (fp)**	
Kontroll-ergebnis	einwandfrei (ek)	0,48	0,02	0,50
	fehlerhaft (fk)	0,32	0,18	0,50
gesamt		0,80	0,20	1

a) Gefragt wird nach der Wahrscheinlichkeit des oberen Pfades:
P (einwandfreies Bauteil und als einwandfrei eingestuft) $= 0{,}8 \cdot 0{,}6 = 0{,}48$.

b) Andere Formulierung: Wie groß ist die Wahrscheinlichkeit, dass ein Bauteil fehlerhaft ist, wenn man weiß, dass es nach dem Kontrollvorgang als einwandfrei bezeichnet wurde? Oder: Unter allen in der Kontrolle als einwandfrei bezeichneten Bauteilen wird der Anteil der tatsächlich fehlerhaften Bauteile gesucht.

Gesucht ist also die bedingte Wahrscheinlichkeit
$P_{ek}(fp) = \frac{0{,}02}{0{,}48 + 0{,}02} = \frac{0{,}02}{0{,}50} = 0{,}04 = 4\,\%$.

Aufgabe 4 *Stochastik*

Ein Glücksrad ist in einen blauen, einen gelben und in einen roten Sektor unterteilt. Beim Drehen des Glücksrades tritt „Blau“ mit der Wahrscheinlichkeit p und „Rot“ mit der Wahrscheinlichkeit 2p ein.

a) Geben Sie an, welche Werte von p bei diesem Glücksrad möglich sind.

b) Das Glücksrad wird zweimal gedreht. I1
Betrachtet wird das Ereignis E: *Es tritt mindestens einmal „Rot“ ein.*
Zeigen Sie, dass das Ereignis E mit der Wahrscheinlichkeit $P(E) = 4p - 4p^2$ eintritt.

Lösung

P (blau) = p; P (rot) = 2 p; P (gelb) = 1 – 3 p; denn P (blau) + P (rot) + P (gelb) = 1;
P (nicht rot) = P (gelb oder blau) = 1 – 2 p.

a) Extremfälle:
Wenn $p = 0$, dann gilt: P (blau) = P (rot) = 0 und P (gelb) = 1.
Wenn $p = \frac{1}{3}$, dann gilt: P (rot) = $\frac{2}{3}$ und P (gelb) = 0.
Also muss gelten: $0 \le p \le \frac{1}{3}$.

b) P (mind. einmal rot) = 1 – P (zweimal hintereinander nicht rot) = $1 - (1 - 2p)^2$
$= 1 - (1 - 4p + 4p^2) = 4p - 4p^2$.

Alternativ kann man überlegen (z. B. mithilfe eines Baumdiagramms):

P (mind. einmal rot) = P (rr, rb, br, rg, gr)

$= (2p)^2 + 2 \cdot p \cdot 2p + 2 \cdot 2p \cdot (1 - 3p)$

$= 4p^2 + 4p^2 + 4p - 12p^2 = 4p - 4p^2$.

Aufgabe 5 *Analytische Geometrie*

Gegeben ist ein lineares Gleichungssystem:

$$\begin{array}{lrcrcrcl} \text{I:} & 2x_1 & + & 3x_2 & + & 5x_3 & = & 13 \\ \text{II:} & -2x_1 & + & 2x_2 & & & = & -8 \\ \text{III:} & & & x_2 & + & x_3 & = & 2 \end{array}$$

a) Zeigen Sie, dass das Gleichungssystem keine Lösung hat. F8
b) Es gibt eine Zahl, durch die man die Zahl 2 auf der rechten Seite der dritten Gleichung ersetzen kann, sodass das geänderte Gleichungssystem unendlich viele Lösungen hat. Geben Sie diese Zahl an und begründen Sie Ihre Antwort.

Lösung

a) Das lineare Gleichungssystem kann in Form einer erweiterten Koeffizientenmatrix notiert werden:

$$\left|\begin{array}{ccc|c} 2 & 3 & 5 & 13 \\ -2 & 2 & 0 & -8 \\ 0 & 1 & 1 & 2 \end{array}\right| \begin{array}{l} |:2 \quad + \\ \quad\quad \lrcorner \\ \\ \end{array} \Leftrightarrow \left|\begin{array}{ccc|c} 1 & 1{,}5 & 2{,}5 & 6{,}5 \\ 0 & 5 & 5 & 5 \\ 0 & 1 & 1 & 2 \end{array}\right| \begin{array}{l} \\ |:5 \\ \\ \end{array} \Leftrightarrow \left|\begin{array}{ccc|c} 1 & 1{,}5 & 2{,}5 & 6{,}5 \\ 0 & 1 & 1 & 1 \\ 0 & 1 & 1 & 2 \end{array}\right| \begin{array}{l} \\ |\cdot(-1) \\ \quad \lrcorner \end{array}$$

$$\Leftrightarrow \left|\begin{array}{ccc|c} 1 & 1{,}5 & 2{,}5 & 6{,}5 \\ 0 & 1 & 1 & 1 \\ 0 & 0 & 0 & 1 \end{array}\right|$$

Die Umformungen führen zu einer falschen Aussage (0 = 1) in der letzten Zeile des linearen Gleichungssystems. Da sich durch die angewandten Umformungen die Lösungsmenge des Gleichungssystem nicht ändert, bedeutet dies, dass das ursprüngliche Gleichungssystem keine Lösung hat.

b) Wenn im vorletzten Schritt der Umformungen in Teilaufgabe a) in der 3. Zeile auf der rechten Seite eine 1 gestanden hätte, wäre dies ein Gleichungssystem mit zwei identischen Gleichungen gewesen, also im Prinzip ein Gleichungssystem mit drei Variablen und zwei Gleichungen. Dieses hat unendlich viele Lösungen.

Zusatz: Die Lösungen dieses Gleichungssystems ergeben sich, wenn man das Gleichungssystem weiter umformt:

$$\left|\begin{array}{ccc|c} 1 & 1{,}5 & 2{,}5 & 6{,}5 \\ 0 & 1 & 1 & 1 \end{array}\right| \quad \begin{array}{c} \leftarrow \\ \cdot(-1{,}5) \end{array} \quad \Leftrightarrow \left|\begin{array}{ccc|c} 1 & 0 & 1 & 5 \\ 0 & 1 & 1 & 1 \end{array}\right|$$

Hieraus liest man ab: $x_1 + x_3 = 5 \wedge x_2 + x_3 = 1$.

Setzt man für die Variable x_3 den Parameter t, dann lassen sich alle Lösungen des Gleichungssystem darstellen in der Form $(5 - t | 1 - t | t)$.

Aufgabe 6 *Analytische Geometrie*

Gegeben sind die Punkte $A(-1|1|4)$, $B(-3|5|6)$ und $C_t(-2 + t|3|5 + t)$ mit $t \in \mathbb{R}$, $t \neq 0$.

a) Zeigen Sie, dass jedes der Dreiecke ABC_t gleichschenklig ist. E3

b) Bestimmen Sie diejenigen Werte von t, für die das jeweils zugehörige Dreieck ABC_t gleichseitig ist.

Lösung

a) Die Längen der Dreiecksseiten sind zu bestimmen:

$$|AB| = \sqrt{(-3-(-1))^2 + (5-1)^2 + (6-4)^2} = \sqrt{4+16+4} = \sqrt{24},$$

$$|AC_t| = \sqrt{((-2+t)-(-1))^2 + (3-1)^2 + ((5+t)-4)^2}$$

$$= \sqrt{(-1+t)^2 + 4 + (1+t)^2} = \sqrt{1 - 2t + t^2 + 4 + 1 + 2t + t^2} = \sqrt{6 + 2t^2},$$

$$|BC_t| = \sqrt{((-2+t)-(-3))^2 + (3-5)^2 + ((5+t)-6)^2}$$

$$= \sqrt{(1+t)^2 + 4 + (-1+t)^2} = \sqrt{1 + 2t + t^2 + 4 + 1 - 2t + t^2} = \sqrt{6 + 2t^2}.$$

Da sich für die Länge der Dreiecksseiten von AC_t und von BC_t gleiche Terme ergeben, sind dies die beiden Schenkel von gleichschenkligen Dreiecken.

b) Das Dreieck ist gleichseitig, wenn $6 + 2t^2 = 24$, also wenn $2t^2 = 18$, d.h. $t^2 = 9$. Für $t = 3$ und für $t = -3$ ergeben sich gleiche Seitenlängen.

Aufgabe 7 *Analytische Geometrie*

Gegeben sind die Gerade $g: \vec{x} = \begin{pmatrix} -1 \\ 2 \\ -3 \end{pmatrix} + t \cdot \begin{pmatrix} 5 \\ 2 \\ -1 \end{pmatrix}$ $(t \in \mathbb{R})$ und die Geraden

$h_a: \vec{x} = \begin{pmatrix} -a \\ 8 \\ -6 \end{pmatrix} + s \cdot \begin{pmatrix} 2 \cdot a + 3 \\ 2 \\ 1 + a \end{pmatrix}$ $(s \in \mathbb{R};\ a \in \mathbb{R})$.

a) Bestimmen Sie denjenigen Wert von a, für den die Richtungsvektoren von g und h_a zueinander senkrecht sind. E2

b) Weisen Sie nach, dass sich für $a = -2$ die Geraden g und h_a schneiden. F2

Lösung

a) Zwei Geraden verlaufen zueinander senkrecht, wenn das Skalarprodukt der Richtungsvektoren gleich null ist:

$$\begin{pmatrix} 5 \\ 2 \\ -1 \end{pmatrix} * \begin{pmatrix} 2a+3 \\ 2 \\ 1+a \end{pmatrix} = 10a + 15 + 4 - 1 - a = 9a + 18 = 0 \Leftrightarrow a = -2.$$

b) Gemeinsame Punkte der beiden Geraden müssen beide Parameterdarstellungen erfüllen. Da angegeben ist, dass für a = –2 die Bedingung erfüllt ist, kann dies verwendet werden. Einsetzen ergibt ein lineares Gleichungssystem mit drei Gleichungen und zwei Variablen:

$$\begin{pmatrix} -1+5t \\ 2+2t \\ -3-t \end{pmatrix} = \begin{pmatrix} 2-s \\ 8+2s \\ -6-s \end{pmatrix} \Leftrightarrow \begin{vmatrix} 5t+s=3 \\ 2t-2s=6 \\ -t+s=-3 \end{vmatrix} \Leftrightarrow \begin{vmatrix} 5t+s=3 \\ t-s=3 \\ t-s=3 \end{vmatrix}.$$

Da die beiden letzten Gleichungen übereinstimmen, liegt tatsächlich nur ein lineares Gleichungssystem mit zwei Gleichungen und zwei Variablen vor:

$$\begin{vmatrix} 5t+s=3 \\ t-s=3 \end{vmatrix} \Leftrightarrow \begin{vmatrix} 5t+s=3 \\ 6t=6 \end{vmatrix} \Leftrightarrow \begin{vmatrix} 5t+s=3 \\ t=1 \end{vmatrix} \Leftrightarrow \begin{vmatrix} s=-2 \\ t=1 \end{vmatrix}.$$

Einsetzen der ermittelten Parameterwerte ergibt die Koordinaten des Schnittpunkts:

$$\begin{pmatrix} -1+5 \\ 2+2 \\ -3-1 \end{pmatrix} = \begin{pmatrix} 4 \\ 4 \\ -4 \end{pmatrix},$$

die Kontrollrechnung mit der anderen Parameterdarstellung ergibt dieselben Koordinaten.

Zusatz: Wenn die Lösung des Schnittproblems nicht angegeben wäre, müsste das folgende Gleichungssystem gelöst werden, was allerdings über die schulischen Anforderungen hinausgeht:

$$\begin{pmatrix} -1+5t \\ 2+2t \\ -3-t \end{pmatrix} = \begin{pmatrix} -a+(2a+3)\cdot s \\ 8+2s \\ -6+(1+a)\cdot s \end{pmatrix} \Leftrightarrow \begin{vmatrix} 5t-(2a+3)\cdot s=-a+1 \\ 2t-2s=6 \\ -t-(1+a)\cdot s=-3 \end{vmatrix}.$$

Trainingsaufgaben zum Wahlteil

Aufgabe 1 *Funktionsuntersuchung*

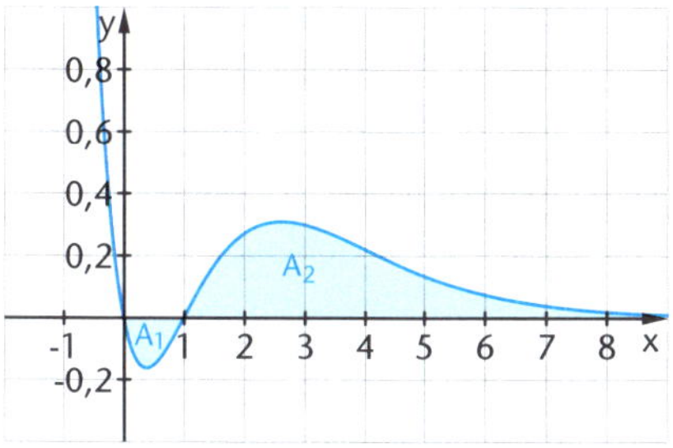

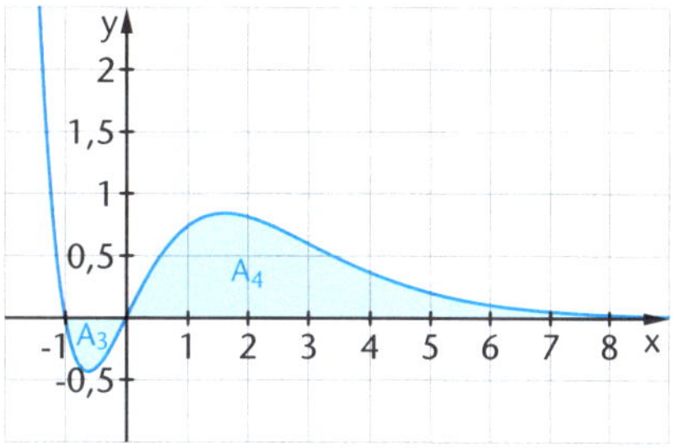

a) Die beiden Abbildungen zeigen die Graphen der Funktionen f und g mit
$f(x) = x \cdot (x - 1) \cdot e^{-x}$ und $g(x) = x \cdot (x + 1) \cdot e^{-x}$

(1) Ordnen Sie die beiden Funktionsgleichungen den Abbildungen begründet zu. Beschreiben Sie – ohne Rechnung – den Verlauf der Graphen; geben Sie Gemeinsamkeiten und Unterschiede an. **B2**

(2) Jemand behauptet: Man erhält den Graphen der einen Funktion aus dem Graphen der anderen Funktion durch eine Verschiebung in Richtung der x-Achse und gleichzeitige Streckung in Richtung der y-Achse.
Bestimmen Sie numerisch die Lage von Hoch- und Tief- und Wendepunkten sowie die Steigungen der Wendetangenten, um hiermit die Behauptung zu stützen. **A3** **B3** **B4**

(3) Beweisen Sie die Behauptung aus (2) mithilfe geeigneter algebraischer Umformungsschritte.

b) (1) Weisen Sie nach, dass die Funktion F mit $F(x) = -(x^2 + x + 1) \cdot e^{-x}$ eine Stammfunktion für die Funktion f ist und dass die Funktion G mit $G(x) = -(x^2 + 3x + 3) \cdot e^{-x}$ eine Stammfunktion für die Funktion g ist. **A2** **D1**

(2) Bestimmen Sie mithilfe der Stammfunktion F die Maßzahlen der Flächenstücke, welche der Graph von f mit der x-Achse einschließt. Welche Maßzahlen ergeben sich für die beiden Flächenstücke, die der Graph von g mit der x-Achse einschließt? **D2** **D5**

c) Betrachten Sie im Folgenden die Funktionsschar f_a mit
$f_a(x) = x \cdot (x - a) \cdot e^{-x}$, $a > 0$.

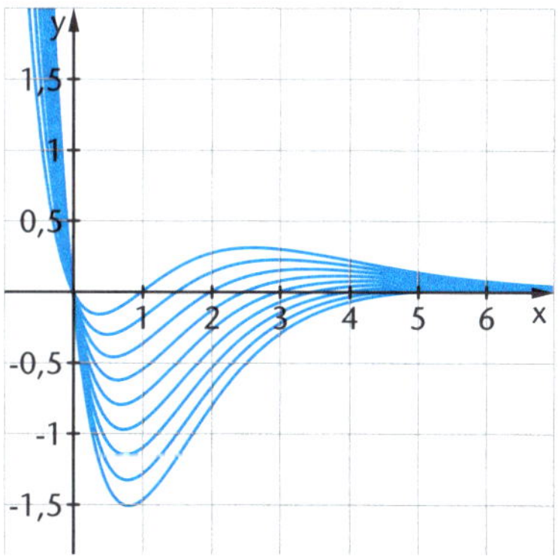

(1) Stammfunktionen für die Funktionen f_a der Schar sind alle vom Typ $F_a(x) = -(x^2 + bx + c) \cdot e^{-x}$. Bestimmen Sie geeignete Koeffizienten b und c, sodass gilt $F_a' = f_a$. **C3**

(2) Ermitteln Sie mithilfe des GTR für a = 2 die Flächenmaßzahlen der beiden Flächenstücke, welche der Graph von f_a mit der x-Achse einschließt. **D2**

(3) Bestimmen Sie mithilfe der Lösung von Teilaufgabe c) (1) Terme für die

Maßzahlen der beiden Flächenstücke, welche der Graph von f_a mit der x-Achse einschließt. Für welchen Parameterwert a ist das Flächenstück oberhalb der x-Achse genau so groß wie das Flächenstück unterhalb der x-Achse? D2

Lösung

a) (1) An den Nullstellen kann man ablesen: Die Nullstellen von $f(x) = x \cdot (x-1) \cdot e^{-x}$ liegen bei $x = 0$ und bei $x = 1$; die Nullstellen von $g(x) = x \cdot (x+1) \cdot e^{-x}$ liegen bei $x = 0$ und $x = -1$. Daher ist links der Graph von f und rechts der Graph von g abgebildet. Beide Graphen verlaufen nur zwischen den beiden Nullstellen im negativen Bereich, ansonsten oberhalb der x-Achse. Sie sind zunächst streng monoton fallend bis zu einem Tiefpunkt, der zwischen den beiden Nullstellen liegt, dann streng monoton fallend bis zu einem Hochpunkt; danach verlaufen beide Graphen streng monoton fallend mit der x-Achse als Asymptote. Beide Graphen sind zunächst linksgekrümmt bis zu einem Wendepunkt, der zwischen Tief- und Hochpunkt liegt, dann rechtsgekrümmt bis zu einem weiteren Wendepunkt, danach wieder linksgekrümmt. Bei beiden Graphen haben die Nullstellen den Abstand 1 Einheit; allerdings sind die Funktionswerte der beiden Extrempunkte bei g weiter von der x-Achse entfernt als bei f.

(2) Mithilfe des *calculate*-Menüs des GTR ermittelt man das Minimum und das Maximum von f bzw. g sowie mithilfe der numerischen Ableitung die beiden Wendepunkte, das ist das Minimum der Ableitungsfunktion (Übergang von einer Rechts- zu einer Linkskurve) bzw. das Maximum der Ableitungsfunktion (Übergang von einer Links- zu einer Rechtskurve).
Die besonderen Punkte der Graphen von f und g liegen jeweils 1 Einheit voneinander entfernt; dies deutet auf eine Verschiebung um 1 Einheit in Richtung der x-Achse hin. Bildet man die Quotienten der y-Werte von g und von f der beiden Extrempunkte sowie des R-L-Wendepunkts und der Steigungen der Wendetangenten, so ergibt sich in allen Fällen ungefähr der gleiche Wert, nämlich 2,72. Dies deutet auf eine Streckung in Richtung der y-Achse hin.

	Minimum	**Maximum**	**L-R-Wendepunkt**	**Steigung der Wendetangente**	**R-L-Wendepunkt**	**Steigung der Wendetangente**
f	(0,382|−0,161)	(2,618|0,309)	(1|f(1)) = (1|0)	0,368	(4|f(4)) = (4|0,220)	−0,0916
g	(−0,618|−0,438)	(1,618|0,840)	(0|g(0)) = (0|0)	1	(3|g(3)) = (3|0,597)	−0,2490
Quotient g(x)/f(x)	2,720	2,718	n. def.	2,717	2,714	2,718

GTR-Screenshots für f:

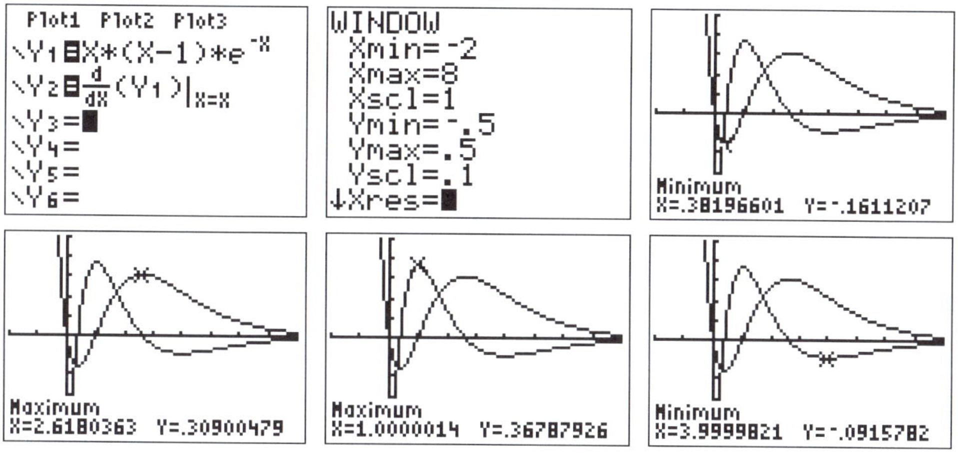

GTR-Screenshots für g:

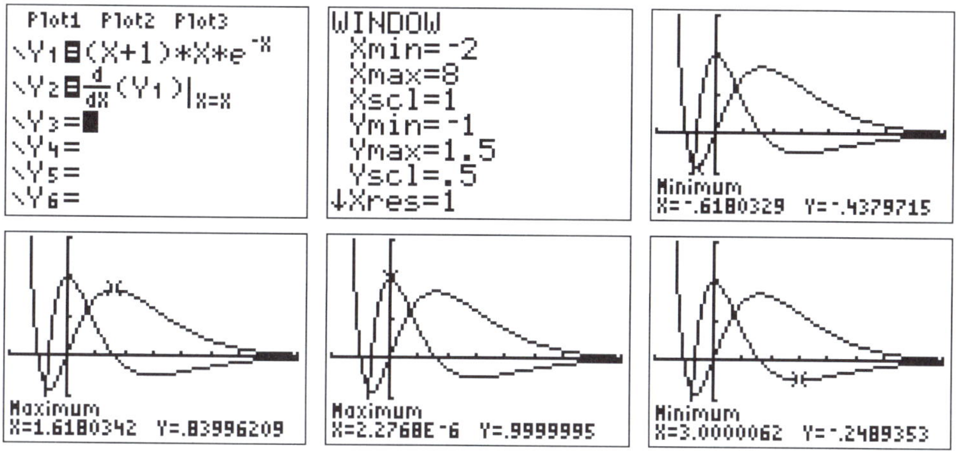

(3) Verschiebt man den Graphen von f um 1 Einheit nach links, dann muss im Funktionsterm die Variable x durch (x + 1) ersetzt werden:
$f(x+1) = (x+1) \cdot ((x+1)-1) \cdot e^{-(x+1)} = (x+1) \cdot x \cdot e^{-x-1} = (x+1) \cdot x \cdot e^{-x} \cdot e^{-1} = e^{-1} \cdot g(x)$
d.h. $g(x) = e \cdot f(x+1)$.
Damit ist gezeigt, dass der Graph von g aus dem Graphen von f durch Verschiebung um eine Einheit nach links und Streckung mit dem Faktor $e \approx 2{,}718$ in Richtung der y-Achse hervorgeht.

b) (1) Nachweis durch Ableiten gemäß Produkt- und Kettenregel:
$F'(x) = -(2x+1) \cdot e^{-x} - (x^2+x+1) \cdot e^{-x} \cdot (-1) = (-2x-1+x^2+x+1) \cdot e^{-x}$
$= (x^2 - x) \cdot e^{-x} = x \cdot (x-1) \cdot e^{-x} = f(x)$
$G'(x) = -(2x+3) \cdot e^{-x} - (x^2+3x+3) \cdot e^{-x} \cdot (-1) = (-2x-3+x^2+3x+3) \cdot e^{-x}$
$= (x^2 + x) \cdot e^{-x} = (x+1) \cdot x \cdot e^{-x} = g(x)$

(2) $A_1 = \int\limits_0^1 f(x)\,dx = [-(x^2 + x + 1) \cdot e^{-x}]_0^1 = 3 \cdot e^{-1} - 1 \approx 0{,}1036$,

$A_2 = \int\limits_1^\infty f(x)\,dx = [-(x^2 + x + 1) \cdot e^{-x}]_0^\infty = 0 - (-3 \cdot e^{-1}) \approx 1{,}1036$.

Da nach Teilaufgabe a) (3) der Graph von g aus dem Graphen von durch Verschieben in Richtung der x-Achse und Streckung in Richtung der y-Achse hervorgeht, gilt für die Flächenstücke, die der Graph von g mit der x-Achse einschließt:
$A_3 = e \cdot A_1$ sowie $A_4 = e \cdot A_2$,
da nur die Streckung mit dem Faktor e sich auf die Flächenmaßzahl auswirkt (da alle y-Werte mit dem Faktor e multipliziert werden, wird die Fläche e-mal so groß).

c) (1) Es gilt: $F_a' = -(2x + b) \cdot e^{-x} - (x^2 + bx + c) \cdot e^{-x} \cdot (-1) = (x^2 + bx - 2x + c - b) \cdot e^{-x}$
Da dies gleich dem Funktionsterm $f_a(x) = x \cdot (x - a) \cdot e^{-x} = (x^2 - ax) \cdot e^{-x}$ sein soll, folgt für die Koeffizienten b und c: $b = c$ und $b - 2 = -a$, also $b = c = 2 - a$.
Folglich ist $F_a(x) = -(x^2 + (2 - a)x + (2 - a)) \cdot e^{-x}$ eine Stammfunktion für f_a.

(2) Ermittelt man die Integrale mithilfe des calculate-Menüs, so wird die Rechnung nur für Integrationsgrenzen durchgeführt, die auf dem Display erfasst sind; hier wurde als obere Grenze x = 20 gewählt.

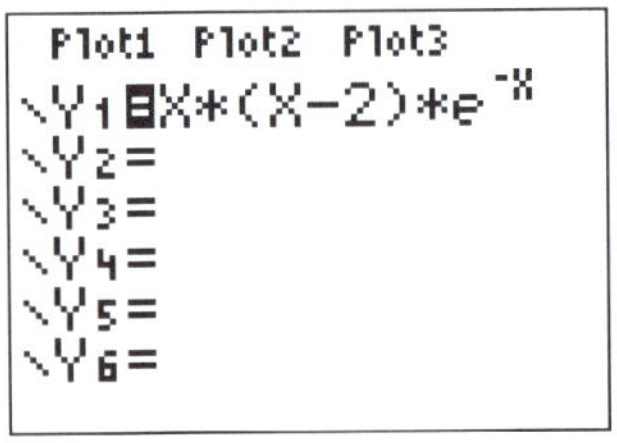

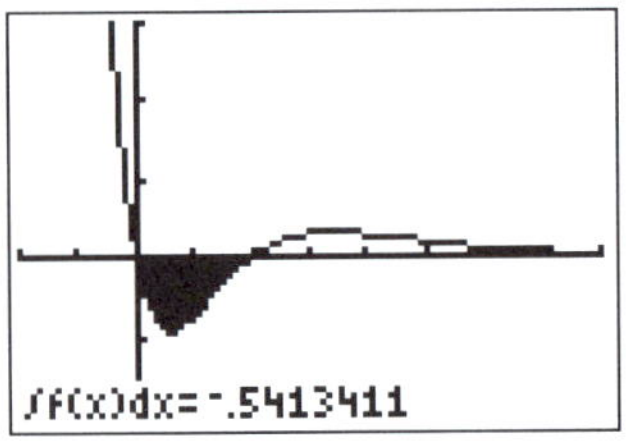

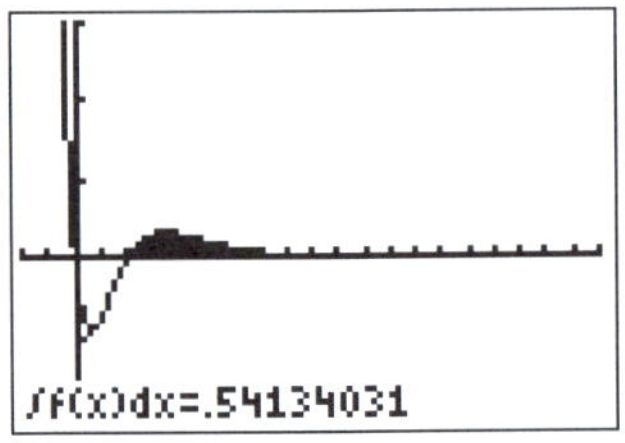

Alternativ kann man die Integrale mithilfe des *math*-Menüs bestimmen; hier ergibt sich für die obere Integrationsgrenze x = 100 eine völlige numerische Übereinstimmung der Beträge, d.h. für a = 2 sind beide Flächenstücke gleich groß.

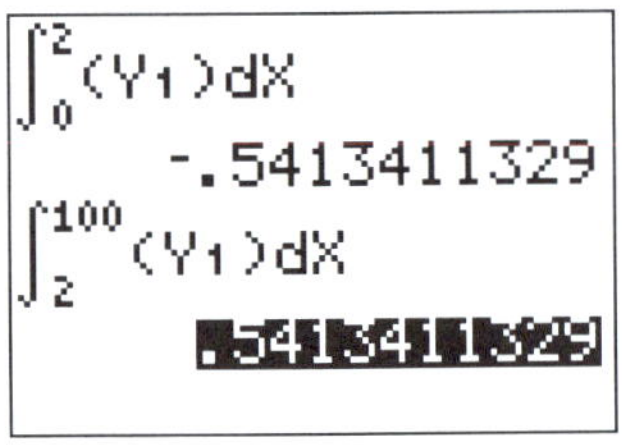

(3) Aus (1) folgt:

$A_1 = -\int\limits_0^a f(x)\,dx = -[-(x^2 + (2 - a)x + (2 - a)) \cdot e^{-x}]_0^a$

$= (a^2 + 2a - a^2 + 2 - a) \cdot e^{-a} - (2 - a) = (a + 2) \cdot e^{-a} - (2 - a)$,

$A_2 = \int\limits_a^\infty f(x)\,dx = [-(x^2 + x + 1) \cdot e^{-x}]_a^\infty = 0 - (-(a + 2) \cdot e^{-a}) = (a + 2) \cdot e^{-a}$.

Offensichtlich gilt $A_1 = A_2$, falls $a = 2$.

Aufgabe 2 *Trassierung*

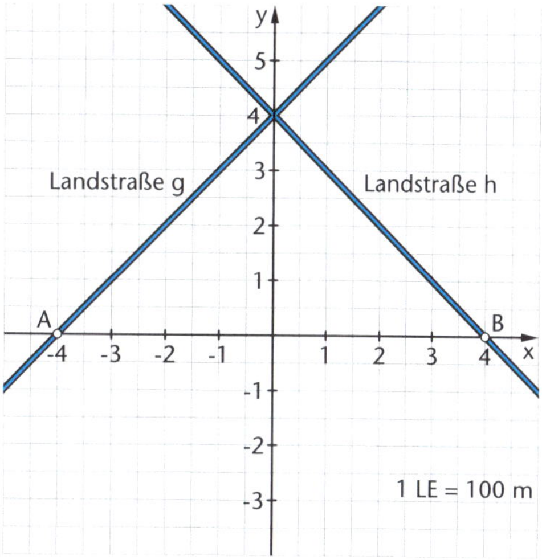

An der Kreuzung zweier Landstraßen ist das Verkehrsaufkommen sehr hoch und die Unfallgefahr groß.
Zur Entlastung der Kreuzung sollen die Straßen durch eine sinnvolle Trassenführung für Rechtsabbieger miteinander verbunden werden. Diese sollen die Möglichkeit erhalten, bei A die Landstraße g zu verlassen und über die Trasse in B auf die Landstraße h aufzufahren.

a) Bauingenieure einer Trassenbaugesellschaft erhalten den Auftrag, eine Funktion f zu finden, welche eine geeignete Trasse modelliert.
Grundlegend für die Trassierung ist, dass sich die gesuchte Übergangsstraße (1) *nahtlos* und (2) *knickfrei* an die Landstraßen anschließen muss. Mathematisch bedeutet dies, dass der Graph der Trassenfunktion f den Graphen der Landstraße g im Punkt A sowie den Graphen der Landstraße h im Punkt B berühren muss.
Zudem müssen die Fahrzeuge an den Anknüpfungspunkten der Trasse möglichst (3) *ruckfrei* von der einen zur anderen Straße wechseln können. Dies ist erfüllt, wenn in den Berührpunkten auch die Krümmung der Graphen übereinstimmt, welche durch die zweite Ableitungsfunktion angegeben wird.
Stellen Sie die Bedingungen dar, welche eine Funktion f für die vorliegende Trassierung erfüllen sollte. **A6 C2 C3**
Hinweise: Zur Lösung des vorliegenden Trassierungsproblems lassen sich Symmetrieeigenschaften ausnutzen. Geben Sie daher an, welche Voraussetzung die Funktion f erfüllen muss und schränken Sie die Bedingungen ein. Beachten Sie auch, dass die Trasse südlich (also in der Abbildung unterhalb) der Kreuzung verlaufen soll. Nennen Sie auch die hierzu gehörenden Bedingungen.

b) Begründen Sie, dass es keine ganzrationale Funktion zweiten Grades geben kann, welche alle gewünschten Bedingungen erfüllt.
Ermitteln Sie das Gleichungssystem, welches die Koeffizienten einer ganz-rationalen Funktion f vierten Grades mit $f(x) = a\,x^4 + b\,x^2 + c$ erfüllen müssen, und bestimmen Sie die Lösungen. **C2**

c) Zur Planung der Übergangsstraße wird ein Ausschuss eingerichtet. Jemand schlägt vor, eine Trasse zu bauen, welche durch eine Exponentialfunktion f_1 der Form $f_1(x) = a\,e^{b \cdot x^2} + c$, a, b $\neq 0$, mathematisch beschrieben werden kann.
Bestimmen Sie die Parameter a, b und c der Funktion f_1, so dass ein nahtloses, knick- und ruckfreies Auf- und Abfahren der Verkehrsteilnehmer über die Trasse möglich ist. [Kontrollangabe: $f_1(x) = 4\left(e^{-\frac{1}{32}x^2 + \frac{1}{2}} - 1\right)$]
Prüfen Sie die Lage der Trasse bezüglich der Kreuzung. **C3**

d) Von der Trassenbaugesellschaft wird die Funktion f_2 für die Modellierung der Trasse vorgeschlagen:

$$f_2(x) = -0{,}2757\left(e^{0{,}5x} + e^{-0{,}5x}\right) + 2{,}075.$$

Zeigen Sie, dass auch f_2 als Modellierung in Frage kommt mit der Einschränkung, dass die Ruckfreiheit nur bedingt gewährleistet ist. **A2 A6**

e) Das Gebiet, welches von den Landstraßen und der Trasse eingeschlossen wird, kann nicht mehr landwirtschaftlich genutzt werden; pro Quadratmeter Fläche entstehen hohe Kosten.
Die Planungsgruppe vergleicht den Flächenbedarf der beiden durch f_1 und f_2 gegebenen Alternativen. Für Modell 1 wird ein Bedarf von 28 580 m² berechnet. Modell 2 erfordert eine k-fach so große Fläche.
Bestimmen Sie den Faktor k (Rundung auf eine Dezimalstelle). D1 D2 A2

Entscheiden Sie, welche Funktion zur Modellierung der Trasse ausgewählt werden soll.

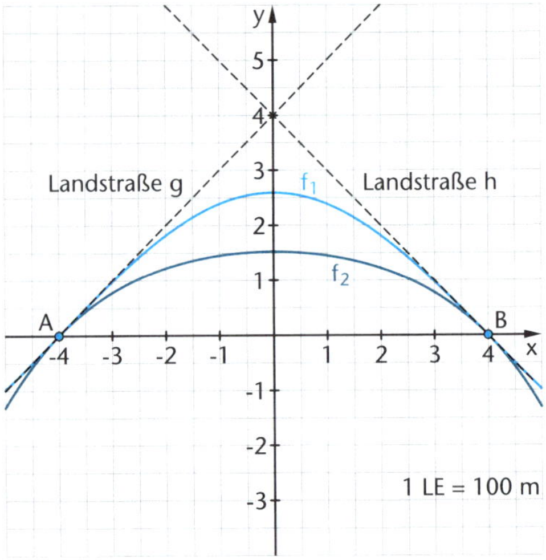

Lösung

a) Die Landstraßen werden modelliert durch die linearen Funktionen g und h mit $g(x) = x + 4$ und $h(x) = -x + 4$.
Eine Modellierungsfunktion f sollte die folgenden Bedingungen erfüllen:
A ist Berührpunkt der Graphen von f und g und B ist Berührpunkt von f und h.
(1) nahtlos: $f(-4) = g(-4) \wedge f(4) = h(4) \Leftrightarrow f(-4) = 0 \wedge f(4) = 0$
(2) knickfrei: $f'(-4) = g'(-4) \wedge f'(4) = h'(4) \Leftrightarrow f'(-4) = 1 \wedge f'(4) = -1$
Zusätzlich soll das Krümmungsverhalten der Graphen an den Berührstellen übereinstimmen. Die Krümmung einer Gerade ist in allen Punkten gleich null.
(3) ruckfrei: $f''(-4) = g''(-4) = 0 \wedge f''(4) = h''(4) = 0$
Das vorliegende Trassierungsproblem ist achsensymmetrisch, gesucht wird also eine achsensymmetrische Funktion f. Es genügt daher, die Bedingungen im Punkt B zu betrachten.
Abschließend lassen sich die Bedingungen an die Modellierungsfunktion wie folgt formulieren:
$f(-x) = f(x)$ und $f(0) < 4$, da die Trasse südlich der Kreuzung verlaufen soll, sowie
(1) $f(4) = 0$
(2) $f'(4) = -1$
(3) $f''(4) = 0$

b) Der Graph der ganzrationalen Funktion zweiten Grades muss achsensymmetrisch zur y-Achse sein, der Funktionsterm kann also nur Summanden mit geraden Potenzen von x enthalten:
$f(x) = ax^2 + b$
Die Bedingungen (1) $f(4) = 0$, (2) $f'(4) = -1$ und (3) $f''(4) = 0$ führen mit $f'(x) = 2ax$ und $f''(x) = 2a$ zu dem Gleichungssystem
(1) $16a + b = 0$
(2) $8a = -1$
(3) $2a = 0$
Die Gleichungen (2) und (3) führen zu einem Widerspruch: $a = -\frac{1}{8} \wedge a = 0$.

Es existiert also keine ganzrationale Funktion zweiten Grades, welche alle drei Bedingungen erfüllt.

Aufgrund der Achsensymmetrie lässt sich für die gesuchte ganzrationale Funktion vierten Grades die Funktionsgleichung $f(x) = a x^4 + b x^2 + c$ aufstellen.
Die erste und zweite Ableitung lauten: $f'(x) = 4 a x^3 + 2 b x$ und $f''(x) = 12 a x^2 + 2 b$

Aus den Bedingungen (1) $f(4) = 0 \wedge$ (2) $f'(4) = -1 \wedge$ (3) $f''(4) = 0$ ergibt sich das Gleichungssystem
(1) $256a + 16b + c = 0$
(2) $256a + 8b = -1$
(3) $192a + 2b = 0$

Der GTR liefert die Lösungen $a = \frac{1}{512}$; $b = -\frac{3}{16}$; $c = \frac{5}{2}$, d. h. die ganzrationale Funktion f mit $f(x) = \frac{1}{512}x^4 - \frac{3}{16}x^2 + \frac{5}{2}$ erfüllt die Bedingungen.

```
[A]
 [[256 16  1  0 ]
  [256 8   0  -1]
  [192 2   0  0 ]]
```

```
rref([A])
[[1 0 0 .001953...
 [0 1 0 -.1875  ...
 [0 0 1 2.5     ...
```

```
Ans▸Frac
 [[1 0 0 1/512]
  [0 1 0 -3/16]
  [0 0 1 5/2  ]]
```

c) Gesucht ist eine Funktion f_1 der Form $f_1(x) = a e^{b \cdot x^2} + c$; $a, b \neq 0$.
Der Graph der Funktion ist achsensymmetrisch, denn es gilt
$f_1(-x) = a e^{b \cdot (-x)^2} + c = a e^{b \cdot x^2} + c = f_1(x)$ für alle $x \in D_{f_1}$.
Durch Anwendung der Kettenregel erhält man die erste Ableitungsfunktion, mithilfe der Produkt- und Kettenregel die zweite Ableitungsfunktion:
$f_1'(x) = 2abx e^{b \cdot x^2}$
$f_1''(x) = 2ab e^{b \cdot x^2} + 2abx \cdot 2bx e^{b \cdot x^2} = 2ab(1 + 2bx^2) e^{b \cdot x^2}$

Die Bedingungen (1) $f(4) = 0$, (2) $f'(4) = -1$ und (3) $f''(4) = 0$ führen zu dem Gleichungssystem
(1) $a \cdot e^{16 \cdot b} + c = 0$
(2) $8 \cdot a \cdot b \cdot e^{16 \cdot b} = -1$
(3) $2 \cdot a \cdot b \cdot (1 + 32 \cdot b) \cdot e^{16 \cdot b} = 0$

Aus (3) folgt: $2 \cdot a \cdot b \cdot (1 + 32 \cdot b) \cdot e^{16 \cdot b} = 0 \Leftrightarrow 1 + 32 \cdot b = 0 \Leftrightarrow b = -\frac{1}{32}$
da $a, b \neq 0 \wedge e^{16 \cdot b} \neq 0$
Durch Einsetzen von $b = -\frac{1}{32}$ in (2) ergibt sich $8 \cdot a \cdot \left(-\frac{1}{32}\right) \cdot e^{-16 \cdot \frac{1}{32}} = -1 \Leftrightarrow a = 4 \cdot e^{\frac{1}{2}}$
Setzt man $a = 4 \cdot e^{\frac{1}{2}}$ und $b = -\frac{1}{32}$ in (1) ein, so erhält man $4 \cdot e^{\frac{1}{2}} \cdot e^{-16 \cdot \frac{1}{32}} + c = 0 \Leftrightarrow c = -4$.

Für die Funktion f_1 ergibt sich $f_1(x) = 4 \cdot e^{\frac{1}{2}} \cdot e^{-\frac{1}{32} \cdot x^2} - 4 = 4 \cdot \left(e^{-\frac{1}{32} \cdot x^2 + \frac{1}{2}} - 1\right)$.

Es ist $f_1(0) = 4 \cdot e^{\frac{1}{2}} - 4 \approx 2{,}6 < 4$. Die Trasse verläuft etwa 140 m südlich des Kreuzungspunktes.

d) Der Graph der Funktion f_2 mit $f_2(x) = -0{,}2757 \cdot (e^{0{,}5 \cdot x} + e^{-0{,}5 \cdot x}) + 2{,}075$ ist achsensymmetrisch, denn es gilt
$f_2(-x) = -0{,}2757 \cdot (e^{0{,}5 \cdot (-x)} + e^{-0{,}5 \cdot (-x)}) + 2{,}075 = -0{,}2757 \cdot (e^{-0{,}5 \cdot x} + e^{0{,}5 \cdot x}) + 2{,}075 = f_2(x)$ für alle $x \in D_{f_2}$.
Das Maximum liegt unterhalb des Schnittpunktes der beiden Geraden, denn es ist $f_2(0) = -0{,}2757 \cdot (e^0 + e^0) + 2{,}075 \approx 1{,}52 < 4$.
Zur Überprüfung des Verhaltens an den Übergangspunkten werden zunächst die Ableitungen gebildet:

$f_2'(x) = -0{,}2757 \cdot (0{,}5 \cdot e^{0{,}5 \cdot x} - 0{,}5 \cdot e^{-0{,}5 \cdot x}) = -0{,}13785 \cdot (e^{0{,}5 \cdot x} - e^{-0{,}5 \cdot x})$
$f_2''(x) = -0{,}13785 \cdot (0{,}5 \cdot e^{0{,}5 \cdot x} + 0{,}5 \cdot e^{-0{,}5 \cdot x}) = -0{,}068925 \cdot (e^{0{,}5 \cdot x} + e^{-0{,}5 \cdot x})$

Es ist $f_2(4) = -0{,}2757 \cdot (e^2 + e^{-2}) + 2{,}075 \approx 0 \wedge f_2'(4) = -0{,}13785 \cdot (e^2 - e^{-2}) \approx -1$.
Die Trassierung mittels der Funktion f_2 ermöglicht einen nahtlosen und knickfreien Übergang.
Der Übergang ist nicht völlig ruckfrei, da die Krümmung $f_2''(4) \approx -0{,}52 \neq 0$ ist.

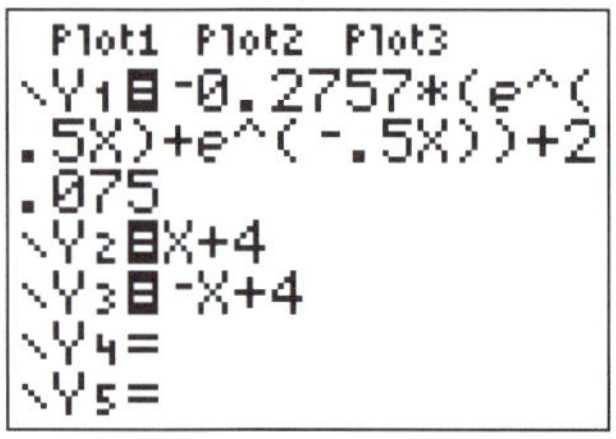

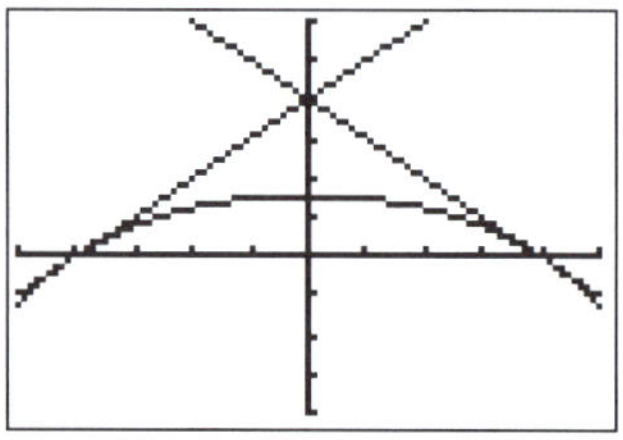
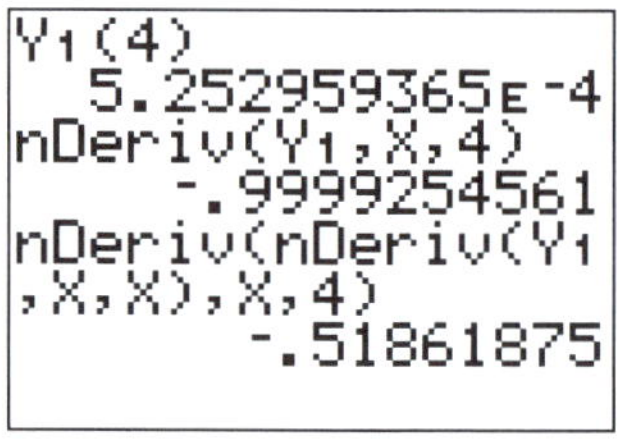

e) Zunächst wird die von den beiden Geraden und der x-Achse eingeschlossene Dreiecksfläche berechnet.
Die Länge der Grundseite des Dreiecks beträgt 8 LE (Längeneinheiten), die Länge der Dreieckshöhe 4 LE.

$A_D = \frac{1}{2} \cdot 8\text{ LE} \cdot 4\text{ LE} = 16\text{ FE}$ (Flächeneinheiten).

In der Realität entspricht eine Längeneinheit einer Länge von 100 m, daher beträgt der Inhalt des dreieckförmigen Flächenstücks 160 000 m^2.
Die Fläche, welche der Graph von f_2 mit der x-Achse einschließt, kann unter Ausnutzung der Achsensymmetrie durch Integration bestimmt werden:

$$A_{f_2} = 2 \cdot \int_0^4 f_2(x)\,dx = 2 \cdot \int_0^4 (-0{,}2757 \cdot (e^{0{,}5 \cdot x} + e^{-0{,}5 \cdot x}) + 2{,}075)\,dx$$
$$= 2 \cdot \left[-0{,}2757 \cdot (2 \cdot e^{0{,}5 \cdot x} - 2 \cdot e^{-0{,}5 \cdot x}) + 2{,}075 \cdot x\right]_0^4 \approx 8{,}6\text{ FE}.$$

Dies entspricht in der Realität einer Größe von 86 000 m^2. Der Flächenbedarf für die Trassierung mittels f_2 beträgt demnach A = 160 000 m^2 – 86 000 m^2 = 74 000 m^2.
Alternativ kann auch die Fläche zwischen den Funktionsgraphen von h und f_2 betrachtet werden:

$$A = 2 \cdot \int_0^4 (h(x) - f_2(x))\,dx = 2 \cdot \int_0^4 (-x + 0{,}2757 \cdot (e^{0{,}5 \cdot x} + e^{-0{,}5 \cdot x}) + 1{,}925)\,dx$$
$$= 2 \cdot \left[-\frac{1}{2}x^2 + 0{,}2757 \cdot (2 \cdot e^{0{,}5 \cdot x} - 2 \cdot e^{-0{,}5 \cdot x}) + 1{,}925 \cdot x\right]_0^4 \approx 7{,}4\text{ FE} = 74\,000\text{ m}^2.$$

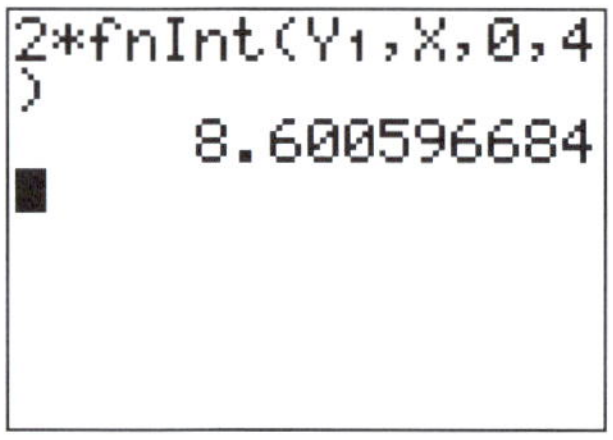

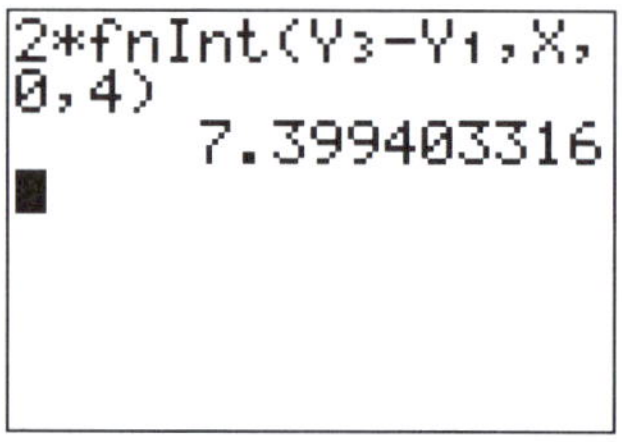

Mit k = 74 000 m^2 : 28 580 m^2 ≈ 2,6 ist der Flächenbedarf für das Trassierungsmodell 2 also etwa 2,6-fach höher als bei Modell 1.
Die Funktion f_1 ist für die Modellierung der Trassierung zu empfehlen. Der zugehörige Graph verläuft achsensymmetrisch unterhalb des Schnittpunktes der Geraden g und h. Das Verhalten an den Übergangspunkten entspricht genau den geforderten Bedingungen.

Aufgabe 3 *mp3-Player*

Die Elektronikfirma stellt einen mp3-Player her.
In der nebenstehenden Abbildung ist die Anzahl der täglich verkauften mp3-Player im Verlauf eines Jahres dargestellt.
Zur Vereinfachung der Modellierung wird im Folgenden mit einem Jahr mit 360 Tagen und einer konstanten Monatslänge von 30 Tagen gerechnet.

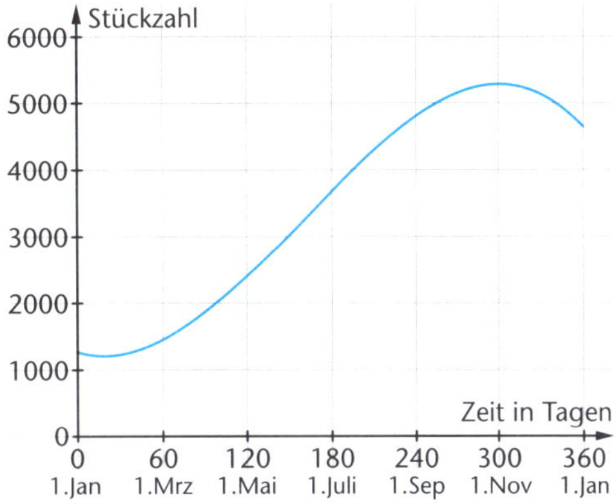

a) Entnehmen Sie die in diesem Aufgabenteil benötigten Informationen der Abbildung.
   (1) Bestimmen Sie, wie viele mp3-Player ungefähr am 1. März verkauft wurden.
   (2) Bestimmen Sie die mittlere tägliche Zunahme der Anzahl der täglich verkauften mp3-Player für den Zeitraum vom 1. März bis zum 1. Mai.
   (3) Ermitteln Sie, wie groß die momentane tägliche Zunahme der Anzahl der verkauften mp3-Player am 1. März war. **A4**

b) Anhand einiger Unternehmensdaten soll ein mathematisches Modell für die Anzahl der täglich verkauften mp3-Player erstellt werden:
   - Am 1. Januar ($t = 0$) wurden 1280 und am 1. September ($t = 240$) wurden 4800 mp3-Player verkauft.
   - Am 20. Januar ($t = 20$) wurden die wenigsten mp3-Player verkauft.
   - Die momentane Zunahme der verkauften mp3-Player betrug am 1. Mai ($t = 120$) $20\,\frac{\text{Stück}}{\text{Tag}}$.

   Stellen Sie anhand dieser Daten ein Gleichungssystem zur Bestimmung einer geeigneten ganzrationalen Funktion 3. Grades auf und prüfen Sie, ob die Funktion f mit
   $$f(t) = -\frac{10}{30^3}t^3 + \frac{40}{15^2}t^2 - \frac{20}{3}t + 1280$$
   die aus den Unternehmensdaten folgenden Bedingungen erfüllt. **C2**

c) Nun sei durch $f(t) = -\frac{10}{30^3}t^3 + \frac{40}{15^2}t^2 - \frac{20}{3}t + 1280$ eine Funktion zur Beschreibung der pro Tag verkauften mp3-Player gegeben. Dabei wird die Zeit t in Tagen und die Anzahl f(t) in Stück angegeben.
   (1) Untersuchen Sie, wie viele mp3-Player nach diesem Modell maximal pro Tag verkauft wurden. Geben Sie an, wann dies der Fall war. **B3**
   (2) Untersuchen Sie, wann die Zunahme der täglich verkauften mp3-Player am größten war. **B4**
   (3) Berechnen Sie, wie viele mp3-Player im ganzen Jahr verkauft wurden. **D4**

d) Für das folgende Geschäftsjahr mit $360 \leq t \leq 720$ nimmt die Unternehmensleitung an, dass die Verkaufszahlen exponentiell abnehmen werden. Zur Untersuchung von Prognosen wird dazu die Funktion g mit $g(t) = a \cdot e^{-b \cdot t}$ ($a > 0$, $b > 0$) so bestimmt, dass die Graphen von f und g an der Stelle $t = 360$ ohne Sprung und ohne Knick aneinander anschließen.

(1) Bestimmen Sie die Koeffizienten a und b, so dass die obige Bedingung erfüllt ist. C3

(2) Berechnen Sie die mittlere Anzahl der in diesem Jahr täglich verkauften mp3-Player. D3

Lösung

a) (1) Am 1. März wurden ungefähr 1400 mp3-Player verkauft.

(2) Die mittlere tägliche Zunahme für den Zeitraum vom 1. März bis zum 1. Mai beträgt etwa $\frac{2400 - 1400}{60} = \frac{50}{3}$.

(3) Die momentane tägliche Zunahme am 1. März kann als Tangentensteigung einer in die Grafik eingezeichneten Tangente abgelesen werden.

Sie beträgt ungefähr $10{,}7\ \frac{\text{Stück}}{\text{Tag}}$.

b) Ansatz: $f(x) = a x^3 + b x^2 + c x + d$

Folgende Bedingungen müssen erfüllt sein:

$f(0) = 1280 \wedge f(240) = 4800 \wedge f'(20) = 0 \wedge f'(120) = 20$.

Das Gleichungssystem lautet:

$$\left|\begin{array}{r} d = 1280 \\ 240^3 a + 240^2 b + 240 c + d = 4800 \\ 3 \cdot 20^2 a + 2 \cdot 20 b + c = 0 \\ 3 \cdot 120^2 a + 2 \cdot 120 b + c = 20 \end{array}\right|$$

Mit der gegebenen Funktion und ihrer Ableitung $f'(t) = -\frac{1}{900}t^2 + \frac{16}{45}t - \frac{20}{3}$ bestätigt man die genannten Bedingungen.

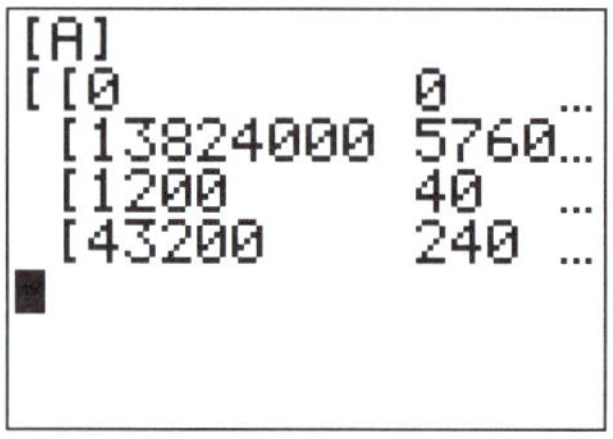

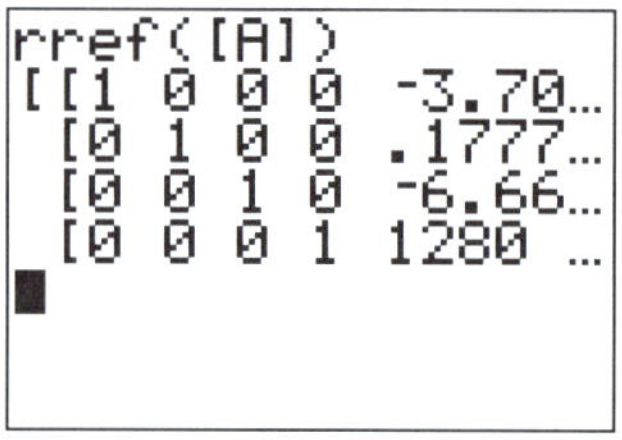

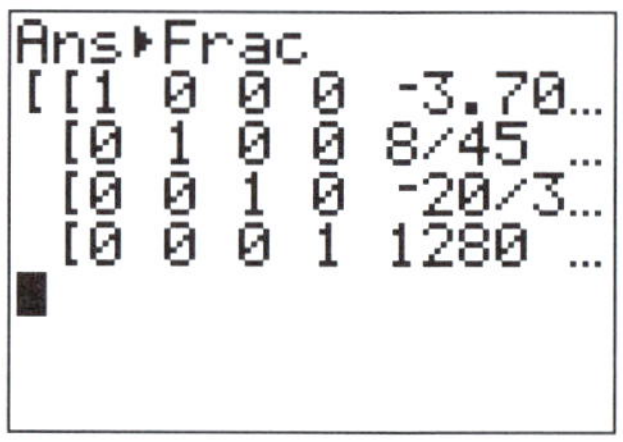

Das Gleichungssystem hat die Lösung $a = -\frac{1}{2700} \wedge b = \frac{8}{45} \wedge c = -\frac{20}{3} \wedge d = 1280$.

Damit lautet die Funktionsgleichung $f(t) = -\frac{1}{2700}t^3 + \frac{8}{45}t^2 - \frac{20}{3}t + 1280$.

Sie stimmt mit der angegeben Funktionsgleichung überein.

c) $f'(t) = -\frac{1}{900}t^2 + \frac{16}{45}t - \frac{20}{3}$; $f''(t) = -\frac{1}{450}t + \frac{16}{45}$; $f'''(t) = -\frac{1}{450}$

(1) Zu bestimmen ist ein absolutes Extremum. Die notwendige Bedingung ergibt:

$f'(t) = 0 \Leftrightarrow -\frac{1}{900}t^2 + \frac{16}{45}t - \frac{20}{3} = 0 \Leftrightarrow t^2 - 320t + 6000 = 0 \Leftrightarrow t = 20 \vee t = 300$

Da an der Stelle $t = 20$ ein lokales Minimum vorliegt, kommt hier nur $t = 300$ in Frage.

Mit der hinreichenden Bedingung $f'(300) = 0 \wedge f''(300) = -\frac{14}{45} < 0$ ergibt sich ein lokales Maximum bei $t = 300$.

Durch den Vergleich von $f(300) = 5280$ mit den Funktionswerten an den Rändern des betrachteten Intervalls $f(0) = 1280$ und $f(360) = 4640$ ergibt sich hier auch ein absolutes Maximum.
Mit 5280 Stück wurden also am 1. November die meisten mp3-Player verkauft.

GTR: Bestimmung des Maximums, Vergleich der Randwerte

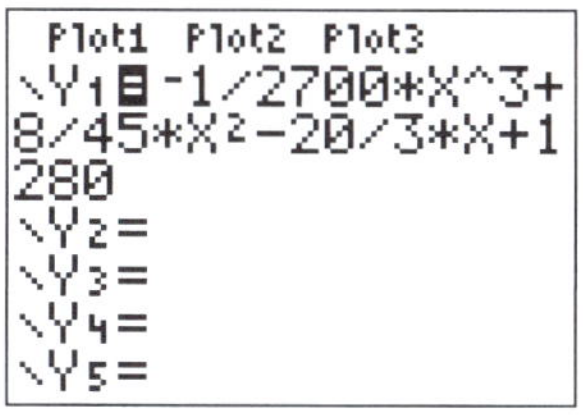

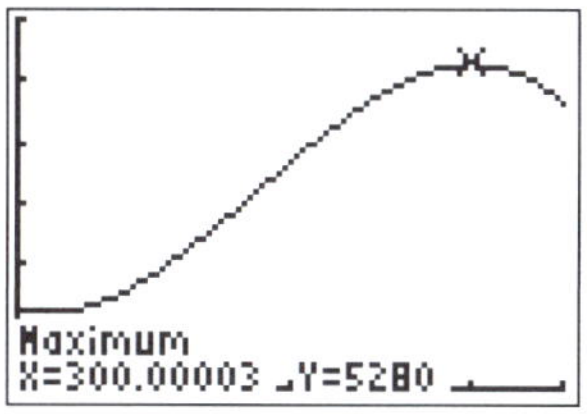

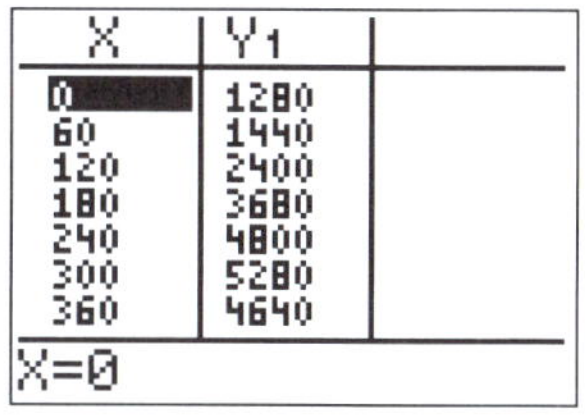

(2) Gesucht ist eine Extremstelle der ersten Ableitung, also eine Wendestelle, an der zusätzlich eine positive Steigung vorliegen soll. Die notwendige Bedingung ergibt $f''(t) = 0 \Leftrightarrow \frac{1}{450}t = \frac{16}{45} \Leftrightarrow t = 160$. Aus der hinreichenden Bedingung $f''(160) = 0 \wedge f'''(160) = -\frac{1}{450} \neq 0$ folgt, dass $t = 160$ eine Wendestelle ist.

Da außerdem auch $f'(160) = 21\frac{7}{9} > 0$, war die Zunahme für $t = 160$, also am 10. Juni maximal.

(3) Zur Berechnung der Gesamtzahl der verkauften mp3-Player wird folgendes Integral berechnet:

$$n = \int_0^{360} f(t)\,dt = \left[-\frac{1}{10800}t^4 + \frac{8}{135}t^3 - \frac{10}{3}t^2 + 1280t\right]_0^{360}$$
$$= -1\,555\,200 + 2\,764\,800 - 432\,000 + 460\,800$$
$$= 1\,238\,400.$$

GTR: (2) Darstellung der Ableitungsfunktion und Bestimmung des Maximums der Ableitungsfunktion; (3) Bestimmung der Fläche

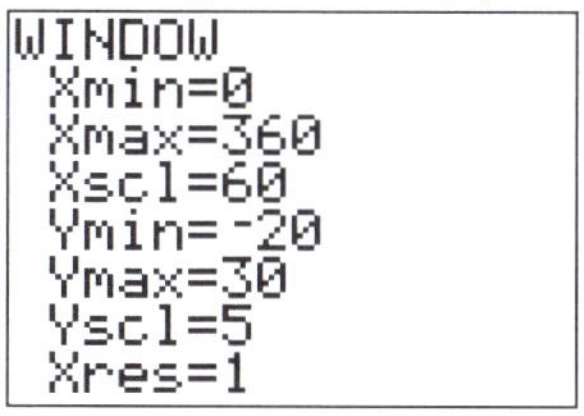

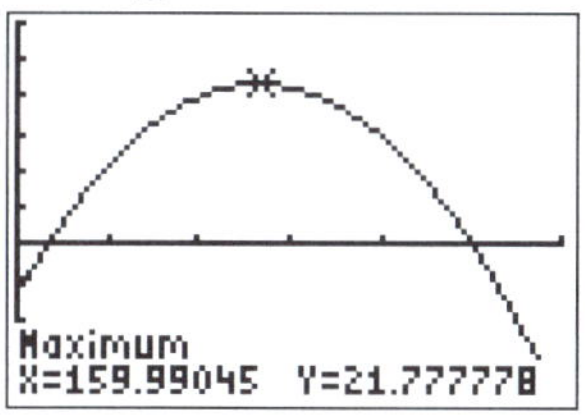

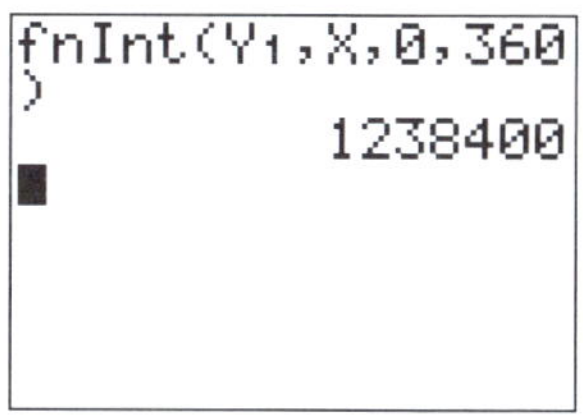

d) (1) Die Bedingungen $g(360) = f(360) \wedge g'(360) = f'(360)$ führen zum Gleichungssystem

$a e^{-360 \cdot b} = 4640 \wedge -b \cdot a e^{-360 \cdot b} = -\frac{68}{3}$.

Einsetzen von 4640 für $a e^{-360 \cdot b}$ in der zweiten Gleichung ergibt $b = \frac{17}{3480}$.

Daraus folgt mit der ersten Gleichung $a = 4640 \cdot e^{\frac{51}{29}}$.

Also lautet die Funktionsgleichung:

$g(t) = 4640 e^{\frac{51}{29}} \cdot e^{-\frac{17}{3480} \cdot t}$
$\approx 26\,932{,}5 \cdot e^{-0{,}004885t}$

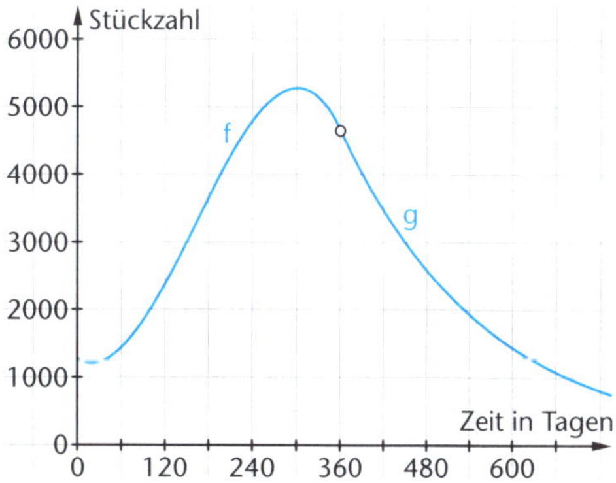

(2) Berechnung des Mittelwertes M durch Integration:

$$M = \frac{1}{360}\int_{360}^{720} g(t)\,dt = \frac{1}{360}\left[-\frac{a}{b}e^{-b\cdot t}\right]_{360}^{720} \approx \frac{1}{360}\cdot 786\,195 \approx 2184$$

Die mittlere Anzahl der täglich verkauften mp3-Player beträgt also 2184 Stück.

GTR: Zeichnung der abschnittsweise definierten Graphen und Mittelwertbestimmung

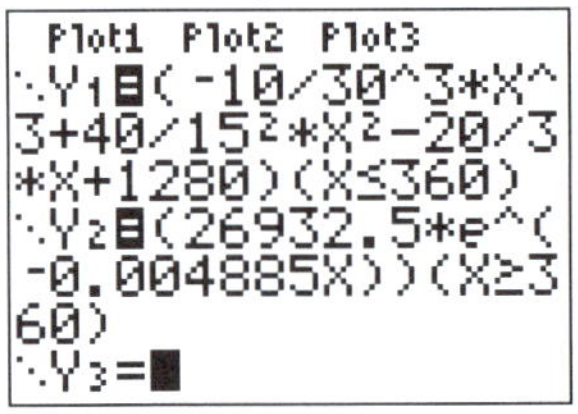

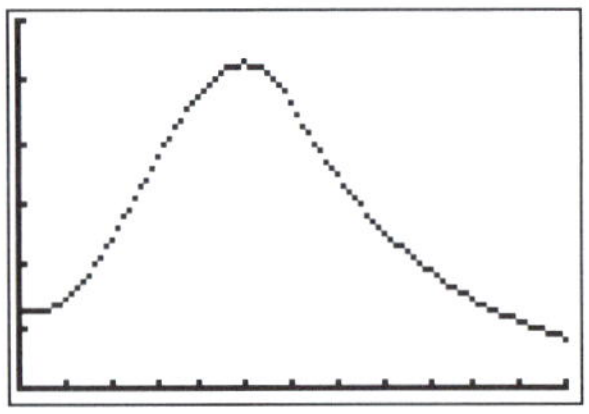

Aufgabe 4 *Arzneimittel-Konzentration*

Bei einer intramuskulären Injektion hängt die messbare Konzentration f_k (in mg pro Liter) des injizierten Medikaments im Blut u. a. von der Zeit x (Angaben in Stunden) seit der Injektion ab. Sie ist außerdem abhängig von zahlreichen weiteren Faktoren (z. B. der unterschiedlichen Konstitution des Menschen) und lässt sich durch Änderungen der physikalisch-chemischen Zusammensetzung beeinflussen (Parameter k).

Für f_k gilt: $f_k(x) = x\cdot e^{-k\cdot x+k} = e^k\cdot x\cdot e^{-k\cdot x}$; $x \geq 0$; $k > 0$.

a) Bestimmen Sie den Zeitpunkt, zu dem die maximale Arzneimittelkonzentration im Blut erreicht ist. Berechnen Sie die maximale Arzneimittelkonzentration allgemein und für den Parameterwert k = 2. B3

b) Untersuchen Sie, zu welchem Zeitpunkt die Geschwindigkeit, mit der sich die Arzneimittelkonzentration ändert, extremal ist.
Bestimmen Sie die maximale Änderungsgeschwindigkeit allgemein und für k = 2.
Untersuchen Sie das Verhalten der Funktion f_k für $x \to \infty$. Interpretieren Sie das Ergebnis im Hinblick auf den langfristigen Abbau des Medikaments. B6 B5

c) Die Abbildung zeigt die Graphen von f_k für k = 1 bis k = 4.
Beschreiben Sie den Verlauf der Graphen im Sachzusammenhang. Untersuchen Sie, welche Aussagen sich hinsichtlich des Einflusses von k machen lassen. (Beachten Sie auch Ihre Ergebnisse von a) und b). B3 B5

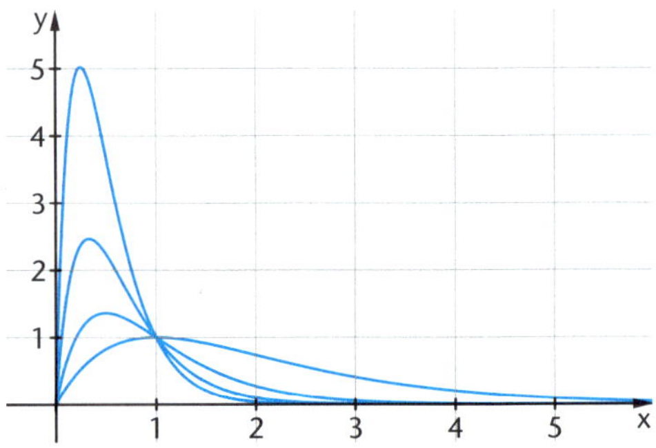

d) Zeigen Sie, dass es genau einen Zeitpunkt x > 0 gibt, bei dem die Arzneimittelkonzentration für alle verschiedenen Zusammensetzungen (d. h. die verschiedenen möglichen Parameterwerte) gleich ist und geben Sie diese Konzentration an. B6

e) Weisen Sie nach, dass die Funktion F_k mit $F_k(x) = -\frac{e^k}{k^2} \cdot (kx + 1) \cdot e^{-k \cdot x}$ eine Stammfunktion von f_k ist. D1 A2

Bestimmen Sie in Abhängigkeit von k die mittlere Wirkstoffkonzentration m(k) in den ersten k Stunden nach der Einnahme des Medikaments. Berechnen Sie auch den konkreten Wert für k = 2. D3

f) Für den Parameterwert k = 2 soll für x > 12 der zeitliche Verlauf der Arzneimittelkonzentration durch die Tangente an den Graphen von f_2 im Punkt $(12|f_2(12))$ beschrieben werden.

Berechnen Sie für diese Modellierung den Zeitpunkt, an dem das Medikament im Blut vollständig abgebaut ist. A3

Lösung

a) Ableitungen:

$$f_k'(x) = 1 \cdot e^{-k \cdot x+k} + x \cdot (-k) \cdot e^{-k \cdot x+k} = (1 - k \cdot x) \cdot e^{-k \cdot x+k}$$

$$f_k''(x) = -k \cdot e^{-k \cdot x+k} + (1 - k \cdot x) \cdot (-k) \cdot e^{-k \cdot x+k} = -k \cdot e^{-k \cdot x+k} + (-k + k^2 x) \cdot e^{-k \cdot x+k}$$

$$= (k^2 x - 2k) \cdot e^{-k \cdot x+k}$$

Notwendige Bedingung:

$$f_k'(x) = 0 \Leftrightarrow 1 - k \cdot x = 0 \Leftrightarrow x = \frac{1}{k}$$

Aus dem hinreichenden Kriterium $f'\left(\frac{1}{k}\right) = 0 \wedge f_k''\left(\frac{1}{k}\right) = \left(k^2 \cdot \frac{1}{k} - 2k\right) \cdot e^{-k \cdot \frac{1}{k}+k} = -k \cdot e^{-1+k} < 0$

folgt, dass ein lokales Maximum nach $\frac{1}{k}$ Stunden vorliegt.

Der Funktionswert an dieser Stelle ist: $f_k\left(\frac{1}{k}\right) = \frac{1}{k} \cdot e^{-k \cdot \frac{1}{k}+k} = \frac{1}{k} \cdot e^{k-1}$

Für k = 2 gilt konkret: $f_2\left(\frac{1}{2}\right) = \frac{1}{2} e^{-2 \cdot \frac{1}{2}+2} = \frac{1}{2} e \approx 1{,}359$

Für k = 2 ist die Konzentration nach $\frac{1}{2}$ h maximal, sie beträgt dann 1,359 mg/l.

GTR: Numerische Bestimmung des Maximums für k = 2

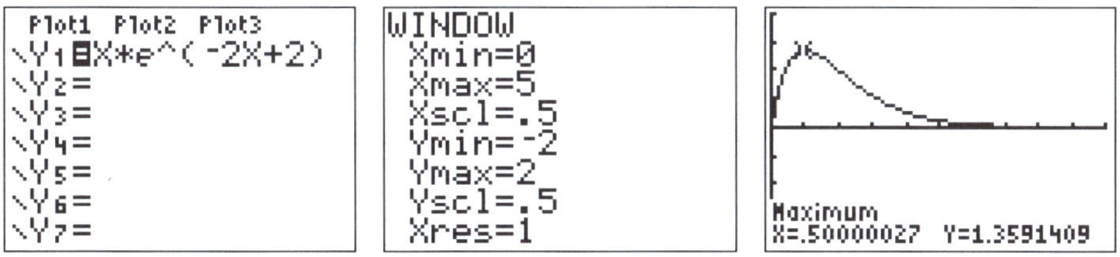

b) Die Geschwindigkeit $f_k'(x) = (1 - k \cdot x) \cdot e^{-k \cdot x+k}$
wird extremal, wenn $f_k''(x) = (k^2 \cdot x - 2k) \cdot e^{-k \cdot x+k} = 0$

$$k^2 \cdot x - 2k = 0 \Leftrightarrow k^2 \cdot x = 2k \Leftrightarrow x = \frac{2}{k}$$

Für $x < \frac{2}{k}$ ist $f_k''(x) < 0$ und für $x > \frac{2}{k}$ ist $f_k''(x) > 0$.

Also liegt bei $x = \frac{2}{k}$ ein Vorzeichenwechsel von „–“ nach „+“ vor, d. h. die Arzneimittelkonzentration nimmt zum Zeitpunkt $x = \frac{2}{k}$ am stärksten ab.

Die Anderungsgeschwindigkeit an der Stelle $x = \frac{2}{k}$ beträgt:

$$f_k'\left(\frac{2}{k}\right) = \left(1 - k \cdot \frac{2}{k}\right) \cdot e^{-k \cdot \frac{2}{k}+k} = (-1) \cdot e^{k-2}$$

Für k = 2 gilt: $f_2'\left(\frac{2}{2}\right) = f_2'(1) = (1 - 2 \cdot 1) \cdot e^{-2 \cdot 1 + 2} = (-1) \cdot e^0 = -1$

Für k = 2 beträgt also die Änderungsrate: $-1\ \frac{mg}{l \cdot h}$

Bestimmung der extremalen Konzentrationsänderung für k = 2 mithilfe des GTR: numerische Bestimmung des Minimums der numerisch gebildeten 1. Ableitung

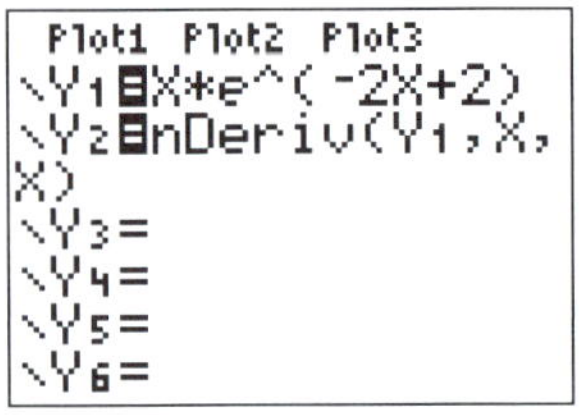

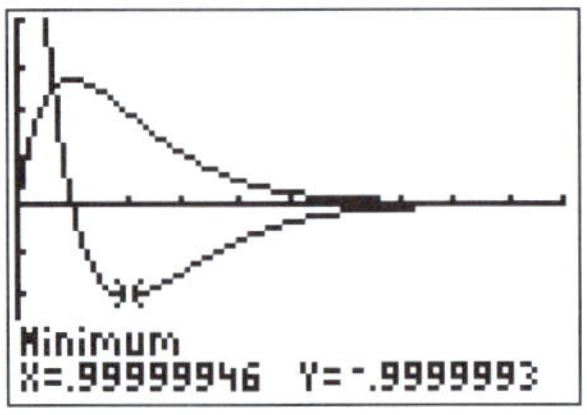

oder der Nullstelle der 2. Ableitung (mit VZW)

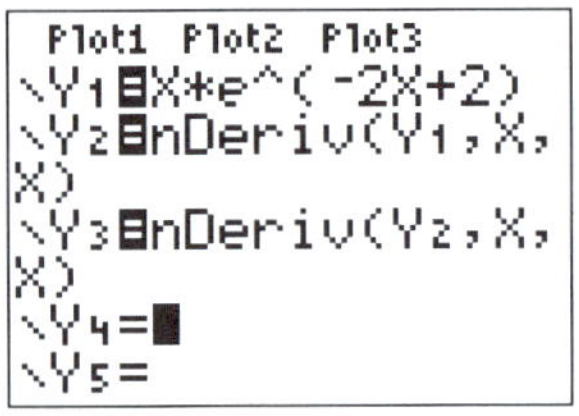

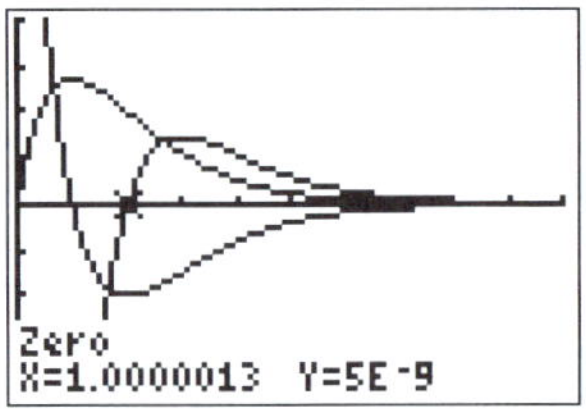

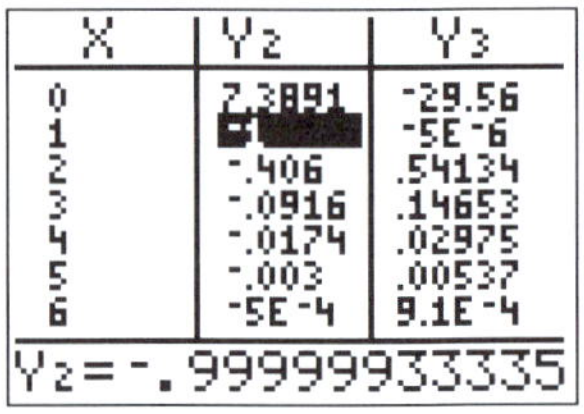

Die Veränderung der Konzentration und der langfristige Abbau des Medikaments werden beschrieben durch:

$\lim\limits_{x \to \infty} (x \cdot e^{-k \cdot x + k}) = \lim\limits_{x \to \infty} \frac{x \cdot e^k}{e^{k \cdot x}} = 0$

Auf lange Sicht geht die Konzentration gegen null.

$\lim\limits_{x \to \infty} [(1 - k \cdot x) \cdot e^{-k \cdot x + k}] = \lim\limits_{x \to \infty} \frac{(1 - k \cdot x) \cdot e^k}{e^{k \cdot x}} = 0$

Die Änderungsrate der Konzentration geht gegen null, d. h. die Konzentration des injizierten Medikaments ändert sich immer langsamer.

GTR: Dies lässt sich auch an der Entwicklung der Werte der numerischen Ableitung ablesen (hier für k = 2):

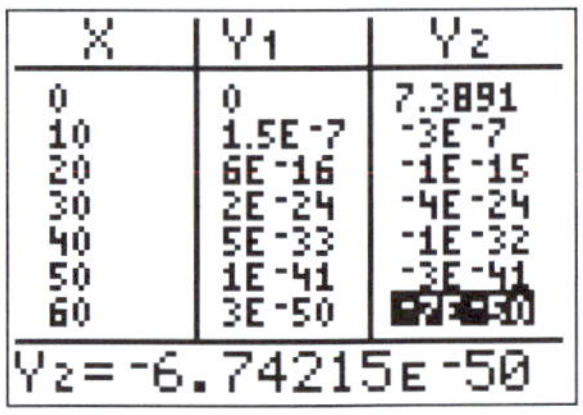

c) Aus der Entwicklung der Graphen für wachsende Parameterwerte von k lesen wir ab: Je größer k, desto früher tritt die maximale Konzentration ein (das Maximum liegt bei $t = \frac{1}{k}$) und desto höher ist sie (im Term $\frac{1}{k} \cdot e^{k-1}$ wächst e^{k-1} schneller als der Nenner k).
Je größer k, desto früher und schneller verläuft der Abbau; die Abnahmegeschwindigkeit ist am größten zum Zeitpunkt $t = \frac{2}{k}$ und hat die Geschwindigkeit $(-1) \cdot e^{k-2}$.

d) Aufgrund der abgebildeten Graphen vermuten wir, dass alle Graphen – außer dem Ursprung – der nicht zu beachten ist, vgl. Aufgabenstellung – den Punkt (1|1) gemeinsam haben:
Die folgende Rechnung zeigt unter der Annahme $k_1 \neq k_2$, dass dies tatsächlich der einzige gemeinsame Punkt ist.

$f_{k_1}(x) = f_{k_2}(x)$
$x \cdot e^{-k_1 \cdot x + k_1} = x \cdot e^{-k_2 \cdot x + k_2}$
$x \cdot (e^{-k_1 \cdot x + k_1} - e^{-k_2 \cdot x + k_2}) = 0$
$x = 0 \lor e^{-k_1 \cdot x + k_1} - e^{-k_2 \cdot x + k_2} = 0$
$x = 0 \lor -k_1 x + k_1 = -k_2 x + k_2$
$x = 0 \lor x(-k_1 + k_2) = -k_1 + k_2$
$x = 0 \lor x = 1$
Alle Zusammensetzungen haben zum Zeitpunkt x = 1 h die Konzentration 1 mg/l gemeinsam.

e) Durch Ableiten der Funktion F_k mithilfe der Produkt- und der Kettenregel bestätigt man die Stammfunktion

$F_k'(x) = -\frac{e^k}{k^2} \cdot (-k) \cdot e^{-k \cdot x} \cdot (kx + 1) - \frac{e^k}{k^2} \cdot e^{-k \cdot x} \cdot k = \frac{e^k}{k} \cdot e^{-k \cdot x} \cdot (kx + 1 - 1) = e^k \cdot x \cdot e^{-k \cdot x}$

Die mittlere Wirkstoffkonzentration in den ersten k Stunden ist

$m(k) = \frac{1}{k} \cdot \int_0^k f_k(x)\,dx = \frac{1}{k} \cdot \left[-\frac{e^k}{k^2} \cdot (kx + 1) \cdot e^{-k \cdot x}\right]_0^k = -\frac{e^k}{k^3} \cdot [(k^2 + 1) \cdot e^{-k^2} - 1]$

Für k = 2 ergibt sich:

$m(2) = -\frac{e^2}{2^3} \cdot [(2^2 + 1) \cdot e^{-2^2} - 1]$

$= \frac{e^2}{8} \cdot (1 - 5 \cdot e^{-4})$

$\approx 0{,}839$ mg/l

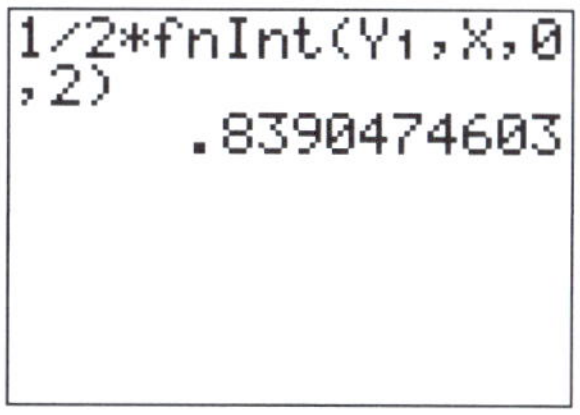

GTR: Numerische Mittelwertberechnung für k = 2

f) Die Steigung der Tangente an den Graphen von f_2 im Punkt $P(12|12e^{-22})$ ist
$m = f_2'(12) = (1 - 2 \cdot 12) \cdot e^{-2 \cdot 12 + 2} = -23e^{-22}$.
Durch Einsetzen der Koordinaten in die entsprechende Tangentengleichung
$t(x) = f'(12) \cdot (x - 12) + f(12)$ erhalten wir:
$t(x) = -23e^{-22} \cdot (x - 12) + 12 \cdot e^{-22} = -23e^{-22} \cdot x + 288 \cdot e^{-22}$

Die Nullstelle erhält man aus $-23e^{-22} \cdot x + 288 \cdot e^{-22} = 0 \Leftrightarrow x = \frac{288}{23} \approx 12{,}5$.

Nach etwa 12,5 Stunden ist das Medikament abgebaut.

GTR: Die Tangentengleichung könnte man (theoretisch) mithilfe des Tangent-Befehls des DRAW-Menüs bestimmen und hiervon dann die Nullstelle suchen, allerdings kann man die benötigten Parameter nicht der angegebenen Gleichung entnehmen (vgl. Screenshot links). Stattdessen sollte man die „numerische" Gleichung der Tangente an der Stelle x = 12 als Y2 definieren und deren Nullstelle suchen:

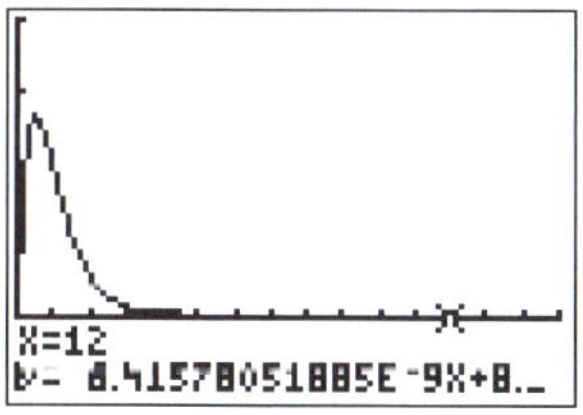

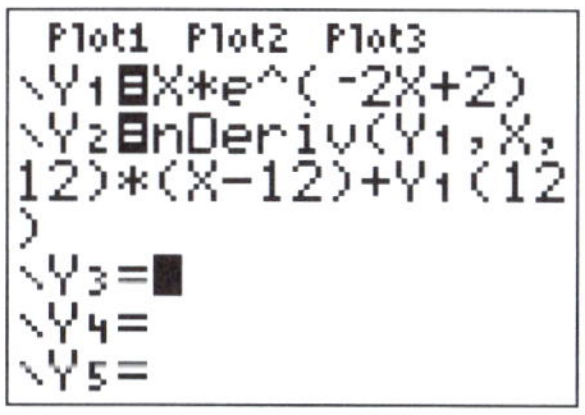

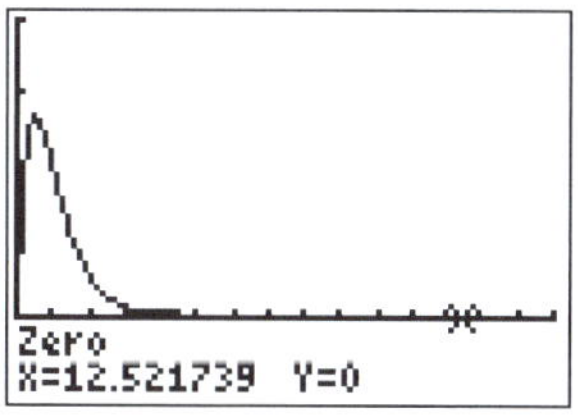

Aufgabe 5 *Ein neues Logo für die Firma SyncLog*

Für ihre Werbung und ihre Korrespondenz möchte die Firma SyncLog ein neues Logo verwenden. Dazu hat ein Grafiker bereits eine Vorlage entwickelt.

Zur weiteren Bearbeitung wird dieser Entwurf der mathematischen Abteilung vorgelegt. Der die Abbildung unterteilende geschwungene Graph soll punktsymmetrisch zum Mittelpunkt des Logos sein, jeweils genau einen Hoch- und einen Tiefpunkt aufweisen und sich an den Rändern einer in der Skizze nicht enthaltenen waagerechten Linie anschmiegen.

a) Zeigen Sie, dass der Graph der Funktion f mit $f(x) = 2 \cdot \sqrt{e} \cdot x \cdot e^{-0,5 \cdot x^2}$ die gewünschten Eigenschaften aufweist. Untersuchen Sie dazu die Symmetrie-Eigenschaft des Graphen, die Lage der Extrem- und Wendepunkte sowie das Verhalten am Rande des Definitionsbereichs $D_f = \mathbb{R}$.
Skizzieren Sie mithilfe der so bestimmten Punkte den Graphen der Funktion im Intervall $[-3; +3]$. **B2 B3 B5**

Betrachten Sie nun allgemein die Graphen der Funktionenschar $f_{a,b}$ mit $f_{a,b}(x) = a \cdot x \cdot e^{-b \cdot x^2}$, wobei $a, b \in \mathbb{R}^+$.

b) Zeigen Sie, dass alle Graphen der Funktionenschar $f_{a,b}$ die von der Geschäftsleitung gewünschten Eigenschaften aufweisen.
Weisen Sie nach, dass die Hochpunkte bestimmt sind durch $H\left(\frac{1}{\sqrt{2b}} \middle| \frac{a}{\sqrt{2be}}\right)$. **B3**

c) Untersuchen Sie, wie sich die Lage der Extrempunkte der Funktionenschar verändert, wenn man die Werte der Parameter a bzw. b vergrößert oder verkleinert. **B3 B6**

d) Aus ästhetischen Gründen soll das rechteckige Logo mit der Breite 16 LE und der Höhe 9 LE entwickelt werden. (Damit es später beliebig vergrößert und verkleinert werden kann, sind hier keine Angaben in cm vorgegeben.) **C3**

(1) Weiterhin soll der Hochpunkt so liegen, dass seine erste Koordinate x_H das Intervall $[0; 8]$ im Verhältnis des *Goldenen Schnitts* unterteilt.

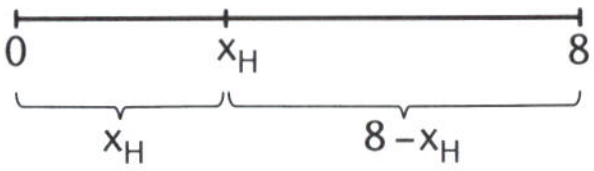

Dies ist der Fall, wenn $\frac{x_H}{8 - x_H} = \frac{8 - x_H}{8}$.

Zeigen Sie, dass dann für die x-Koordinate x_H gilt: $x_H \approx 3,056$.

(2) Bestimmen Sie mit dem Ergebnis aus Teilaufgabe (1) den Wert von b so, dass das gewünschte Teilverhältnis erzielt wird.

(3) Schließlich soll der Graph den oberen Rand des vorgegebenen Rechtecks berühren. Bestimmen Sie den hierzu benötigten Wert von a.
[Hinweis: Hier können alle Größen auf drei Dezimalstellen gerundet werden.]

e) Das Logo soll in geeigneter Größe am Firmengebäude angebracht werden. Dabei wird der erste Buchstabe „S" des Schriftzuges entlang des Graphen der Funktion g mit $g(x) = 2,438 \cdot x \cdot e^{-0,054 \cdot x^2}$ (also $g = f_{a,b}$ mit $a = 2,438$ und $b = 0,054$) aus Metall ausgeführt. Das Metallstück soll dabei die beiden nicht im Ursprung des Koordinatensystems liegenden Wendepunkte verbinden und in diesen befestigt werden. **B4**
Berechnen Sie den Abstand der Befestigungen und den Winkel, den die dazwischen liegende Verbindungsstrecke mit der Horizontalen einschließt.

f) Das in der zugrundeliegenden Skizze des Grafikers schraffierte Flächenstück soll auf zu erstellenden Anstecknadeln versilbert werden. D1

(1) Weisen Sie nach, dass die Funktion $F_{a,b}$ mit $F_{a,b}(x) = -\frac{a}{2b} \cdot e^{-b \cdot x^2}$ eine Stammfunktion für die Funktion $f_{a,b}$ ist.

(2) Berechnen Sie den Flächeninhalt dieses Flächenstücks für den Graphen der Funktion g.

Lösung

a) Es gilt: $f(-x) = 2\sqrt{e} \cdot (-x) \cdot e^{-0,5 \cdot (-x)^2} = -2\sqrt{e} \cdot x \cdot e^{-0,5 \cdot x^2} = -f(x)$.
Daher ist der zugehörige Graph punktsymmetrisch zum Ursprung.

Man erhält die benötigten Ableitungen durch Anwendung der Produkt- und Kettenregel:
$f'(x) = 2\sqrt{e} \cdot e^{-0,5 \cdot x^2} + 2\sqrt{e} \cdot x \cdot (-x) \cdot e^{-0,5 \cdot x^2} = 2\sqrt{e} \cdot (1 - x^2) \cdot e^{-0,5 \cdot x^2}$
$f''(x) = (-2\sqrt{e} \cdot 2x) \cdot e^{-0,5 \cdot x^2} + 2\sqrt{e} \cdot (1 - x^2) \cdot (-x) \cdot e^{-0,5 \cdot x^2} = 2\sqrt{e} \cdot x \cdot (x^2 - 3) \cdot e^{-0,5 \cdot x^2}$

Notwendige Bedingung für Extremstellen:
$f'(x) = 0 \Leftrightarrow 1 - x^2 = 0 \Leftrightarrow x^2 = 1 \Leftrightarrow x = -1 \lor x = 1$.

Hinreichende Bedingung für Extremstellen:
$f'(-1) = 0 \land f''(-1) = -2\sqrt{e} \cdot (-2) \cdot e^{-0,5} = 4\sqrt{e} \cdot \frac{1}{\sqrt{e}} = 4 > 0$;

also liegt an der Stelle $x_T = -1$ ein lokaler Tiefpunkt vor.

$f'(1) = 0 \land f''(1) = 2\sqrt{e} \cdot (-2) \cdot e^{-0,5} = -4\sqrt{e} \cdot \frac{1}{\sqrt{e}} = -4 < 0$;

also liegt an der Stelle $x_H = 1$ ein lokaler Hochpunkt vor.
Weitere Extrempunkte können nicht auftreten.

Berechnung der y-Koordinaten zu den Extrempunkten:

$f(-1) = 2\sqrt{e} \cdot (-1) \cdot e^{-0,5} = -2\sqrt{e} \cdot \frac{1}{\sqrt{e}} = -2 \quad \Rightarrow T(-1|-2)$ ist der Tiefpunkt.
$f(1) = 2\sqrt{e} \cdot (1) \cdot e^{-0,5} = 2\sqrt{e} \cdot \frac{1}{\sqrt{e}} = 2 \quad \Rightarrow H(1|2)$ ist der Hochpunkt.

Notwendige Bedingungen für Wendestellen:
$f''(x) = 0 \Leftrightarrow x = 0 \lor x = -\sqrt{3} \lor x = \sqrt{3}$.

Hinreichende Bedingung für Wendestellen: Vorzeichenwechsel bei der 2. Ableitung.
Es gilt: $f''(-2) < 0$; $f''(-1) > 0$; $f''(+1) < 0$; $f''(+2) > 0$, also liegt bei $x = -\sqrt{3}$ und bei $x = +\sqrt{3}$ ein Vorzeichenwechsel von – nach + vor (Übergang von einer Rechts- zu einer Linkskrümmung), und an der Stelle $x = 0$ ein Vorzeichenwechsel von + nach – (Übergang von einer Links- zu einer Rechtskrümmung).

Mit den zugehörigen Funktionswerten erhält man die Wendepunkte:
$W_1(-\sqrt{3}|-1{,}274)$; $W_2(0|0)$; $W_1(\sqrt{3}|1{,}274)$.

Für das Verhalten an den Rändern ergeben sich folgende Grenzwerte:

$\lim\limits_{x \to +\infty} f(x) = \lim\limits_{x \to +\infty} (2\sqrt{e} \cdot x \cdot e^{-0,5 \cdot x^2}) = 0$

$\lim\limits_{x \to -\infty} f(x) = \lim\limits_{x \to -\infty} (2\sqrt{e} \cdot x \cdot e^{-0,5 \cdot x^2}) = 0$

Der Graph schmiegt sich also an die x-Achse asymptotisch an. Die lokalen Extrempunkte sind daher ebenfalls absolute Extrempunkte. Damit sind die geforderten Bedingungen erfüllt.

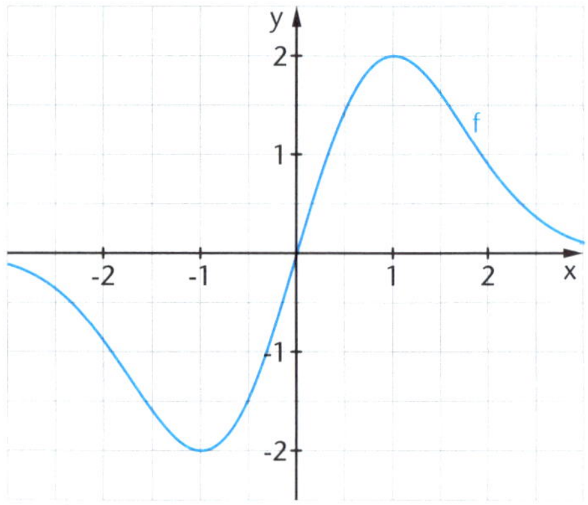

Mithilfe des GTR kann man sich beispielsweise den Verlauf des Graphen veranschaulichen, Extrem- und Wendestelle mithilfe der numerischen Optionen ermitteln.
Die zugehörigen Funktionswerte können mithilfe der Wertetabelle bestimmt werden.

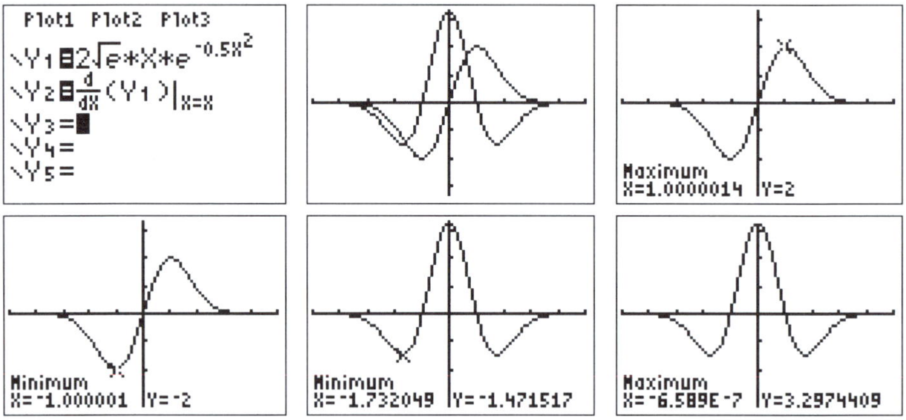

b) Zu zeigen ist, dass die Graphen der Funktionenschar $f_{a,b}$ punktsymmetrisch zum Ursprung des Koordinatensystems sind, jeweils genau einen Hoch- und einen Tiefpunkt aufweisen und sich an den Rändern der x-Achse asymptotisch annähern.

Es gilt: $f_{a,b}(-x) = -a \cdot x \cdot e^{-b \cdot x^2} = -f_{a,b}(x)$.
Daher sind die zugehörigen Graphen punktsymmetrisch zum Ursprung.

Man erhält die benötigten Ableitungen durch Anwendung der Produkt- und Kettenregel:
$f'_{a,b}(x) = a \cdot e^{-b \cdot x^2} + ax \cdot (-2bx) \cdot e^{-b \cdot x^2} = (a - 2abx^2) \cdot e^{-b \cdot x^2}$
$f''_{a,b}(x) = (-4abx) \cdot e^{-b \cdot x^2} + (a - 2abx^2) \cdot (-2bx) \cdot e^{-b \cdot x^2} = (4ab^2x^3 - 6abx) \cdot e^{-b \cdot x^2}$

Notwendige Bedingung für Extremstellen:
$f'_{a,b}(x) = 0 \;\Leftrightarrow a - 2abx^2 = 0 \Leftrightarrow 1 - 2bx^2 = 0$ (da $a \neq 0$ nach Voraussetzung)

$\Leftrightarrow 2bx^2 = 1 \Leftrightarrow x = -\frac{1}{\sqrt{2b}} \vee x = \frac{1}{\sqrt{2b}}$.

Hinreichende Bedingung für Extremstellen:

$$f'_{a,b}\left(-\frac{1}{\sqrt{2b}}\right) = 0 \wedge f''_{a,b}\left(-\frac{1}{\sqrt{2b}}\right) = \left(4ab^2 \cdot \left(-\frac{1}{2b\sqrt{2b}}\right) - 6ab \cdot \left(-\frac{1}{\sqrt{2b}}\right)\right) \cdot e^{-b \cdot \frac{1}{2b}}$$

$$= \left(-\frac{2ab}{\sqrt{2b}} + \frac{6ab}{\sqrt{2b}}\right) \cdot e^{-\frac{1}{2}} = 2a\sqrt{2b} \cdot e^{-\frac{1}{2}} > 0$$

Also liegt an der Stelle $x_T = -\frac{1}{\sqrt{2b}}$ ein lokaler Tiefpunkt vor.

$$f'_{a,b}\left(\frac{1}{\sqrt{2b}}\right) = 0 \wedge f''_{a,b}\left(\frac{1}{\sqrt{2b}}\right) = \left(4ab^2 \cdot \frac{1}{2b\sqrt{2b}} - 6ab \cdot \frac{1}{\sqrt{2b}}\right) \cdot e^{-b \cdot \frac{1}{2b}}$$

$$= \left(\frac{2ab}{\sqrt{2b}} - \frac{6ab}{\sqrt{2b}}\right) \cdot e^{-\frac{1}{2}} = -2a\sqrt{2b} \cdot e^{-\frac{1}{2}} < 0$$

Also liegt an der Stelle $x_H = \frac{1}{\sqrt{2b}}$ ein lokaler Hochpunkt vor.

Weitere Extrempunkte können nicht auftreten.

Die y-Koordinaten der Extrempunkte können durch Einsetzen der Extremstellen in die Funktionsgleichung berechnet werden:

$$f_{a,b}\left(\frac{1}{\sqrt{2b}}\right) = a \cdot \frac{1}{\sqrt{2b}} \cdot e^{-b \cdot \frac{1}{2b}} = a \cdot \frac{1}{\sqrt{2b}} \cdot e^{-\frac{1}{2}} = \frac{a}{\sqrt{2be}} \quad \Rightarrow H\left(\frac{1}{\sqrt{2b}} \middle| \frac{a}{\sqrt{2be}}\right)$$

Aufgrund der bereits nachgewiesenen Punktsymmetrie folgt damit sofort auch

$$f_{a,b}\left(-\frac{1}{\sqrt{2b}}\right) = -\frac{a}{\sqrt{2be}} \qquad \Rightarrow T\left(-\frac{1}{\sqrt{2b}} \middle| -\frac{a}{\sqrt{2be}}\right)$$

Der maximale Definitionsbereich der Funktionenschar $f_{a,b}$ ist $D_{f_{a,b}} = \mathbb{R}$.
Für das Verhalten an den Rändern ergeben sich folgende Grenzwerte:

$$\lim_{x \to +\infty} f_{a,b}(x) = \lim_{x \to +\infty} (a \cdot x \cdot e^{-b \cdot x^2}) = 0$$

$$\lim_{x \to -\infty} f_{a,b}(x) = \lim_{x \to -\infty} (a \cdot x \cdot e^{-b \cdot x^2}) = 0$$

Die Graphen schmiegen sich also an die x-Achse an. Die lokalen Extrempunkte sind daher ebenfalls absolute Extrempunkte. Damit sind die geforderten Bedingungen auch für die Funktionenschar erfüllt.

c) Die x-Koordinaten der Extrempunkte $x_T = -\frac{1}{\sqrt{2b}}$ und $x_H = \frac{1}{\sqrt{2b}}$ wurden in Teilaufgabe b) bereits berechnet. Sie sind unabhängig vom Parameter a. Je größer der Parameter b gewählt wird, umso näher liegen die Extremstellen am Ursprung. Umgekehrt wandert bei kleiner werdendem b der Hochpunkt nach rechts und der Tiefpunkt nach links.
Die y-Koordinaten der Extrempunkte $y_T = -\frac{a}{\sqrt{2be}}$ und $y_H = \frac{a}{\sqrt{2be}}$ sind umgekehrt proportional zu $\sqrt{b}$. Mit wachsendem b liegen die Extrempunkte näher an der x-Achse. Zusätzlich sind die y-Koordinaten der Extrempunkte noch proportional zu a. Je größer a gewählt wird, umso weiter entfernt liegen die Extrempunkte von der x-Achse.

d) (1) Damit die Intervallteilung gemäß dem Verhältnis des Goldenen Schnittes erfolgt, muss für die x-Koordinate des Hochpunktes x_H gelten:

$$\frac{x_H}{8 - x_H} = \frac{8 - x_H}{8} \Leftrightarrow 8x_H = (8 - x_H)^2 \Leftrightarrow 8x_H = 64 - 16x_H + x_H{}^2 \Leftrightarrow x_H{}^2 - 24x_H + 64 = 0$$

$$\Leftrightarrow x_H = 12 - \sqrt{80} \approx 3{,}056.$$

Die zweite Losung liegt nicht mehr im betrachteten Intervall [0; 8] und muss daher nicht betrachtet werden.

(2) Nun kann der Parameter b so bestimmt werden, dass die x-Koordinate des Hochpunktes die Bedingung aus Aufgabenteil (1) erfüllt:

$x_H = \frac{1}{\sqrt{2b}} = 3{,}056 \Leftrightarrow b = \frac{1}{2 \cdot 3{,}056^2} \approx 0{,}054.$

(3) Damit der Graph im Hochpunkt zusätzlich den oberen Rand des Rechtecks berührt, muss für die y-Koordinate gelten: $y_H = \frac{a}{\sqrt{2 \cdot 0{,}054 \cdot e}} = 4{,}5.$

Also: $a = 4{,}5 \cdot \sqrt{2 \cdot 0{,}054 \cdot e} \approx 2{,}438.$

e) Zunächst sind die Koordinaten der Wendepunkte des Graphen von $g(x) = 2{,}438 \cdot x \cdot e^{-0{,}054 \cdot x^2}$ zu bestimmen.

Die erste und zweite Ableitung erhält man einfach durch Einsetzen der Werte von a und b in die bereits berechneten allgemeinen Terme:
$g'(x) = (2{,}438 - 0{,}2633x^2) \cdot e^{-0{,}054 \cdot x^2}$
$g''(x) = (0{,}0284x^3 - 0{,}7899x) \cdot e^{-0{,}054 \cdot x^2}$

Notwendige Bedingung für Wendepunkte:
$g''(x) = 0 \Leftrightarrow 0{,}0284x^3 - 0{,}7899x = 0$
$\Leftrightarrow x = 0 \vee 0{,}0284x^2 - 0{,}7899 = 0$
$\Leftrightarrow x = 0 \vee x \approx -5{,}274 \vee x \approx 5{,}274.$

Zum Nachweis der hinreichenden Bedingung für Wendepunkte kann das Vorzeichenwechselkriterium genutzt werden:
Da $g''(-6) < 0$, $g''(-1) > 0$, $g''(1) < 0$ und $g''(6) > 0$, liegen an den berechneten Stellen Vorzeichenwechsel der 2. Ableitung und damit Wendepunkte vor.

Für die y-Koordinaten der Wendepunkte erhält man
$g(5{,}274) = 2{,}438 \cdot 5{,}274 \cdot e^{-0{,}054 \cdot 5{,}274^2} \approx 2{,}863$ und analog
$g(-5{,}274) \approx -2{,}863.$

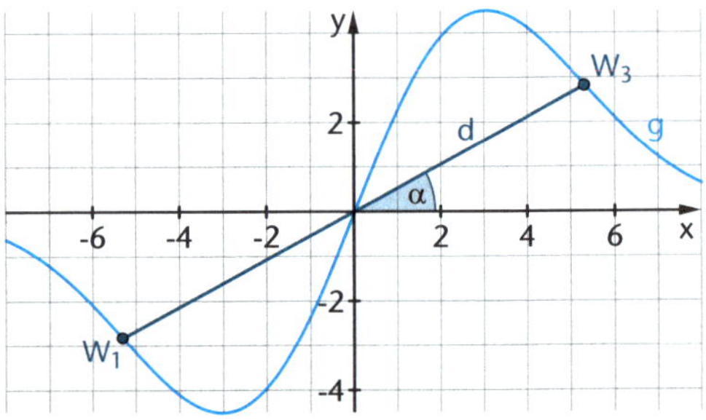

Insgesamt erhält man die Wendepunkte $W_1(-5{,}274 | -2{,}863)$, $W_2(0|0)$ und $W_3(5{,}274 | 2{,}863)$.

Der Abstand d der beiden äußeren Wendepunkte beträgt (gemäß dem Satz des Pythagoras):

$d = \sqrt{(2 \cdot 5{,}274)^2 + (2 \cdot 2{,}863)^2}$
$\approx 12{,}002$ LE.

Für den gesuchten Winkel α erhält man:

$\tan\alpha = \frac{2{,}863}{5{,}274} \Rightarrow \alpha = \tan^{-1}\left(\frac{2{,}863}{5{,}274}\right) \approx 28{,}5°.$

Den GTR kann man nutzen, um die Wendestellen (= Extrema der Ableitungsfunktion) zu bestimmen und die zugehörigen Funktionswerte zu berechnen:

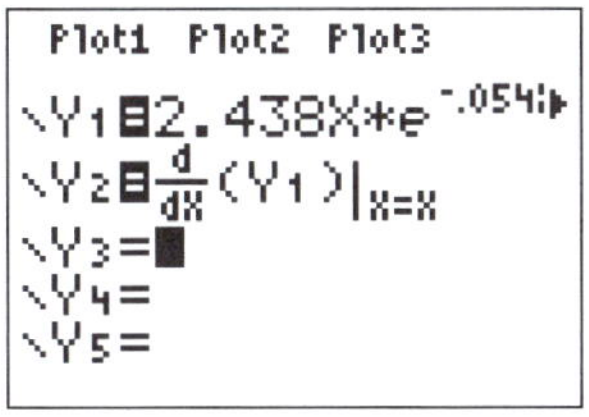

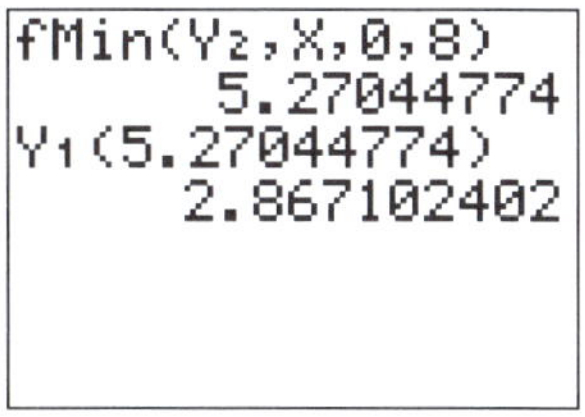

f) (1) Zum geforderten Nachweis ist es ausreichend, die angegebene Stammfunktion abzuleiten:

$F'_{a,b}(x) = -\frac{a}{2b} \cdot (-2bx) \cdot e^{-b \cdot x^2} = a \cdot x \cdot e^{-b \cdot x^2} = f_{a,b}(x)$;

also ist $F_{a,b}$ eine Stammfunktion für die Funktion $f_{a,b}$.

(2) Das im 3. Quadranten liegende Flächenstück kann am Ursprung gespiegelt werden.

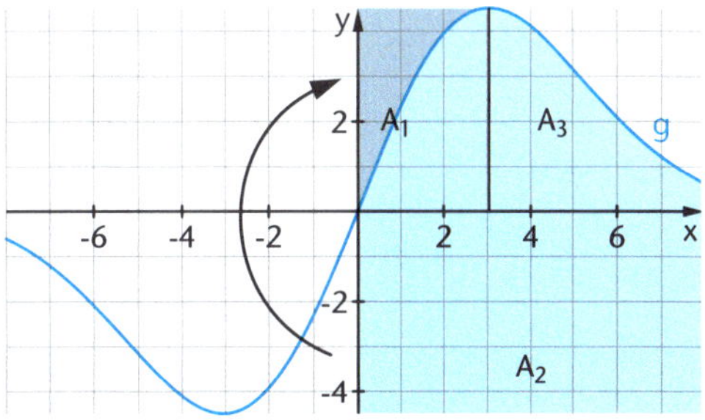

Dann erhält man den gesuchten Flächeninhalt A mit:

$A = A_1 + A_2 + A_3$

$= x_H \cdot 4{,}5 + 8 \cdot 4{,}5 + \int_{x_H}^{8} g(x)\,dx$

$= (3{,}056 + 8) \cdot 4{,}5$

$+ \left[-\frac{2{,}438}{2 \cdot 0{,}054} \cdot e^{-0{,}054 \cdot x^2}\right]_{3{,}056}^{8}$

$\approx 49{,}752 + (-0{,}712 + 13{,}633)$

$= 62{,}673$

Er beträgt also ungefähr 62,673 FE.

Bei der Bestimmung des Flächeninhalts des rechts liegenden Flächenstücks kann der GTR behilflich sein:

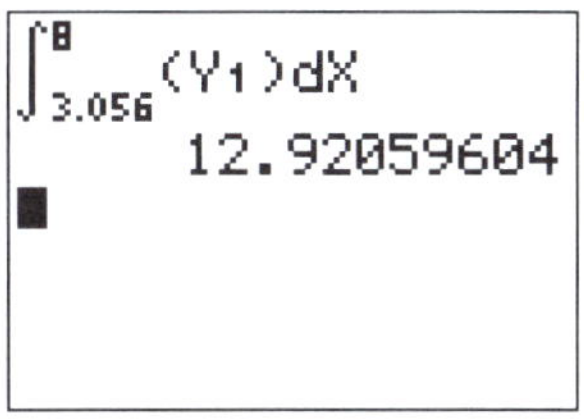

Aufgabe 6 *Götterbaum*

Im Botanischen Garten einer Großstadt wurde zu Beginn des vorigen Jahrhunderts ein junger Götterbaum (Ailanthus) gepflanzt. Jährlich wird seit seiner Anpflanzung ($t = 0$) der Umfang seines Stammes gemessen. Damit wird der durchschnittliche Durchmesser $d(t)$ des Baumstammes ermittelt, wobei t die Anzahl der Jahre nach der Pflanzung angibt.
In der nebenstehenden Abbildung ist das kontinuierliche Wachstum des Stammdurchmessers graphisch dargestellt.

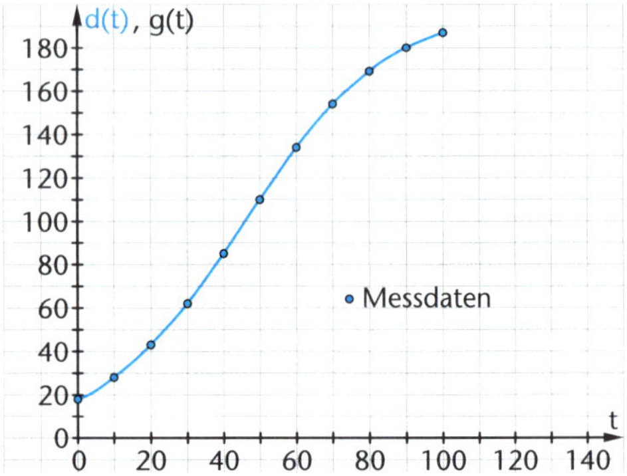

Die folgende Tabelle gibt die Messergebnisse wieder:

t in Jahren	0	10	20	30	40	50	60	70	80	90	100
Durchmesser d(t) in cm	18	28	43	62	85	110	134	154	169	180	187

a) Beschreiben Sie den Wachstumsprozess des Stammdurchmessers anhand der Eigenschaften des abgebildeten Graphen (Schnittpunkt mit der y-Achse, Monotonieverhalten, Wendepunkt, Verhalten für $t \to \infty$). C4

b) Ein mögliches Modell für das Wachstum des Stammdurchmessers ist die Funktion d_1 mit $d_1(t) = \frac{c}{1 + a \cdot e^{-b \cdot t}}$.
Ermitteln Sie die Parameter a, b und c anhand der für $t = 0$ und $t = 90$ in der obigen Tabelle angegebenen Messwerte sowie unter der Annahme eines maximalen Stammdurchmessers von 200 cm. C2
Im Folgenden soll zur Modellierung die Funktion $d(t) = \frac{200}{1 + 10 \cdot e^{-0{,}05 \cdot t}}$ verwendet werden.

c) Bestimmen Sie mithilfe des GTR die Koeffizienten derjenigen logistischen Wachstumfunktion, die am besten zu den o. a. Messdaten passt. Vergleichen Sie mit dem Ergebnis Ihrer Rechnung aus Teilaufgabe b).

Im Folgenden soll zur Modellierung die Funktion d mit $d(t) = \frac{200}{1 + 10 \cdot e^{-0{,}05 \cdot t}}$ verwendet werden.

d) Zeigen Sie, dass die erste Ableitung von d gegeben ist durch
$d'(t) = \frac{100 \cdot e^{-0{,}05 \cdot t}}{(1 + 10 \cdot e^{-0{,}05 \cdot t})^2}$. A2

e) Untersuchen Sie das Monotonieverhalten der Funktion d sowie deren Verhalten für $t \to \infty$. B5
Bestimmen Sie den Schnittpunkt des Graphen von d mit der y-Achse sowie den Wendepunkt.
Vergleichen Sie die gefundenen Eigenschaften mit denen aus a).
Ohne Nachweis verwendet werden kann: $d''(t) = \frac{(-5) \cdot e^{-0{,}05 \cdot t} \cdot (1 - 10 \cdot e^{-0{,}05 \cdot t})}{(1 + 10 \cdot e^{-0{,}05 \cdot t})^3}$. B2 B4

f) Ermitteln Sie für die Funktion d den Zeitpunkt, zu dem der Baum eine Dicke von 50 cm hatte sowie die Wachstumsgeschwindigkeit des Durchmessers zum Zeitpunkt der Anpflanzung. B3 C4

g) Betrachten Sie den gesamten Zeitraum der ersten 100 Jahre und bestimmen Sie den Zeitpunkt, an dem der Durchmesser des Baumstammes am schnellsten zunahm. Berechnen Sie auch die maximale Wachstumsgeschwindigkeit. B3 C4

h) (1) Überprüfen Sie, ob der Wachstumsprozess auch näherungsweise durch eine ganzrationale Funktion g dritten Grades mit
$g(t) = at^3 + bt^2 + ct + d$
modelliert werden kann.
Bestimmen Sie die Bedingungsgleichungen für die Koeffizienten so, dass die Funktionswerte von g mit den Messwerten für den Stammdurchmesser zu den Zeitpunkten $t = 0$, $t = 50$ und $t = 90$ übereinstimmen und die maximale Wachstumsgeschwindigkeit bei $t = 46$ vorliegt. C2

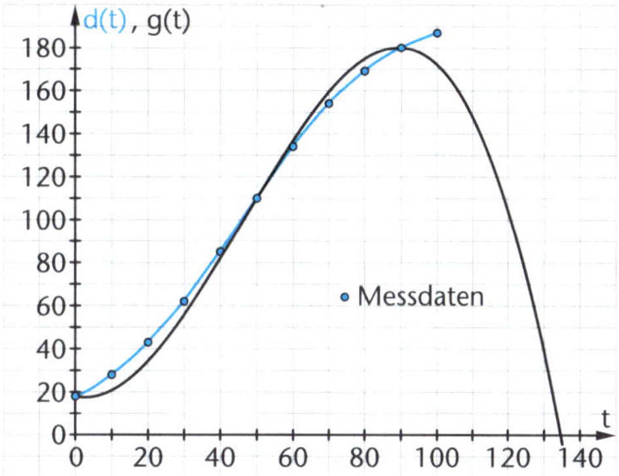

(2) Mithilfe eines Rechners kann man dieses Gleichungssystem lösen und erhält näherungsweise den Funktionsterm
$g(t) = -0{,}0005t^3 + 0{,}069t^2 - 0{,}36t + 18$.

Beurteilen Sie die Modellierung mithilfe von g anhand des rechts abgebildeten Graphen hinsichtlich seiner Tragfähigkeit im Vergleich zum Modell d. C4

i) Allgemein kann das logistische Wachstum mithilfe einer Funktion von Typ
$f(t) = \frac{f(0) \cdot S}{f(0) + [S - f(0)] \cdot e^{-k \cdot S \cdot t}}$ beschrieben werden. C4
Erläutern Sie, wieso auch durch den Funktionsterm $d(t) = \frac{200}{1 + 10 \cdot e^{-0{,}05 \cdot t}}$ ein logistischer Wachstumsprozess beschrieben wird.

j) Zeigen Sie, dass die Funktion d mit $d(t) = \frac{200}{1 + 10 \cdot e^{-0{,}05 \cdot t}}$ die Differenzialgleichung $d'(t) = k \cdot d(t) \cdot (S - d(t))$ erfüllt. C5

Lösung:

a) Zum Zeitpunkt der Anpflanzung hat der Stamm des Götterbaumes einen Durchmesser von 18 cm, es ist $d(0) = 18$. Zwischen $t = 0$ und $t \approx 50$ besitzt der Graph eine immer stärker zunehmende positive Steigung, d. h. in den ersten 50 Jahren wächst der Baum zunächst langsam, dann immer schneller.

t in Jahren	0	10	20	30	40	50	60	70	80	90	100
Durchmesser d(t) in cm	18	28	43	62	85	110	134	154	169	180	187
Zunahme		+10	+15	+19	+23	+25	+24	+20	+15	+11	+7

Die Wachstumsgeschwindigkeit des Stammdurchmessers ist ungefähr im fünfzigsten Jahr nach der Pflanzung am größten, danach verlangsamt sich das Wachstum. Dies erkennt man in der Abbildung daran, dass an der Stelle $t \approx 50$ eine Links-Rechts-

Wendestelle vorliegt, hier nimmt die positive Steigung des Graphen ein Maximum an, für größere t verringert sich die Steigung des Graphen wieder.
Für sehr große t nimmt die Steigung des Graphen kaum noch zu, der Graph besitzt für $t \to \infty$ eine waagerechte Asymptote. Viele Jahre nach der Pflanzung wächst der Durchmesser des Baumstammes kaum noch, der Stammdurchmesser nähert sich mit zunehmendem Alter einem maximalen Wert.

b) Zur Ermittlung der Funktionsparameter lassen sich nach den Angaben der Aufgabenstellung die folgenden Bedingungen formulieren:

(1) $d_1(0) = 18$ bedeutet: $\frac{c}{1+a} = 18$, d. h. $c = 18 + 18a$.

(2) $d_1(90) = 180$ bedeutet: $\frac{c}{1 + a \cdot e^{-90 \cdot b}} = 180$.

(3) Da der maximale Stammdurchmesser mit 200 cm angegeben ist, bedeutet dies, dass $c = 200$ ist, da $\lim\limits_{t\to\infty} d_1(t) = \frac{c}{1 + a \cdot 0} = c$.

Setzt man diesen Wert für c in Gleichung (1) ein, so ergibt sich $18a = 182$, also $a \approx 10{,}1$.
Einsetzen der beiden Werte für a und c in Gleichung (2) ergibt:

$$\frac{200}{1 + \frac{182}{18} \cdot e^{-90 \cdot b}} = 180 \Leftrightarrow 200 = 180 + 1820 \cdot e^{-90 \cdot b} \Leftrightarrow e^{-90 \cdot b} = \frac{20}{1820}$$

$$\Leftrightarrow -90b \approx -4{,}510 \Leftrightarrow b \approx 0{,}050.$$

c) Nach Eingabe der Messwerte bestimmt der GTR durch logistische Regression

$$d(t) = \frac{199{,}266}{1 + 10{,}056 \cdot e^{-0{,}0504 \cdot t}}$$

als Funktion mit optimaler Anpassung an diese Messwerte – in guter Übereinstimmung mit dem in Teilaufgabe b) bestimmten Funktionsterm.

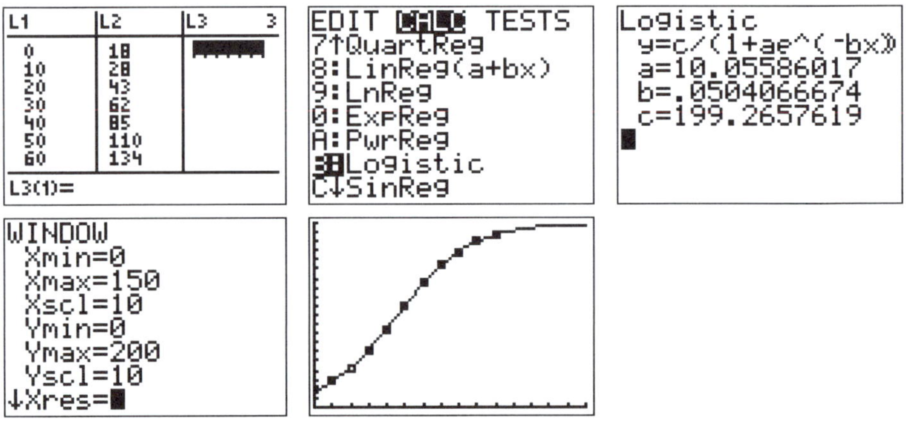

d) Den Funktionsterm kann man wie folgt notieren:

$$d(t) = \frac{200}{1 + 10 \cdot e^{-0{,}05 \cdot t}} = 200 \cdot (1 + 10 \cdot e^{-0{,}05 \cdot t})^{-1}.$$

Dann gilt nach Kettenregel:

$$d'(t) = 200 \cdot (-1) \cdot (1 + 10 \cdot e^{-0{,}05 \cdot t})^{-2} \cdot 10 \cdot e^{-0{,}05 \cdot t} \cdot (-0{,}05) = 100 \cdot e^{-0{,}05 \cdot t} \cdot (1 + 10 \cdot e^{-0{,}05 \cdot t})^{-2},$$

also $d'(t) = \frac{100 \cdot e^{-0{,}05 \cdot t}}{(1 + 10 \cdot e^{-0{,}05 \cdot t})^2}$.

e) Da Zähler und Nenner der 1. Ableitung für beliebige $t \geq 0$ positiv sind, ist der Graph von d auf $\mathbb{R}_0^+$ streng monoton steigend. Für $t \to \infty$ gilt:

$\lim\limits_{t \to \infty} d(t) \frac{200}{1 + 10 \cdot 0} = 200.$

Der Graph schneidet die y-Achse im Punkt $(0|d(0)) = (0|18)$, da

$d(0) = \frac{200}{1 + 10 \cdot e^0} = \frac{200}{11} \approx 18{,}2.$

Notwendige Bedingung für das Vorliegen eines Wendepunkts ist $d''(t) = 0$: Der Zähler der gegebenen 2. Ableitung wird null, wenn der Klammerterm gleich null wird:
$10 \cdot e^{-0{,}05 \cdot t} = 1 \Leftrightarrow e^{-0{,}05 \cdot t} = 0{,}1 \Leftrightarrow -0{,}05 \cdot t = \ln(0{,}1) \Leftrightarrow t \approx 46$

Dort liegt ein Vorzeichenwechsel der 2. Ableitung vor (beispielsweise gilt: $d''(40) \approx 0{,}018$ und $d''(50) \approx -0{,}0122$), also hat der Graph von d bei $t \approx 46$ einen Krümmungswechsel von einer Links- in eine Rechtskurve. Der Wendepunkt hat näherungsweise die Koordinaten $(46|d(46)) = (46|100)$.

Die gefundenen Eigenschaften stimmen mit dem in Teilaufgabe a) beschriebenen grafischen Verlauf überein.

Zusatz: Bestimmung der 2. Ableitung:

Aus $d'(t) = 100 \cdot e^{-0{,}05 \cdot t} \cdot (1 + 10 \cdot e^{-0{,}05 \cdot t})^{-2}$ ergibt sich nach Anwendung von Produkt- und Kettenregel:

$$\begin{aligned} d''(t) &= 100 \cdot e^{-0{,}05 \cdot t} \cdot (-0{,}05) \cdot (1 + 10 \cdot e^{-0{,}05 \cdot t})^{-2} \\ &\quad + 100 \cdot e^{-0{,}05 \cdot t} \cdot (-2) \cdot (1 + 10 \cdot e^{-0{,}05 \cdot t})^{-3} \cdot 10 \cdot e^{-0{,}05 \cdot t} \cdot (-0{,}05) \\ &= 100 \cdot e^{-0{,}05 \cdot t} \cdot (-0{,}05) \cdot (1 + 10 \cdot e^{-0{,}05 \cdot t})^{-3} \cdot ((1 + 10 \cdot e^{-0{,}05 \cdot t}) + (-2) \cdot 10 \cdot e^{-0{,}05 \cdot t}) \\ &= (-5) \cdot e^{-0{,}05 \cdot t} \cdot (1 + 10 \cdot e^{-0{,}05 \cdot t})^{-3} \cdot (1 + 10 \cdot e^{-0{,}05 \cdot t} - 20 \cdot e^{-0{,}05 \cdot t}) \\ &= (-5) \cdot e^{-0{,}05 \cdot t} \cdot (1 - 10 \cdot e^{-0{,}05 \cdot t}) \cdot (1 + 10 \cdot e^{-0{,}05 \cdot t})^{-3} \end{aligned}$$

f) Gesucht ist zunächst der Zeitpunkt t, für den gilt: $d(t) = \frac{200}{1 + 10 \cdot e^{-0{,}05 \cdot t}} = 50.$

Umformungen ergeben: $200 = 50 + 500 \cdot e^{-0{,}05 \cdot t} \Leftrightarrow e^{-0{,}05 \cdot t} = 0{,}3 \Leftrightarrow t \approx 24{,}1.$
Im 25. Jahr nach der Anpflanzung erreichte der Baum eine Dicke von 50 cm.
Die Wachstumsgeschwindigkeit zum Zeitpunkt der Anpflanzung war

$d'(0) = \frac{100}{(1 + 10)^2} = \frac{100}{121} \approx 0{,}83,$

d. h. sie betrug 0,8 cm pro Jahr.

g) Der Zeitpunkt mit der größten Wachstumsgeschwindigkeit entspricht derjenigen Stelle t, an der die erste Ableitungsfunktion d' im betrachteten Zeitintervall ein Maximum annimmt. Dies ist die Stelle, an welcher der Graph die größte positive Steigung besitzt. Ein Maximum der Steigung liegt an der Wendestelle $t \approx 46$ mit $d'(46) \approx 2{,}5$ vor. Geprüft werden muss nun, ob der Graph an den Rändern des Intervalls größere Steigungswerte besitzt. Dies ist nicht der Fall, denn es ist $d'(0) \approx 0{,}8$ (siehe e)) und

für große t nähern sich die Steigungswerte wegen $\lim\limits_{t \to \infty} d'(t) = 0$ dem Wert null, so auch

$d'(100) \approx 0{,}6$. Der Stamm des Götterbaumes wuchs nach ca. 46 Jahren am schnellsten, dabei nahm sein Durchmesser um ungefähr 2,5 cm pro Jahr zu.

h) (1) Mit dem Ansatz $g(t) = at^3 + bt^2 + ct + d$ und $g'(t) = 3at^2 + 2bt + c$ sowie $g''(t) = 6at + 2b$ erhält man die Bedingungen
$g(0) = 18 \Leftrightarrow d = 18$,
$g(50) = 110 \Leftrightarrow 125000a + 2500b + 50c + d = 110$,
$g(90) = 180 \Leftrightarrow 729000a + 8100b + 90c + d = 180$,
$g''(46) = 0 \Leftrightarrow 276a + 2b = 0$.

(2) Offensichtlich weicht der Graph von g zwischen t = 0 bis t = 40 sowie zwischen t = 60 bis t = 80 stärker von den Messpunkten ab als der Graph von d. Das Wachstum in diesen Jahren wird also nur näherungsweise modelliert. Das Modell g ist dagegen nicht geeignet, den Wachstumsprozess mit zunehmendem Alter des Baumes zu modellieren, da der Graph ab $t \approx 90$ eine negative Steigung besitzt.
Dies würde bedeuten, dass der Durchmesser des Stammes ungefähr 90 Jahre nach der Anpflanzung mit zunehmendem Alter abnimmt.

i) Der Funktionsterm $f(t) = \frac{f(0) \cdot S}{f(0) + [S - f(0)] \cdot e^{-k \cdot S \cdot t}}$ kann man umformen, indem man Zähler und Nenner des Bruches durch f(0) dividiert:

$$f(t) = \frac{S}{1 + \left[\frac{S}{f(0)} - 1\right] \cdot e^{-k \cdot S \cdot t}}.$$

Hier ist $f(0) = \frac{200}{11}$ und $S = 200$ sowie $k = 0{,}00025$, also $\frac{S}{f(0)} = 11$ und $\frac{S}{f(0)} - 1 = 10$ sowie $k \cdot S = 0{,}00025 \cdot 200 = 0{,}05$.

j) Gemäß Teilaufgabe d) gilt: $d'(t) = \frac{100 \cdot e^{-0{,}05 \cdot t}}{(1 + 10 \cdot e^{-0{,}05 \cdot t})^2}$.

Dann ist:

$$0{,}00025 \cdot \frac{200}{1 + 10 \cdot e^{-0{,}05 \cdot t}} \cdot \left(200 - \frac{200}{1 + 10 \cdot e^{-0{,}05 \cdot t}}\right) = \frac{10}{1 + 10 \cdot e^{-0{,}05 \cdot t}} - \frac{10}{(1 + 10 \cdot e^{-0{,}05 \cdot t})^2}$$

$$= \frac{10 + 100 \cdot e^{-0{,}05 \cdot t} - 10}{(1 + 10 \cdot e^{-0{,}05 \cdot t})^2}$$

$$= \frac{100 \cdot e^{-0{,}05 \cdot t}}{(1 + 10 \cdot e^{-0{,}05 \cdot t})^2}.$$

Aufgabe 7 *Marienkirche in Dortmund*

Die Turmspitze der Marienkirche in Dortmund hat eine quadratische Grundfläche ABCD (die Seitenlänge werde mit 8 m angenommen), auf der vier senkrecht gemauerte gleichseitige Dreiecke stehen; die vierteiligen Dachflächen der Turmspitze sind rautenförmig.

Ein lokales Koordinatensystem ist so festgelegt, dass die Straßenebene durch $z = 0$ bestimmt ist und die Ecken A, B, C, D folgende Koordinaten haben:
$A(-4|-4|z)$, $B(+4|-4|z)$, $C(+4|+4|z)$ und $D(-4|+4|z)$, mit $z > 0$.

Die Turmspitze liegt 42,50 m über dem Straßenniveau.

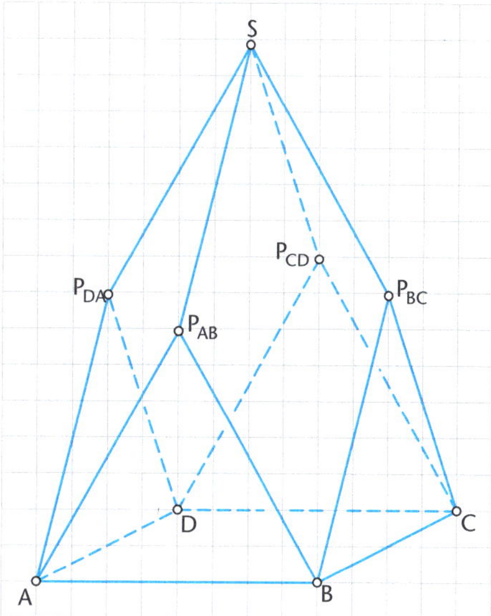

a) Bestimmen Sie die Koordinaten der oberen Eckpunkte P_{AB}, P_{BC}, P_{CD}, P_{DA} der gleichseitigen Dreiecke zunächst in Abhängigkeit von z sowie die Koordinaten der Turmspitze S (auf der das Kreuz steht). Geben Sie die Koordinaten der Eckpunkte der Grundfläche auch numerisch an. (Angaben mit 2 Dezimalstellen).
[Kontrollergebnis: $z = 28{,}64$] **E1**

Aus der Formelsammlung:
Für die Höhe h im gleichseitigen Dreieck mit Seitenlänge a gilt:

$$h = \frac{a}{2} \cdot \sqrt{3}.$$

b) Bestimmen Sie die Gleichung für die Dachfläche, die den Punkt A enthält, in Parameterform. **F3** **F4**

c) Das Kreuz auf der Turmspitze soll durch vier Laserstrahler so beleuchtet werden, dass der Strahl genau über die zum Kreuz führenden Dachkanten führt und diese zusätzlich beleuchtet. Die Laserstrahler sollen ebenerdig montiert werden. Berechnen Sie, in welcher Entfernung von der Turmmitte die Strahler zu montieren sind, und bestimmen Sie den Winkel α, den die Strahlen gegenüber dem Straßenniveau haben. Führen Sie Ihre Untersuchungen für *einen* der vier Laserstrahler durch. **F1** **F5** **G1**

d) Berechnen Sie die Innenwinkel β und γ der Rauten und die Neigung δ der rautenförmigen Dachflächen gegenüber dem Grundniveau. **G1**

e) Bestimmen Sie das Volumen des Dachraums der Turmspitze oberhalb des Quadrats ABCD (die Dicke der Mauern und des Dachs werden vernachlässigt). **G2**

f) Die Statik der Dachkonstruktion soll durch Stützbalken verstärkt werden. Diese verbinden die Mitten der Rauten mit dem jeweils gegenüberliegenden Eckpunkt des Grundquadrats ABCD. Bestimmen Sie die Länge dieser Balken (die sich im Innern der Kirchturmspitze gegenseitig durchdringen) sowie deren Neigungswinkel ε mithilfe der Methoden der Vektorgeometrie. **E3** **G1**

Lösung

a) Koordinaten der oberen Eckpunkte der gleichseitigen Dreiecke: Für die Höhe h im gleichseitigen Dreieck gilt: $h = \frac{a}{2} \cdot \sqrt{3}$, also hier $h = \frac{8}{2} \cdot \sqrt{3} = 4 \cdot \sqrt{3} \approx 6{,}93$ m.

Die oberen Eckpunkte der Dreiecke haben daher die Koordinaten $P_{AB}(0\,|-4\,|\,z+6{,}93)$, $P_{BC}(4\,|\,0\,|\,z+6{,}93)$, $P_{CD}(0\,|\,4\,|\,z+6{,}93)$, $P_{DA}(-4\,|\,0\,|\,z+6{,}93)$.

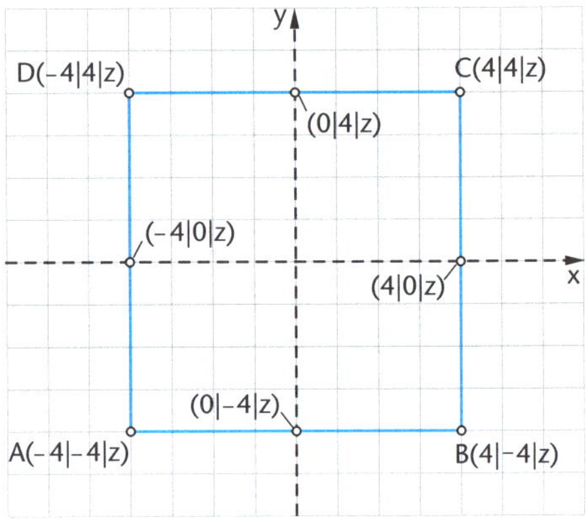

Die Turmspitze S liegt dann noch einmal 6,93 m höher, wie sich aus der Rautenform der Dachflächen ergibt.
Da die Turmspitze über der Mitte des Quadrats ABCD liegt, gilt für deren Koordinaten: $S(0\,|\,0\,|\,42{,}50)$.

Da sich für die eigentliche Turmspitze eine Höhe von $2 \cdot 6{,}93$ m $= 13{,}86$ m ergibt, muss gelten:
$z = 42{,}50 - 13{,}86 = 28{,}64$.

Es gilt also: $A(-4\,|-4\,|\,28{,}64)$, $B(+4\,|-4\,|\,28{,}64)$, $C(+4\,|+4\,|\,28{,}64)$ und $D(+4\,|-4\,|\,28{,}64)$ sowie
$P_{AB}(0\,|-4\,|\,35{,}57)$, $P_{BC}(4\,|\,0\,|\,35{,}57)$, $P_{CD}(0\,|\,4\,|\,35{,}57)$, $P_{DA}(-4\,|\,0\,|\,35{,}57)$.

b) Die Dachflächen-Ebene wird aufgespannt durch die beiden Vektoren, die vom Eckpunkt A ausgehen und zu je zwei benachbarten Punkten P_{AB} und P_{DA} führen.
Für die Ebene, die den Punkt A enthält, gilt also:

$$E_A: \vec{x} = \overrightarrow{OA} + r \cdot \overrightarrow{AP_{DA}} + s \cdot \overrightarrow{AP_{AB}} = \begin{pmatrix} -4 \\ -4 \\ 28{,}64 \end{pmatrix} + r \cdot \begin{pmatrix} -4-(-4) \\ 0-(-4) \\ 35{,}57-28{,}64 \end{pmatrix} + s \cdot \begin{pmatrix} 0-(-4) \\ -4-(-4) \\ 35{,}57-28{,}64 \end{pmatrix} =$$

$$= \begin{pmatrix} -4 \\ -4 \\ 28{,}68 \end{pmatrix} + r \cdot \begin{pmatrix} 0 \\ 4 \\ 6{,}93 \end{pmatrix} + s \cdot \begin{pmatrix} 4 \\ 0 \\ 6{,}93 \end{pmatrix}.$$

c) Gesucht wird die Gerade, die sich aus der Verlängerung z. B. der Strecke zwischen P_{AB} und S ergibt, also:

$$g_{AB}: \vec{x} = \overrightarrow{OP_{AB}} + r \cdot \overrightarrow{P_{AB}S} = \begin{pmatrix} 0 \\ -4 \\ 35{,}57 \end{pmatrix} + r \cdot \begin{pmatrix} 0-0 \\ 0-(-4) \\ 42{,}50-35{,}57 \end{pmatrix}$$

$$= \begin{pmatrix} 0 \\ -4 \\ 35{,}57 \end{pmatrix} + r \cdot \begin{pmatrix} 0 \\ 4 \\ 6{,}93 \end{pmatrix}.$$

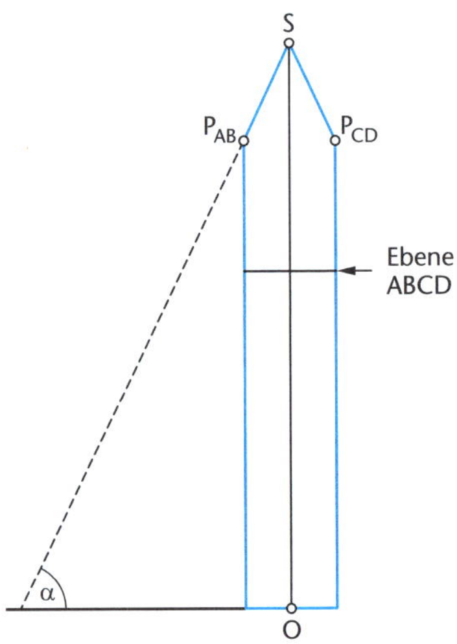

Diese Gerade schneidet die x_1-x_2-Ebene genau dann, wenn $x_3 = 0$, also wenn
$35{,}57 + 6{,}93 \cdot r = 0$, d. h. für $r \approx -5{,}133$.
Einsetzen dieses Parameterwerts in der Geradengleichung ergibt die Koordinaten des Montagepunkts des Laserstrahlers:

$$\vec{x} = \begin{pmatrix} 0 \\ -4 \\ 35{,}57 \end{pmatrix} + (-5{,}133) \cdot \begin{pmatrix} 0 \\ 4 \\ 6{,}93 \end{pmatrix} = \begin{pmatrix} 0 \\ -24{,}532 \\ 0 \end{pmatrix}.$$

Der Laserstrahler müsste ca. 24,53 m von der Turmmitte entfernt montiert werden.

Der zu bestimmende Winkel α wird bestimmt durch den Richtungsvektor der Geraden und einen Vektor, der vom Montagepunkt des Laserstrahlers auf den Ursprung des Koordinatensystems weist:

$$\cos(\alpha) = \frac{\left|\begin{pmatrix}0\\24{,}53\\0\end{pmatrix} * \begin{pmatrix}0\\4\\6{,}93\end{pmatrix}\right|}{24{,}53 \cdot \sqrt{4^2+6{,}93^2}} \approx \frac{98{,}12}{196{,}28} \approx 0{,}500 \Rightarrow \alpha \approx 60{,}0°.$$

Alternativ ist auch eine Argumentation möglich, dass das Dreieck $P_{AB}P_{CD}S$ gleichseitig ist und daher in diesem Dreieck, also auch am Montagepunkt, ein Winkel von 60° auftritt.

d) Innenwinkel β der Rauten = Winkel zwischen den Richtungsvektoren der Ebene E_A:

$$\cos(\beta) = \frac{\left|\begin{pmatrix}0\\4\\6{,}93\end{pmatrix} * \begin{pmatrix}0\\0\\6{,}93\end{pmatrix}\right|}{\sqrt{4^2+6{,}93^2} \cdot \sqrt{4^2+6{,}93^2}} \approx \frac{48{,}0249}{64{,}0249} \approx 0{,}7501 \Rightarrow \beta \approx 41{,}4°.$$

Der Komplementärwinkel der Raute ist γ ≈ 48,6°.

Neigungswinkel δ der Dachfläche = Winkel zwischen einem Normalenvektor der Ebene, die durch ABCD geht (parallel zur x_1-x_2-Ebene) und zu einem Normalenvektor der Ebene E_A:

$$\cos(\delta) = \frac{\left|\begin{pmatrix}0\\0\\1\end{pmatrix} * \begin{pmatrix}6{,}93\\6{,}93\\-4\end{pmatrix}\right|}{\sqrt{1^2} \cdot \sqrt{6{,}93^2+6{,}93^2+(-4^2)}} \approx \frac{4}{10{,}5854} \approx 0{,}3779 \Rightarrow \delta \approx 67{,}8°,$$

denn offensichtlich ist der Vektor $\vec{n_1} = \begin{pmatrix}6{,}93\\6{,}93\\-4\end{pmatrix}$ ein Normalenvektor zu den beiden

Richtungsvektoren der Ebene, da gilt $\begin{pmatrix}0\\4\\6{,}93\end{pmatrix} * \begin{pmatrix}6{,}93\\6{,}93\\-4\end{pmatrix} = 0$ und $\begin{pmatrix}4\\0\\6{,}93\end{pmatrix} * \begin{pmatrix}6{,}93\\6{,}93\\-4\end{pmatrix} = 0$.

e) Man betrachtet getrennt das Volumen des Körpers bis zu den Punkten P_{AB}, P_{BC}, P_{CD}, P_{DA} und der darauf sitzenden quadratischen Pyramide mit Seitenlänge $4\sqrt{2}$ und der Höhe 6,93 m. Der untere Teilkörper ergibt sich, wenn man vom Volumen eines Quader mit quadratischer Grundfläche (Seitenlänge 8 m) und Höhe 6,93 m die Volumina von vier Pyramiden subtrahiert, deren Grundfläche rechtwinklig ist (Kathetenlänge 4 m) und deren Höhe 6,93 m.

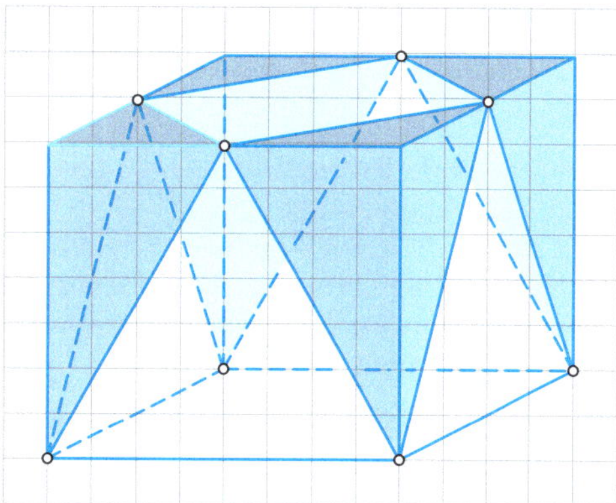

Insgesamt ergibt sich:

$$V = 8^2 \cdot 6{,}93 - 4 \cdot \left(\frac{1}{3} \cdot \frac{1}{2} \cdot 4^2 \cdot 6{,}93\right) + \frac{1}{3} \cdot (4\sqrt{2})^2 \cdot 6{,}93 \approx 443{,}5\ \text{m}^3.$$

f) Einer der Balken verbindet den Mittelpunkt $M_A(-2|-2|35{,}57)$ der Strecke $P_{DA}P_{AB}$ mit dem gegenüber liegenden Punkt $C(+4|+4|28{,}64)$. Die Länge dieses Balkens, also die Länge des Vektors $\overrightarrow{CM_A} = \begin{pmatrix}-6\\-6\\6{,}93\end{pmatrix}$, ist $\sqrt{(-6)^2+(-6)^2+6{,}93^2} \approx 10{,}96$ m.

Der Neigungswinkel ε des Balkens ergibt sich aus dem Winkel zwischen dem Vektor

$\overrightarrow{CM_A} = \begin{pmatrix} -6 \\ -6 \\ 6{,}93 \end{pmatrix}$ und dem Verbindungsvektor $\overrightarrow{CA} = \begin{pmatrix} -8 \\ -8 \\ 0 \end{pmatrix}$ von C nach A:

$$\cos(\varepsilon) = \frac{\begin{pmatrix} -6 \\ -6 \\ 6{,}93 \end{pmatrix} * \begin{pmatrix} -8 \\ -8 \\ 0 \end{pmatrix}}{\sqrt{(-6)^2 + (-6)^2 + 6{,}93^2} \cdot \sqrt{(-8)^2 + (-8)^2 + 0^2}} \approx \frac{96}{123{,}948} \approx 0{,}7745 \Rightarrow \varepsilon \approx 39{,}2°.$$

Aufgabe 8 *Die Scheune*

Die Abbildung zeigt eine Scheune mit einem Pultdach. Die Eckpunkte haben die Koordinaten A (6|0|0), B (6|10|0), C (0|10|0), F (6|0|3), G (6|10|3), H (0|10|4), K (0|0|4).

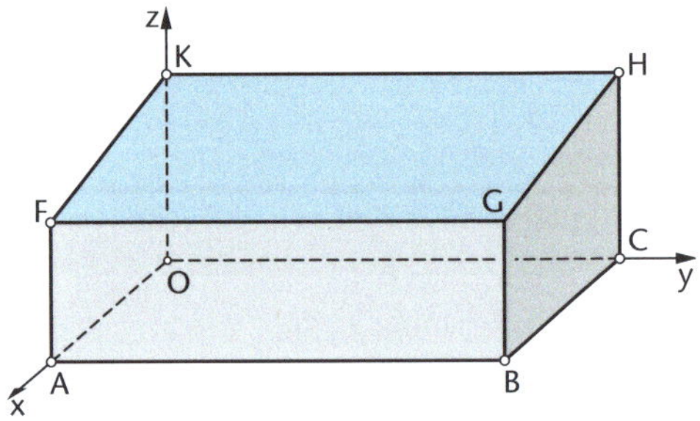

Auf dem Boden des Hauses wird ein 5 m langes, senkrecht stehendes Schornsteinrohr aufgestellt. Zur Vereinfachung betrachten wir bei der geometrischen Beschreibung dieses Schornsteinrohres nur den im Schornsteininneren verlaufenden Teil seiner Symmetrieachse. Der Fuß des Schornsteinrohres befindet sich dann im Punkt I (4|7|0). Eine Längeneinheit entspricht einem Meter.

a) Berechnen Sie den Rauminhalt der Scheune und die Größe ihrer Dachfläche. G2

b) Die schräg verlaufende Dachfläche liege in der Ebene E.

   (1) Geben Sie für die Ebene E eine Parameterdarstellung an. F3
   (2) Untersuchen Sie, ob der Punkt P (1,5|7,5|3,75) auf E liegt. F3
   (3) Bestimmen Sie den Neigungswinkel des Daches. G1
   (4) Berechnen Sie den Abstand der Spitze des Schornsteinrohres vom Dach. G3

c) Eine Sicherheitsvorschrift besagt, dass das Schornsteinrohr mindestens 2 m aus dem Dach herausragen muss.
   Bestimmen Sie den Punkt, in dem das Schornsteinrohr die Dachfläche durchstößt und begründen Sie Ihre Entscheidung, ob die Sicherheitsvorschrift eingehalten wird. Berechnen Sie, wie viel Prozent des Schornsteinrohres sich außerhalb des Daches befinden. F4

d) Paralleles Sonnenlicht fällt in Richtung des Vektors $\vec{v} = \begin{pmatrix} -1 \\ 2 \\ -3 \end{pmatrix}$ ein.

   Berechnen Sie den Schattenpunkt der Spitze des Schornsteinrohres auf der Dachfläche. F4

Lösung

a) Wir fassen das Gebäude als Prisma auf mit Grundfläche BCHG und Höhe AB. Die Grundfläche ist ein Trapez mit den parallelen Seiten BG und CH sowie der Flächenhöhe BC. Das Volumen des Prismas beträgt

$$V = \frac{1}{2} \cdot (|\overrightarrow{BG}| + |\overrightarrow{CH}|) \cdot |\overrightarrow{BC}| \cdot |\overrightarrow{AB}| = \frac{1}{2} \cdot (3\,\text{m} + 4\,\text{m}) \cdot 6\,\text{m} \cdot 10\,\text{m} = 210\,\text{m}^3.$$

Die fehlende Kantenlänge der Dachfläche erhält man als Länge des Vektors $\overrightarrow{GH} = \begin{pmatrix} -6 \\ 0 \\ 1 \end{pmatrix}$ zu $\sqrt{37}$ m. Damit beträgt der Flächeninhalt der Dachfläche $A = 10 \cdot \sqrt{37} \approx 60{,}83\ m^2$.

b) (1) Die Ebene E wird beispielsweise aufgespannt durch die Vektoren $\overrightarrow{FG}$ und $\overrightarrow{FK}$, also

$$E: \vec{x} = \begin{pmatrix} 6 \\ 0 \\ 3 \end{pmatrix} + r \begin{pmatrix} 0 \\ 1 \\ 0 \end{pmatrix} + s \begin{pmatrix} -6 \\ 0 \\ 1 \end{pmatrix}.$$

(2) Wenn der Punkt P in der Ebene E liegt, muss es Parameterwerte r uns s geben, so dass das lineare Gleichungssystem

$$\left| \begin{array}{l} 6 + 0r - 6s = 1{,}5 \\ 0 + 1r + 0s = 7{,}5 \\ 3 + 0r + 1s = 3{,}75 \end{array} \right| \text{ erfüllt ist.}$$

Aus der 2. Gleichung des Gleichungssystems liest man unmittelbar ab, dass $r = 7{,}5$ ist, und aus der 1. und der 3. Gleichung des Gleichungssystems ergibt sich übereinstimmend: $s = 0{,}75$.

(3) An den Richtungsvektoren der Ebene E kann man unmittelbar ablesen:

Der Vektor $\vec{n} = \begin{pmatrix} 1 \\ 0 \\ 6 \end{pmatrix}$ ist orthogonal zu $\overrightarrow{FG}$ und $\overrightarrow{FK}$.

Der Neigungswinkel α kann z. B. als Winkel zwischen $\vec{n} = \begin{pmatrix} 1 \\ 0 \\ 6 \end{pmatrix}$ und einem zur 3. Koordinatenachse parallelen Vektor berechnet werden: $\cos\alpha = \dfrac{\begin{pmatrix} 1 \\ 0 \\ 6 \end{pmatrix} * \begin{pmatrix} 0 \\ 0 \\ 1 \end{pmatrix}}{\left|\begin{pmatrix} 1 \\ 0 \\ 6 \end{pmatrix}\right| \cdot \left|\begin{pmatrix} 0 \\ 0 \\ 1 \end{pmatrix}\right|} = \dfrac{6}{\sqrt{37}}$

oder elementar im rechtwinkligen Dreieck mit $\tan\alpha = \frac{1}{6}$ zu $\alpha \approx 9{,}5°$.

(4) Die Spitze des Schornsteins liegt im Punkt S (4|7|5).
Gesucht ist der Schnittpunkt des Lotes zur Dachfläche mit der Dachfläche.
Das Lot lässt sich durch folgende Parameterdarstellung beschreiben:

$$l: \vec{x} = \begin{pmatrix} 4 \\ 7 \\ 5 \end{pmatrix} + t \cdot \begin{pmatrix} 1 \\ 0 \\ 6 \end{pmatrix}.$$

Gemeinsame Punkte von l und E erfüllen das Gleichungssystem:

$$\begin{pmatrix} 4 \\ 7 \\ 5 \end{pmatrix} + t \cdot \begin{pmatrix} 1 \\ 0 \\ 6 \end{pmatrix} = \begin{pmatrix} 6 \\ 0 \\ 3 \end{pmatrix} + r \cdot \begin{pmatrix} 0 \\ 1 \\ 0 \end{pmatrix} + s \cdot \begin{pmatrix} -6 \\ 0 \\ 1 \end{pmatrix} \Leftrightarrow \left| \begin{array}{l} 0r - 6s - 1t = -2 \\ 1r + 0s + 0t = 7 \\ 0r + 1s - 6t = 2 \end{array} \right|$$

Mithilfe des GTR kann man die Parameterwerte finden:

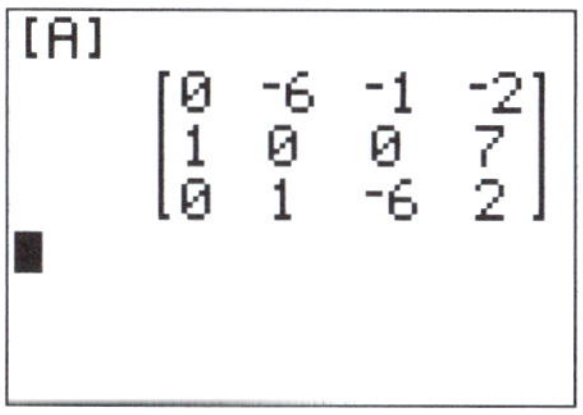

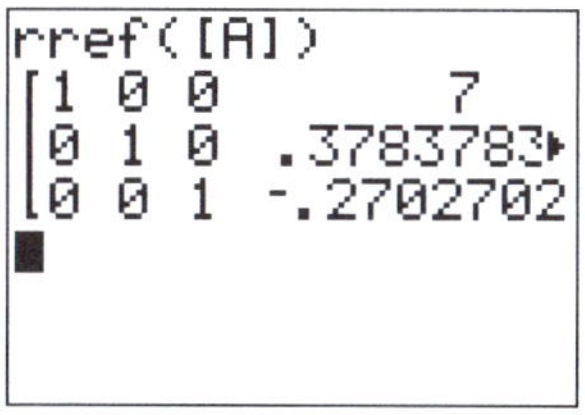

Einsetzen der Parameterwerte in die Parameterdarstellung der Lotgerade (und zur Kontrolle in die Parameterdarstellung der Ebene) ergibt den Punkt F (3,73|7|3,38).

Der Abstand ergibt sich daher aus der Wurzel aus
$(3{,}73-4)^2+(7-7)^2+(3{,}38-5)^2=2{,}6973$,
beträgt also ungefähr 1,64 m.

c) Den Schnittpunkt Q der Ebene E mit der Geraden $g\colon \vec{x}=\begin{pmatrix}4\\7\\0\end{pmatrix}+t\cdot\begin{pmatrix}0\\0\\1\end{pmatrix}$, welche die Symmetrieachse des Schornsteinrohrs beschreibt, erhält man durch Gleichsetzen mit der Parameterdarstellung der Ebene, also durch das lineare Gleichungssystem:

$$\begin{pmatrix}4\\7\\0\end{pmatrix}+t\cdot\begin{pmatrix}0\\0\\1\end{pmatrix}=\begin{pmatrix}6\\0\\3\end{pmatrix}+r\cdot\begin{pmatrix}0\\1\\0\end{pmatrix}+s\cdot\begin{pmatrix}-6\\0\\1\end{pmatrix}\Leftrightarrow\left|\begin{matrix}0r-6s+0t=-2\\1r-0s+0t=7\\0r+1s-1t=-3\end{matrix}\right|$$

Die Parameterwerte lassen sich unmittelbar ablesen: $s=\frac{1}{3}$; $r=7$ und $t=\frac{10}{3}$

Einsetzen der Parameterwerte in die Parameterdarstellung der Gerade (und zur Kontrolle in die Parameterdarstellung der Ebene) ergibt also:

$$\vec{q}=\begin{pmatrix}4\\7\\0\end{pmatrix}+\frac{10}{3}\cdot\begin{pmatrix}0\\0\\1\end{pmatrix}=\begin{pmatrix}4\\7\\\frac{10}{3}\end{pmatrix}\text{ und } Q\left(4|7|\tfrac{10}{3}\right).$$

Da das Schornsteinrohr also nur 1,67 m aus dem Dach herausragt, ist die Sicherheitsvorschrift nicht erfüllt.

Es liegen $1-\frac{\frac{10}{3}}{5}\approx 33\,\%$ des Schornsteins außerhalb des Dachs.

d) Den Schattenpunkt R der Schornsteinspitze auf der Dachfläche erhält man als Schnittpunkt der Gerade $k\colon \vec{x}=\begin{pmatrix}4\\7\\5\end{pmatrix}+t\cdot\begin{pmatrix}-1\\2\\-3\end{pmatrix}$ mit der Ebene E

also als Lösung des linearen Gleichungssystems

$$\begin{pmatrix}4\\7\\5\end{pmatrix}+t\cdot\begin{pmatrix}-1\\2\\-3\end{pmatrix}=\begin{pmatrix}6\\0\\3\end{pmatrix}+r\cdot\begin{pmatrix}0\\1\\0\end{pmatrix}+s\cdot\begin{pmatrix}-6\\0\\1\end{pmatrix}\Leftrightarrow\left|\begin{matrix}0r-6s+1t=-2\\1r+0s-2t=7\\0r+1s+3t=2\end{matrix}\right|$$

Mithilfe des GTR kann man die Parameterwerte finden:

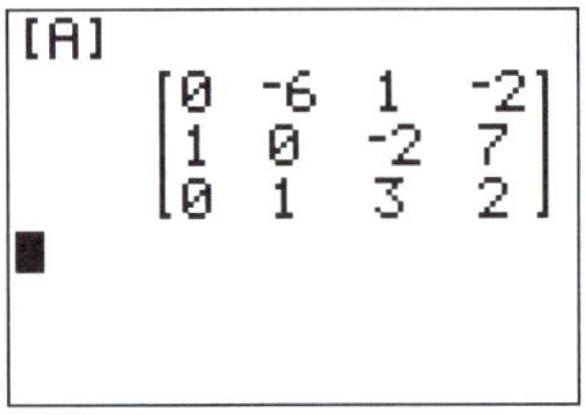

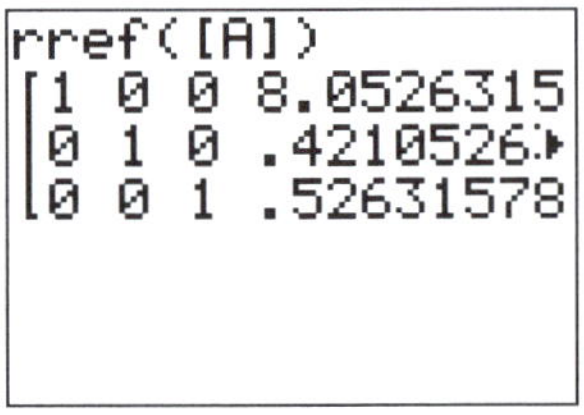

Einsetzen der Parameterwerte in die Parameterdarstellung der Gerade (und zur Kontrolle in die Parameterdarstellung der Ebene) ergibt

$$\vec{r}=\begin{pmatrix}4\\7\\5\end{pmatrix}+0{,}526\cdot\begin{pmatrix}-1\\2\\-3\end{pmatrix}=\begin{pmatrix}3{,}474\\8{,}052\\3{,}422\end{pmatrix}\text{, also } R(3{,}47|8{,}05|3{,}42).$$

Aufgabe 9 *Das Rhombendodekaeder*

Johannes KEPLER (1571 bis 1630), der die Gesetze der Planetenbewegung aufstellte, erkannte 1619, dass die Basis der Bienenwabe die Hälfte eines Rhombendodekaeders ist.

Auch Kristalle, wie z. B. der Granat, können die Form eines Rhombendodekaeders aufweisen.

Ein Rhombendodekaeder entsteht, wenn auf den 6 Seitenflächen eines Würfels (hier mit der Kantenlänge 2 LE) gerade quadratische Pyramiden aufgesetzt werden. Die Höhe der Pyramiden beträgt in diesem Fall 1 LE.
Der Ursprung des Koordinatensystems wird in die Mitte des Würfels gelegt.
Der entstandene Körper hat 12 kongruente Seitenflächen.

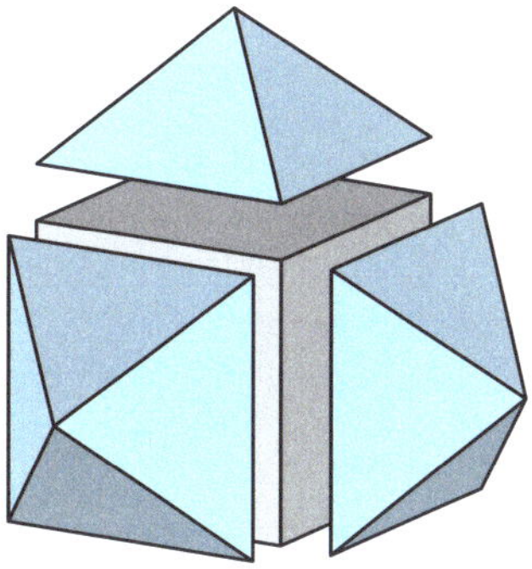

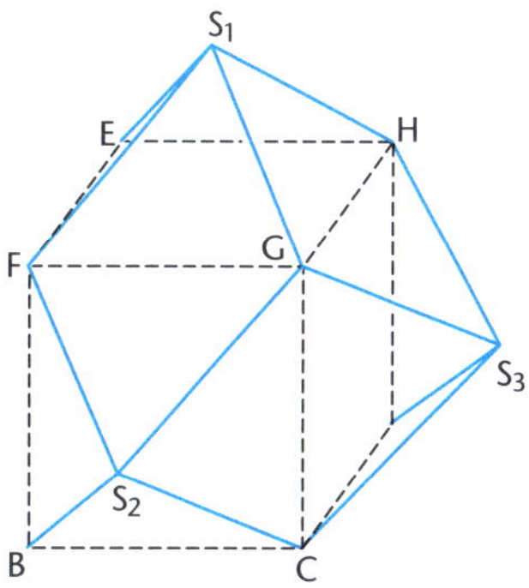

a) (1) Zeigen Sie, dass die Punkte $F(1|-1|1)$, $G(1|1|1)$, $S_1(0|0|2)$ und $S_2(2|0|0)$ in einer Ebene liegen und begründen Sie, dass die Seitenfläche FS_1GS_2 eine Raute ist. E3 F3
   (2) Berechnen Sie die Maße der Innenwinkel dieser Raute.
   (3) Berechnen Sie das Maß des von zwei benachbarten Seitenflächen eingeschlossenen Winkels. G1

b) Untersuchen Sie die Lagebeziehung der Geraden g_{GS_1} und h_{CS_2}. F2
   (eA) Bestimmen Sie falls möglich ihren Abstand. G5

c) (1) Berechnen Sie den gesamten Oberflächeninhalt des Rhombendodekaeders.
   (2) Berechnen Sie das Volumen des Rhombendodekaeders. G2

d) In dieser Teilaufgabe wird die 6-eckige Öffnung der Bienenwabe untersucht, so wie man sie von den Abbildungen der Bienenwaben kennt und wie sie auch oben links zu sehen ist.

   (1) Die Eckpunkte C, F und H legen die Ebene E_1 fest. Bestimmen Sie eine Koordinatengleichung für diese Ebene. F5
   [Kontrollergebnis: E_1: $x_1 + x_2 + x_3 = 1$]

   (2) Die Ebene E_1 schneidet die Gerade g_{ES_1}, g_{BS_2} und g_{DS_3} in jeweils einem Punkt. Bestimmen Sie die Koordinaten dieser drei Schnittpunkte P, Q und R. F6

(3) Die Punkte C, F, H und P, Q, R liegen also in einer Ebene. Sie bilden die Eckpunkte eines regelmäßigen Sechsecks. Berechnen Sie die Seitenlänge dieses Sechsecks am Beispiel der Punkte $Q\left(\frac{5}{3}\middle|-\frac{1}{3}\middle|-\frac{1}{3}\right)$, C und F. Zeigen Sie ebenfalls mit diesen Punkten, dass der Innenwinkel des Sechsecks 120° beträgt. E3 G1
[Zwischenergebnis: $\left|\overrightarrow{QC}\right| = 2\frac{\sqrt{6}}{3}\,\text{LE} \approx 1{,}63\,\text{LE}$]

(4) Berechnen Sie den Flächeninhalt des 6-Ecks, das aus den Punkten C, F, H und P, Q, R gebildet wird, mit elementaren geometrischen Mitteln. G2

Lösung

a) (1) Die von den Punkten F, G und S_2 festgelegte Ebene wird beispielsweise durch die Vektoren $\overrightarrow{FG} = \begin{pmatrix}0\\2\\0\end{pmatrix}$; $\overrightarrow{FS_2} = \begin{pmatrix}1\\1\\-1\end{pmatrix}$ aufgespannt; zu diesen Vektoren ist der Vektor $\vec{n}_1 = \begin{pmatrix}1\\0\\1\end{pmatrix}$ orthogonal, d.h. die Ebene hat $\vec{n}_1$ als einen Normalenvektor und wird durch die Ebenengleichung $E: \vec{x} * \begin{pmatrix}1\\0\\1\end{pmatrix} = x_1 + x_3 = \begin{pmatrix}1\\0\\1\end{pmatrix} * \begin{pmatrix}1\\-1\\1\end{pmatrix} = 2$ beschrieben.

Da auch die Koordinaten von Punkt $S_1(0|0|2)$ diese Gleichung erfüllen, liegen alle angegebenen Punkte in dieser Ebene.
Zur Begründung, dass diese Seitenfläche eine Raute ist, muss gezeigt werden, dass alle Seiten die gleiche Länge aufweisen:

$|\overrightarrow{FS_1}| = \left|\begin{pmatrix}-1\\1\\1\end{pmatrix}\right| = \sqrt{3}$; $|\overrightarrow{S_1G}| = \left|\begin{pmatrix}1\\1\\-1\end{pmatrix}\right| = \sqrt{3}$; $|\overrightarrow{GS_2}| = \left|\begin{pmatrix}1\\-1\\-1\end{pmatrix}\right| = \sqrt{3}$; $|\overrightarrow{S_2F}| = \left|\begin{pmatrix}-1\\-1\\1\end{pmatrix}\right| = \sqrt{3}$.

(2) Berechnung der Maße der **Innenwinkel:**

$$\angle GS_2F = \cos^{-1}\frac{\left|\begin{pmatrix}-1\\-1\\1\end{pmatrix} * \begin{pmatrix}-1\\1\\1\end{pmatrix}\right|}{\sqrt{3}\cdot\sqrt{3}} = \cos^{-1}\left(\frac{1}{3}\right) \approx 70{,}5°$$

$$\angle S_1GS_2 = \cos^{-1}\frac{\left|\begin{pmatrix}-1\\-1\\1\end{pmatrix} * \begin{pmatrix}1\\-1\\-1\end{pmatrix}\right|}{\sqrt{3}\cdot\sqrt{3}} = \cos^{-1}\left(-\frac{1}{3}\right) \approx 109{,}5°$$

Die jeweils einander gegenüber liegenden Winkel sind in der Raute gleich groß.

(3) Winkel zwischen zwei benachbarten Seitenflächen: Die durch die Punkte $G(1|1|1)$, $H(-1|1|1)$ und $S_1(0|0|2)$ festgelegte Ebene wird beispielsweise aufgespannt durch die Vektoren $\overrightarrow{GH} = \begin{pmatrix}-2\\0\\0\end{pmatrix}$; $\overrightarrow{GS_1} = \begin{pmatrix}-1\\-1\\1\end{pmatrix}$; hierzu ist der Vektor $\vec{n}_2 = \begin{pmatrix}0\\1\\1\end{pmatrix}$ ein Normalenvektor.

Daher schließen benachbarte Seiten den Winkel $\beta = \cos^{-1}\frac{\left|\begin{pmatrix}1\\0\\1\end{pmatrix} * \begin{pmatrix}0\\1\\1\end{pmatrix}\right|}{\sqrt{2}\cdot\sqrt{2}} = \cos^{-1}\left(\frac{1}{2}\right) = 60°$ ein.

b) Die beiden Geraden werden beschrieben durch die Gleichungen

$g_{GS_1}: \vec{x} = \begin{pmatrix}1\\1\\1\end{pmatrix} + s \cdot \begin{pmatrix}-1\\-1\\1\end{pmatrix}$ und $h_{CS_2}: \vec{x} = \begin{pmatrix}1\\1\\-1\end{pmatrix} + t \cdot \begin{pmatrix}1\\-1\\1\end{pmatrix}$.

Da es keine reelle Zahl k gibt mit $\begin{pmatrix}-1\\-1\\1\end{pmatrix} = k \cdot \begin{pmatrix}1\\-1\\1\end{pmatrix}$, verlaufen die Geraden nicht parallel und können daher erst recht nicht identisch sein. (Dies sieht man natürlich auch an der Abbildung in der Aufgabenstellung.)

Untersuchung, ob die beiden Geraden sich schneiden: Dazu ist das LGS, das sich aus $\begin{pmatrix}1\\1\\1\end{pmatrix} + s \cdot \begin{pmatrix}-1\\-1\\1\end{pmatrix} = \begin{pmatrix}1\\1\\-1\end{pmatrix} + t \cdot \begin{pmatrix}1\\-1\\1\end{pmatrix}$ ergibt, auf eine Lösung zu untersuchen: $\left|\begin{array}{l}1 - s = 1 + t\\ 1 - s = 1 - t\\ 1 + s = -1 + t\end{array}\right|$.

Aus den ersten beiden Gleichungen folgt $s = 0 \wedge t = 0$. Setzt man dies in die letzte Gleichung ein, so ergibt sich ein Widerspruch. Die beiden Geraden haben daher keinen gemeinsamen Punkt und verlaufen windschief.

(eA) Um den Abstand d der Geraden g_{GS_1} und h_{CS_2} zu bestimmen, suchen wir zwei Punkte $P \in g_{GS_1}$ und $Q \in h_{CS_2}$ derart, dass $PQ \perp g_{GS_1}$ und $PQ \perp h_{CS_2}$. Ein Punkt $P \in g_{GS_1}$ lässt sich beschreiben durch: $\overrightarrow{OP} = \begin{pmatrix}1\\1\\1\end{pmatrix} + s \cdot \begin{pmatrix}-1\\-1\\1\end{pmatrix}$ und ein Punkt $Q \in h_{CS_2}$ durch

$\overrightarrow{OQ} = \begin{pmatrix}1\\1\\-1\end{pmatrix} + t \cdot \begin{pmatrix}1\\-1\\1\end{pmatrix}$, also $\overrightarrow{PQ} = \begin{pmatrix}1\\1\\-1\end{pmatrix} + t \cdot \begin{pmatrix}1\\-1\\1\end{pmatrix} - \begin{pmatrix}1\\1\\1\end{pmatrix} - s \cdot \begin{pmatrix}-1\\-1\\1\end{pmatrix} = \begin{pmatrix}t+s\\-t+s\\-2+t-s\end{pmatrix}$.

Hieraus folgt: $\overrightarrow{PQ} * \begin{pmatrix}-1\\-1\\1\end{pmatrix} = \begin{pmatrix}t+s\\-t+s\\-2+t-s\end{pmatrix} * \begin{pmatrix}-1\\-1\\1\end{pmatrix} = -t - s + t - s - 2 + t - s = t - 3s - 2 = 0$

und $\overrightarrow{PQ} * \begin{pmatrix}1\\-1\\1\end{pmatrix} = \begin{pmatrix}t+s\\-t+s\\-2+t-s\end{pmatrix} * \begin{pmatrix}1\\-1\\1\end{pmatrix} = t + s + t - s - 2 + t - s = 3t - s - 2 = 0$.

Das Gleichungssystem $-3s + t = 2 \wedge -s + 3t = 2$ ist erfüllt für $s = -\frac{1}{2} \wedge t = \frac{1}{2}$, also haben wir $P(1{,}5|1{,}5|0{,}5)$ und $Q(1{,}5|0{,}5|-0{,}5)$.

Der Abstand der beiden Punkte ist: $|\overrightarrow{PQ}| = \left|\begin{pmatrix}0\\-1\\-1\end{pmatrix}\right| = \sqrt{2}$.

Alternative: Für den gesuchten Abstand gilt $d = \left|\left(\begin{pmatrix}1\\1\\1\end{pmatrix} - \begin{pmatrix}1\\1\\-1\end{pmatrix}\right) * \vec{n}_0\right|$.

Dabei ist $\vec{n}_0$ ein Normaleneinheitsvektor der von den Richtungsvektoren der beiden Geraden aufgespannten Ebene. Zunächst kann ein noch nicht auf die Länge 1 normierter Normalenvektor z. B. mit dem Vektorprodukt bestimmt werden:

$$\vec{n} = \begin{pmatrix}-1\\-1\\1\end{pmatrix} * \begin{pmatrix}1\\-1\\1\end{pmatrix} = \begin{pmatrix}0\\2\\2\end{pmatrix}.$$

Da dieser die Länge $|\vec{n}| = \sqrt{4+4} = 2\sqrt{2}$ hat, ist $\vec{n}_0 = \frac{1}{|\vec{n}_0|} \cdot \vec{n}_0 = \frac{1}{2\sqrt{2}} \cdot \begin{pmatrix}0\\2\\2\end{pmatrix}$ der gesuchte Normaleneinheitsvektor. Nun kann der Abstand berechnet werden:

$$d = \left|\left(\begin{pmatrix}1\\1\\1\end{pmatrix} - \begin{pmatrix}1\\1\\-1\end{pmatrix}\right) * \frac{1}{2\sqrt{2}} \cdot \begin{pmatrix}0\\2\\2\end{pmatrix}\right| = \left|\frac{1}{2\sqrt{2}} \cdot \begin{pmatrix}0\\0\\2\end{pmatrix} * \begin{pmatrix}0\\2\\2\end{pmatrix}\right| = \frac{1}{2\sqrt{2}} \cdot 4 = \sqrt{2}.$$

c) (1) Oberflächeninhalt:

Von den Rauten wissen wir, dass die Seiten die Länge $\sqrt{3}$ haben und die kürzere Diagonale die Länge 2. Nach dem Satz des Pythagoras kann hieraus die Länge der längeren Diagonalen berechnet werden ($2\sqrt{2}$). Daher gilt:

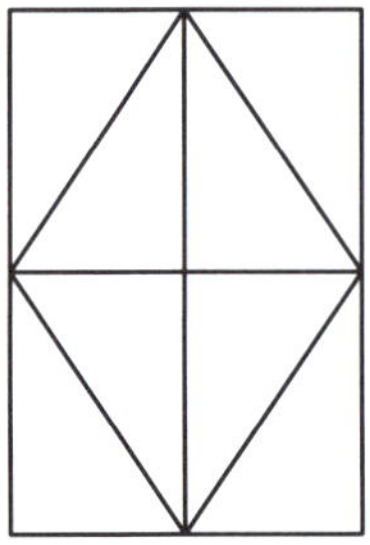

$A_{Raute} = 2 \cdot A_{Dreieck} = 2 \cdot \left(\frac{1}{2} \cdot 2 \cdot \sqrt{2}\right) = 2\sqrt{2}$.

Damit beträgt der gesamte Flächeninhalt $24\sqrt{2}$.

Alternativ kann auch das Vektorprodukt verwendet werden:

$$A = 12 \cdot \left|\begin{pmatrix}-1\\1\\1\end{pmatrix} \cdot \begin{pmatrix}-1\\-1\\1\end{pmatrix}\right| = 12 \cdot \left|\begin{pmatrix}2\\0\\2\end{pmatrix}\right| = 12 \cdot \sqrt{8} = 24\sqrt{2}.$$

(2) Volumenberechnung:

Zur Berechnung des Volumens eignen sich die folgenden Möglichkeiten:

1. Auf den Würfel mit der Kantenlänge 2 sind 6 Pyramiden aufgesetzt:

   $V = V_{Würfel} + 6 \cdot V_{Pyramide} = 8 + 6 \cdot \frac{1}{3} \cdot 4 \cdot 1 = 16$.

2. Der Körper ist aus 12 Pyramiden mit rautenförmiger Grundfläche zusammengesetzt, deren Spitzen im Ursprung liegen. Die Rauten haben vom Ursprung einen Abstand von $\sqrt{2}$ (z. B. nachzuprüfen am Mittelpunkt der Raute FS_1GS_2). Daher ist:

   $V = 12 \cdot V_{Pyramide} = 12 \cdot \frac{1}{3} \cdot 2\sqrt{2} \cdot \sqrt{2} = 16$.

d) (1) Die Koordinaten der betrachteten Eckpunkte lauten $C(1|1|-1)$, $F(1|-1|1)$ und $H(-1|1|1)$. Mit dem Vektorprodukt kann man einen Normalenvektor $\vec{n}$ der Ebene E_1 am schnellsten bestimmen:

Mit $\vec{n}* = \overrightarrow{FC} \times \overrightarrow{FH} = \begin{pmatrix}0\\2\\-2\end{pmatrix} \times \begin{pmatrix}-2\\2\\0\end{pmatrix} = \begin{pmatrix}4\\4\\4\end{pmatrix}$ erhält man $\vec{n} = \begin{pmatrix}1\\1\\1\end{pmatrix}$.

Alternativ muss ein lineares Gleichungssystem aufgestellt werden aus: $\vec{n} * \overrightarrow{FC} = 0 \wedge \vec{n} * \overrightarrow{FH} = 0$. Mit der Lösung erhält man ebenfalls einen Normalenvektor $\vec{n}$.

Mit $\vec{n} * \vec{x} = \vec{n} * \vec{c}$, also $\begin{pmatrix}1\\1\\1\end{pmatrix} * \begin{pmatrix}x_1\\x_2\\x_3\end{pmatrix} = \begin{pmatrix}1\\1\\1\end{pmatrix} * \begin{pmatrix}1\\1\\-1\end{pmatrix}$ ergibt sich die gesuchte Koordinatengleichung der Ebene zu: $E_1 : x_1 + x_2 + x_3 = 1$.

Hinweis: Also verläuft eine Raumdiagonale des im Rhombendodekaeder eingeschlossenen Würfels orthogonal zur Ebene E_1.

(2) Die drei zu untersuchenden Geraden verlaufen parallel zueinander, da sie alle den Vektor $\begin{pmatrix}1\\1\\1\end{pmatrix}$ als Richtungsvektor aufweisen. Die Geraden werden also beschrieben durch die folgenden Parameterdarstellungen:

$g_{ES_1} : \vec{x} = \begin{pmatrix}-1\\-1\\1\end{pmatrix} + r \cdot \begin{pmatrix}1\\1\\1\end{pmatrix}$, $g_{BS_2} : \vec{x} = \begin{pmatrix}1\\-1\\-1\end{pmatrix} + s \cdot \begin{pmatrix}1\\1\\1\end{pmatrix}$ und $g_{DS_3} : \vec{x} = \begin{pmatrix}-1\\1\\-1\end{pmatrix} + t \cdot \begin{pmatrix}1\\1\\1\end{pmatrix}$.

Zur Bestimmung der Koordinaten der gesuchten Schnittpunkte werden die Terme aus den Geradengleichungen nacheinander in die Koordinatengleichung der Ebene eingesetzt:

Schnittpunkt von g_{ES_1} mit E_1: Mit $(-1 + r) + (-1 + r) + (1 + r) = 1 \Leftrightarrow 3r = 2 \Leftrightarrow r = \frac{2}{3}$

erhält man $\begin{pmatrix}-1\\-1\\1\end{pmatrix}+\frac{2}{3}\cdot\begin{pmatrix}1\\1\\1\end{pmatrix}=\begin{pmatrix}-\frac{1}{3}\\-\frac{1}{3}\\\frac{5}{3}\end{pmatrix}$.

Schnittpunkt von g_{BS_2} mit E_1: Mit $(1+s)+(-1+s)+(-1+s)=1 \Leftrightarrow 3s=2 \Leftrightarrow s=\frac{2}{3}$

erhält man $\begin{pmatrix}1\\-1\\-1\end{pmatrix}+\frac{2}{3}\cdot\begin{pmatrix}1\\1\\1\end{pmatrix}=\begin{pmatrix}\frac{5}{3}\\-\frac{1}{3}\\-\frac{1}{3}\end{pmatrix}$.

Schnittpunkt von g_{DS_3} mit E_1: Mit $(-1+t)+(1+t)+(-1+t)=1 \Leftrightarrow 3t=2 \Leftrightarrow t=\frac{2}{3}$

erhält man $\begin{pmatrix}-1\\1\\-1\end{pmatrix}+\frac{2}{3}\cdot\begin{pmatrix}1\\1\\1\end{pmatrix}=\begin{pmatrix}-\frac{1}{3}\\\frac{5}{3}\\-\frac{1}{3}\end{pmatrix}$.

Die Koordinaten der gesuchten Punkte lauten also: $P\left(-\frac{1}{3}\,|\,-\frac{1}{3}\,|\,\frac{5}{3}\right)$, $Q\left(\frac{5}{3}\,|\,-\frac{1}{3}\,|\,-\frac{1}{3}\right)$ und $R\left(-\frac{1}{3}\,|\,\frac{5}{3}\,|\,-\frac{1}{3}\right)$.

(3) Zunächst wird der Abstand der Punkte $Q\left(\frac{5}{3}\,|\,-\frac{1}{3}\,|\,-\frac{1}{3}\right)$ und $C(1\,|\,1\,|\,-1)$ sowie von Q und $F(1\,|\,-1\,|\,1)$ berechnet:

$$\left|\overrightarrow{QC}\right|=\left\|\begin{pmatrix}-\frac{2}{3}\\\frac{4}{3}\\-\frac{2}{3}\end{pmatrix}\right\|=\frac{1}{3}\sqrt{4+16+4}=\frac{2\sqrt{6}}{3}\approx 1{,}63;$$

$$\left|\overrightarrow{QF}\right|=\left\|\begin{pmatrix}-\frac{2}{3}\\-\frac{2}{3}\\\frac{4}{3}\end{pmatrix}\right\|=\frac{1}{3}\sqrt{4+4+16}=\frac{2\sqrt{6}}{3}\approx 1{,}63.$$

Die Seitenlänge des 6-Ecks beträgt also $\frac{2\sqrt{6}}{3}$ LE $\approx 1{,}63$ LE.

Nachweis für die Größe des gesuchten Winkels:

Aus dem Ansatz $\cos(\angle CQF)=\frac{\overrightarrow{QC}*\overrightarrow{QF}}{\left|\overrightarrow{QC}\right|\cdot\left|\overrightarrow{QF}\right|}=\frac{\frac{4}{9}-\frac{8}{9}-\frac{8}{9}}{\left(\frac{2\sqrt{6}}{3}\right)^2}=\frac{-\frac{12}{9}}{\frac{24}{9}}=-0{,}5$ folgt

$\angle CQF=\cos^{-1}(-0{,}5)=120°$.

(4) Das regelmäßige 6-Eck setzt sich aus 6 gleichseitigen Dreiecken mit der Seitenlänge $\frac{2\sqrt{6}}{3}$ LE $\approx 1{,}63$ LE zusammen. Für den Flächeninhalt A_Δ eines dieser Dreiecke gilt $A_\Delta=\left|\overrightarrow{QC}\right|^2\cdot\frac{\sqrt{3}}{4}=\frac{24}{9}\cdot\frac{\sqrt{3}}{4}=\frac{2\sqrt{3}}{3}\approx 1{,}15$ FE. Der gesamte Flächeninhalt des 6-Ecks beträgt also $A=6\cdot A_\Delta=6\cdot\frac{2\sqrt{3}}{3}=4\sqrt{3}\approx 6{,}93$ FE.

Aufgabe 10 *Kirchturmdach*

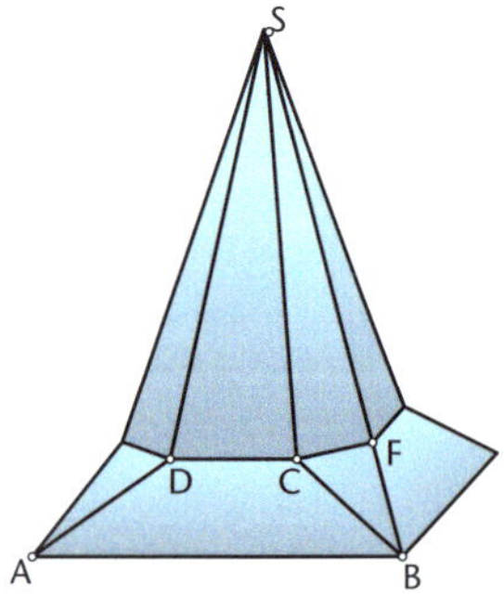

Das skizzierte Kirchturmdach hat eine quadratische Grundfläche.

Die Vorderseite ist festgelegt durch die Punkte A (3|–3|0), B (3|3|0), C (2|1|2), D (2|–1|2), S (0|0|12).

Ein weiterer Punkt des Daches ist: F (1|2|2) (1 LE ≙ 1 m)

Die Punkte A, B, C, D liegen in der Ebene E_1; die Punkte C, D, S in der Ebene E_2.

Eine Längeneinheit entspricht einem Meter in der Realität.

a) Geben Sie die Koordinatendarstellungen der Ebenen E_1 und E_2 an. F4
Berechnen Sie das Maß des Winkels unter dem sich die Ebenen E_1 und E_2 schneiden.
Bestimmen Sie die Größe der Innenwinkel des Dreiecks ΔDCS. G1

b) Das Kirchturmdach soll neu gedeckt werden. Der Materialpreis für die Neueindeckung beträgt 53 € pro m² zuzüglich Mehrwertsteuer (19 %).
Berechnen Sie den Materialpreis (incl. MwSt.) für die Eindeckung des gesamten Dachs. G2

c) **(LK)** Die Dachkante CS soll durch einen im Punkt R (0|0|2) gelagerten Balken abgestützt werden. Dabei soll der Balken senkrecht auf der Dachkante CS stehen.
Bestimmen Sie den Punkt, in dem der Balken die Dachkante CS berührt.
Berechnen Sie die Länge des Balkens. G4

d) **(LK)** Im Punkt R (0|0|2) ist weiterhin eine 4 m lange Fahnenstange verankert, die senkrecht auf der Ebene $E_2: 5x_1 + x_3 = 12$ steht.
Ist diese Stange als Fahnenstange zu verwenden, wenn sie zur Aufhängung der Fahne mindestens 2 m ins Freie ragen muss? G3

e) Das Kirchturmdach ruht auf einem quaderförmig gemauerten Turm mit der Höhe 18 m. Die Kirchturmspitze befindet sich also 30 m über dem als eben angenommenen Erdboden.
Paralleles Sonnenlicht fällt auf den Kirchturm in Richtung des Vektors $\vec{v} = \begin{pmatrix} 1 \\ -2 \\ -4 \end{pmatrix}$.
Berechnen Sie den Abstand zwischen dem Schattenpunkt von S auf dem Erdboden und dem lotrecht unter dem Punkt A auf dem Erdboden liegenden Eckpunkt des Turms. F5 E3

Lösung

a) Die Ebene E_1 wird aufgespannt durch $\overrightarrow{AD} = \begin{pmatrix} -1 \\ 2 \\ 2 \end{pmatrix}$ und $\overrightarrow{AB} = \begin{pmatrix} 0 \\ 6 \\ 0 \end{pmatrix}$. Zu diesen Vektoren steht der Vektor $\vec{n} = \begin{pmatrix} 2 \\ 0 \\ 1 \end{pmatrix}$ orthogonal. Hieraus ergibt sich

$$E_1: \begin{pmatrix} 2 \\ 0 \\ 1 \end{pmatrix} * \vec{x} = 2x_1 + x_3 = \begin{pmatrix} 2 \\ 0 \\ 1 \end{pmatrix} * \begin{pmatrix} 3 \\ -3 \\ 0 \end{pmatrix} = 6.$$

Die Ebene E_2 wird aufgespannt durch $\overrightarrow{CD} = \begin{pmatrix} 0 \\ -2 \\ 0 \end{pmatrix}$ und $\overrightarrow{CS} = \begin{pmatrix} -2 \\ -1 \\ 10 \end{pmatrix}$. Zu diesen Vektoren steht der Vektor $\vec{m} = \begin{pmatrix} 5 \\ 0 \\ 1 \end{pmatrix}$ orthogonal. Hieraus ergibt sich

$$E_2: \begin{pmatrix} 5 \\ 0 \\ 1 \end{pmatrix} * \vec{x} = 5x_1 + x_3 = \begin{pmatrix} 5 \\ 0 \\ 1 \end{pmatrix} * \begin{pmatrix} 2 \\ 1 \\ 2 \end{pmatrix} = 12.$$

Alternative: Normalenvektoren kann man auch mithilfe des Vektorprodukts bestimmen:

$$\vec{n}* = \begin{pmatrix}0\\6\\0\end{pmatrix} \cdot \begin{pmatrix}-1\\2\\2\end{pmatrix} = \begin{pmatrix}12\\0\\6\end{pmatrix},\ \vec{m}* = \begin{pmatrix}0\\-2\\0\end{pmatrix} \cdot \begin{pmatrix}-2\\-1\\10\end{pmatrix} = \begin{pmatrix}-20\\0\\-4\end{pmatrix}.$$

Der Winkel zwischen den Ebenen E_1 und E_2 beträgt:

$$\cos^{-1}\frac{\left|\begin{pmatrix}2\\0\\1\end{pmatrix} * \begin{pmatrix}5\\0\\1\end{pmatrix}\right|}{\left|\begin{pmatrix}2\\0\\1\end{pmatrix}\right| \cdot \left|\begin{pmatrix}5\\0\\1\end{pmatrix}\right|} = \cos^{-1}\frac{11}{\sqrt{5}\cdot\sqrt{26}} \approx 15{,}26°.$$

Das Dreieck DCS ist gleichschenklig. Berechnung der Innenwinkel:

$$\angle CDS = \angle SCD = \cos^{-1}\frac{\left|\begin{pmatrix}0\\-2\\0\end{pmatrix} * \begin{pmatrix}-2\\-1\\10\end{pmatrix}\right|}{2\cdot\sqrt{105}} = \cos^{-1}\left(\frac{2}{2\cdot\sqrt{105}}\right) \approx 84{,}40°,$$

$$\angle DSC = 180° - 2\cdot 84{,}40° = 11{,}20°.$$

b) Dreieck DCS: $A_1 = \frac{1}{2}\sqrt{|\overrightarrow{CD}|^2\cdot|\overrightarrow{CS}|^2 - (\overrightarrow{CD} * \overrightarrow{CS})^2} = \frac{1}{2}\sqrt{4\cdot 105 - 4} = \sqrt{104}$

alternativ: $A_1 = \frac{1}{2}\left|\begin{pmatrix}0\\-2\\0\end{pmatrix} \cdot \begin{pmatrix}-2\\-1\\10\end{pmatrix}\right| = \frac{1}{2}\left|\begin{pmatrix}-20\\0\\-4\end{pmatrix}\right| = \sqrt{104}$

Dreieck CFS: $A_2 = \frac{1}{2}\sqrt{|\overrightarrow{SC}|^2\cdot|\overrightarrow{SF}|^2 - (\overrightarrow{SC} * \overrightarrow{SF})^2} = \frac{1}{2}\sqrt{105\cdot 105 - 104^2} = \frac{1}{2}\sqrt{209}$

Dreieck CBF: $A_3 = \frac{1}{2}\sqrt{17}$, Trapez ABCD: $A_4 = \frac{6+2}{2}\cdot\sqrt{5} = 4\sqrt{5}$

Gesamtfläche: $A = 4\cdot(A_1 + A_2 + A_3 + A_4) = 4\sqrt{104} + 2\sqrt{209} + 2\sqrt{17} + 16\sqrt{5} \approx 113{,}73$

Materialpreis (inkl. MwSt.): $113{,}73\ m^2\cdot 53\ \frac{€}{m^2}\cdot 1{,}19 = 7172{,}95$ €.

c) **(eA)** Zu berechnen ist der Abstand des Punktes R von der Geraden

$$g\colon \vec{x} = \vec{p} + t\cdot\vec{u} \text{ mit } \vec{p} = \begin{pmatrix}0\\0\\12\end{pmatrix} \text{ und } \vec{u} = \begin{pmatrix}-2\\-1\\10\end{pmatrix}.$$

Das Lot von Punkt R auf die Gerade g steht senkrecht auf der Geraden selbst. Zu bestimmen ist damit der Lotfußpunkt F mit $(\vec{r} - \vec{f}) * \vec{u} = 0$. Da Punkt F auf der Geraden liegt, gibt es eine reelle Zahl t mit $\vec{f} = \vec{p} + t\cdot\vec{u}$. Setzt man den Term für $\vec{f}$ in die vorangegangene Gleichung ein, so kann der Parameter t berechnet werden:

$$(\vec{r} - \vec{p} - t\cdot\vec{u}) * \vec{u} = 0 \Leftrightarrow \left(\begin{pmatrix}0\\0\\2\end{pmatrix} - \begin{pmatrix}0\\0\\12\end{pmatrix} - t\cdot\begin{pmatrix}-2\\-1\\10\end{pmatrix}\right) * \begin{pmatrix}-2\\-1\\10\end{pmatrix} = 0 \Leftrightarrow$$

$$-4t - t - 100 - 100t = 0 \Leftrightarrow t = -\frac{20}{21}.$$

Damit ergibt sich der Lotfußpunkt F aus $\vec{f} = \vec{p} + t\cdot\vec{u} = \begin{pmatrix}0\\0\\12\end{pmatrix} - \frac{20}{21}\cdot\begin{pmatrix}-2\\-1\\10\end{pmatrix} = \begin{pmatrix}\frac{40}{21}\\\frac{20}{21}\\\frac{52}{21}\end{pmatrix}$

sowie dessen Abstand von Punkt R zu $|\vec{r} - \vec{f}| = 10\cdot\frac{\sqrt{21}}{21} \approx 2{,}18$.

Der Balken berührt die Dachkante CS im Punkt $F\left(\frac{40}{21}\middle|\frac{20}{21}\middle|\frac{52}{21}\right)$. Er ist etwa 2,18 m lang.

d) **(LK)** Für den Schnittpunkt L der Lotgerade l: $\vec{x} = \begin{pmatrix} 0 \\ 0 \\ 2 \end{pmatrix} + r \cdot \begin{pmatrix} 5 \\ 0 \\ 1 \end{pmatrix} = \begin{pmatrix} 5r \\ 0 \\ 2+r \end{pmatrix}$ vom Punkt R auf die Ebene mit der Ebene E_2 gilt: $5 \cdot (5r) + (2 + r) = 12$, also $r = \frac{5}{13}$,

d. h. $L\left(\frac{25}{13}\middle|0\middle|\frac{31}{13}\right)$. Dieser hat von R den Abstand: $d = \sqrt{\left(\frac{25}{13}\right)^2 + \left(\frac{5}{13}\right)^2} = \sqrt{\frac{650}{169}} \approx 1{,}96$.

Alternative: Die HNF von E_2 lautet $\frac{5x_1 + x_3 - 12}{\sqrt{26}} = 0$. Gemäß der Abstandsformel gilt:

$d = \left|\frac{2-12}{\sqrt{26}}\right| \approx 1{,}96$

Da die Stange also um etwa 4 m − 1,96 m = 2,04 m ins Freie ragt, ist sie als Fahnenstange zu verwenden.

e) Ein über die Kirchturmspitze einfallender Lichtstrahl verläuft entlang der Gerade g mit $g: \vec{x} = \begin{pmatrix} 0 \\ 0 \\ 12 \end{pmatrix} + r \cdot \begin{pmatrix} 1 \\ -2 \\ -4 \end{pmatrix}$. Der Erdboden wird durch die Ebene mit $x_3 = -18$ beschrieben.

Für den Schnittpunkt der Gerade g mit dieser Ebene des Erdbodens gilt also
$12 - 4 \cdot r = -18 \Leftrightarrow 4r = 30 \Leftrightarrow r = 7{,}5$. Setzt man diesen Wert in die Geradengleichung ein, so erhält man den Ortsvektor des Schattenpunktes $\vec{s'} = \begin{pmatrix} 0 \\ 0 \\ 12 \end{pmatrix} + 7{,}5 \cdot \begin{pmatrix} 1 \\ -2 \\ -4 \end{pmatrix} = \begin{pmatrix} 7{,}5 \\ -15 \\ -18 \end{pmatrix}$.

Der lotrecht unter dem Punkt A auf dem Erdboden liegende Eckpunkt des Turms wird beschrieben durch den Ortsvektor $\vec{a'} = \begin{pmatrix} 3 \\ -3 \\ -18 \end{pmatrix}$. Für den gesuchten Abstand erhält man

$\overline{A'S'} = \left|\begin{pmatrix} 7{,}5 \\ -15 \\ -18 \end{pmatrix} - \begin{pmatrix} 3 \\ -3 \\ -18 \end{pmatrix}\right| = \left|\begin{pmatrix} 4{,}5 \\ -12 \\ 0 \end{pmatrix}\right| = \sqrt{4{,}5^2 + 12^2} \approx 12{,}82$.

Er beträgt also ungefähr 12,82 m.

Aufgabe 11 *Haushaltsgrößen in Deutschland*

Die nebenstehende Grafik veranschaulicht die Entwicklung der Haushaltsgrößen in Deutschland.

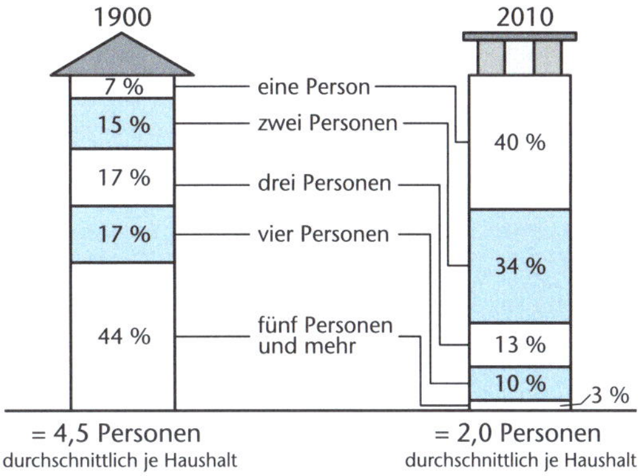

a) Unter den beiden Bildern der Grafik sind jeweils die durchschnittlichen Haushaltsgrößen angegeben. Erläutern Sie, *wie* man diese Durchschnittswerte berechnet. Führen Sie selbst diese Rechnung aus und begründen Sie, warum bei der Mittelwertbildung für 1900 Ihr Ergebnis vom angegebenen Durchschnittswert abweicht. J1

b) Laut Veröffentlichung des Statistischen Bundesamts befinden sich 64 % aller Haushalte in Deutschland in Gemeinden mit weniger als 100 000 Einwohnern; in diesen kleinen und mittelgroßen Gemeinden beträgt der Anteil der 1-Personen-Haushalte nur 35 %. I3

(1) Stellen Sie diese Information auf dem Hintergrund der oben stehenden Grafik in einer Vierfeldertafel mit relativen Häufigkeiten zusammen.
(2) Entwickeln Sie hieraus die beiden zugehörigen Baumdiagramme und geben Sie die in den Baumdiagrammen enthaltenen Informationen in Worten wieder.

Angenommen, aus der Gesamtheit aller Haushalte in Deutschland wäre im Jahr 2010 zufällig ein Haushalt ausgewählt worden.

(3) Bestimmen Sie die Wahrscheinlichkeit, dass es sich um einen Mehrpersonen-Haushalt handelt, wenn bekannt ist, dass der Haushalt in einer Großstadt (mindestens 100 000 Einwohner) liegt.
(4) Bestimmen Sie die Wahrscheinlichkeit, dass es sich um einen Haushalt in einer Großstadt handelt, wenn bekannt ist, dass darin nur eine Person lebt.

Für die folgende Rechnungen sei angenommen, dass die Angaben für das Jahr 2010 auch heute noch gültig sind. Für eine Stichprobe werden n Haushalte zufällig ausgewählt.

c) Bestimmen Sie die Wahrscheinlichkeit, dass bei einer Auswahl von n = 3 Haushalten I2

(1) in allen drei ausgewählten Haushalten höchstens zwei Personen leben,
(2) unter den drei Haushalten mindestens ein 3-Personen-Haushalt ist,
(3) je ein Haushalt mit einer Person, mit zwei Personen und drei Personen erfasst wird.

d) Bestimmen Sie die Wahrscheinlichkeit, dass bei einer Auswahl von n = 100 Haushalten J2

(1) genau 40
(2) mehr als 35
(3) mindestens 38, höchstens 45

1-Personen-Haushalte erfasst sind.

e) Bei einer Stichprobe mit n = 50 Haushalten sind zufällig lauter Haushalte mit weniger als fünf Personen erfasst. Bestimmen Sie die Wahrscheinlichkeit für ein solches Ereignis. J2

f) Bestimmen Sie, welchen Mindestumfang eine Stichprobe haben muss, damit mit einer Wahrscheinlichkeit von mindestens 90 % unter den ausgewählten Haushalten mindestens ein Haushalt mit mindestens fünf Personen ist? J3

g) Für eine Verbraucher-Befragung wird eine Stichprobe vom Umfang n = 600 genommen. Ermitteln Sie ein symmetrisches Intervall, in dem mit einer Wahrscheinlichkeit von ca. 95 % die Anzahl der 2-Personen-Haushalte liegen wird. J4

h) Aufgrund von detaillierteren Untersuchungen weiß man, dass die Verteilung der Haushaltsgrößen regional sehr unterschiedlich ist. Der Bürgermeister einer Kleinstadt vermutet, dass sich in seiner Gemeinde der Anteil p der 1-Personen-Haushalte (der bundesweit bei den kleinen und mittleren Gemeinden 35 % beträgt, vgl. Teilaufgabe b)) erheblich vom Anteil in den übrigen Gemeinden mit einer Einwohnerzahl unter 100 000 unterscheidet. Wenn der Bürgermeister Recht hat mit seiner Vermutung, dann hat dies Auswirkungen auf die zukünftige Wohnungsbaupolitik der Gemeinde. K2
Da man sich hinsichtlich der tatsächlichen Situation in den Haushalten nicht allein auf die Informationen verlassen kann, die den Einwohnermeldeämtern zur Verfügung stehen, möchte er dies mithilfe einer Stichprobe überprüfen. Aufgrund der Haushaltssituation ist nur eine Stichprobe in n = 250 Haushalten möglich.
In der Stichprobe ergab sich, dass 95 der 250 ausgewählten Haushalte 1-Personen-Haushalte sind. Bestimmen Sie ein 90 %-Konfidenzintervall für den tatsächlichen Anteil p in der Gemeinde und beurteilen Sie, ob der Bürgermeister aufgrund des Stichprobenergebnisses zukünftig von einem erheblichen Unterschied zu den anderen Gemeinden sprechen kann.

Lösung

a) Die Berechnung des Mittelwerts einer Häufigkeitsverteilung erfolgt analog zur Berechnung des Erwartungswerts einer Wahrscheinlichkeitsverteilung. Am einfachsten ist es, wenn man eine Tabelle anlegt und so das gewichtete Mittel der Merkmalswerte Anzahl der Personen berechnet:

1990		
Anzahl der Personen	**Anteil**	**Produkt**
1	0,07	0,07
2	0,15	0,30
3	0,17	0,51
4	0,17	0,68
≥ 5	0,44	≥ 2,20
Summe		≥ 3,76

2010		
Anzahl der Personen	**Anteil**	**Produkt**
1	0,40	0,40
2	0,34	0,68
3	0,13	0,39
4	0,10	0,40
≥ 5	0,03	≥ 0,15
Summe		2,02

Da die Angabe für den Anteil der Haushalte mit mindestens 5 Personen für das Jahr 1900 wenig differenziert ist („≥ 5" bedeutet 5, 6, 7, …), muss die Rechnung mit dem kleinsten der Werte durchgeführt werden; daher wird man nicht den Mittelwert selbst, sondern eine Abschätzung des Mittelwerts nach unten erhalten. Teilt man die Anteile für *mindestens 5 Personen* weiter auf, dann kommt man zu einem weniger stark abweichenden Mittelwert, siehe z. B. nebenstehende Tabelle.

Anzahl der Personen	Anteil	Produkt
1	0,07	0,07
2	0,15	0,30
3	0,17	0,51
4	0,17	0,68
5	0,16	0,80
6	0,12	0,72
7	0,08	0,56
≥ 8	0,08	≥ 0,64
Summe		≥ 4,28

Alternativ kann man so rechnen:
$1 \cdot 0{,}07 + 2 \cdot 0{,}15 + 3 \cdot 0{,}17 + 4 \cdot 0{,}17 + x \cdot 0{,}44 = 4{,}5 \Leftrightarrow 0{,}44x = 2{,}94 \Leftrightarrow x = 6{,}7$;
dann könnte man so argumentieren: Die 44 % beziehen sich auf ein Intervall, das die Werte 5, 6, 7, 8, … enthält. Die relativen Häufigkeiten, mit denen diese Werte auftreten, müssen so verteilt sein, dass sich der Mittelwert 6,7 ergibt.

b) (1) Aus der Grafik entnimmt man die Angabe 40 % und komplementär 60 % als Zeilensummen, aus dem Text von Teilaufgabe b) die Spaltensumme 64 % und komplementär 36 %. Die restlichen Daten (blau) ergeben sich durch Ergänzungen innerhalb der Tabelle:

		Gemeindetyp		
		Großstädte (G)	**andere Gemeinden (K)**	**gesamt**
Haushaltstyp	**1-Personen-haushalte (E)**	0,176	35 % von 64 % = 0,224	0,40
	Mehr-Personen-haushalte (M)	0,184	0,416	0,60
gesamt		0,36	0,64	1

(2) Durch Quotientenbildung innerhalb der Zeilen bzw. Spalten ergeben sich die beiden zugehörigen Baumdiagramme:

40 % der Haushalte in Deutschland sind 1-Personen-Haushalte, davon liegen ca. 44 % in Großstädten; dagegen liegen nur ca. 31 % aller Mehr-Personen-Haushalte in diesen Gemeinden mit mindestens 100 000 Einwohnern.

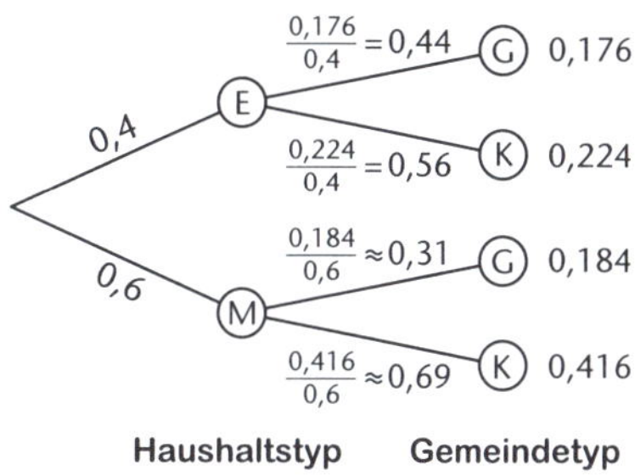

Ca. 36 % der Haushalte in Deutschland liegen in Großstädten, davon sind ca. 49 % 1-Personen-Haushalte; dagegen beträgt in den Gemeinden unter 100 000 Einwohnern der Anteil der 1-Personen-Haushalte nur ca. 35 %.

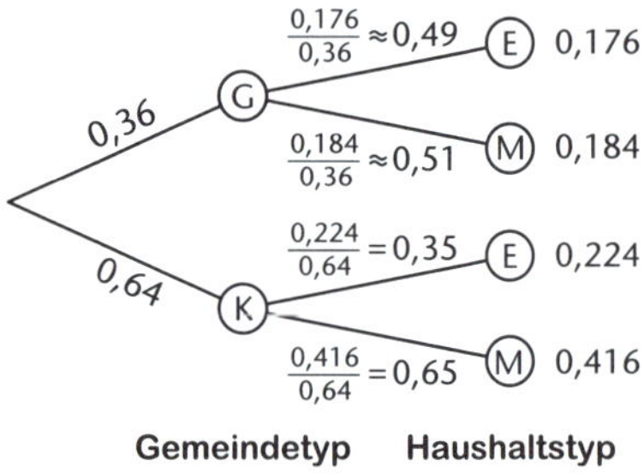

(3) Die Wahrscheinlichkeit, dass es sich um einen Mehrpersonen-Haushalt handelt, wenn bekannt ist, dass der Haushalt in einer Großstadt (mindestens 100 000 Einwohner) liegt, beträgt ca. 51 %: $P_G(M) \approx 0{,}51$ (vgl. 2. Baumdiagramm).

(4) Die Wahrscheinlichkeit, dass es sich um einen Haushalt in einer Großstadt handelt, wenn bekannt ist, dass darin nur eine Person lebt, beträgt ca. 44 %: $P_E(G) = 0{,}44$ (vgl. 1. Baumdiagramm).

c) (1) Die Wahrscheinlichkeit, dass in *einem* zufällig ausgewählten Haushalt höchstens zwei Personen leben, beträgt laut Grafik ca. 74 %. Daher ist die Wahrscheinlichkeit, dass in allen drei zufällig ausgewählten Haushalten eine oder zwei Personen leben, nach Pfadmultiplikationsregel gleich $0{,}74^3 \approx 0{,}405 = 40{,}5\,\%$.

(2) Das Ereignis *Unter den drei Haushalten ist mindestens ein 3-Personen-Haushalt* ist das Gegenereignis zu *Unter den drei Haushalten ist kein 3-Personen-Haushalt*. Die Wahrscheinlichkeit, dass in einem zufällig ausgewählten Haushalt drei Personen leben, beträgt laut Grafik 13 %. Die gesuchte Wahrscheinlichkeit berechnet sich also nach Komplementärregel und Pfadmultiplikationsregel zu
$1 - 0{,}87^3 \approx 1 - 0{,}659 = 0{,}341 = 34{,}1\,\%$.

(3) Nach Pfadmultiplikationsregel ergibt sich für ein Ergebnis EZD (*Haushalt mit einer Person, mit zwei Personen und drei Personen,* in dieser Reihenfolge) die Wahrscheinlichkeit $0{,}4 \cdot 0{,}34 \cdot 0{,}13$. Da aber keine Reihenfolge vorgegeben ist, handelt es sich um ein Ereignis mit sechs gleichwahrscheinlichen Ergebnissen (EZD, EDZ, ZED, ZDE, DEZ, DZE), also $6 \cdot 0{,}4 \cdot 0{,}34 \cdot 0{,}13 \approx 0{,}106 = 10{,}6\,\%$.

d) Da man sich auf die Betrachtung nur eines Ergebnisses beschränkt, liegt hier eine binomialverteilte Zufallsgröße X: *Anzahl der 1-Personen-Haushalte in einem 100-stufigen* BERNOULLI*-Versuch mit Erfolgswahrscheinlichkeit p = 0,4* vor:
(1) $P(X = 40) = 0{,}0812$ (2) $P(X > 35) = 1 - P(X \le 35) = 1 - 0{,}179 = 0{,}821$
(3) $P(38 \le X \le 45) = P(X \le 45) - P(X \le 37) = 0{,}869 - 0{,}307 = 0{,}562$

e) Hier wird die Zufallsgröße X: *Anzahl der Haushalte mit weniger als fünf Personen in einem 50-stufigen* BERNOULLI*-Versuch mit p = 0,97* betrachtet: $P(X = 50) = 0{,}97^{50} = 0{,}218$.

f) Hier wird die Zufallsgröße X: *Anzahl der Haushalte mit mindestens fünf Personen in einem n-stufigen* BERNOULLI*-Versuch mit p = 0,03* betrachtet: Das Ereignis *Mindestens ein Haushalt mit mindestens fünf Personen* hat die Wahrscheinlichkeit
$P(X \ge 1) = 1 - P(X = 0) = 1 - 0{,}97^n$.
Für diese Wahrscheinlichkeit so gelten: $P(X \ge 1) \ge 0{,}90$, also
$1 - 0{,}97^n \ge 0{,}9 \Leftrightarrow 0{,}97^n \le 0{,}1 \Leftrightarrow n \cdot \log(0{,}97) \le \log(0{,}1) \Leftrightarrow n \ge 75{,}6 \Leftrightarrow n \ge 76$.
Es ist also eine Stichprobe mit mindestens einem Stichprobenumfang von n = 76 notwendig, damit man in dieser mindestens einen Haushalt findet, in dem fünf oder mehr Personen leben.

g) X: *Anzahl der 2-Personen-Haushalte in einer Stichprobe vom Umfang n = 600*
$p = 0{,}34$; $\mu = 0{,}34 \cdot 600 = 204$; $\sigma = \sqrt{600 \cdot 0{,}34 \cdot 0{,}66} = \sqrt{134{,}64} \approx 11{,}60$,
95%-Umgebung von μ: $\mu - 1{,}96\sigma \approx 181{,}3$; $\mu + 1{,}96\sigma \approx 226{,}7$.
Also gilt: $P(181 \le X \le 227) \approx 0{,}95$ (nach der sicheren Seite gerundet).
Exakte Rechnung: $P(181 \le X \le 227) = 0{,}957$; $P(182 \le X \le 226) = 0{,}948$.

h) Mit einer Wahrscheinlichkeit von 90% unterscheidet sich der unbekannte Anteil p der 1-Personen-Haushalte in der Gemeinde vom Anteil in der Stichprobe um höchstens $\frac{1{,}64\sigma}{n}$. Gegeben ist hier also $n = 250$ und $\frac{X}{n} = \frac{95}{250} = 0{,}38$.

Gesucht sind alle p, welche die folgende Bedingung erfüllen:

$$|0{,}38 - p| \le 1{,}64 \cdot \sqrt{\frac{p \cdot (1-p)}{250}}.$$

Eine grafische Lösung mithilfe des GTR ist wie folgt möglich: Man bestimmt die Schnittstellen der drei Funktionen mit

$$y_1 = 0{,}38;\ y_2 = x - 1{,}64 \cdot \sqrt{\frac{x \cdot (1-x)}{250}};\ y_3 = x - 1{,}64 \cdot \sqrt{\frac{x \cdot (1-x)}{250}}.$$

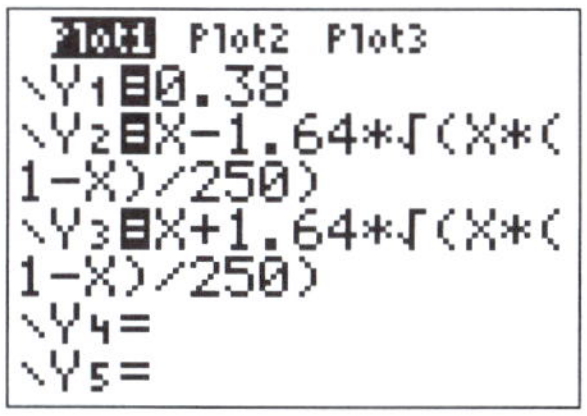

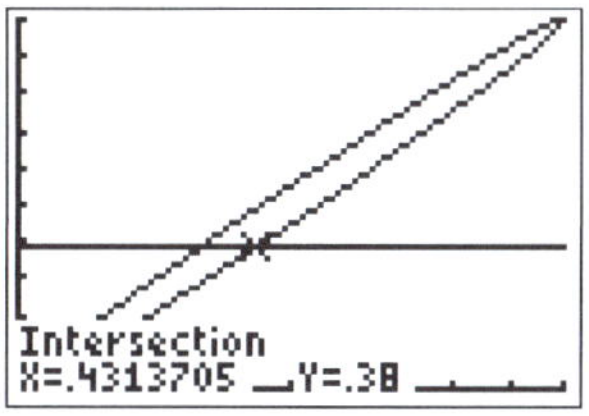

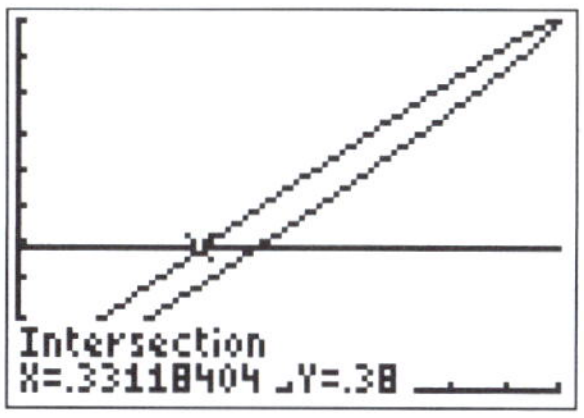

Mithilfe der intersect-Option erhält man das 90%-Konfidenzintervall $0{,}331 \le p \le 0{,}431$. Da in diesem Konfidenzintervall auch der Durchschnittswert aller Gemeinden enthalten ist (35%), kann er sich nicht auf das Stichprobenergebnis beziehen, wenn er von einem erheblichen Unterschied zu anderen Gemeinden spricht, denn das Stichprobenergebnis ist auch mit $p = 0{,}35$ verträglich.

Aufgabe 12 *Impfung gegen Influenza*

Das Robert-Koch-Institut hat in einer Stichprobe 1261 Menschen über 12 Jahre telefonisch befragt. Demnach waren in West-Deutschland 15% und in Ost-Deutschland (einschl. Berlin) 32% der Bevölkerung gegen Grippe geimpft.
In den „westlichen" Bundesländern leben 79,3% der 73 327 000 Bundesbürger über 12 Jahre.

a) Berechnen Sie den Anteil der geimpften Personen in der Gesamtbevölkerung. Bestimmen Sie die Wahrscheinlichkeit, dass eine zufällig angetroffene geimpfte Person in den „östlichen" Bundesländern wohnt. I3

b) Berechnen Sie die Wahrscheinlichkeit, dass von 12 zufällig ausgesuchten Personen aus den östlichen Bundesländern

(1) keine Person geimpft ist;
(2) mindestens 10 Personen nicht geimpft sind;
(3) mehr als 8 und höchstens 10 Personen geimpft sind. J2

c) Das Leonhard-Euler-Gymnasium liegt im West-Deutschland und hat zur Zeit 1030 Schülerinnen und Schüler über 12 Jahre.

Bestimmen Sie einen Schätzwert für die Anzahl der geimpften Schüler dieses Gymnasiums.
Ermitteln Sie ein zum Erwartungswert symmetrisches Intervall, in dem die Anzahl der geimpften Schüler mit einer Wahrscheinlichkeit von etwa 95 % liegt. J4

d) Personen über 12 Jahre aus den westlichen Bundesländern werden für ein Interview zufällig ausgewählt. Bestimmen Sie, wie viele Personen man mindestens auswählen muss, um mit einer Wahrscheinlichkeit von mindestens 98 % mindestens eine geimpfte Person zu erfassen. J3

e) Die oben angegebene Information über den Anteil der geimpften Personen in Westdeutschland beruht auf einer Befragung von 1000 Personen über 12 Jahre in den westlichen Bundesländern. Von ihnen waren 150 geimpft.

Begründen Sie, warum dies eine repräsentative Stichprobe ist.
Untersuchen Sie, ob das Umfrageergebnis auch mit einem Anteil von $p = 0{,}14$ verträglich ist. K1

Lösung

a) G: Person ist geimpft
$\overline{G}$: Person ist nicht geimpft
A: Person wohnt in den „westlichen“ Bundesländern;
$\overline{A}$: Person wohnt in den „östlichen“ Bundesländern

Mit diesen Bezeichnungen und einem Baumdiagramm kann eine Vierfeldertafel erstellt werden:

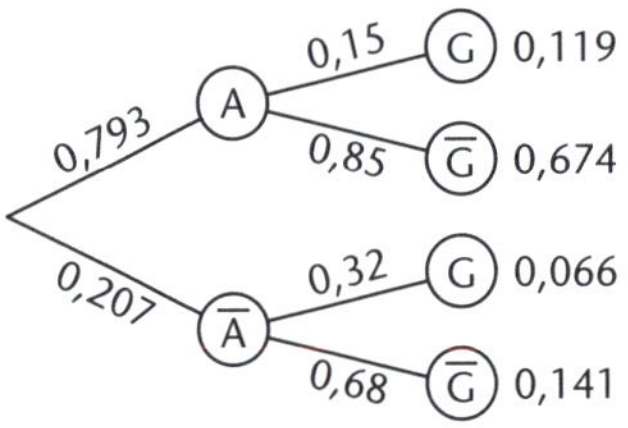

	G	$\overline{G}$	
A	0,119	0,674	0,793
$\overline{A}$	0,066	0,141	0,207
	0,185	0,815	1

Daraus ist abzulesen: $P(G) = 0{,}793 \cdot 0{,}15 + 0{,}207 \cdot 0{,}32 \approx 0{,}185$
Der Anteil der geimpften Personen in der Gesamtbevölkerung beträgt also etwa 18,5 %.
Mit der Vier-Felder-Tafel erhält man das umgekehrte Baumdiagramm:

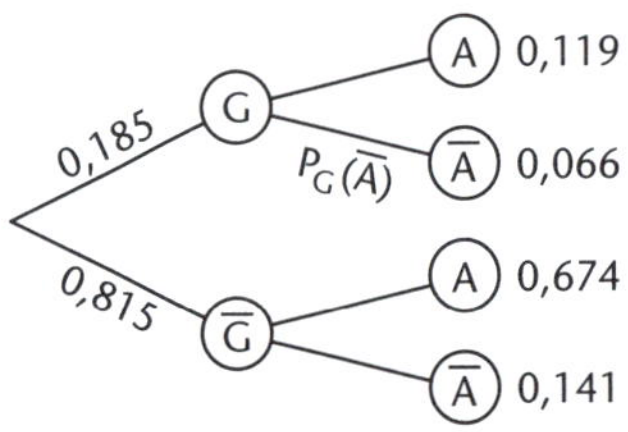

Daraus ist abzulesen: $P_G(\overline{A}) = \frac{P(G \cap \overline{A})}{P(G)} = \frac{0{,}066}{0{,}185} \approx 0{,}357$

Die Person wohnt demnach mit einer Wahrscheinlichkeit von etwa 35,7 % in den „östlichen“ Bundesländern.

b) X: *Anzahl der geimpften Personen*
Die Zufallsgröße X ist binomialverteilt mit $n = 12$ und $p = 0{,}32$.

(1) $P(X = 0) = \binom{12}{0} \cdot 0{,}32^0 \cdot 0{,}68^{12} \approx 0{,}68^{12} \approx 0{,}0098 \approx 1\,\%$

(2) $P(X \le 2) = P(X = 0) + P(X = 1) + P(X = 2)$

$$= 0{,}68^{12} + \binom{12}{1} \cdot 0{,}32 \cdot 0{,}68^{11} + \binom{12}{2} \cdot 0{,}32^2 \cdot 0{,}68^{10} \approx 0{,}2078 \approx 20{,}8\,\%$$

(3) $P(9 \le X \le 10) = P(X = 9) + P(X = 10)$

$$= \binom{12}{9} \cdot 0{,}32^9 \cdot 0{,}68^3 + \binom{12}{10} \cdot 0{,}32^{10} \cdot 0{,}68^2 \approx 0{,}0028 \approx 0{,}3\,\%$$

Berechnung mithilfe des GTR:

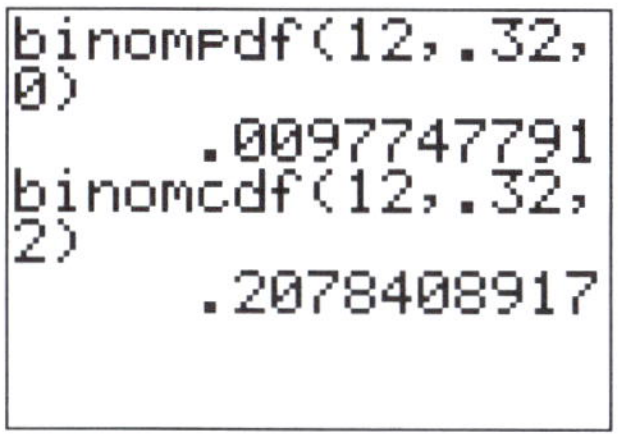

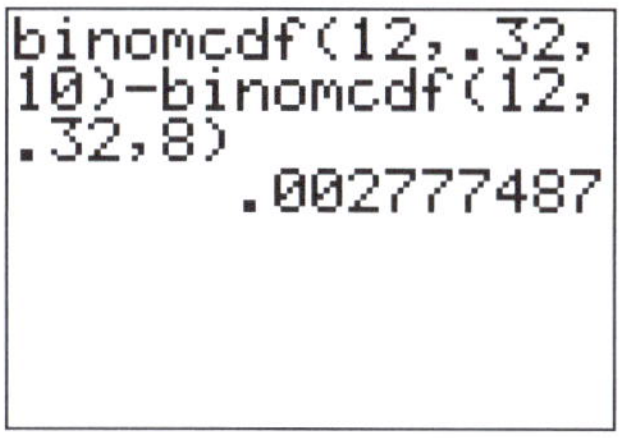

c) Die Zufallsgröße X beschreibt die Anzahl der geimpften Schüler.
Sie ist binomialverteilt mit $n = 1030$ und $p = 0{,}15$.
Als Schätzwert wird der Erwartungswert berechnet zu: $\mu = n \cdot p = 1030 \cdot 0{,}15 = 154{,}5$
Mit der Standardabweichung $\sigma = \sqrt{n \cdot p \cdot (1 - p)} \approx 11{,}46$ ist der Radius der gesuchten Umgebung nach den Sigma-Regeln etwa: $1{,}96 \cdot \sigma \approx 22{,}5$
Damit ist das gesuchte Intervall: $[154{,}5 - 22{,}5;\ 154{,}5 + 22{,}5] = [132;\ 177]$

Alternativ kann man eine Funktion betrachten, durch welche die Wahrscheinlichkeit für die symmetrisch zu $\mu = 154{,}5$ liegenden Intervalle berechnet wird – man beachte das „Table Setup“:

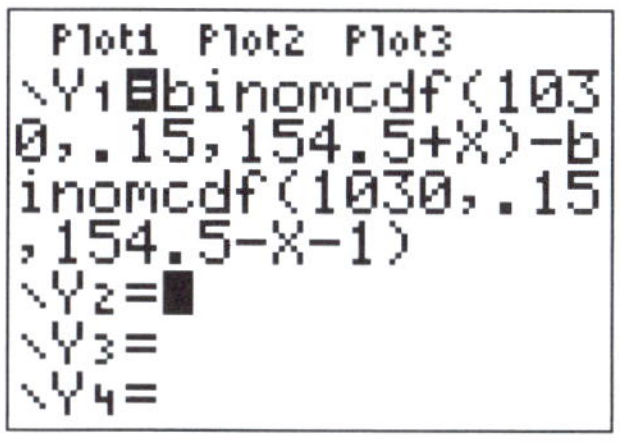

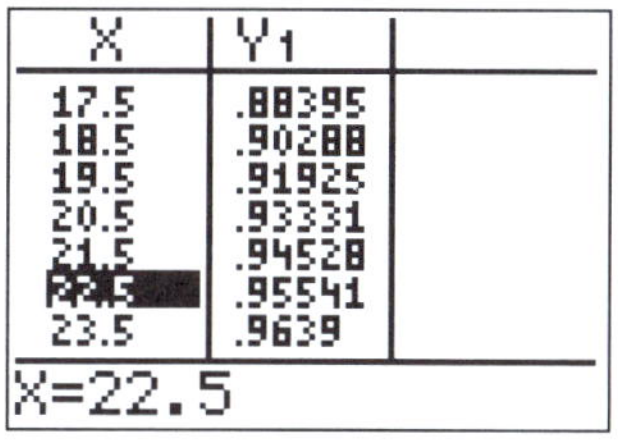

d) Gesucht ist die unbekannte Personenzahl n, die man mindestens auswählen muss.

$P(\text{mind. eine Person ist geimpft}) \ge 0{,}98$

$\Leftrightarrow\ 1 - P(\text{keine Person ist geimpft}) \ge 0{,}98$

$\Leftrightarrow\ 1 - 0{,}85^n \ge 0{,}98$

$\Leftrightarrow\ n \ge \frac{\ln(0{,}02)}{\ln(0{,}85)} \approx 24{,}07$

Also muss man mindestens 25 Personen auswählen.

Alternativ kann man untersuchen, von welchem x-Wert an die Funktion mit $y = 1 - 0{,}85^x$ den Wert $y = 0{,}98$ überschreitet (mithilfe der intersect-Option oder der Wertetabelle):

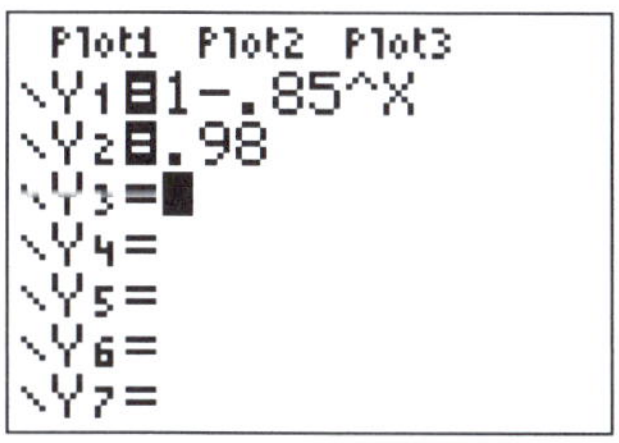

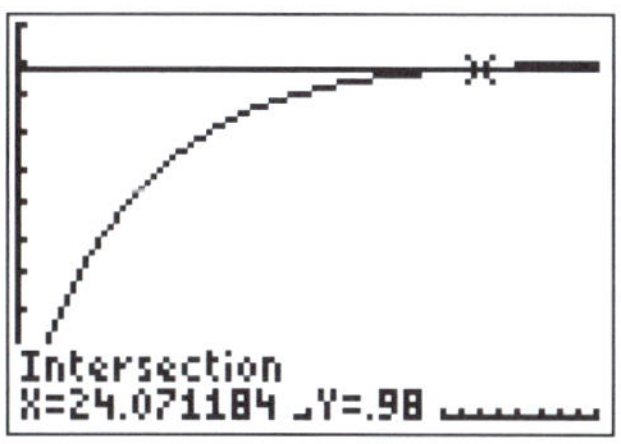

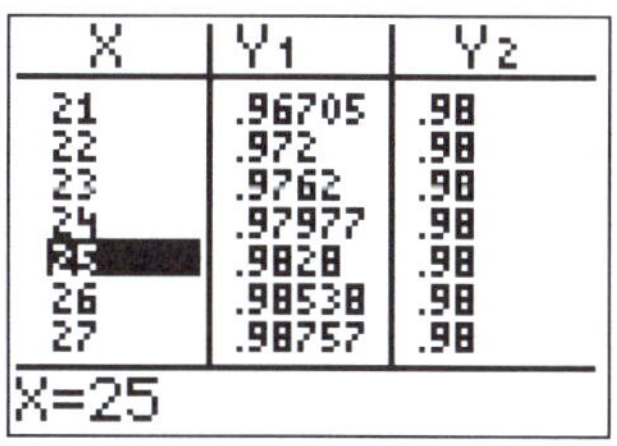

e) Da die Umfrage repräsentativ sein sollte, wurden entsprechend dem Anteil an der Gesamtbevölkerung 79,3 % der befragten Personen aus den alten Bundesländern gewählt.
Also $0{,}793 \cdot 1261 = 999{,}973 \approx 1000$.

Für $n = 1000$ und $p = 0{,}14$ ist $\mu = n \cdot p = 140$ und $\sigma = \sqrt{n \cdot p \cdot (1-p)} = 10{,}97$.
Da $\mu - 1{,}96 \cdot \sigma \approx 140 - 21{,}5 = 118{,}5$ und $\mu + 1{,}96 \cdot \sigma \approx 140 + 21{,}5 = 161{,}5$ liegt das Umfrageergebnis von 150 geimpften Personen in der 95 %-Umgebung um den Erwartungswert. Es ist daher auch mit einem Anteil von 14 % verträglich.

Aufgabe 13 *Würfeln mit dem Ikosaeder*

Ein Ikosaeder ist ein regelmäßiger Körper mit 20 kongruenten, gleichseitigen Dreiecken als Außenflächen.

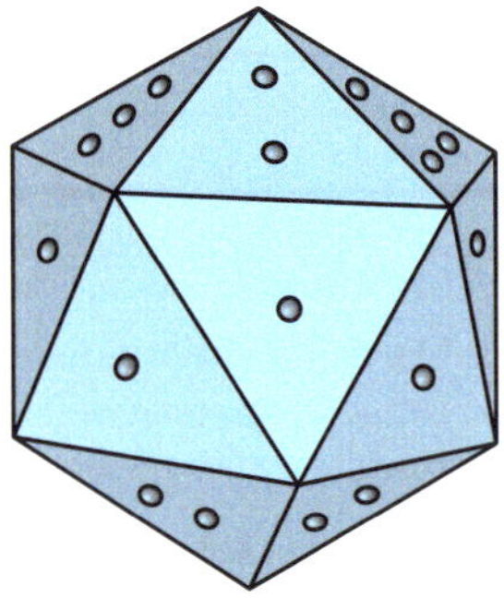

In der Form eines solchen Ikosaeders wurde ein Würfel hergestellt.
Dabei wurden auf 8 der Außenflächen *ein Auge* aufgemalt, auf 6 Flächen *zwei Augen*, auf 4 Flächen *drei Augen* und auf 2 Flächen *vier Augen*.

Im Folgenden werden Würfelexperimente mit diesem Würfel betrachtet.

a) Berechnen Sie die Wahrscheinlichkeit, dass bei 100 Würfen
(1) mindestens 15- und höchstens 24-mal die „Augenzahl drei" fällt;
(2) mehr als 45-mal die „Augenzahl eins" fällt;
(3) mindestens 80-mal eine „Augenzahl kleiner als drei" fällt. J2

b) Bestimmen Sie, wie oft man den Würfel mindestens werfen muss, damit mit einer Wahrscheinlichkeit von mindestens 95% mindestens einmal die „Augenzahl vier" fällt. J3

c) Ein Freund bietet Ihnen folgendes Spiel an: Sie zahlen vor jedem Wurf mit dem Würfel 0,50 € an den Freund. Fällt die „Augenzahl eins", so geht ihr Einsatz verloren. Fällt die „Augenzahl zwei", so erhalten Sie Ihren Einsatz zurück. Fällt die „Augenzahl drei", so erhalten Sie 1 €. Fällt die „Augenzahl vier", so erhalten Sie 2 €. J1

(1) Untersuchen Sie, ob das Spiel fair ist.
(2) Die Auszahlung für den Fall, dass die „Augenzahl vier" fällt, soll nun so verändert werden, dass das Spiel fair ist. Die restlichen Auszahlungen bleiben unverändert. Berechnen Sie die neue Auszahlung.

d) Jemand hat die Vermutung, dass in eines der Felder mit zwei Augen ein weiteres Auge eingezeichnet wurde, möchte aber sein Misstrauen nicht zeigen und den Ikosaeder-Würfel vor aller Augen kontrollieren. Bei 400 Würfen sind 96-mal drei Augen gefallen. Ist der Ikosaeder-Würfel tatsächlich manipuliert worden (so wie oben beschrieben)?
Ermitteln Sie aufgrund des beschriebenen Experimentes ein Vertrauensintervall zur Vertrauenszahl $\gamma = 0{,}9$ für die Wahrscheinlichkeit, mit der bei dem vorliegenden Ikosaeder drei Augen fallen. K2

Lösung

a) (1) X: *Anzahl der Würfe mit „Augenzahl drei“*
Die Zufallsgröße X ist binomialverteilt mit n = 100 und $p = \frac{4}{20} = 0{,}2$.
$P(15 \le X \le 24) = P(X \le 24) - P(X \le 14) = 0{,}788 = 78{,}8\,\%$

(2) X: *Anzahl der Würfe mit „Augenzahl eins“*
Die Zufallsgröße X ist binomialverteilt mit n = 100 und $p = \frac{8}{20} = 0{,}4$.
$P(X > 45) = 1 - P(X \le 45) \approx 0{,}131 = 13{,}1\,\%$

(3) X: *Anzahl der Würfe mit „Augenzahl eins oder zwei“*
Die Zufallsgröße X ist binomialverteilt mit n = 100 und $p = \frac{14}{20} = 0{,}7$.
$P(X \ge 80) = 1 - P(X \le 79) \approx 0{,}016 = 1{,}6\,\%$

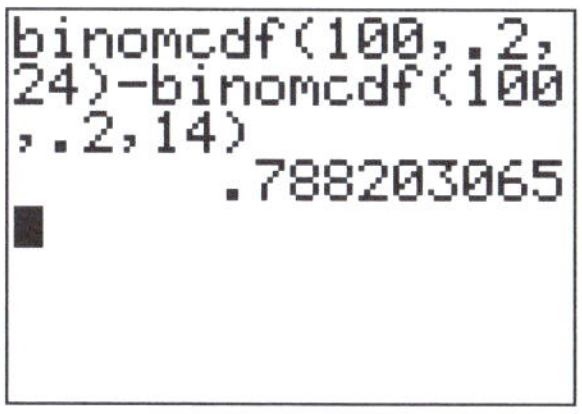

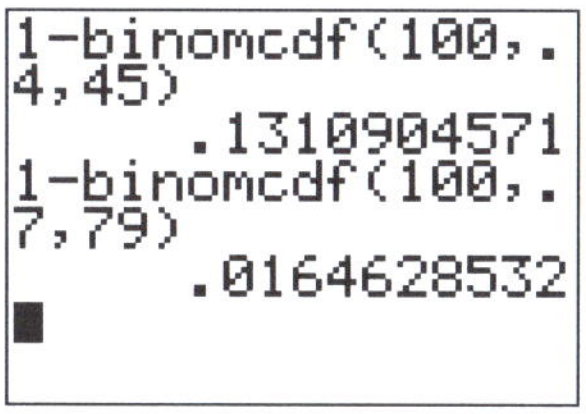

b) Gesucht ist die Anzahl der Würfe n.

$P(\text{mind. einmal „Augenzahl vier“}) \ge 0{,}95$
$\Leftrightarrow 1 - P(\text{keinmal „Augenzahl vier“}) \ge 0{,}95$
$\Leftrightarrow 1 - 0{,}9^n \ge 0{,}95$
$\Leftrightarrow 0{,}9^n \ge 0{,}05$
$\Leftrightarrow n \ge \frac{\ln(0{,}05)}{\ln(0{,}9)} \approx 28{,}4$

Also muss man den Würfel mindestens 29-mal werfen.

Alternativ kann die Ungleichung grafisch mithilfe des GTR gelöst werden:

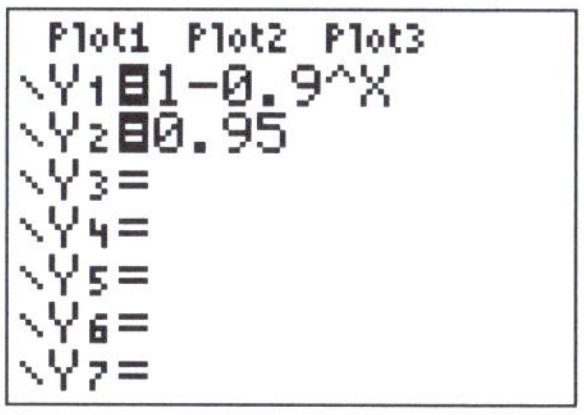

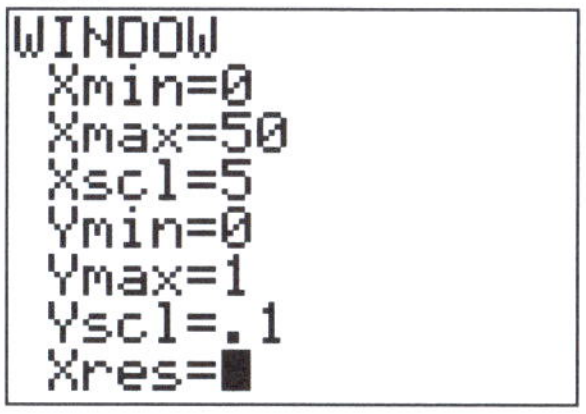

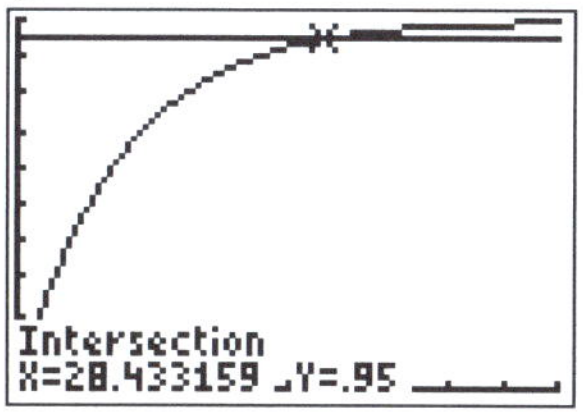

c) (1) Das Spiel ist fair, falls der Erwartungswert der Zufallsgröße „Gewinn“ 0 € beträgt. Dann wird auf lange Sicht der an den Freund gezahlte Einsatz gleich dem ausgezahlten Betrag sein. Zu beachten ist dabei, dass der Gewinn stets um 0,50 € unter dem ausgezahlten Betrag liegt:

Augenzahl	1	2	3	4
Gewinn	–0,50 €	0 €	0,50 €	1,50 €
Wahrscheinlichkeit	0,4	0,3	0,2	0,1

Mit den aus der Tabelle entnommenen Werten beträgt der Erwartungswert μ der Zufallsgröße „Gewinn“:
$\mu = -0{,}50\,€ \cdot 0{,}4 + 0\,€ \cdot 0{,}3 + 0{,}50\,€ \cdot 0{,}2 + 1{,}50\,€ \cdot 0{,}1 = 0{,}05\,€$.
Das Spiel ist also nicht fair. Sie erhalten auf lange Sicht einen Gewinn von 0,05 € pro Spiel.

(2) Bezeichnet man die neue Auszahlung für den Fall „Augenzahl vier" mit x, so beträgt der Gewinn in diesem Fall x – 0,50 €.

Augenzahl	1	2	3	4
Gewinn	–0,50 €	0 €	0,50 €	x – 0,50 €
Wahrscheinlichkeit	0,4	0,3	0,2	0,1

Da nun der Erwartungswert gleich Null sein muss, ergibt sich die folgende Gleichung:
$-0{,}50\,€ \cdot 0{,}4 + 0\,€ \cdot 0{,}3 + 0{,}50\,€ \cdot 0{,}2 + (x - 0{,}50\,€) \cdot 0{,}1 = 0.$
Durch Auflösen der Gleichung nach x erhält man: $x = 1{,}50\,€$.
Also muss die Auszahlung für den Fall „Augenzahl vier" auf 1,50 € gesenkt werden (d. h. der Gewinn ist dann 1,00 €), damit das Spiel fair ist.
Hinweis: Statt der Zufallsgröße „Gewinn" kann auch die Zufallsgröße „Auszahlung" betrachtet werden. Der Erwartungswert der Auszahlung muss bei einer fairen Spielregel gleich dem Einsatz sein. Im Falle von (2) wird die Rechnung etwas leichter.

d) Der Ansatz $|X - \mu| \le c \cdot \sigma$ mit $c = 1{,}64$ und $X = 96$ führt durch Quadrieren zu der quadratischen Ungleichung: $(96 - 400 \cdot p)^2 \le 1{,}64^2 \cdot 400 \cdot p \cdot (1 - p)$
Als Lösungen der entsprechenden Gleichung werden $p_1 \approx 0{,}2068$ und $p_2 \approx 0{,}2767$ berechnet. Also lautet das gesuchte Konfidenzintervall nach Runden zur sicheren Seite: [0,207; 0,276].

Alternativ kann die Ungleichung grafisch mithilfe des GTR gelöst werden:

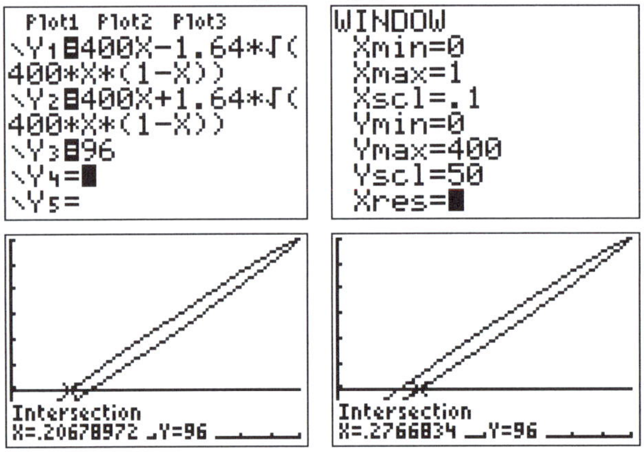

Da die Erfolgswahrscheinlichkeit $p = \frac{4}{20} = 0{,}2$ nicht in dem berechneten 90 %-Konfidenzintervall enthalten ist, kann man davon ausgehen, dass die vermutete Manipulation vorgenommen wurde. Das Stichprobenergebnis X = 96 ist nicht verträglich mit p = 0,2. Damit ist jedoch die Vermutung nicht bewiesen, denn mit einer Wahrscheinlichkeit von ca. 10 % kann es zufällig vorkommen, dass Ergebnisse außerhalb der 1,64 σ-Umgebung des Erwartungswerts liegen.

Aufgabe 14 *Raucher*

a) Aus der Grafik kann man entnehmen, wie groß der Anteil der Raucher in der Gesamtbevölkerung und in Teilgruppen der Bevölkerung ist. Betrachten Sie im Folgenden nur die Altersgruppe der Personen, die 15 bis unter 40 Jahre alt sind. Von diesen sind 49 % weiblich, 51 % männlich. Aus der Grafik rechts ist zu entnehmen, dass 37 % der Männer dieser Altersgruppe rauchen und 27 % der Frauen. Stellen Sie die so vorliegenden Informationen über Frauen und Männer der Altersgruppe und deren Zugehörigkeit zu den Rauchern bzw. Nichtrauchern in einem geeigneten Baumdiagramm und einer Vierfeldertafel zusammen. I2 I3

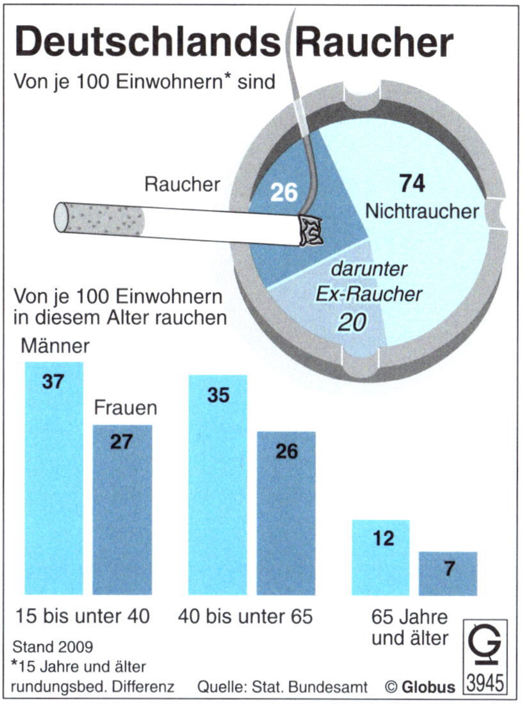

b) Welche Informationen ergeben sich aus dem umgekehrten Baumdiagramm? Schreiben Sie einen kurzen Zeitungstext. I3

c) Aus der Grafik kann man entnehmen, dass ungefähr 26 % der über 14-Jährigen in Deutschland rauchen.
   (1) Wie viele Personen, die rauchen, würde man demnach in einer Zufallsstichprobe von 200 Personen über 14 Jahren erwarten können? Geben Sie auch eine Intervallschätzung an. J4
   (2) Mit welcher Wahrscheinlichkeit wird man in einer Stichprobe vom Umfang 50 mehr als 15 Personen vorfinden, die rauchen? I3

d) In einer umfangreichen Stichprobe wurden u. a. 320 Personen erfasst, die als Familienstand „geschieden" angaben. Von diesen gaben 137 an, dass sie rauchen. Ist der Anteil der Raucher unter den Geschiedenen signifikant höher als in der Gesamtbevölkerung? K1

e) Unter den 20 % ehemaligen Rauchern soll eine Befragung stattfinden, in der geklärt werden soll, nach welchen Methoden sie von ihrer Gewohnheit abgekommen sind. Wie viele Personen über 14 Jahren müssen für eine Zufallsstichprobe mindestens ausgewählt werden, damit man mit einer Wahrscheinlichkeit von mindestens 90 % mindestens 300 ehemalige Raucher befragen kann? J5

Lösung

a) Aus dem Aufgabentext entnehmen wir zunächst die Informationen über das Merkmal Geschlecht (1. Stufe), dann über das Rauchverhalten (2. Stufe). Die Pfad-Wahrscheinlichkeiten ergeben die inneren Felder der Vierfeldertafel.

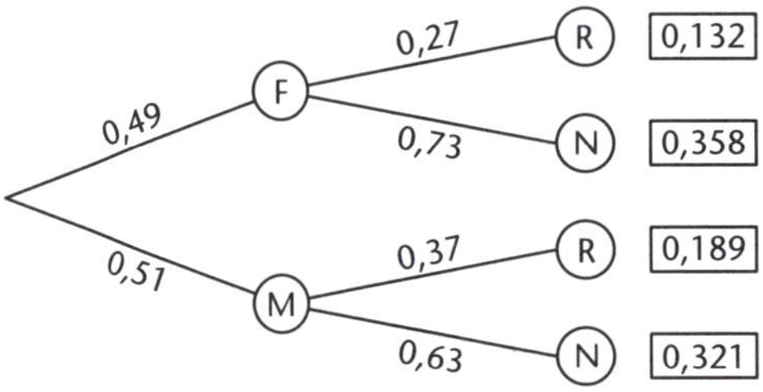

	Raucher	Nicht-raucher	gesamt
Frauen	13,23 %	35,77 %	49,0 %
Männer	18,87 %	32,13 %	51,0 %
gesamt	32,1 %	67,9 %	100,0 %

b) Aus den Spaltensummen und durch Quotientenbildung in den Spalten erhält man das umgekehrte Baumdiagramm:

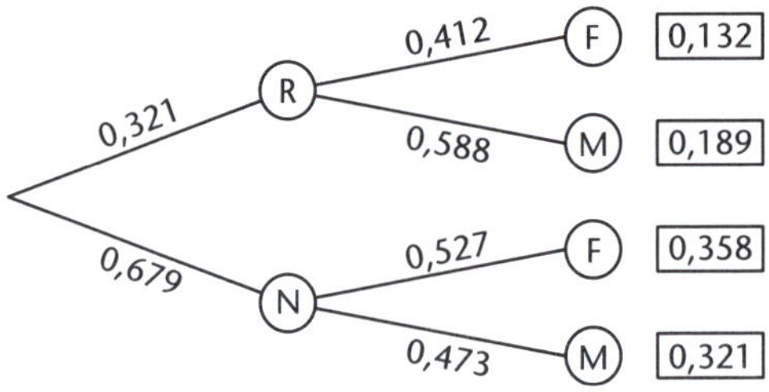

Zeitungstext: 32,1 % der Personen zwischen 15 und 40 Jahren sind Raucher; dies sind überwiegend Männer (58,8 %). Unter den Nichtrauchern dieser Altersgruppe haben die Frauen mit 52,7 % die Mehrheit.

c) Wir modellieren den Vorgang mithilfe einer Binomialverteilung, da der Umfang der Stichprobe klein ist im Vergleich zur Gesamtheit aller Einwohner Deutschlands über 14 Jahren.

(1) $n = 200$; $p = 0{,}26$; X: *Anzahl der Raucher in der Stichprobe*
$\mu = 200 \cdot 0{,}26 = 52$; $\sigma = \sqrt{200 \cdot 0{,}26 \cdot 0{,}74} \approx 6{,}20$
Punktschätzung: Wir erwarten ca. 52 Raucher in der Stichprobe.
Intervallschätzung: Mit einer Wahrscheinlichkeit von ca. 90 % wird die Anzahl der Raucher in der Stichprobe im Intervall zwischen $\mu - 1{,}64\sigma \approx 41{,}8$ und $\mu + 1{,}64\sigma \approx 62{,}2$ liegen, d. h. in 90 % solcher Stichproben vom Umfang $n = 200$ wird ein Ergebnis aus dem Intervall $\{42, 43, ..., 62\}$ auftreten.
[Kontrollrechnung: $P(42 \le X \le 62) \approx 0{,}910$]

Alternativ kann man ein solches Intervall mithilfe des GTR wie folgt bestimmen: Man betrachtet eine Funktion f mit
f(x) = binomcdf(200, 0.26, 52+x) – binomcdf(200, 0.26, 52-x-1),
also eine Funktion, die für jedes $x \in \mathbb{N}$ die Wahrscheinlichkeit für ein zum Erwartungswert $\mu = 52$ symmetrisches Intervall angibt:

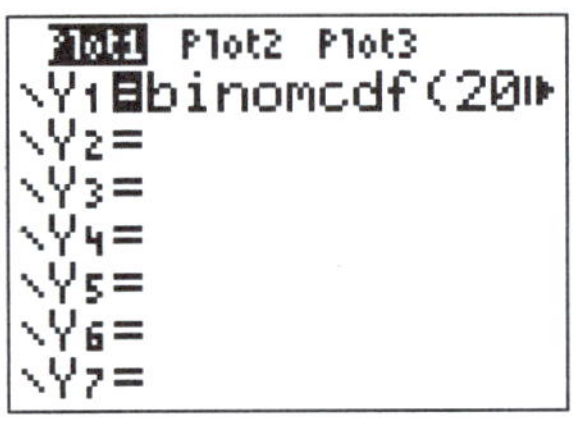

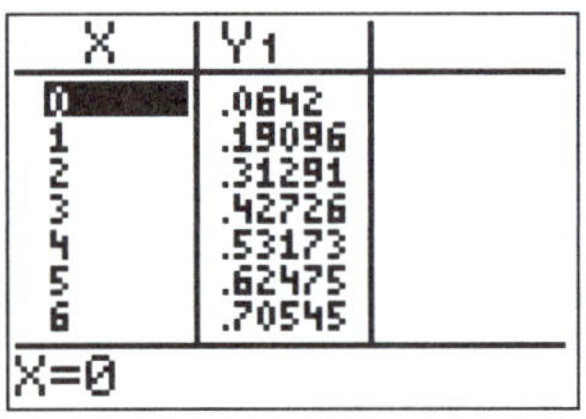

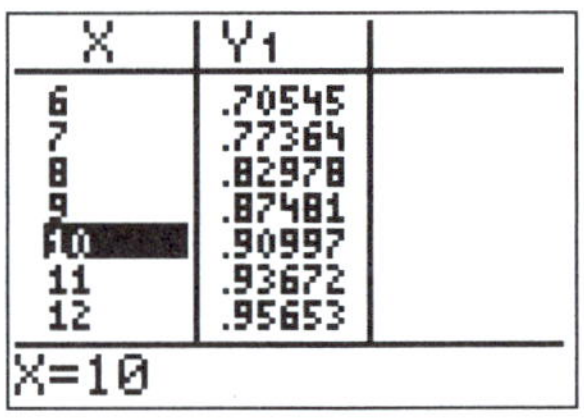

(2) $n = 50$; $p = 0{,}26$;
X: *Anzahl der Raucher in der Stichprobe*
$P(X > 15) = 1 - P(X \leq 15) \approx 20{,}8\,\%$

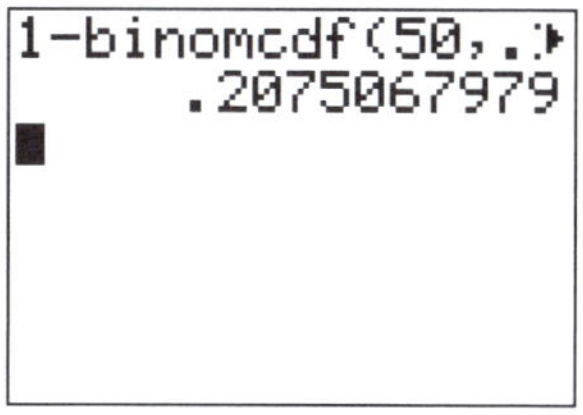

d) Wir modellieren den Vorgang mithilfe einer Binomialverteilung, da der Umfang der Stichprobe klein ist im Vergleich zur Gesamtheit aller Einwohner Deutschlands.
Wenn der Familienstand „geschieden" keinen Einfluss auf das Raucher/Nichtraucher-Verhalten hat, dann müsste die Anzahl der Raucher unter den als „geschieden" bezeichneten Personen verträglich sein mit $p = 0{,}26$.
$n = 320$; $p = 0{,}26$; $\mu = 320 \cdot 0{,}26 = 83{,}2$; $\sigma = \sqrt{320 \cdot 0{,}26 \cdot 0{,}74} \approx 7{,}85$
Eine signifikante Abweichung nach oben ist beispielsweise durch $\mu + 1{,}64\sigma$ gegeben, denn $P(X > \mu + 1{,}64\sigma) \approx 0{,}05$. Es gilt $\mu + 1{,}64\sigma \approx 96{,}1$. Wenn der Familienstand keinen Einfluss auf das Verhalten hat, dann treten Werte oberhalb von 99 zufällig nur mit einer Wahrscheinlichkeit von ca. 5 % auf. Das Stichprobenergebnis $X = 137$ liegt deutlich oberhalb von 96,1 – weicht also signifikant ab.

Alternativ könnte man auch zu $X = 137$ und $n = 320$ ein Vertrauensintervall für p berechnen; man stellt fest, dass der Anteil $p = 0{,}26$ nicht in dem Intervall enthalten ist.

e) Mit einer Wahrscheinlichkeit von ca. 80 % gilt: $|X - \mu| \leq 1{,}28\sigma$; daher gilt wegen der Symmetrie von Binomialverteilungen mit großem n mit einer Wahrscheinlichkeit von ca. 90 %: $X \geq \mu - 1{,}28\sigma$.
Gesucht ist das kleinste n, für das gilt: $\mu - 1{,}28\sigma \geq 300$, wobei $p = 0{,}2$, also
$0{,}2n - 1{,}28\sqrt{0{,}2 \cdot 0{,}8 \cdot n} \geq 300$.
Setzt man $z = \sqrt{n}$, dann liegt hier eine quadratische Ungleichung vor:
$0{,}2z^2 - 1{,}28 \cdot 0{,}4 \cdot z \geq 300$.
Umgeformt führt dies zu:
$z^2 - 2{,}56z \geq 1500$ oder $(z - 1{,}28)^2 \geq 1501{,}6384$ oder $\sqrt{n} = z \geq 1{,}28 + 38{,}75 = 40{,}03$,
also $n \geq 1603$
(Probe: Für $n = 1603$ und $p = 0{,}2$ ergibt sich: $\mu = 320{,}6$; $1{,}28\sqrt{1603 \cdot 0{,}2 \cdot 0{,}8} \approx 20{,}50$)

Den Mindestumfang der Auswahl kann man auch durch systematisches Suchen finden. Dazu betrachtet man den Funktionsterm $f(n) = 0{,}2 \cdot n - 1{,}28 \cdot \sqrt{0{,}2 \cdot 0{,}8 \cdot n}$ und sucht den kleinsten Wert von n, bei dem der Funktionswert 300 überschritten wird.

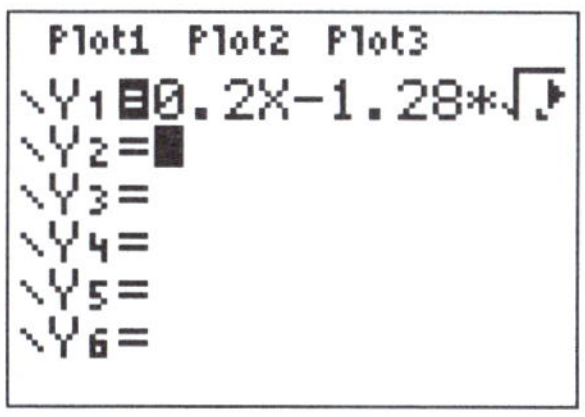

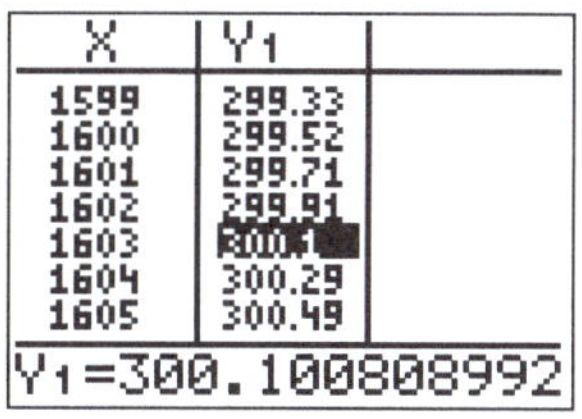

Alternativ kann man auch mithilfe eines Rechners untersuchen, für welche n gilt, dass
$f(n) = P(X \geq 300)$
$= 1 - P(X \leq 299)$
$= 1 - \text{binomcdf}(n, 0.2, 299)$
$\geq 0{,}90$.
Man stellt fest, dass die Bedingung bereits für $n = 1600$ erfüllt ist. (Die Lösung $n \geq 1603$ ist nicht falsch; es ist eher erstaunlich, dass man mithilfe der Faustregeln über σ-Umgebungen eine solch gute Abschätzung vornehmen kann.)

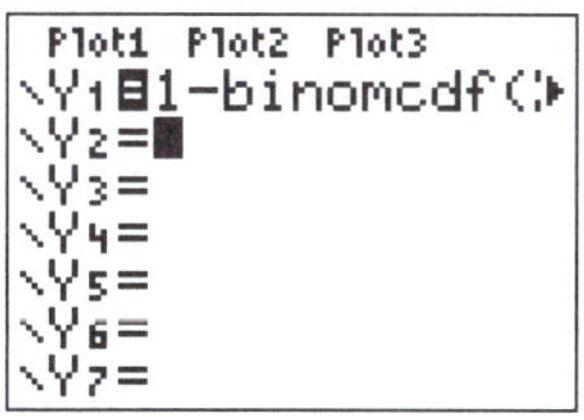

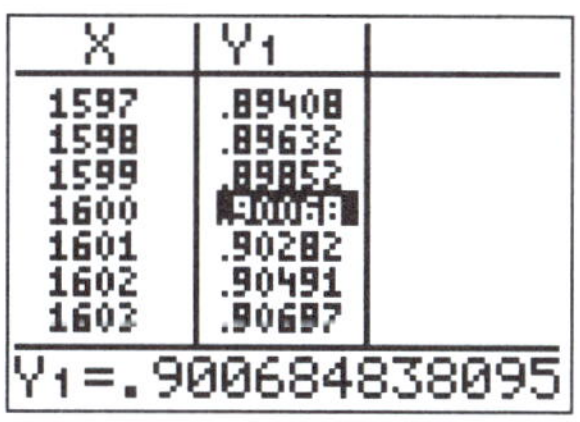

Aufgabe 15 *Wachstum von Kleinkindern*

a) Für kurze Zeiträume kann das Wachstum von Kleinkindern durch lineare Funktionen modelliert werden. In einer Kinderklinik wurden bei Jungen die folgenden Durchschnittswerte gemessen:

Alter in Monaten	12	14	16	18	20
Körperlänge in cm	75,5	78,0	80,3	82,3	84,1
Körpergewicht in kg	9,7	10,2	10,6	11,0	11,3

(1) Bestimmen Sie eine Regressionsgerade für das Körpergewicht in Abhängigkeit vom Alter. Welche Prognose ergibt sich hieraus für 2 Jahre alte Jungen? H2

(2) Bestimmen Sie eine Regressionsgerade für das Körpergewicht in Abhängigkeit von der Körperlänge. Welches Körpergewicht lässt sich demnach bei einem Jungen erwarten, der 72 cm groß ist? H2

(3) Bestimmen Sie eine Regressionsgerade für die Körperlänge in Abhängigkeit vom Körpergewicht. Welches Körpergewicht lässt sich demnach bei einem Jungen erwarten, der 72 cm groß ist? Warum ergibt sich hier ein etwas anderer Wert als in Teilaufgabe (2)? H2 H3

b) Die WHO (World Health Organization) veröffentlichte auf der Grundlage umfassender internationaler Erhebungen die folgende Grafik. Dabei gibt beispielsweise die Kurve, die mit „85 th" bezeichnet ist, die 85 %-Perzentile an, d. h. 85 % der Jungen in dem betreffenden Alter haben maximal diese Körpergröße. Die Zufallsgröße kann näherungsweise als normalverteilt angesehen werden.
Begründen Sie, warum man aus den Daten für 2 Jahre alte Jungen errechnen kann, dass der Erwartungswert $\mu \approx 87{,}8$ cm und die Standardabweichung $\sigma \approx 3{,}1$ cm beträgt. J7

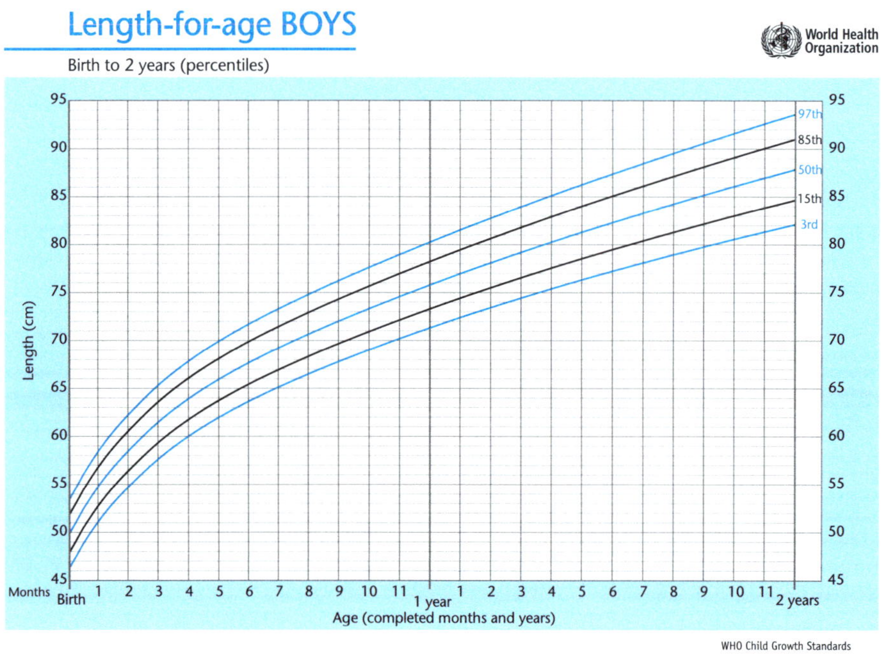

c) Berechnen Sie mithilfe der Angaben über μ und σ aus Teilaufgabe b) die Wahrscheinlichkeit, dass ein zufällig ausgewählter 2-jähriger Junge mindestens 85 cm groß ist und höchstens 90 cm. **J7**

d) Aus der Grafik oben kann man ablesen, dass 85 % der 10 Monate alten Jungen größer sind als 71 cm. Mit welcher Wahrscheinlichkeit findet man in einer Zufallsstichprobe unter 120 Jungen dieses Alters mehr als 100 Jungen, die größer sind als 71 cm? **J2**

e) In der Stichprobe unter 120 Jungen wurde auch der Kopfumfang gemessen und dabei festgestellt, dass 84 der Kinder einen Kopfumfang von mindestens 44 cm hatten. Bestimmen Sie ein 90 %-Vertrauensintervall für den Anteil der Kinder in der Gesamtheit mit dieser Eigenschaft. Was gibt dieses Intervall an? **K2**

Lösung

a) Die in der Tabelle enthaltenen Daten können als Listen in den GTR eingegeben werden.

(1) Mithilfe des Stat-Calc-Menüs kann die Regressionsgerade bestimmt und die zugehörige lineare Funktion unter Y1 abgespeichert werden. In der Wertetabelle von Y1 oder mithilfe der Trace-Funktion liest man den prognostizierten Wert ab: Die lineare Funktion, die den funktionalen Zusammenhang zwischen Alter und Körpergewicht modelliert, lässt sich beschreiben durch: $y = 0{,}2\,x + 7{,}36$
Für 2 Jahre alte Jungen wird daher ein durchschnittliches Körpergewicht von 12,16 kg zu erwarten sein.

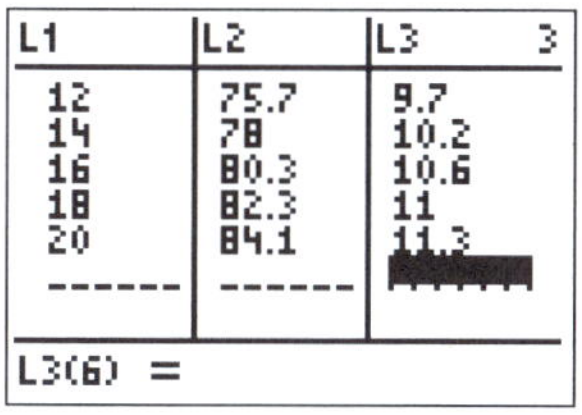

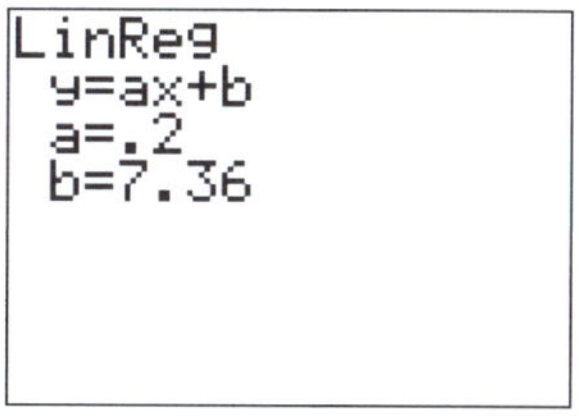

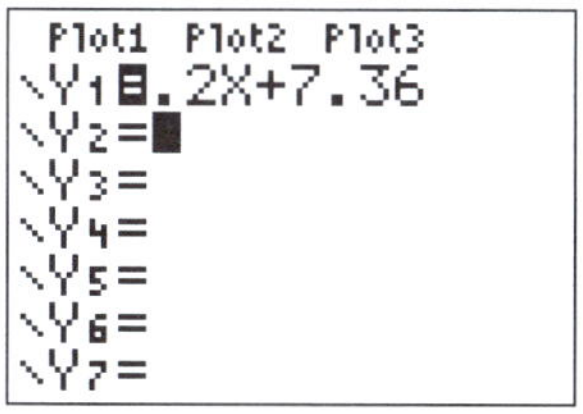

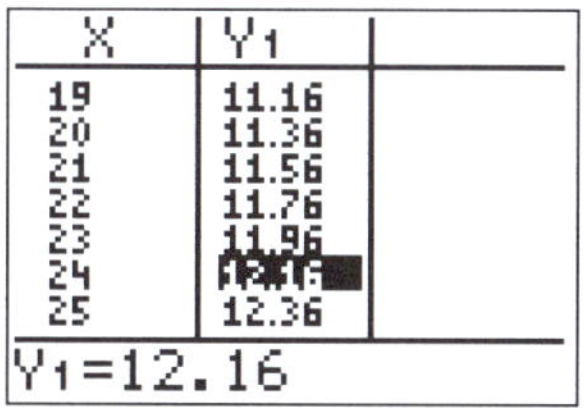

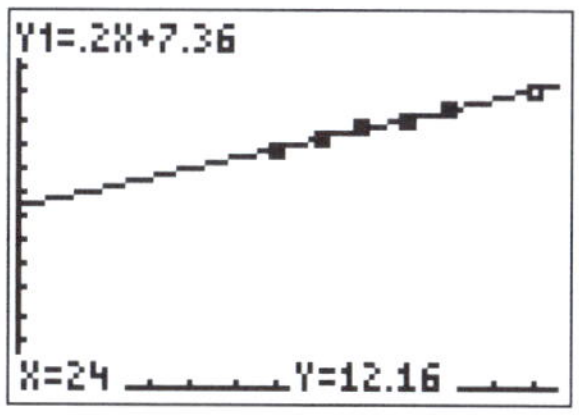

(2) Analog zu (1) bestimmt man die Regressionsgerade, die den als linear abgenommenen Zusammenhang zwischen Körperlänge (x) und Körpergewicht (y) modelliert. Es ergibt sich (ungefähr) die lineare Funktionsgleichung
$y \approx 0{,}190\,x - 4{,}64$ sowie der prognostizierte Wert von ca. 9,0 kg für einen Jungen, der 72 cm groß ist.

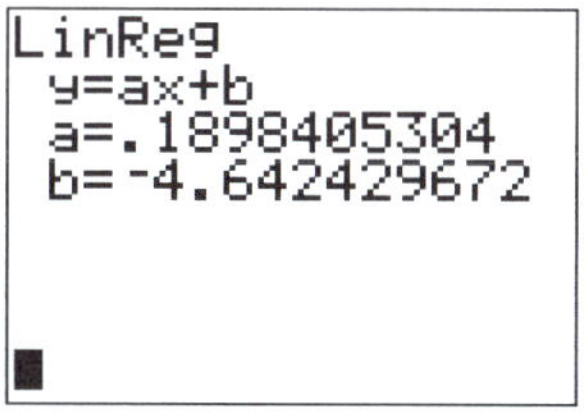

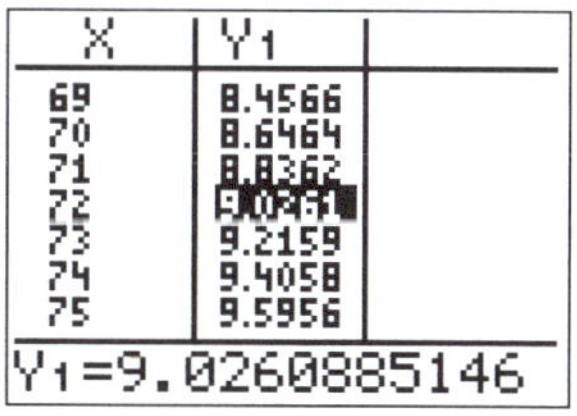

(3) Für diese Berechnung müssen die Koordinaten der Messwerte (Reihenfolge der Listen, aus denen die Daten entnommen werden) vertauscht werden. Jetzt ergibt sich für den Zusammenhang zwischen Körpergewicht (x) und Körperlänge (y) die Gleichung: $y \approx 5{,}258\,x + 24{,}55$.
Damit man diesen linearen Zusammenhang mit dem aus Teilaufgabe (2) vergleichen kann, müssen die Variablen vertauscht werden:
$x \approx 5{,}258\,y + 24{,}55 \;\Leftrightarrow\; y \approx 0{,}190\,x - 4{,}67$.
Dieser Funktionsterm unterscheidet sich nur unwesentlich von dem aus Teilaufgabe (2), da hier eine Regression bzgl. der Variablen Körperlänge vorgenommen wurde, während dies in Teilaufgabe (2) eine Regression bzgl. der Variablen Körpergewicht war.
Die Abweichung ist nicht sehr groß, was auch durch den Korrelationskoeffizienten bestätigt wird – ein Wert von 0,999 weist auf eine starke Korrelation zwischen den Merkmalen Körperlänge und Körpergewicht hin und rechtfertigt den Ansatz einer linearen Modellierung (sehr gute Anpassung an das lineare Modell).
Man kann also auch hier die Zuordnung 72 cm – 9,0 kg vornehmen.

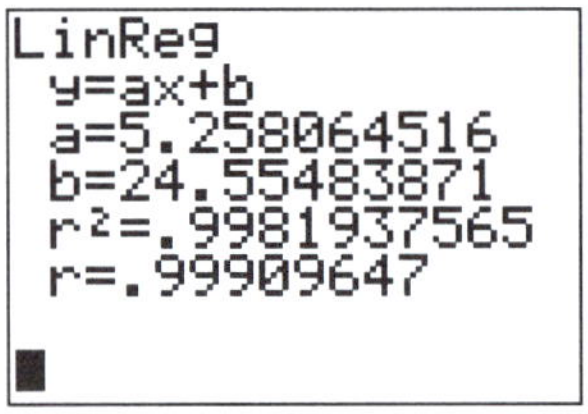

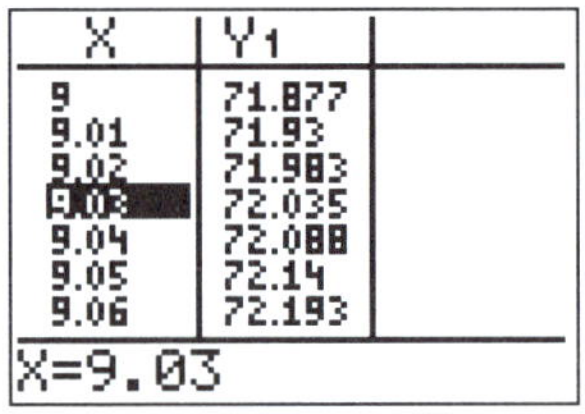

b) Aus der Grafik lassen sich für 2-jährige Jungen ungefähr die folgenden Werte entnehmen:

Perzentil	3rd	15th	50th	85th	97th
Körpergewicht in kg	82,0	84,6	87,8	91,0	93,6

Hieraus ergibt sich unmittelbar der Erwartungswert von $\mu \approx 87{,}8$ cm.
Außerdem gilt für normalverteilte Zufallsgrößen X:
$P(X \le \mu - 1{,}036\,\sigma) \approx 15\,\%$ sowie $P(X \le \mu - 1{,}881\,\sigma) \approx 3\,\%$ und aus Symmetriegründen
$P(X \le \mu + 1{,}036\,\sigma) \approx 85\,\%$ sowie $P(X \le \mu + 1{,}881\,\sigma) \approx 97\,\%$
wie man mithilfe des *invnorm*-Befehls des GTR ermitteln kann.

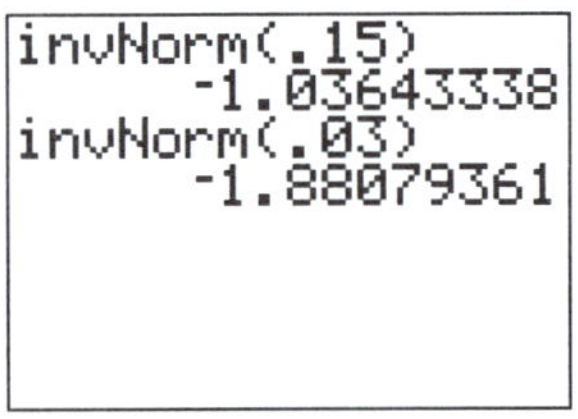

Folglich ergibt sich aus
$\mu \approx 87{,}8$ cm und $\mu - 1{,}036\,\sigma \approx 84{,}6$ cm: $1{,}036\,\sigma \approx 3{,}2$ cm $\Leftrightarrow$ $\sigma \approx 3{,}09$ cm
und aus
$\mu \approx 87{,}8$ cm und $\mu - 1{,}881\,\sigma \approx 82{,}0$ cm: $1{,}881\,\sigma \approx 5{,}8$ cm $\Leftrightarrow$ $\sigma \approx 3{,}08$ cm.

c) Mithilfe der Parameter $\mu \approx 87{,}8$ cm und $\sigma \approx 3{,}1$ cm kann die gesuchte Wahrscheinlichkeit berechnet werden:

$$P(85{,}0\text{ cm} \le X \le 90{,}0\text{ cm}) \approx \Phi\left(\frac{90{,}0 - 87{,}8}{3{,}1}\right) - \Phi\left(\frac{85{,}0 - 87{,}8}{3{,}1}\right) \approx 0{,}578.$$

```
normalcdf(85,90,
87.8,3.1)
             .577844976
```

d) Die betrachtete Zufallsgröße Y: *Anzahl der 10 Monate alten Jungen, die größer sind als 71 cm* ist binomialverteilt mit Erfolgswahrscheinlichkeit $p = 0{,}85$. Daher berechnet sich die gesuchte Wahrscheinlichkeit für den 120-stufigen BERNOULLI-Versuch wie folgt:
$P(Y > 100) = 1 - P(Y \le 100) \approx 65{,}9\,\%$

```
1-binomcdf(120,.
85,100)
             .658616678
```

e) Mit einer Wahrscheinlichkeit von 90 % unterscheidet sich die relative Häufigkeit in der Stichprobe vom Anteil p in der Gesamtheit um höchstens $1{,}64\,\frac{\sigma}{n}$. Unter der Voraussetzung, dass das vorliegende Stichprobenergebnis tatsächlich in der 90 %-Umgebung des Erwartungswerts liegt, können in Frage kommende Anteile p bestimmt werden.
Die Ungleichung $\left|\frac{84}{120} - p\right| \le 1{,}96\,\frac{\sigma}{120}$ führt nach Quadrieren zu einer quadratischen Ungleichung, deren Lösungsintervall begrenzt wird durch $p_1 \approx 0{,}628$ und $p_2 \approx 0{,}763$ (gerundet zur sicheren Seite).

Mithilfe des GTR kann die Ungleichung grafisch gelöst werden:

```
 Plot1  Plot2  Plot3
\Y1=X-1.64√(X*(1
-X)/120)
\Y2=X+1.64*√(X*(
1-X)/120)
\Y3=84/120
\Y4=
\Y5=
```

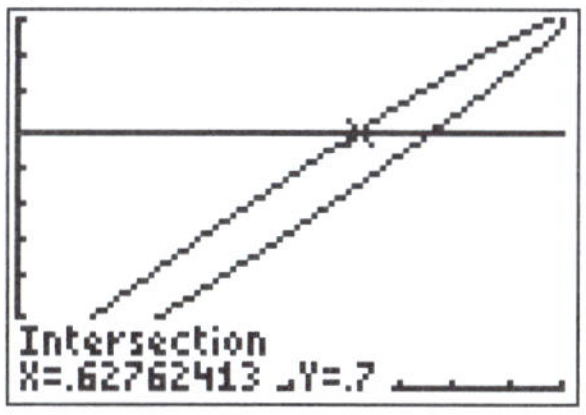

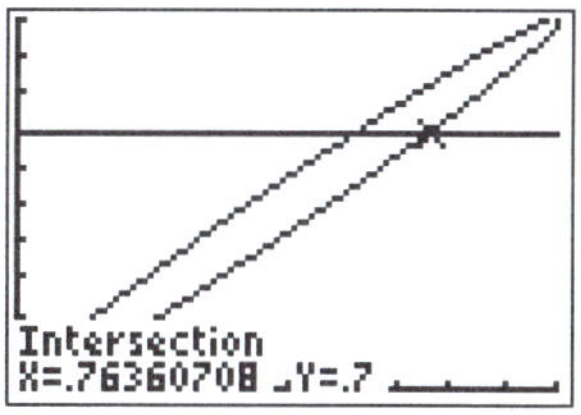

Das Intervall $0{,}628 \le p \le 0{,}763$ enthält alle Anteile p der Gesamtheit, in deren 90 %-Umgebung das Stichprobenergebnis liegt.

Original-Prüfungsaufgaben

Aufgaben zum Pflichtteil

Aus dem Abitur 2014:

Aufgabe P1 *grundlegendes Anforderungsniveau*

Gegeben ist die Funktion f mit $f(x) = (1 + x) \cdot e^x$, $x \in \mathbb{R}$.

a) Geben Sie die Nullstelle der Funktion f an. B2

b) Zeigen Sie, dass die Funktion F mit $F(x) = x \cdot e^x$, $x \in \mathbb{R}$, eine Stammfunktion von f ist.
Geben Sie die Gleichung einer weiteren Stammfunktion G von f an, für die $G(0) = e$ ist. D1

Aufgabe P2 *grundlegendes Anforderungsniveau*

Gegeben ist eine Funktion f mit $f(x) = -x^2 + 1$. D2

a) Begründen Sie mithilfe der Lage des Graphen von f im Koordinatensystem, dass gilt:

$$\int_{-1}^{1} (-x^2 + 1)\,dx > 0.$$

b) Bestimmen Sie denjenigen Wert von a, für den $\int_{-1}^{1} (-x^2 + a)\,dx = 0$ gilt.

Aufgabe P3 *grundlegendes Anforderungsniveau*

Eine binomialverteilte Zufallsgröße X gibt für die Trefferwahrscheinlichkeit $p = 0{,}8$ die Anzahl der Treffer bei fünf Versuchen an.

a) Geben Sie einen Term an, mit dem die Wahrscheinlichkeit für das Ereignis „genau einTreffer" berechnet werden kann. K2

b) Geben Sie ein Ereignis an, dessen Wahrscheinlichkeit durch den Term

$$\binom{5}{3} \cdot 0{,}8^3 \cdot 0{,}2^2 + \binom{5}{4} \cdot 0{,}8^4 \cdot 0{,}2^1 + \binom{5}{5} \cdot 0{,}8^5$$

angegeben wird. K2

c) Entscheiden Sie, welche der folgenden Abbildungen die Wahrscheinlichkeitsverteilung von X darstellt. K4

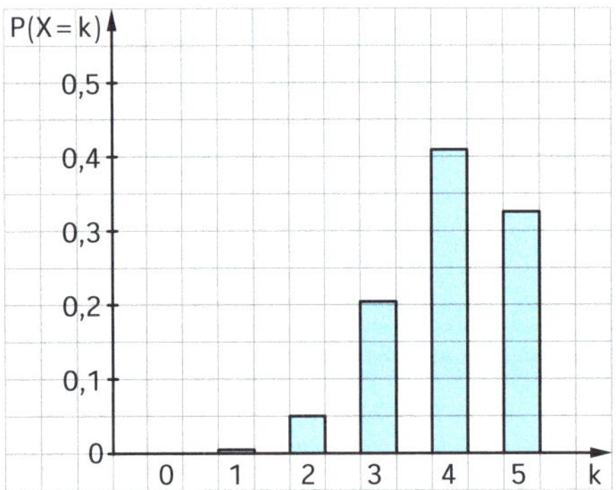

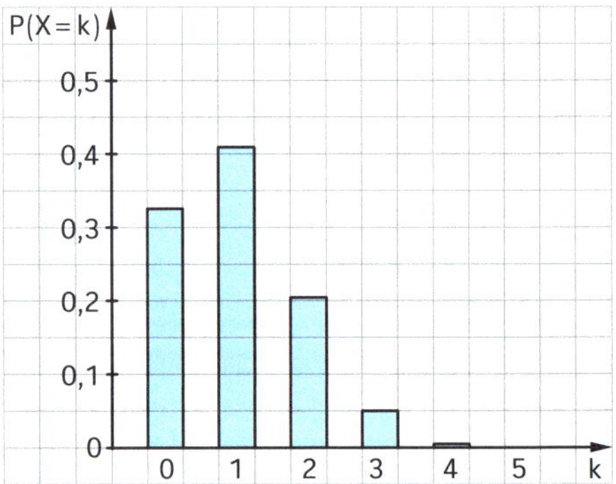

Aufgabe P4 *erhöhtes Anforderungsniveau*

Die Abbildung zeigt den Graphen einer Funktion f.

a) Beschreiben Sie für $a \leq x \leq b$ den Verlauf des Graphen einer Stammfunktion von f. B3

b) Skizzieren Sie in der Abbildung den Graphen einer Stammfunktion von f im gesamten dargestellten Bereich. B3 B4 B5

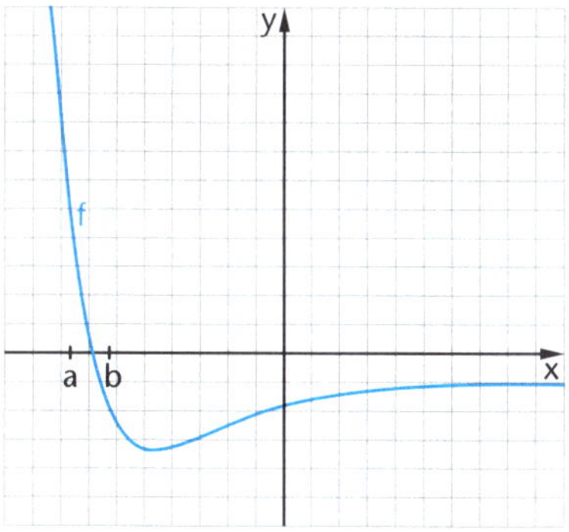

Aufgabe P5 *erhöhtes Anforderungsniveau*

Gegeben ist die Funktion f mit $f(x) = e^x \cdot (2 \cdot x + x^2)$ $(x \in \mathbb{R})$.

a) Bestimmen Sie die Nullstellen der Funktion f. B2

b) Zeigen Sie, dass die Funktion F mit $F(x) = x^2 \cdot e^x$ $(x \in \mathbb{R})$ eine Stammfunktion von f ist. D1

c) Zeigen Sie, dass $\int_{-2}^{0} f(x)\,dx = -\frac{4}{e^2}$ gilt. D2

Aufgabe P6 *erhöhtes Anforderungsniveau*

In Urne A befinden sich zwei rote und drei weiße Kugeln. Urne B enthält drei rote und zwei weiße Kugeln.

Betrachtet wird folgendes Zufallsexperiment:

Aus Urne A wird eine Kugel zufällig entnommen und in Urne B gelegt; danach wird aus Urne B eine Kugel zufällig entnommen und in Urne A gelegt.

a) Geben Sie alle Möglichkeiten für den Inhalt der Urne A nach der Durchführung des Zufallsexperiments an.

b) Betrachtet wird das Ereignis E: *Nach Durchführung des Zufallsexperiments befinden sich wieder drei weiße Kugeln in Urne A.*
Untersuchen Sie, ob das Ereignis E eine größere Wahrscheinlichkeit als sein Gegenereignis hat. J2

Aus dem Abitur 2015:

Aufgabe P7 *grundlegendes und erhöhtes Anforderungsniveau*

Gegeben sind die in $\mathbb{R}$ definierten Funktionen f, g und h durch

$f(x) = x^2 - x + 1$, $g(x) = x^3 - x + 1$ und $h(x) = x^4 + x^2 + 1$.

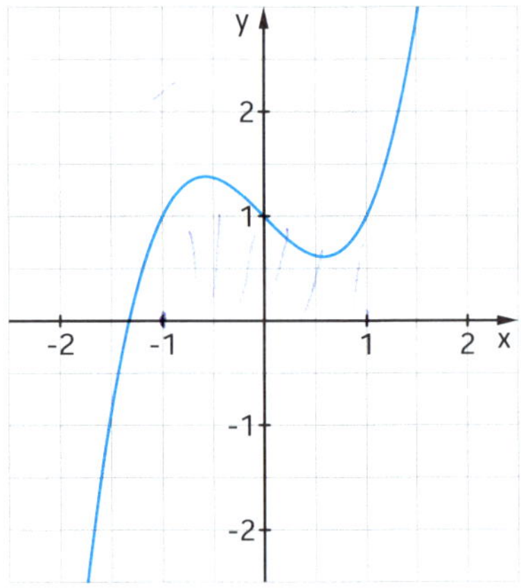

B1

a) Die Abbildung zeigt den Graphen einer der drei Funktionen.
Geben Sie an, um welche Funktion es sich handelt.
Begründen Sie, dass der Graph die anderen beiden Funktionen nicht darstellt. B4

b) Die erste Ableitungsfunktion von h ist h′.

Bestimmen Sie den Wert von $\int_0^1 h'(x)\,dx$. D1

Aufgabe P8 *grundlegendes Anforderungsniveau*

Gegeben ist die Funktion f mit
$f(x) = x \cdot e^{-2 \cdot x}$ $(x \in \mathbb{R})$.
In der nebenstehenden Abbildung sind die Graphen von f sowie von f′ dargestellt.
Es ist $f'(0) = 1$.

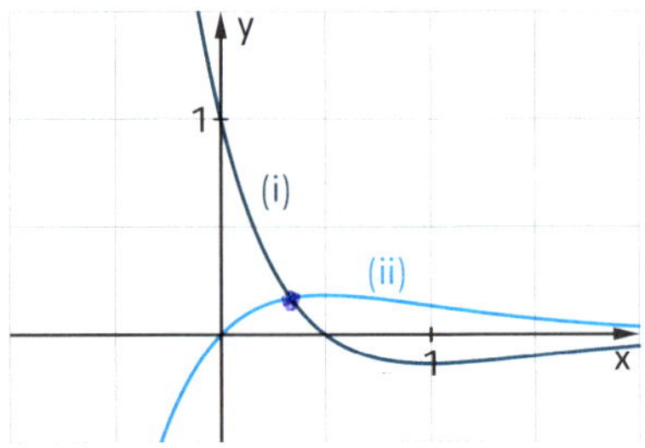

a) Begründen Sie anhand der Abbildung, dass der Graph (ii) zur Funktion f gehört.

b) Begründen Sie mithilfe von Graph (i), dass der Graph von f im Intervall [0;1] einen Hochpunkt hat. B3

c) Begründen Sie mithilfe der dargestellten Graphen, dass y = x die Gleichung der Tangente an den Graphen von f an der Stelle x = 0 ist. A3

Aufgabe P9 *erhöhtes Anforderungsniveau*

Für jeden Wert von a (a > 0) ist eine Funktion f_a gegeben durch $f_a(x) = x \cdot e^{-a \cdot x}$ $(x \in \mathbb{R})$.
In der nebenstehenden Abbildung ist beispielhaft für a = 2 der Graph von f_2 sowie von f_2' dargestellt. Es ist $f_2'(0) = 1$.

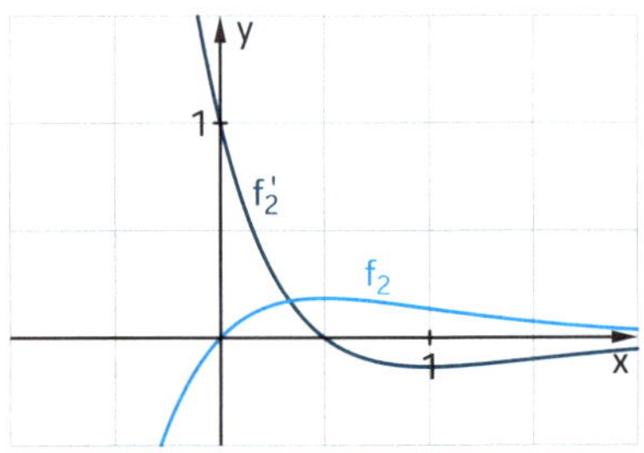

a) Begründen Sie, dass y = x die Gleichung der Tangente an den Graphen von f_2 an der Stelle x = 0 ist. A3

b) Zeigen Sie, dass gilt:
$f_a'(x) = (1 - a \cdot x) \cdot e^{-a \cdot x}$ $(x \in \mathbb{R},\ a > 0)$. A2

c) Begründen Sie, dass die Extremstellen der Graphen von f_a vom Parameter a abhängig sind, die Nullstellen aber nicht. B6

Aufgabe P10 *grundlegendes Anforderungsniveau*

Bei der Wintersportart Biathlon wird bei jeder Schießeinlage auf fünf Scheiben geschossen. Ein Biathlet tritt bei einem Einzelrennen zu einer Schießeinlage an, bei der er auf jede Scheibe einen Schuss abgibt. Diese Schießeinlage wird modellhaft durch eine BERNOULLI-Kette mit der Länge 5 und der Trefferwahrscheinlichkeit p beschrieben. Die Zufallsgröße X beschreibt die Anzahl der Treffer.

a) Nennen Sie in diesem Sachzusammenhang das Ereignis, dessen Wahrscheinlichkeit mit $P(X \leq 3)$ bestimmt werden kann. K1

b) Entscheiden Sie, welcher der beiden Terme die Wahrscheinlichkeit für genau vier Treffer beschreibt. K2

(i) $\binom{5}{4} \cdot p \cdot (1-p)^4$

(ii) $\binom{5}{4} \cdot p^4 \cdot (1-p)$

c) Erläutern Sie anhand eines Beispiels, dass die modellhafte Beschreibung der Schießeinlage durch eine BERNOULLI-Kette unter Umständen der Realität nicht gerecht wird.

Aufgabe P11 *erhöhtes Anforderungsniveau*

Bei der Wintersportart Biathlon wird bei jeder Schießeinlage auf fünf Scheiben geschossen. Ein Biathlet tritt bei einem Einzelrennen zu einer Schießeinlage an, bei der er auf jede Scheibe einen Schuss abgibt. Diese Schießeinlage wird modellhaft durch eine BERNOULLI-Kette mit der Länge 5 und der Trefferwahrscheinlichkeit p beschrieben.

a) Geben Sie für die folgenden Ereignisse jeweils einen Term an, der die Wahrscheinlichkeit des Ereignisses in Abhängigkeit von p beschreibt. K2 J2
- Der Biathlet trifft bei genau vier Schüssen.
- Der Biathlet trifft nur bei den ersten beiden Schüssen.

b) Erläutern Sie anhand eines Beispiels, dass die modellhafte Beschreibung der Schießeinlage durch eine BERNOULLI-Kette unter Umständen der Realität nicht gerecht wird.

Aufgabe P12 *grundlegendes Anforderungsniveau*

Gegeben sind die Punkte $A(0|1|2)$, $B(2|5|6)$ und $C(2|3|6)$.

a) Zeigen Sie, dass die Punkte A und B den Abstand 6 haben. E3

b) Berechnen Sie die Koordinaten des Mittelpunkts M der Strecke AC. E1

c) Die Punkte A, B und C sollen mit einem weiteren Punkt D die Eckpunkte eines Parallelogramms bilden.
Geben Sie die Koordinaten eines möglichen vierten Eckpunktes an. E1

Aufgabe P13 *erhöhtes Anforderungsniveau*

Die Gerade g verläuft durch die Punkte A(0|1|2) und B(2|5|6).

a) Zeigen Sie, dass die Punkte A und B den Abstand 6 haben. **E2**
Die Punkte C und D liegen auf g und haben von A jeweils den Abstand 12.
Bestimmen Sie die Koordinaten von C und D. **F1**

b) Die Punkte A, B und E(1|2|5) sollen mit einem weiteren Punkt die Eckpunkte eines Parallelogramms bilden. Für die Lage des vierten Eckpunktes gibt es mehrere Möglichkeiten.
Geben Sie für zwei dieser Möglichkeiten die Koordinaten des vierten Eckpunktes an. **E1**

Lösungen zum Pflichtteil

Lösung Aufgabe P1

a) Ein Produkt ist gleich null, wenn mindestens einer der Faktoren gleich null ist. Da der Term e^x für alle $x \in \mathbb{R}$ größer als null ist, kommt nur die Nullstelle von $(x + 1)$ in Frage. Diese liegt an der Stelle $x = -1$ vor.

b) Der Nachweis kann dadurch erfolgen, dass die Ableitung von F gebildet wird. Durch Anwenden der Produktregel findet man:
$F'(x) = 1 \cdot e^x + x \cdot e^x = (1 + x) \cdot e^x = f(x)$.
Die Stammfunktionen von f unterscheiden sich nur durch eine additive Konstante.
Gesucht ist die Funktion G mit $G(x) = x \cdot e^x + c$, für die gilt: $G(0) = e$.
Aus $G(0) = 0 \cdot e^0 + c = e$ folgt, dass $c = e$ sein muss, d. h., die gesuchte Funktion G ist gegeben durch $G(x) = x \cdot e^x + e$.

Lösung Aufgabe P2

a) Der Graph von f ist eine nach unten geöffnete Normalparabel mit dem Scheitelpunkt $S(0|1)$ und den Nullstellen bei $x_1 = -1$ und $x_2 = +1$. Da der Graph zwischen den Nullstellen vollständig im positiven Bereich verläuft, muss das Integral einen positiven Wert haben.

b) Es gilt:

$$\int_{-1}^{+1} (-x^2 + a)\,dx = \left[-\frac{1}{3}x^3 + a \cdot x\right]_{-1}^{1} = \left(-\frac{1}{3} + a\right) - \left(-\frac{1}{3} \cdot (-1) + a \cdot (-1)\right)$$

$$= \left(-\frac{1}{3} + a\right) - \left(\frac{1}{3} - a\right) = -\frac{2}{3} + 2 \cdot a = 2 \cdot \left(-\frac{1}{3} + a\right).$$

Dieser Term ist gleich null, wenn $a = \frac{1}{3}$.

Lösung Aufgabe P3

a) Nach BERNOULLI-Formel gilt: $P(X = 1) = \binom{5}{1} \cdot 0{,}8^1 \cdot 0{,}2^4$.

b) Die einzelnen Summanden geben die Wahrscheinlichkeiten für die Ereignisse *genau 3 Erfolge* bzw. *genau 4 Erfolge* bzw. *genau 5 Erfolge* an. Deren Summe ist als gleich der Wahrscheinlichkeit des Ereignisses *mindestens 3 Erfolge*.

c) Das Maximum einer Verteilung liegt bei $m = E(X) = 5 \cdot 0{,}8 = 4$. Daher kann nur Abb. 1 die Verteilung richtig darstellen.
[*Hinweis*: Die beiden abgebildeten Histogramme gehen durch Spiegelung an der Achse durch $k = 2{,}5$ auseinander hervor.Wenn das eine Histogramm die Wahrscheinlichkeitsverteilung für $p = 0{,}8$ anzeigt, dann muss das andere Histogramm das für $p = 0{,}2$ sein. Das zweite Histogramm stellt daher die Binomialverteilung für $p = 0{,}2$ dar.]

Lösung Aufgabe P4

a) Wegen $F'(x) = f(x)$ gilt für die Monotonie des Graphen von F:
Da links von der Nullstelle x_0 des Graphen von f gilt: $F'(x) = f(x) > 0$, ist der Graph im Intervall $]a; x_0[$ streng monoton steigend. Rechts von der Nullstelle x_0 gilt: $F'(x) = f(x) < 0$, also ist der Graph im Intervall $]x_0; b[$ streng monoton fallend.

b) Der Graph von F besitzt bei der Nullstelle x_0 des Graphen von f ein lokales Maximum (Übergang von steigendem zu fallendem Verlauf).

Außerdem gilt: $\int_b^{\infty} f(x)\,dx = -\infty$, daher gilt für den Graphen von F mit $x \to \infty$:
$F(X) \to -\infty$.

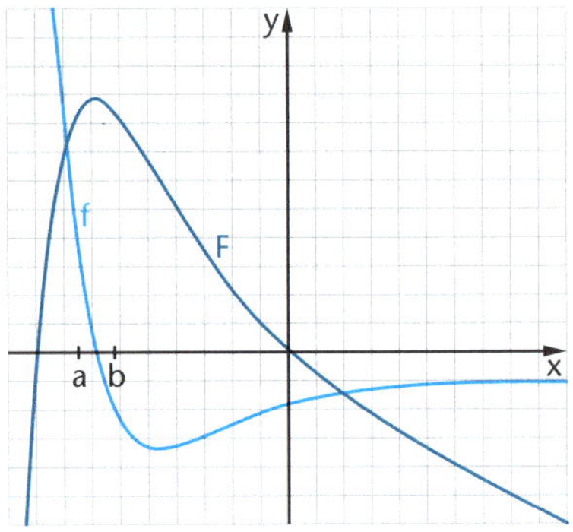

Lösung Aufgabe P5

a) Nullstellen: $f(x) = 0 \Leftrightarrow 2x + x^2 = 0 \vee e^x = 0$
$\Leftrightarrow x \cdot (2 + x) = 0 \Leftrightarrow x = 0 \vee x = -2$ (da $e^x \neq 0$).

b) Um nachzuweisen, dass Funktion F eine Stammfunktion von f ist, muss gelten:
$F'(x) = f(x)$.
Anwenden der Kettenregel ergibt:
$F'(x) = 2x \cdot e^x + x^2 \cdot e^x = e^x \cdot (2x + x^2) = f(x)$.

c) Aus b) folgt:
$$\int_{-2}^{0} f(x)\,dx = [x^2 \cdot e^x]_{-2}^{0} = (0 \cdot e^0) - ((-2)^2 \cdot e^{-2}) = -\frac{4}{e^2}.$$

Lösung Aufgabe P6

a) Da zunächst eine Kugel aus A gezogen wird, danach eine Kugel aus B, ist anschließend die Anzahl der Kugeln in A und B wieder gleich. Je nachdem, welche Kugeln aus A bzw. B gezogen werden, kann sich die Anzahl der roten Kugeln um 1 verringern oder um 1 vergrößern oder gleich bleiben:
(1) Aus Urne A wird eine rote und aus Urne B eine weiße Kugel gezogen: In Urne A sind anschließend eine rote und vier weiße Kugeln.
(2) Aus Urne A wird eine weiße und aus Urne B eine rote Kugel gezogen: In Urne A sind anschließend drei rote und zwei weiße Kugeln.
(3) Aus Urne A und aus Urne B wird jeweils eine rote Kugel gezogen oder jeweils eine weiße Kugel gezogen: In Urne A sind zwei rote und drei weiße Kugeln.

b) Damit anschließend wieder drei weiße Kugeln in Urne A sind, muss entweder bei der 1. Ziehung eine rote Kugel aus Urne A gezogen werden und bei der 2. Ziehung eine rote Kugel aus der aufgefüllten Urne B oder bei der 1. Ziehung eine weiße Kugel aus Urne A gezogen werden und bei der 2. Ziehung eine weiße Kugel aus der aufgefüllten Urne B (siehe Baumdiagramm).

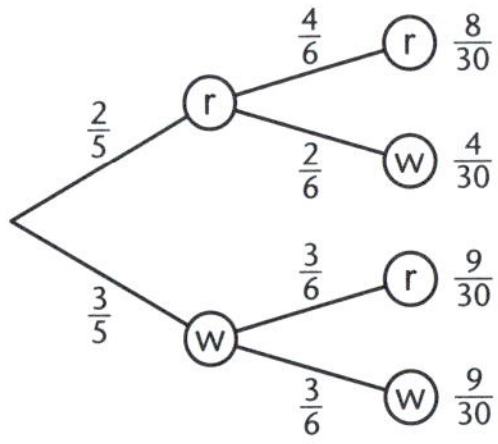

Die Wahrscheinlichkeit P (E) dafür, dass sich nach den beiden Ziehungen wieder drei weiße Kugeln in Urne A befinden, ergibt sich aus dem oberen und unteren Pfad des Baumdiagramms:

$P(E) = \frac{8}{30} + \frac{9}{30} = \frac{17}{30}.$

Nach Komplementärregel ist die Wahrscheinlichkeit des Gegenereignisses gleich

$P(\bar{E}) = 1 - \frac{17}{30} = \frac{13}{30}.$

Demnach hat E eine größere Wahrscheinlichkeit als sein Gegenereignis.

Lösung Aufgabe P7

a) Der Graph der Funktion f ist eine nach oben geöffnete Normalparabel mit dem Scheitelpunkt $S(0{,}5 \mid 0{,}75)$, denn $f(x) = (x - 0{,}5)^2 + 0{,}75$.
Dies trifft nicht auf den abgebildeten Graphen zu.

Der Graph der Funktion h ist achsensymmetrisch zur y-Achse, da im Funktionsterm nur Potenzen von x mit geradem Exponenten auftreten. Dies trifft nicht auf den abgebildeten Graphen zu.

Der abgebildete Graph hat (mindestens) zwei Extrempunkte und ist offensichtlich punktsymmetrisch zum Punkt $(0 \mid 1)$. Da Graphen von ganzrationalen Funktionen 3. Grades punktsymmetrisch zu ihrem Wendepunkt sind, ist dies der Wendepunkt des Graphen, wie man durch Untersuchung der notwendigen und hinreichenden Bedingung unmittelbar erkennt: $g'(x) = 3x^2 - 1$; $g''(x) = 6x$; $g''(x) = 0 \Leftrightarrow x = 0$; $g'''(0) = 6 \neq 0$.

Dargestellt ist also der Graph von g.

b) h (x) ist eine Stammfunktion von h′ (x). Daher gilt:

$$\int_0^1 h'(x)\,dx = h(1) - h(0) = 3 - 1 = 2.$$

Lösung Aufgabe P8

a) Punktprobe: $f(0) = 0 \cdot 1 = 0$. Nur Graph (ii) verläuft durch den Ursprung.

b) Der Graph von $f'(x)$ hat an der Stelle $x = 0{,}5$ eine Nullstelle und verläuft links davon im positiven, rechts davon im negativem Bereich, hat also an der Stelle $x = 0{,}5$ einen VZW von + nach –. Der Graph von f hat also im Intervall $[0; 1]$ einen Hochpunkt.

c) Aus der Grafik kann abgelesen werden: $f(0) = 0$ und $f'(0) = 1$.
Die Gleichung der Tangente von f an der Stelle $x = 0$ ist gegeben durch:
$t(x) = f'(0) \cdot (x - 0) + f(0) = 1 \cdot (x - 0) + 0 = x.$

Lösung Aufgabe P9

a) Aus der Grafik und dem Aufgabentext kann abgelesen werden:
$f_2(0) = 0$ und $f_2'(0) = 1$.

Die Gleichung der Tangente von f_2 an der Stelle $x = 0$ ist gegeben durch:
$y = f_2'(0) \cdot (x - 0) + f_2(0) = 1 \cdot (x - 0) + 0 = x.$

b) Anwenden von Produkt- und Kettenregel ergibt:
$f'_a(x) = 1 \cdot e^{-a \cdot x} + x \cdot e^{-a \cdot x} \cdot (-a) = e^{-a \cdot x} \cdot (1 - a \cdot x)$.

c) $f_a(x) = 0 \Leftrightarrow x = 0$. $x = 0$ ist die einzige Nullstelle der Funktionenschar (da $e^{-a \cdot x} > 0$ für alle $x \in \mathbb{R}$); diese ist nicht abhängig vom Parameter a.

$f'_a(x) = e^{-a \cdot x} \cdot (1 - a \cdot x) = 0 \Leftrightarrow x = \frac{1}{a}$ (da $e^{-a \cdot x} > 0$ für alle $x \in \mathbb{R}$). Diese Nullstelle ist verbunden mit einem VZW von + nach −; daher liegt an der Stelle $x = \frac{1}{a}$ ein lokales Maximum. Die Lage ist also abhängig vom Parameter a.

Lösung Aufgabe P10

a) Der Biathlet hat höchstens drei Erfolge, d. h. trifft höchstens drei Scheiben.

b) Wenn p die Trefferwahrscheinlichkeit des Biathleten ist, dann gilt:
$P(X = 4) = \binom{5}{4} \cdot p^4 \cdot (1 - p)^1$. Bei der Darstellung in einem Baumdiagramm sieht man, dass zum Ereignis „4 Treffer" fünf Pfade gehören mit genau vier Treffern (Erfolge) und ein Fehlschuss (Misserfolg). Antwort (ii) ist also richtig.

c) Mögliche Erläuterung: Trifft der Biathlet bei keinem der ersten drei Schüsse, so hat er möglicherweise aufgrund zunehmender Nervosität beim vierten Schuss eine geringere Trefferwahrscheinlichkeit.

Lösung Aufgabe P11

a) Wenn p die Trefferwahrscheinlichkeit des Biathleten ist, dann gilt:
$P(X = 4) = \binom{5}{4} \cdot p^4 \cdot (1 - p)^1$. Bei der Darstellung in einem Baumdiagramm sieht man, dass zum Ereignis „4 Treffer" fünf Pfade gehören mit genau vier Treffern (Erfolge) und einem Fehlschuss (Misserfolg).
Beim Ereignis „Der Biathlet trifft nur bei den ersten beiden Schüssen" werden nur die ersten beiden Stufen des Baumdiagramms betrachtet; hier ist nur die Pfadmultiplikationsregel anzuwenden. Die Wahrscheinlichkeit für dieses Ereignis beträgt $p^2 \cdot (1 - p)^3$.

b) *wie P10 c)*

Lösung Aufgabe P12

a) Der Abstand zweier Punkte im Raum ist gleich der Länge des Verbindungsvektors der beiden Punkte:

$\overrightarrow{AB} = \begin{pmatrix} 2-0 \\ 5-1 \\ 6-2 \end{pmatrix} = \begin{pmatrix} 2 \\ 4 \\ 4 \end{pmatrix}$, also $|\overrightarrow{AB}| = \sqrt{(2-0)^2 + (5-1)^2 + (6-2)^2} = \sqrt{2^2 + 4^2 + 4^2} = \sqrt{36} = 6$.

b) Es gilt $\overrightarrow{OM} = \frac{1}{2} \cdot [\overrightarrow{OA} + \overrightarrow{OC}] = \frac{1}{2} \cdot \left[\begin{pmatrix} 0 \\ 1 \\ 2 \end{pmatrix} + \begin{pmatrix} 2 \\ 3 \\ 6 \end{pmatrix}\right] = \begin{pmatrix} 1 \\ 2 \\ 4 \end{pmatrix}$.

Der Punkt $M(1|2|4)$ ist der Mittelpunkt der Strecke $\overline{AC}$.

c) Das Dreieck ABC kann auf drei Arten zum Parallelogramm erweitert werden (siehe Abbildung).
Koordinaten eines möglichen Punktes:

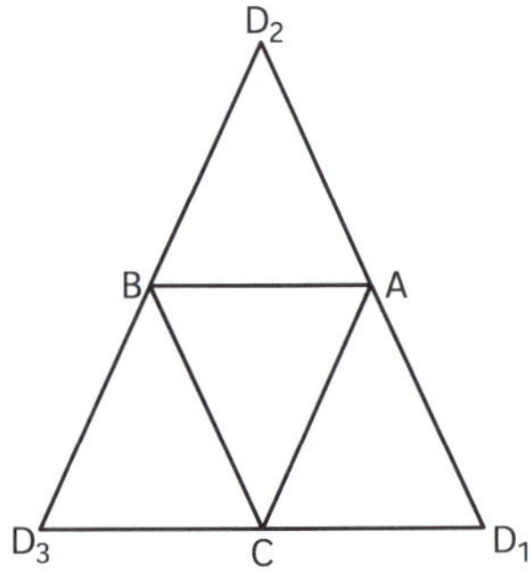

$\overrightarrow{OD_1} = \overrightarrow{OA} + \overrightarrow{BC} = \begin{pmatrix} 0 \\ 1 \\ 2 \end{pmatrix} + \begin{pmatrix} 2-2 \\ 3-5 \\ 6-6 \end{pmatrix} = \begin{pmatrix} 0 \\ 1 \\ 2 \end{pmatrix} + \begin{pmatrix} 0 \\ -2 \\ 0 \end{pmatrix} = \begin{pmatrix} 0 \\ -1 \\ 2 \end{pmatrix}$,

also $D_1(0|-1|2)$.

Weitere Möglichkeiten:

$$\overrightarrow{OD_2} = \overrightarrow{OA} + \overrightarrow{CB} = \begin{pmatrix}0\\1\\2\end{pmatrix} + \begin{pmatrix}0\\2\\0\end{pmatrix} = \begin{pmatrix}0\\3\\2\end{pmatrix}, \text{ also } D_2(0\,|\,3\,|\,2).$$

$$\overrightarrow{OD_3} = \overrightarrow{OB} + \overrightarrow{AC} = \begin{pmatrix}2\\5\\6\end{pmatrix} + \begin{pmatrix}2\\2\\4\end{pmatrix} = \begin{pmatrix}4\\7\\10\end{pmatrix}, \text{ also } D_3(4\,|\,7\,|\,10).$$

Es gibt drei mögliche Punkte.

Lösung Aufgabe P13

a) Der Abstand zweier Punkte im Raum ist gleich der Länge des Verbindungsvektors der beiden Punkte:

$$\overrightarrow{AB} = \begin{pmatrix}2-0\\5-1\\6-2\end{pmatrix} = \begin{pmatrix}2\\4\\4\end{pmatrix}, \text{ also } |\overrightarrow{AB}| = \sqrt{(2-0)^2 + (5-1)^2 + (6-2)^2} = \sqrt{2^2 + 4^2 + 4^2} = \sqrt{36} = 6.$$

Wenn die Punkte C und D von A aus den Abstand 12 haben und ebenfalls auf der Geraden durch A, B liegen, dann erhält man deren Koordinaten mithilfe von Vielfachen des Richtungsvektors $\vec{v} = \overrightarrow{AB} = \begin{pmatrix}2\\4\\4\end{pmatrix}$:

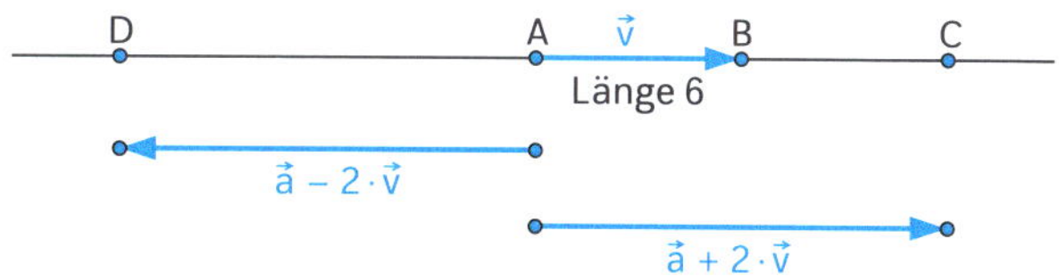

$$\overrightarrow{OC} = \overrightarrow{OA} + 2\cdot\overrightarrow{AB} = \begin{pmatrix}0\\1\\2\end{pmatrix} + 2\cdot\begin{pmatrix}2\\4\\4\end{pmatrix} = \begin{pmatrix}4\\9\\10\end{pmatrix}. \text{ Also gilt: } C(4\,|\,9\,|\,10).$$

$$\overrightarrow{OD} = \overrightarrow{OA} - 2\cdot\overrightarrow{AB} = \begin{pmatrix}0\\1\\2\end{pmatrix} - 2\cdot\begin{pmatrix}2\\4\\4\end{pmatrix} = \begin{pmatrix}-4\\-7\\-6\end{pmatrix}. \text{ Also gilt: } D(-4\,|\,-7\,|\,-6).$$

c) Das Dreieck ABE kann auf drei Arten zum Parallelogramm erweitert werden (siehe Abbildung).

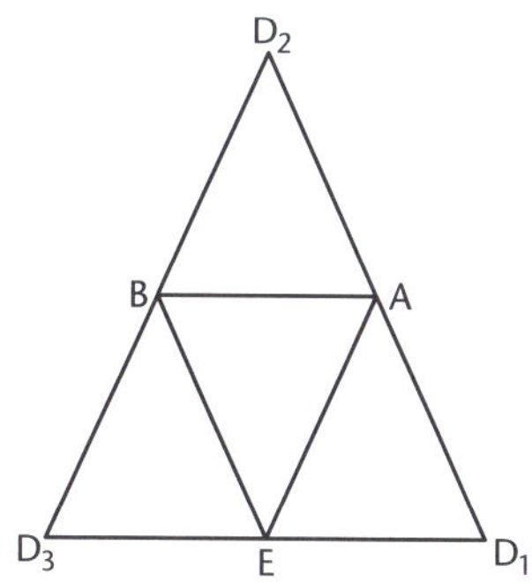

Koordinaten eines möglichen Punktes:

$$\overrightarrow{OD_1} = \overrightarrow{OA} + \overrightarrow{BE} = \begin{pmatrix}0\\1\\2\end{pmatrix} + \begin{pmatrix}1-2\\2-5\\5-6\end{pmatrix} = \begin{pmatrix}0\\1\\2\end{pmatrix} + \begin{pmatrix}-1\\-3\\-1\end{pmatrix} = \begin{pmatrix}-1\\-2\\1\end{pmatrix},$$

also $D_1(-1\,|\,-2\,|\,1)$.

Weitere Möglichkeiten:

$$\overrightarrow{OD_2} = \overrightarrow{OA} + \overrightarrow{EB} = \begin{pmatrix}0\\1\\2\end{pmatrix} + \begin{pmatrix}1\\3\\1\end{pmatrix} = \begin{pmatrix}1\\4\\3\end{pmatrix}, \text{ also } D_2(1\,|\,4\,|\,3).$$

$$\overrightarrow{OD_3} = \overrightarrow{OB} + \overrightarrow{AE} = \begin{pmatrix}2\\5\\6\end{pmatrix} + \begin{pmatrix}1\\1\\3\end{pmatrix} = \begin{pmatrix}3\\6\\9\end{pmatrix}, \text{ also } D_3(3\,|\,6\,|\,9).$$

Es gibt drei mögliche Punkte.

Aufgaben zum Wahlteil

Aufgabe 1A *Analysis – grundlegendes und erhöhtes Anforderungsniveau*

Eine Isolierkanne besteht aus einer Kunststoffhülle sowie einem Glaseinsatz und soll modellmäßig beschrieben werden.
Die Kanne wird entsprechend Abbildung 1 im Koordinatensystem liegend betrachtet.
Außen wird der obere Rand der Hülle für $-11 \le x \le 11$ beschrieben durch eine Funktion mit

$f(x) = \frac{1}{512} \cdot x^3 - \frac{3}{8} \cdot x + 6$;

x und f(x) in Zentimetern.

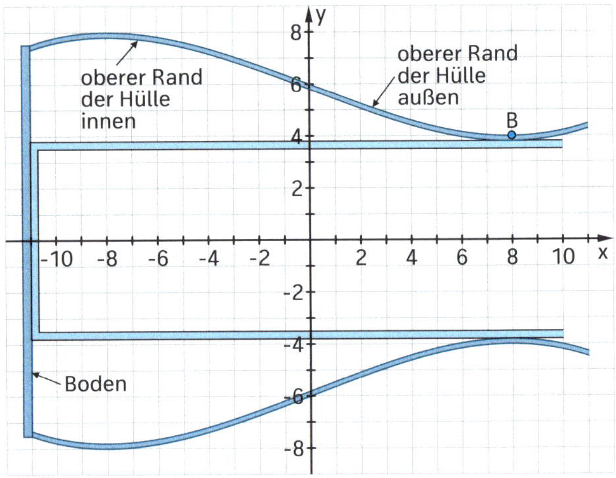

Abb. 1

a) Die parallel zur y-Achse gemessene Wandstärke der Hülle beträgt 2 mm.
   (1) Begründen Sie, dass innen der obere Rand der Hülle für $-11 \le x \le 11$ durch eine Funktion g mit $g(x) = \frac{1}{512} \cdot x^3 - \frac{3}{8} \cdot x + 5{,}8$ beschrieben wird; x und g(x) in Zentimetern.
   (2) Bestimmen Sie den Innendurchmesser der Hülle am Boden und den maximalen Innendurchmesser der Hülle. B3
   (3) Die Hülle erhält einen zylinderförmigen Einsatz aus Glas wie in Abbildung 1 dargestellt. Seine Wandstärke beträgt 3 mm. Der Einsatz reicht vom Boden bis 1 cm unterhalb der Öffnung. B3
   (4) Berechnen Sie die Höhe, bis zu der der Einsatz gefüllt werden muss, damit er 0,75 Liter Flüssigkeit enthält.

b) [gA] An der Hülle wird ein Griff angebracht. Der Rand des Griffs wird für $-8 \le x \le 8$ beschrieben durch eine Funktion h mit $h(x) = -\frac{3}{64} \cdot x^2 - \frac{1}{4} \cdot x + 9$; x und h(x) in Zentimetern.
   (1) Zeigen Sie, dass der Übergang zwischen der Modellierung von Griff und Hülle an der Stelle $x = -8$ zwar sprungfrei, aber nicht knickfrei ist. A6
   (2) Der obere Rand der Hülle hat im Punkt B(8 | 4) eine waagerechte Tangente. Bestimmen Sie die Größe des Winkels α, unter dem der Griff am Punkt B auf den oberen Rand der Hülle trifft. A5
   (3) Zeigen Sie:
   - Der parallel zur y-Achse gemessene Abstand zwischen Griff und oberem Rand der Hülle ist stets kleiner als 3,5 cm. B3
   - Der Flächeninhalt des Querschnitts zwischen Griff und Hülle beträgt mindestens 30 cm². D2

c) [eA] An der Hülle wird ein Griff angebracht. Der Rand des Griffs wird für $-8 \le x \le 8$ beschrieben durch eine Funktion h mit $h(x) = -\frac{1}{256} \cdot x^3 - \frac{3}{64} \cdot x^2 + 9$; x und h(x) in Zentimetern.

(1) Zeigen Sie, dass der Übergang zwischen der Modellierung von Griff und Hülle an der Stelle $x = -8$ sprung- und knickfrei, aber nicht krümmungsruckfrei ist. A6

(2) Der obere Rand der Hülle hat im Punkt B(8|4) eine waagerechte Tangente. Bestimmen Sie die Größe des Winkels α, unter dem der Griff im Punkt B auf den oberen Rand der Hülle trifft. A5

(3) Zeigen Sie, dass der parallel zur y-Achse gemessene Abstand zwischen Griff und oberem Rand der Hülle stets kleiner als 3,7 cm ist. B3

d) [gA] Unabhängig vom Sachzusammenhang wird eine ganzrationale Funktion p dritten Grades betrachtet. In Abbildung 2 ist der Graph der zugehörigen Ableitungsfunktion p′ dargestellt.

Begründen Sie mithilfe der Abbildung, dass die Funktion p zwar eine Wendestelle, aber keine Extrema besitzt.

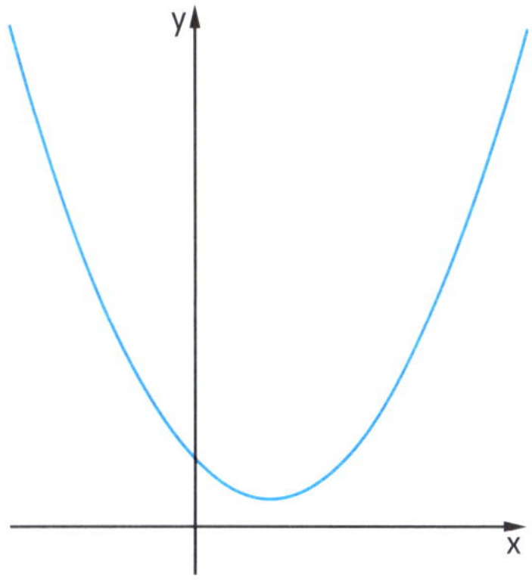

Abb. 2

e) [eA] Unabhängig vom Sachzusammenhang werden Graphen ganzrationaler Funktionen p dritten Grades betrachtet, die neben einem Wendepunkt auch einen Hoch- und einen Tiefpunkt haben.
In Abbildung 3 ist der Graph einer möglichen Ableitungsfunktion p′ dargestellt.
Begründen Sie mithilfe von Abbildung 3, dass für jeden Graphen einer ganzrationalen Funktion p dritten Grades mit obigen Eigenschaften gilt:
- Die x-Koordinate des Wendepunktes liegt in der Mitte zwischen der x-Koordinate des Hoch- und der x-Koordinate des Tiefpunktes.
- Hoch-, Wende- und Tiefpunkt liegen auf einer Geraden.

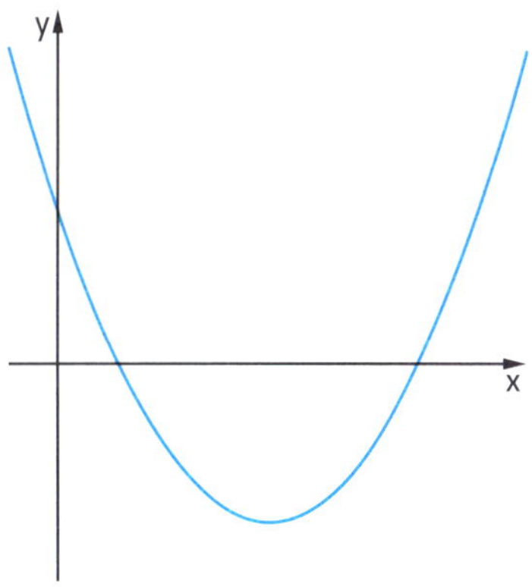

Abb. 3

f) [eA] Die äußere Hülle (ohne Deckel und Boden) wird aus Kunststoff gefertigt.

(1) Berechnen Sie das Volumen des dafür benötigten Kunststoffs. D5

(2) Die senkrecht zum Graphen von f gemessene Dicke d der Hülle soll untersucht werden.
Eine Gerade, die senkrecht zum Graphen von f durch den Punkt C(0|6) verläuft, hat die Gleichung $n(x) = \frac{8}{3} \cdot x + 6$.

Untersuchen Sie, ob die Dicke d im Punkt C(0 | 6) um weniger als 10 % von der parallel zur y-Achse gemessenen Wandstärke abweicht. A3 B2

Lösung

a) (1) 2 mm Wandstärke bedeutet in diesem Fall, dass der Graph von f um den Wert 0,2 in Richtung der y-Achse parallel nach unten verschoben wird. Die additive Konstante ist somit 5,8.

(2) Der Innendurchmesser am Boden ergibt sich aus dem Funktionswert der Funktion g an der Stelle $x = -11$: $g(-11) \approx 7{,}325$. Der Innendurchmesser beträgt daher ca. 14,65 cm.
Der maximale Innendurchmesser ergibt sich aus dem maximalen Funktionswert der Funktion g auf dem Intervall. Mithilfe des GTR findet man das numerische Maximum bei $x = -8$ mit $g(-8) = 7{,}8$. Der maximale Innendurchmesser beträgt also 15,6 cm.

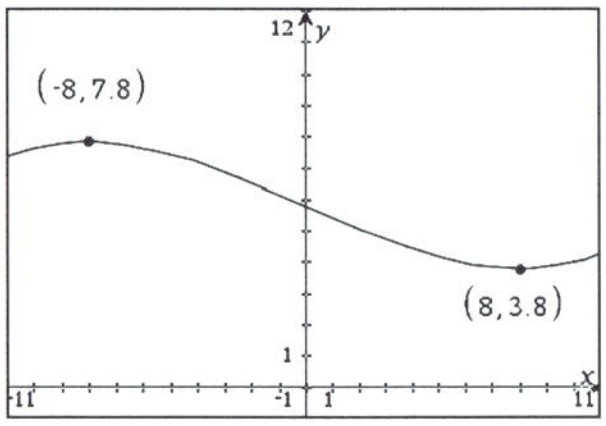

Alternativ kann das lokale Maximum auch mithilfe der 1. Ableitung ermittelt werden:
Notwendige Bedingung: $g'(x) = \frac{3}{512}x^2 - \frac{3}{8} = 0 \;\Leftrightarrow\; x^2 = 64 \;\Leftrightarrow\; x = -8 \vee x = +8$.

Hinreichende Bedingung: $g'(x) < 0 \;\Leftrightarrow\; -8 < x < +8$; $g'(x) > 0 \Leftrightarrow x < -8 \vee x > +8$;
also VZW von + nach − an der Stelle $x = -8$.

(3) Der Durchmesser des Zylinders ergibt sich aus dem minimalen Funktionswert auf dem Intervall. Mithilfe des GTR findet man das numerische Minimum bei $x = +8$ mit $g(+8) = 3{,}8$. Der Innenradius r des Zylinders ergibt sich aus dem Funktionswert, der wegen der Dicke der Wandung um 0,3 cm verringert werden muss: $r = 3{,}5$ cm.

Alternativ kann das lokale Minimum mithilfe der 1. Ableitung ermittelt werden (Nullstelle mit VZW von − nach + bei $x = +8$, s. o.).

Die Höhe des Zylinders ergibt sich aus den Angaben des Aufgabentextes: „endet 1 cm unter der Öffnung“ und „Wandstärke 0,3 cm“ (auch am Boden des Gefäßes):
$h = 22\text{ cm} - 1\text{ cm} - 0{,}3\text{ cm} = 20{,}7\text{ cm}$.

Das Volumen des Zylinders ist daher:
$V = \pi \cdot r^2 \cdot h = \pi \cdot 3{,}5^2 \cdot 20{,}7 \approx 796{,}63\text{ cm}^3$.

(4) Umgekehrt erhält man die Füllhöhe x für das Volumen 750 cm^3 durch Lösen der Gleichung
$750 = \pi \cdot 3{,}5^2 \cdot x \;\Leftrightarrow\; x \approx 19{,}488 \approx 19{,}5$.
Der Zylinder kann etwa bis zu einer Höhe von 19,5 cm gefüllt werden.

b) (1) Die Eigenschaft „sprungfrei“ bedeutet, dass die beiden Funktionen f mit $f(x) = \frac{1}{512}x^3 - \frac{3}{8}x + 6$ und h an der Stelle $x = -8$ den gleichen Funktionswert haben, d. h. dass sich die beiden Graphen dort schneiden.

Die Eigenschaft „nicht knickfrei“ bedeutet, dass dort die Steigungen nicht übereinstimmen.
Dies kann mithilfe des GTR überprüft werden:

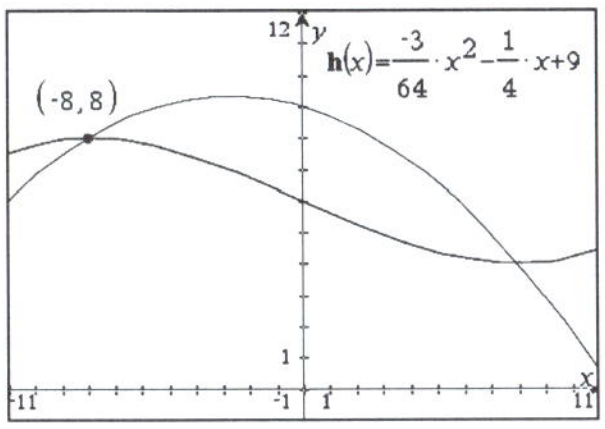

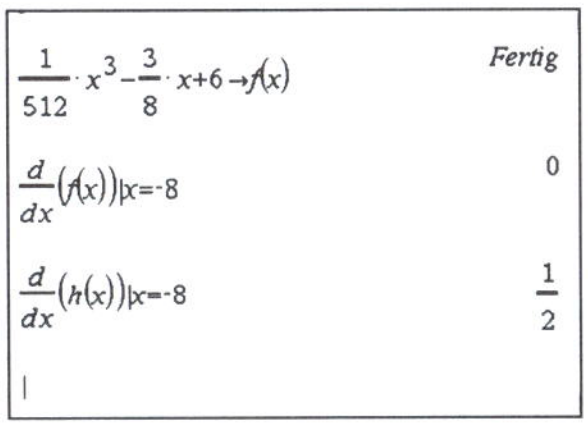

Eine Berechnung ist auch ohne GTR möglich:

$f(-8) = \frac{1}{512}\cdot(-8)^3 - \frac{3}{8}\cdot(-8) + 6 = -1 + 3 + 6 = 8,$

$h(8) = -\frac{3}{64}\cdot(-8)^2 - \frac{1}{4}\cdot(-8) + 9 = -3 + 2 + 9 = 8,$

$f'(-8) = \frac{3}{512}\cdot(-8)^2 - \frac{3}{8} = \frac{3}{8} - \frac{3}{8} = 0,$

$h'(-8) = -\frac{3}{32}\cdot(-8) - \frac{1}{4} = \frac{3}{4} - \frac{1}{4} = \frac{1}{2}.$

(2) Wegen $h'(8) = -\frac{3}{32}\cdot 8 - \frac{1}{4} = -\frac{3}{4} - \frac{1}{4} = -1$ und $f'(8) = 0$ folgt, dass der Griff unter einem Winkel von 45° auf den oberen Rand der Hülle trifft.

(3) Betrachtet werden muss die Differenzfunktion $d(x) = h(x) - f(x)$. Da das numerische Maximum der Differenzfunktion 3,08 beträgt, bedeutet dies, dass die Bedingung „stets kleiner als 3,5 cm“ erfüllt ist.

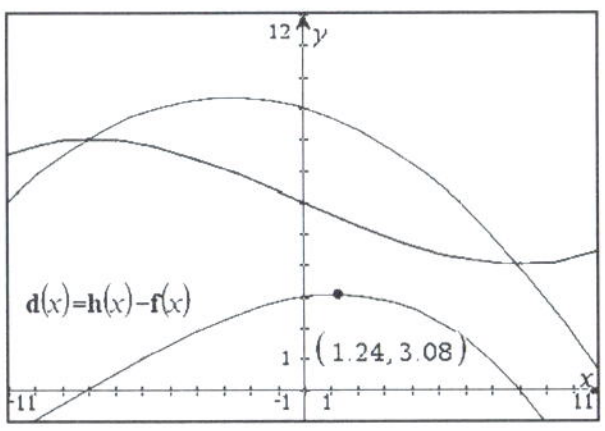

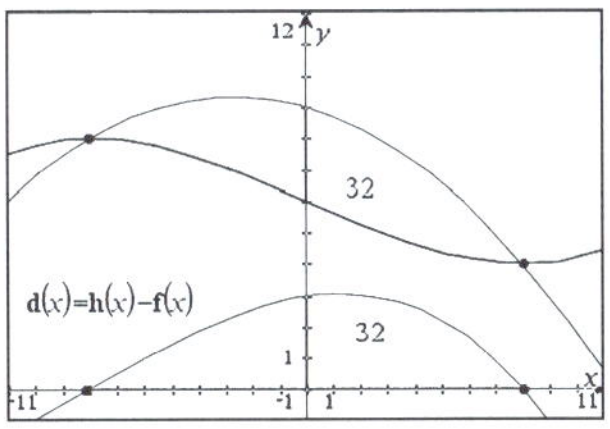

Der Flächeninhalt der eingeschlossenen Fläche kann an den beiden Graphen abgelesen werden oder als Fläche zwischen Graph der Differenzfunktion und x-Achse. Sie beträgt 32 FE und ist daher größer als 30 cm².

c) (1) *Sprungfrei*: Es muss gelten $f(-8) = h(-8)$. Durch Berechnen der Funktionswerte (oder Bestimmen des Schnittpunkts der beiden Graphen) stellt man fest, dass dies stimmt.

Knickfrei: Es muss gelten $f'(-8) = h'(-8)$. Für beide Funktionen ergibt sich an der Stelle $x = -8$ die Steigung 0:

$f'(-8) = \frac{3}{512}\cdot(-8)^2 - \frac{3}{8} = \frac{3}{8} - \frac{3}{8} = 0,$

$h'(-8) = -\frac{3}{256}\cdot(-8)^2 - \frac{3}{32}\cdot(-8) = -\frac{3}{4} + \frac{3}{4} = 0.$

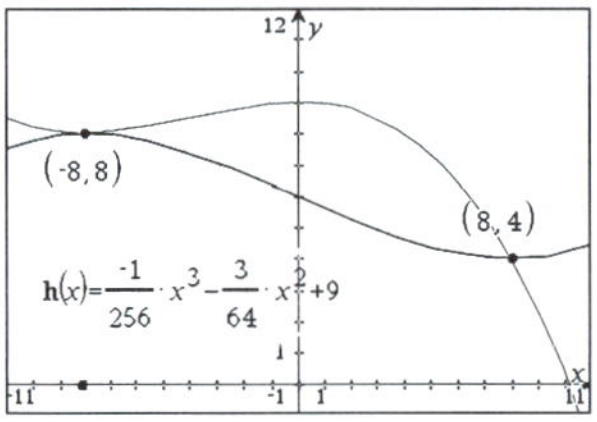

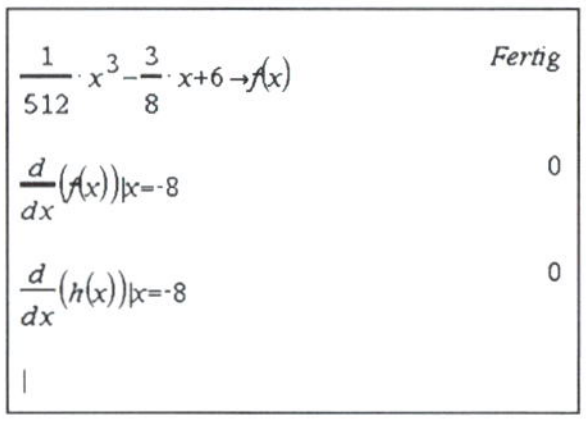

Krümmungsruckfrei: Für die 2. Ableitung gilt:

$f''(-8) = \frac{3}{256} \cdot (-8) = -\frac{3}{32} = -0{,}09375$ und

$h''(-8) = -\frac{3}{128} \cdot (-8) - \frac{3}{32} = \frac{3}{16} - \frac{3}{32} = \frac{3}{32}$.

Die Krümmungen stimmen nicht überein. (*Hinweis*: Die Krümmungen der beiden Graphen sind betraglich gleich groß, aber entgegengesetzt links- bzw. rechtsgekrümmt.)

(2) Der Schnittwinkel der beiden Graphen an der Stelle $x = 8$ ergibt sich aus den beiden Steigungen in diesem Punkt: Wegen $f'(8) = 0$ und

$h'(8) = -\frac{3}{256} \cdot 8^2 - \frac{3}{32} \cdot 8 = -\frac{3}{4} - \frac{3}{4} = -1{,}5$ folgt: $\tan^{-1}(-1{,}5) \approx -56{,}3°$.

Der Griff trifft unter einem Winkel von ungefähr 56,3° auf den oberen Rand der Hülle.

(3) Betrachtet werden muss die Differenzfunktion $d(x) = h(x) - f(x)$. Da das numerische Maximum der Differenzfunktion 3,56 beträgt, bedeutet dies, dass die Bedingung „stets kleiner als 3,7 cm" erfüllt ist.

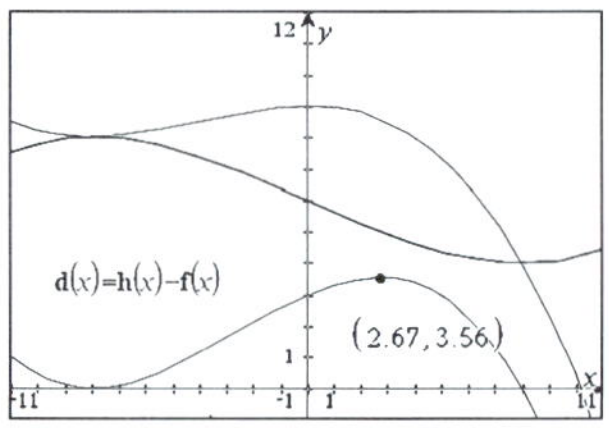

d) Der abgebildete Graph von p' hat einen Tiefpunkt, die zugehörige Extremstelle ist die Wendestelle von p.
Der Graph von p' verläuft vollständig oberhalb der x-Achse, also ist $p'(x) > 0$.
Somit hat der Graph der Funktion p keine waagerechten Tangenten.
Damit kann diese Funktion p keine Extremstellen haben.

e) Nach Voraussetzung sind die Nullstellen x_1 und x_3 von p' die Extremstellen von p und die Extremstelle x_2 von p' die Wendestelle von p.
Der Graph von p' ist achsensymmetrisch zu einer parallel zur y-Achse verlaufenden Gerade durch x_2.
Damit liegt x_2 in der Mitte zwischen x_1 und x_3.
Aus der Symmetrie des Graphen von p' folgt, dass die Änderung von p zwischen x_1 und x_2 genauso groß ist wie zwischen x_2 und x_3.
Also liegen Hoch- und Tiefpunkt punktsymmetrisch zum Wendepunkt. Damit liegen alle drei Punkte auf einer Geraden.

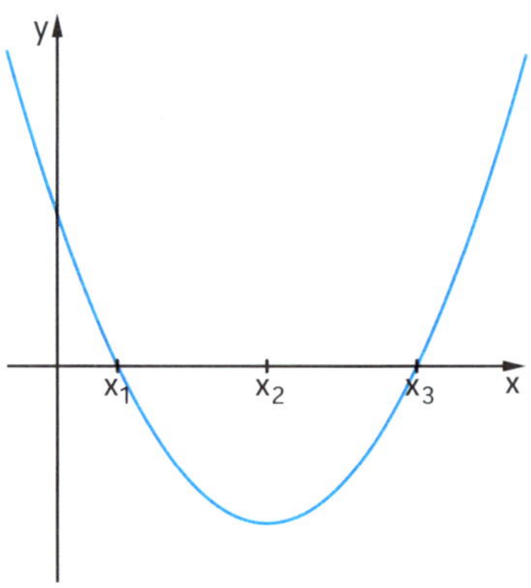

f) (1) Das Volumen des benötigten Kunststoffs ergibt sich als Differenz der Volumina zweier Rotationskörper:
V = Volumen des Rotationskörper von f – Volumen des Rotationskörpers von g,

$$V = \pi \cdot \int_{-11}^{11} (f(x))^2\,dx - \pi \cdot \int_{-11}^{11} (g(x))^2\,dx = 163{,}11\ \ldots$$

(2) Die beiden parallel zueinander verlaufenden Graphen von f und g haben überall einen parallel zur y-Achse gemessenen „Abstand“ von 0,2 cm.

Da beide an der Stelle $x = 0$ die Steigung $f'(0) = g'(0) = -\frac{3}{8}$ haben, hat eine dazu senkrecht verlaufende Gerade die Steigung $m = \frac{8}{3}$. So ergibt sich die Gleichung der Normalen durch $C(0\,|\,6)$:

$$n(x) = -\frac{1}{f'(0)} \cdot (x - 0) + f(0) = \frac{8}{3}x + 6.$$

Diese Gerade schneidet den Graphen von g im Punkt $S(-0{,}066\,|\,5{,}82)$. Die Länge dieser Strecke, also die Dicke d der Kunststoffhülle, berechnet sich wie folgt:

$$d = \sqrt{(0 - (-0{,}066))^2 + (6 - 5{,}82)^2} \approx 0{,}192.$$

Die Differenz zum parallel zur y-Achse gemessenen „Abstand“ beträgt ungefähr 0,008 cm; das ist weniger als 10 % von 0,2 cm, also weniger als 0,02 cm.

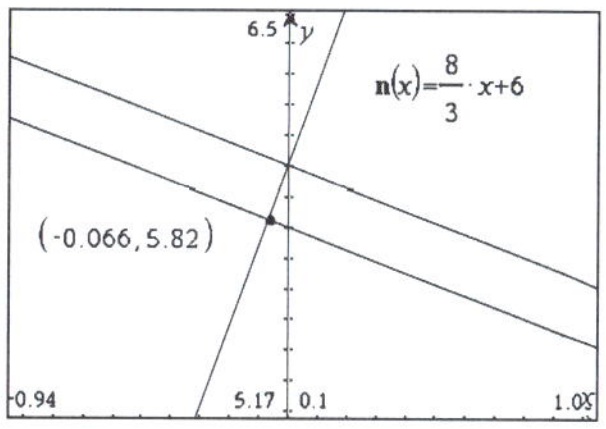

Aufgabe 1B *Analysis – grundlegendes und erhöhtes Anforderungsniveau*

Bei der Untersuchung eines Patienten wird ein Atemstoßtest durchgeführt. Dazu soll der Patient einmal möglichst vollständig und schnell ausatmen. Die hierbei pro Zeit ausgeatmete Luft wird als Atemfluss bezeichnet. Dieser wird in Litern pro Sekunde und die Zeit in Sekunden gemessen.
Der Messvorgang und das Ausatmen beginnen gleichzeitig zum Zeitpunkt $t_0 = 0$ s.
In den ersten drei Sekunden des Ausatmens wird der Atemfluss durch die Funktion f mit

$f(t) = 40 \cdot t \cdot e^{-\frac{5}{2} \cdot t}$, t in Sekunden, f(t) in Litern pro Sekunde, modelliert.
Die Abbildung zeigt den Graphen von f.

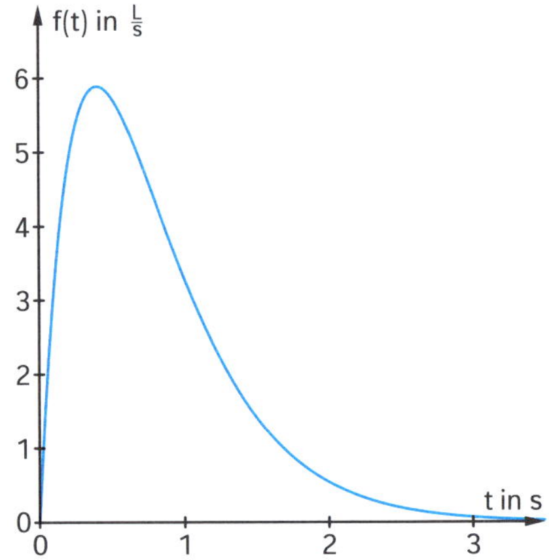

a) (1) Bestimmen Sie den Zeitpunkt t_1, zu dem der Atemfluss maximal ist. B3

(2) Bestimmen Sie den Zeitpunkt t_2, zu dem der Atemfluss am stärksten abnimmt. B4

(3) Der Messvorgang wird beendet, wenn der Atemfluss nach dem Zeitpunkt t_1 die Grenze von $0{,}1\ \frac{L}{s}$ unterschreitet.
Berechnen Sie die Dauer des Messvorgangs. B2

b) [gA] Es wird modellhaft vorausgesetzt, dass die Lunge zum Zeitpunkt $t_0 = 0$ s voll und zum Zeitpunkt $t_3 = 2{,}8$ s leer ist. Ein Patient wird als gesund eingestuft, wenn er innerhalb der ersten Sekunde mindestens 75 % der in seiner Lunge vorhandenen Luft ausatmet.

(1) Entscheiden Sie, ob der obige Patient bezüglich dieses Kriteriums als gesund eingestuft werden kann. D3

(2) Bestimmen Sie ein Zeitintervall ab $t_1 = 0{,}4$ s so, dass der Patient innerhalb dieses Zeitintervalls 1 Liter Luft ausatmet.

c) [eA] Es wird modellhaft vorausgesetzt, dass die Lunge zum Zeitpunkt $t_0 = 0$ s voll und zum Zeitpunkt $t_3 = 2{,}8$ s leer ist. Ein Patient wird als gesund eingestuft, wenn er innerhalb der ersten Sekunde mindestens 75 % der in seiner Lunge vorhandenen Luft ausatmet.

(1) Entscheiden Sie, ob der obige Patient bezüglich dieses Kriteriums als gesund eingestuft werden kann. D3

(2) Bestimmen Sie den Zeitpunkt, zu dem der Patient 3,2 Liter Luft ausgeatmet hat.

d) [gA] Unabhängig vom Sachzusammenhang werden im Folgenden die Funktion f und die Geraden g_k mit der Gleichung $g_k(t) = k \cdot t$, $k \in \mathbb{R}$, betrachtet.

(1) Bestimmen Sie den Wert des Parameters k so, dass die zugehörige Gerade g auf der Tangente an den Graphen von f im Wendepunkt senkrecht steht. A3
Ohne Nachweis können Sie verwenden: Wenn für die Steigungen m_1 und m_2 zweier Geraden die Beziehung gilt: $m_1 \cdot m_2 = -1$, dann stehen die zugehörigen Geraden senkrecht aufeinander.

(2) Untersuchen Sie, wie viele Punkte die Geraden der Schar g_k mit dem Graphen der Funktion f in Abhängigkeit vom Wert des Parameters k jeweils gemeinsam haben. B5 B3

e) [eA] Bei einer weiteren Messung wird der Atemfluss durch die Funktion g mit

$g(t) = 35 \cdot t \cdot e^{-\frac{5}{2} \cdot t}$, t in Sekunden, g(t) in Litern pro Sekunde, modelliert.

(1) Begründen Sie ohne Rechnung, dass bei dieser Modellierung die Zeitpunkte t_1 und t_2 aus Teilaufgabe a) gleich bleiben.

(2) Durch einen Defekt des Messgerätes werden bei dieser Messung nur Atemflusswerte unterhalb eines unbekannten Schwellenwertes S aufgezeichnet. Nach der Messung wird festgestellt, dass dadurch für einen Zeitraum von 0,25 Sekunden keine Atemflusswerte aufgezeichnet wurden. Die Abbildung verdeutlicht diesen Sachverhalt.

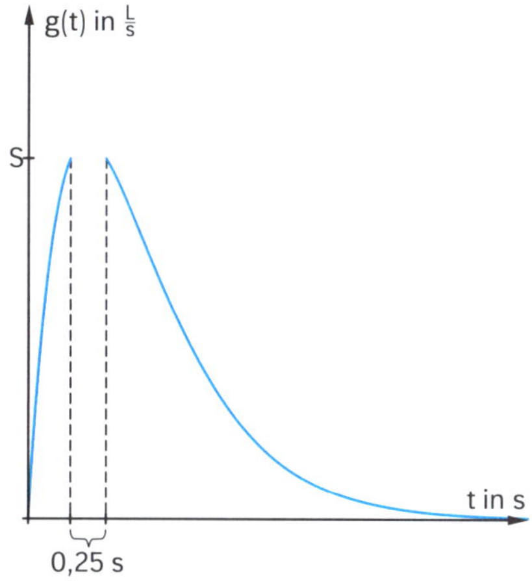

Bestimmen Sie das Zeitintervall, in dem das Messgerät keine Werte aufzeichnet, und den Schwellenwert S.

f) [eA] Unabhängig vom Sachzusammenhang ist die Funktion h mit $h(x) = x^2 \cdot e^{x^2}$ gegeben.

(1) Weisen Sie nach, dass sich die erste Ableitung von h in der Form $h'(x) = 2 \cdot x \cdot m(x)$ mit geeigneter Funktion m schreiben lässt. A2

(2) Begründen Sie, dass der Graph von h an der Stelle x = 0 eine waagerechte Tangente hat.

(3) Im Folgenden wird die Funktion k mit $k(x) = p(x) \cdot e^{p(x)}$ betrachtet. Die Funktion p ist differenzierbar.
Beurteilen Sie, ob der Graph von k an allen Extremstellen von p jeweils eine waagerechte Tangente hat. B3

Lösung

a) (1) Der Atemfluss ist maximal, wenn der Graph von f einen Hochpunkt hat. Da der Graph von f bei $t_1 = 0,4$ einen Hochpunkt hat, ist der Atemfluss nach 0,4 Sekunden maximal.
Der Nachweis hierfür kann numerisch mithilfe des GTR erfolgen oder rechnerisch mithilfe der Kriterien der Ableitungsfunktion:

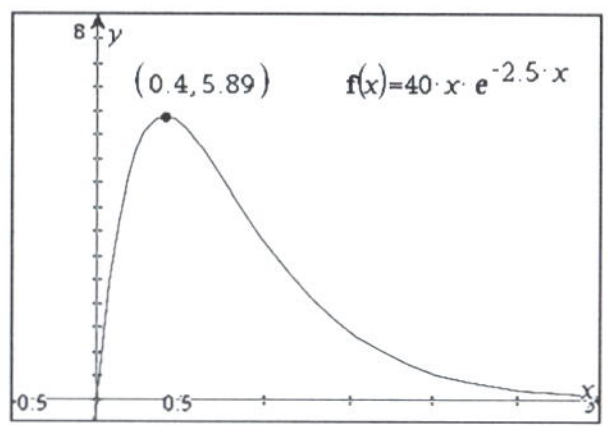

$$f'(t) = 40 \cdot 1 \cdot e^{-2,5 \cdot t} + 40 \cdot t \cdot e^{-2,5 \cdot t} \cdot (-2,5)$$
$$= 40 \cdot e^{-2,5 \cdot t} \cdot (1 - 2,5t).$$

Notwendige Bedingung: $f'(t) = 0 \Leftrightarrow 1 - 2,5t = 0 \Leftrightarrow t = 0,4$.
Hinreichende Bedingung: Der lineare Term in der Klammer hat einen VZW von + nach –, der andere Faktor $(40 \cdot e^{-2,5 \cdot t})$ ist stets positiv; daher liegt hier ein lokales Maximum der Funktion vor.

(2) Der Atemfluss nimmt am stärksten ab, wenn der Graph von f′ einen Tiefpunkt hat. Da der Graph von f′ bei $t_2 = 0{,}8$ einen Tiefpunkt hat, nimmt der Atemfluss nach 0,8 Sekunden am stärksten ab.

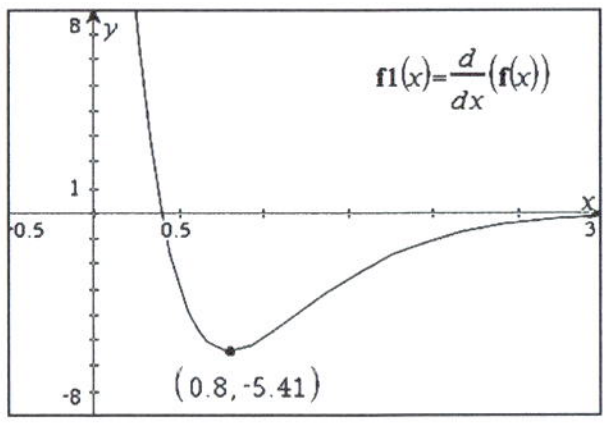

Der Nachweis hierfür kann numerisch mithilfe des GTR erfolgen oder rechnerisch mithilfe der Kriterien der Ableitungsfunktion:

$$\begin{aligned} f''(t) &= 40\cdot(-2{,}5)\cdot e^{-2{,}5\cdot t} + 40\cdot(1-2{,}5t)\cdot e^{-2{,}5\cdot t}\cdot(-2{,}5) \\ &= 40\cdot e^{-2{,}5\cdot t}\cdot(-2{,}5 + (1-2{,}5t)\cdot(-2{,}5)) \\ &= 40\cdot(-2{,}5)\cdot e^{-2{,}5\cdot t}\cdot(1 + (1-2{,}5t)) \\ &= -100\cdot e^{-2{,}5\cdot t}\cdot(2-2{,}5t). \end{aligned}$$

Notwendige Bedingung: $f''(t) = 0 \Leftrightarrow 2 - 2{,}5t = 0 \Leftrightarrow t = 0{,}8$.
Hinreichende Bedingung: Der lineare Term in der Klammer hat einen VZW von + nach –, der andere Faktor $(-100\cdot e^{-2{,}5\cdot t})$ ist stets negativ; die 2. Ableitung hat also an der Stelle $x = 0{,}8$ einen VZW von – nach +. Daher liegt hier ein lokales Minimum der Ableitungsfunktion vor (= Wendestelle von einer Rechts- in eine Linkskrümmung).

(3) Mithilfe des GTR wird numerisch der Schnittpunkt mit der Parallelen zur x-Achse mit $y = 0{,}1$ bestimmt.

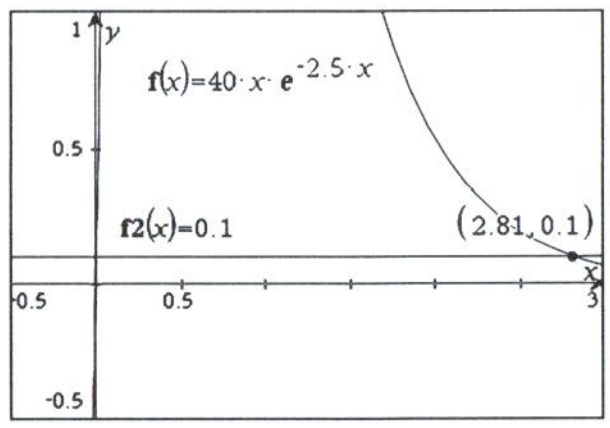

Der Messvorgang dauert also etwa 2,81 Sekunden.

b) (1) Die Gesamtmenge der ausgeatmeten Atemluft ergibt sich aus dem Integral über die gegebene Änderungsrate f(x). Um den Atemluftanteil zu bestimmen, muss die Fläche zwischen Graph und x-Achse über dem Intervall [0; 1] mit der Fläche im gesamten Intervall verglichen werden.

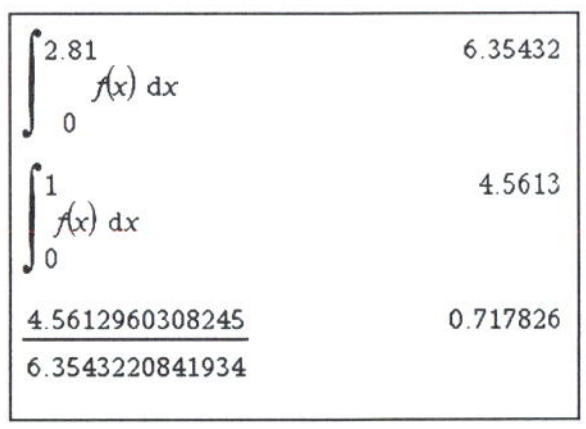

In der ersten Sekunde werden also weniger als 75 % des gesamten Luftvolumens ausgeatmet. Der Patient kann bezüglich dieses Kriteriums folglich nicht als gesund eingestuft werden.

(2) Gesucht ist die Lösung der Integralgleichung $\int_{0{,}4}^{a} f(t)\,dt = 1$.

Der numerische Gleichungslöser des GTR findet die positive Lösung $a \approx 0{,}574$, da als Startwert für den Suchalgorithmus die untere Grenze $x = 0{,}4$ eingegeben wurde.

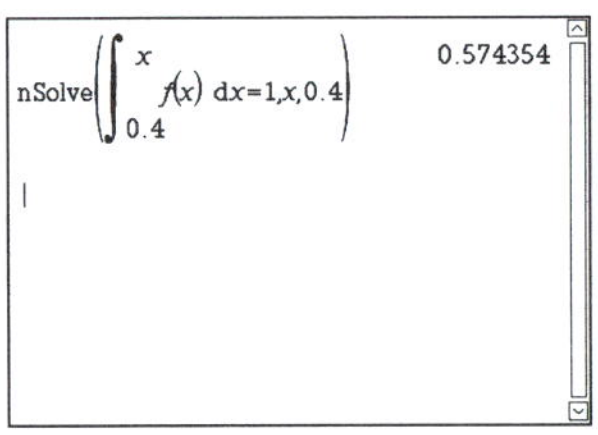

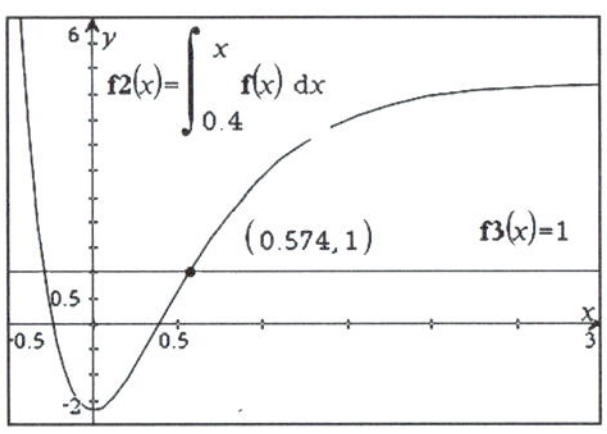

Alternativ kann man auch die Integralfunktion mit unterer Grenze 0,4 und variabler oberer Grenze betrachten und deren Schnittpunkt mit der konstanten Funktion mit y = 1 bestimmen.
Das gesuchte Zeitintervall ist also etwa [0,40 ; 0,57], d. h. im Zeitraum zwischen 0,4 s und 0,57 s wird etwa 1 Liter Luft ausgeatmet.

c) (1) *vgl. Lösung zu b) (1)*

(2) Gesucht ist die Lösung der Integralgleichung $\int_0^a f(t)\,dt = 3{,}2$.

Der numerische Gleichungslöser des GTR findet die positive Lösung $a \approx 0{,}671$, da als Startwert für den Suchalgorithmus die untere Grenze x = 0 eingegeben wurde.

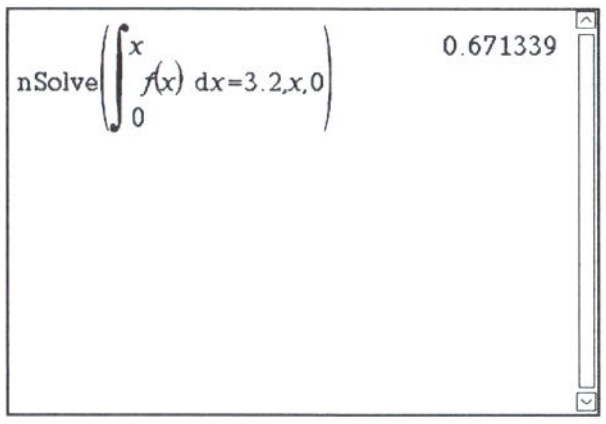

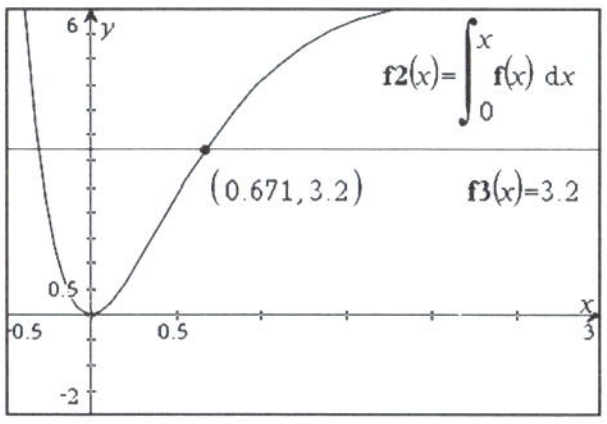

Alternativ kann man auch die Integralfunktion mit unterer Grenze 0 und variabler oberer Grenze betrachten und deren Schnittpunkt mit der konstanten Funktion mit y = 3,2 bestimmen.

Nach ungefähr 0,67 Sekunden hat der Patient 3,2 Liter Luft ausgeatmet.

d) (1) In Teilaufgabe a)(2) wurde die Wendestelle des Graphen von f an der Stelle $t_2 = 0{,}8$ ermittelt, außerdem $f'(0{,}8) \approx -5{,}41$.
[In der Aufgabenstellung nicht verlangt ist die Bestimmung der Tangentengleichung: $t(x) \approx -5{,}41 \cdot (x - 0{,}8) + f(0{,}8) = -5{,}41 \cdot (x - 0{,}8) + 4{,}33 \approx -5{,}41\,x + 8{,}66$.]

Eine Gerade, die den Graphen von f im Wendepunkt senkrecht schneidet,

hat dort die Steigung $k = -\frac{1}{f'(0{,}8)} = -\frac{1}{-5{,}41} \approx 0{,}185$.

Man beachte: Wenn man die Situation grafisch veranschaulichen möchte, muss man im GTR die Zoom-Option *Quadrat* einstellen, damit auf beiden Koordinatenachsen gleiche Einheiten vorliegen.

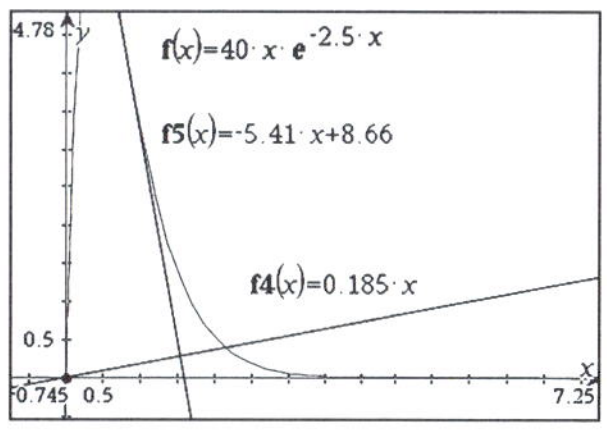

(2) Der Graph von f und die Geraden g_k verlaufen alle durch den Ursprung.
k = 0: Da der Graph von f für $x \to +\infty$ die x-Achse als Asymptote hat, schneidet die Gerade g_0 den Graphen nicht noch einmal.
k < 0: Dies gilt auch für alle negativen Steigungen k, denn der Graph von f verläuft durch den 1. und 3. Quadranten, während Ursprungsgeraden mit negativer Steigung durch den 2. und 4. Quadranten verlaufen.
k = 40: Die Tangente an den Graphen von f im Ursprung hat die Gleichung
$y = f'(0) \cdot (x - 0) + 0 = f'(0) \cdot x = 40 \cdot x = g_{40}(x)$.
Diese Gerade berührt den Graphen im Ursprung, und da der Graph von f nur einen Wendepunkt hat, hat der Graph von g_{40} keine weiteren Punkte mit dem Graphen von f gemeinsam.

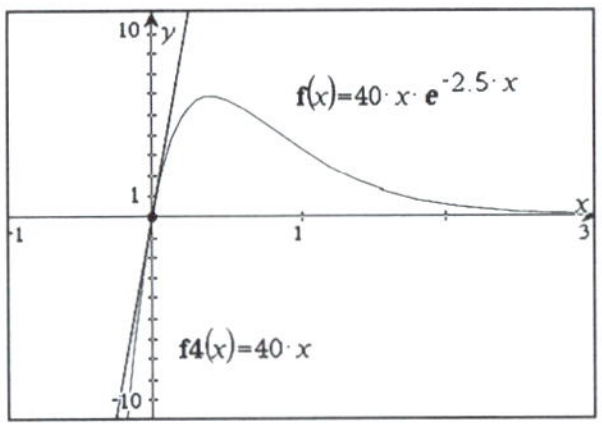

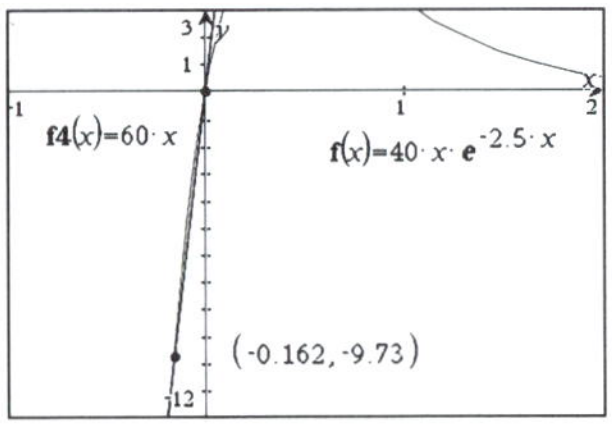

k > 40: Am Beispiel rechts für k = 60 kann man ablesen, dass allgemein Ursprungsgeraden mit k > 40 noch einen weiteren Punkt mit dem Graphen von f gemeinsam haben.

0 < k < 40: Anschaulich ist klar, dass Ursprungsgeraden mit einer Steigung 0 < k < 40 den Graphen von f noch ein weiteres Mal im 1. Quadranten schneiden.

e) (1) Die Funktionsgleichungen von f und g unterscheiden sich nur in einem konstanten Faktor. Der Graph von g ist also gegenüber dem Graphen von f parallel zur y-Achse gestaucht, sodass die Zeitpunkte t_1 und t_2 gleich bleiben.

(2) Die Zeitpunkte, zwischen denen keine Aufzeichnungen erfolgten, seien mit t_a und t_b bezeichnet. Nach Aufgabentext soll gelten: $t_b = t_a + 0{,}25$ und weiter $g(t_a) = g(t_a + 0{,}25)$.

Der numerische Gleichungslöser des GTR findet hierfür die Lösung $t_a \approx 0{,}288$, also $t_b \approx 0{,}538$. In diesem Zeitintervall werden keine Werte aufgezeichnet.

$35 \cdot t \cdot e^{-2.5 \cdot t} \to g(t)$	Fertig
nSolve(g(t)=g(t+0.25),t)	0.287937
g(0.28793684308001)	4.90616
g(0.28793684308001+0.25)	4.90616

Zum Zeitpunkt $t_a = 0{,}288$ und und zum Zeitpunkt $t_b = 0{,}538$ (vergleiche Kontrollrechnung) wird ein Schwellenwert von ungefähr 4,906 Liter pro Sekunde gemessen.

f) (1) Mithilfe von Produkt- und Kettenregel ergibt sich

$h'(x) = 2 \cdot x \cdot e^{x^2} + x^2 \cdot e^{x^2} \cdot 2 \cdot x = 2 \cdot x \cdot (e^{x^2} + x^2 \cdot e^{x^2})$. Mit $m(x) = e^{x^2} + x^2 \cdot e^{x^2}$ folgt daraus die Behauptung.

(2) Mit $h'(0) = 0 \cdot m(0) = 0$ folgt, dass der Graph von h an der Stelle 0 eine waagerechte Tangente besitzt.

(3) Mithilfe von Produkt- und Kettenregel ergibt sich

$k'(x) = p'(x) \cdot e^{p(x)} + p(x) \cdot e^{p(x)} \cdot p'(x) = p'(x) \cdot (e^{p(x)} + p(x) \cdot e^{p(x)})$.

An allen Extremstellen x_E von p gilt: $p'(x_E) = 0$. Es ergeben sich $k'(x_E) = 0$ und bei x_E waagerechte Tangenten beim Graphen von k.

Aufgabe 2A *Stochastik – grundlegendes Anforderungsniveau*

Zur Fußball-Weltmeisterschaft 2014 in Brasilien wurde ein Sammelbuch für die 23 Bilder der deutschen Nationalspieler auf den Markt gebracht. Die zu kaufenden Bilder sind einzeln in undurchsichtiger Folie verpackt. Im Folgenden wird angenommen, dass von jedem Spieler gleich viele Bilder auf dem Markt sind.

Die Zufallsgröße X zählt die Anzahl der gekauften Bilder, die Torwart Neuer zeigen, und wird als binomialverteilt angenommen.

a) (1) Berechnen Sie die Wahrscheinlichkeit dafür, dass bei einem Kauf von zehn Bildern mindestens zweimal das Bild von Neuer enthalten ist. **K2**

(2) Einem Sammler fehlt nur noch das Bild von Torwart Neuer.
Bestimmen Sie die Mindestanzahl der zu kaufenden Bilder, um mit einer Wahrscheinlichkeit von mindestens 75 % mindestens einmal ein Bild von Neuer zu besitzen. **K3**

b) Ein Supermarkt hat 1000 Bilder im Angebot.

Geben Sie die Bedeutung des Intervalls

$$\left[1000\cdot\frac{1}{23}-1{,}96\cdot\sqrt{1000\cdot\frac{1}{23}\cdot\frac{22}{23}}\,;\,1000\cdot\frac{1}{23}+1{,}96\cdot\sqrt{1000\cdot\frac{1}{23}\cdot\frac{22}{23}}\right]$$

im Sachzusammenhang an. **K4**

c) (1) Jemand möchte eine vollständige Bilderserie haben.
Begründen Sie, dass er noch durchschnittlich 23 Bilder erwerben muss, wenn nur noch ein Bild fehlt.

(2) Untersuchen Sie die Gültigkeit folgender Aussage:
Man muss durchschnittlich 46 Bilder erwerben, wenn noch zwei Bilder fehlen.

Lösung

a) (1) Nach Voraussetzung ist die Zufallsgröße X binomialverteilt mit Erfolgswahrscheinlichkeit $p = \frac{1}{23}$. Dann gilt für n = 10:

$P(X \geq 2) = 1 - P(X \leq 1) = 1 - \mathit{binomcdf}(10, \frac{1}{23}, 1) \approx 0{,}0674.$

Die Wahrscheinlichkeit dafür, dass beim Kauf von 10 Bildern mindestens zweimal das Bild von Neuer enthalten ist, beträgt etwa 6,7 %.

(2) Gesucht wird die Mindestanzahl n, für die $P(X \geq 1) \geq 0{,}75$ gilt.

Mit $p = \frac{1}{23}$ und $P(X \geq 1) = 1 - P(X = 0)$ folgt: $1 - \left(\frac{22}{23}\right)^n \geq 0{,}75$

$\Leftrightarrow \left(\frac{22}{23}\right)^n \leq 0{,}25 \Leftrightarrow n \geq \frac{\log(0{,}25)}{\log\frac{22}{23}} \approx 31{,}2.$

Es müssen mindestens 32 Bilder gekauft werden.

b) Hier ist der Stichprobenumfang $n = 1000$ gegeben, die Erfolgswahrscheinlichkeit $p = \frac{1}{23}$, die Misserfolgswahrscheinlichkeit $q = \frac{22}{23}$, der Erwartungswert der Anzahl der Erfolge $\mu = 1000 \cdot \frac{22}{23}$ sowie die Standardabweichung $\sigma = \sqrt{1000 \cdot \frac{1}{23} \cdot \frac{22}{23}}$.
Bei dem angegebenen Intervall handelt es sich um die $1{,}96\,\sigma$-Umgebung des Erwartungswerts μ; hierfür gilt:
Bei den 1000 Bildern liegt mit einer Wahrscheinlichkeit von etwa 95 % die Anzahl der Bilder eines bestimmten Fußballers in diesem um den Erwartungswert symmetrischen Intervall.

c) (1) Alle Bilder kommen gleich häufig vor. Wenn nur noch ein Bild fehlt, ergibt sich beim Kauf eines Bildes mit einer Wahrscheinlichkeit von $p = \frac{1}{23}$ eine vollständige Bilderserie. Man erwartet deshalb bei durchschnittlich jedem 23. Bild eine vollständige Bilderserie, wenn nur noch ein Bild fehlt.
(Häufigkeitsinterpretation der Erfolgswahrscheinlichkeit $p = \frac{1}{23}$).

(2) Wenn noch zwei Bilder fehlen, dann ist die Wahrscheinlichkeit, beim nächsten Kauf eines der beiden fehlenden Bilder zu erwerben, gleich $\frac{2}{23}$, d. h. im Mittel benötigt man dann $\frac{23}{2} = 11{,}5$ Einkäufe, bis eines der beiden fehlenden Bilder dabei ist.
Zusammen mit den durchschnittlich 23 Einkäufen für das letzte fehlende Bild sind das im Mittel 34,5 Einkäufe, also deutlich weniger als die angegebenen 46 Einkäufe.
Die Aussage ist also falsch.

Aufgabe 2A *Stochastik – erhöhtes Anforderungsniveau*

Eine Firma stellt Bolzen und Buchsen her.
Dabei sollen die Bolzen in die Buchsen passen.
Die Zufallsgröße X gibt den Außendurchmesser der Bolzen in Millimetern, die Zufallsgröße Y den Innendurchmesser der Buchsen in Millimetern an. Beide Zufallsgrößen sollen als normalverteilt angesehen werden.

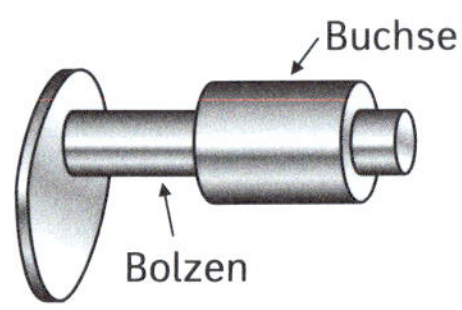

Nach bisherigen Erfahrungen geht man bei den Bolzen von einem Erwartungswert $\mu_X = 9{,}82$ mm und einer Standardabweichung $\sigma_X = 0{,}09$ mm aus. Bei den Buchsen geht man von einem Erwartungswert $\mu_Y = 10{,}12$ mm und einer Standardabweichung $\sigma_Y = 0{,}11$ mm aus.

a) (1) Bestimmen Sie die Wahrscheinlichkeit dafür, dass der Außendurchmesser eines zufällig ausgewählten Bolzens höchstens 9,70 mm beträgt. K7

(2) Bestimmen Sie die untere Grenze u so, dass für 75 % aller Außendurchmesser d der Bolzen gilt: $u \le d \le 9{,}90$.

(3) Durch eine neue Vorgabe sollen 90 % der Außendurchmesser der Bolzen nur 1 % vom Erwartungswert $\mu_X = 9{,}82$ mm nach unten oder nach oben abweichen.
Bestimmen Sie die dafür benötigte Standardabweichung auf zwei Nachkommastellen gerundet.

b) Es werden der laufenden Produktion 100 Buchsen zufällig entnommen.
Berechnen Sie die Wahrscheinlichkeit dafür, dass bei mindestens 90 aller entnommenen Buchsen ein Bolzen mit einem Außendurchmesser von 10,00 mm hineinpasst. K7 K2

c) Die Zufallsgröße W mit W = Y – X ist normalverteilt. Für den Erwartungswert μ_W gilt $\mu_W = \mu_Y - \mu_X$. K7

In der nebenstehenden Abbildung ist der Graph der zugehörigen Wahrscheinlichkeitsdichte φ dargestellt. Zusätzlich ist der Wert von $\int_{\mu_W - 1{,}96 \cdot \sigma_W}^{\mu_W + 1{,}96 \cdot \sigma_W} \varphi(w)\, dw$ in der zugehörigen schraffierten Fläche in Prozent angegeben.

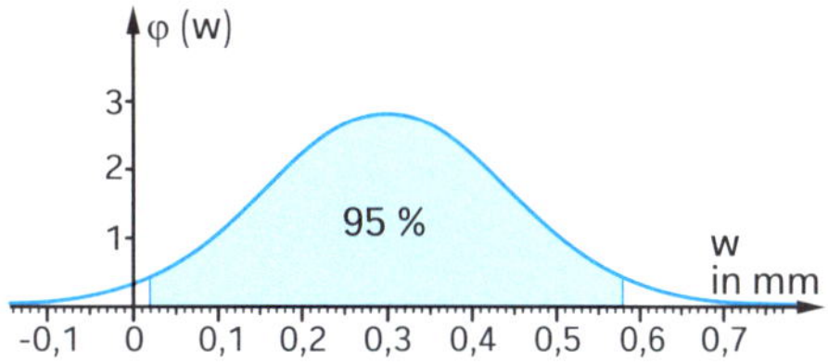

(1) Zeigen Sie mithilfe der Grafik, dass $\sigma_W > \sigma_X$ gilt.

(2) Untersuchen Sie mithilfe der Grafik die Gültigkeit folgender Aussage:
Die Wahrscheinlichkeit dafür, dass ein zufällig ausgewählter Bolzen in eine zufällig ausgewählte Buchse passt, ist größer als 97,5 %.

Lösung

a) (1) $P(X \le 9{,}70) =$ *normalcdf*(0, 9.7, 9.82, 0.09) $\approx 0{,}091$.
Die Wahrscheinlichkeit, dass der Außendurchmesser eines zufällig ausgewählten Bolzens höchstens 9,70 mm groß ist, beträgt etwa 9,1 %.

(2) Gesucht ist die Lösung der Gleichung *normalcdf*(x, 9.9, 9.82, 0.09) = 0,75.
Mithilfe des numerischen Gleichungslösers der GTR erhält man als Lösung $x \approx 9{,}682$.
Also ist die untere Grenze ungefähr 9,68.

(3) 1 % des Erwartungswerts $\mu_X = 9{,}82$ ist 0,0982. Wenn eine solche Abweichung in 90 % der Fälle eintreten soll, bedeutet dies nach den Sigma-Regeln, dass ein Ergebnis in der $1{,}64\,\sigma_X$-Umgebung von μ_X liegt, d. h.
$1{,}64\,\sigma_X = 0{,}0982 \Leftrightarrow \sigma_X \approx 0{,}0599$.

Alternative Lösung ohne Verwendung der Sigma-Regeln: 1 %-ige Abweichung nach unten bzw. oben ergibt das Intervall [9,7218 ; 9,9182].
Dann ist die Lösung der Gleichung *normalcdf*(9.7218, 9.9182, 9.82, x) = 0,90 mithilfe des numerischen Gleichungslösers des GTR zu bestimmen. Hier erhält man die leicht abweichende Lösung $\sigma_X \approx 0{,}0597$.

Die Standardabweichung σ muss etwa 0,06 mm betragen, damit die neue Vorgabe eingehalten wird.

b) Das Ereignis, dass ein Bolzen mit Außendurchmesser 10 mm in eine Buchse hineinpasst, werde als Erfolg angesehen. Die Wahrscheinlichkeit für einen Erfolg muss aus den Angaben über die Maße der Buchsen berechnet werden:

Eine Buchse hat mit der Wahrscheinlichkeit p einen Durchmesser von mehr als 10 mm, wenn gilt:

$p = P(Y > 10) = 1 - P(Y \le 10) = 1 -$ *normalcdf*(0, 10, 10.12, 0.11) $\approx 0{,}8623$.

Dann ist die Zufallsgröße Z: *Anzahl der passenden Bolzen* binomialverteilt mit dieser Erfolgswahrscheinlichkeit p, und die gesuchte Wahrscheinlichkeit ist

$P(Z \geq 90) = 1 - P(Z \leq 89) = 1 - \textit{binomcdf}(100, 0.8623, 89) \approx 0{,}172.$

Die gesuchte Wahrscheinlichkeit beträgt etwa 17,2 %.

c) (1) Aus der Grafik kann man den ungefähren Wert von σ_W ablesen:

Die $1{,}96\,\sigma_W$-Umgebung von μ_W reicht von $w_1 \approx 0{,}02$ bis $w_2 \approx 0{,}58$, hat also eine Breite von 0,56 mm. Andererseits ist dies $2 \cdot 1{,}96\,\sigma_W$. Aus $2 \cdot 1{,}96\,\sigma_W = 0{,}58$ ergibt sich $\sigma_W \approx 0{,}148$ und dieser Wert ist größer als der in der Aufgabenstellung angegebene Wert $\sigma_X \approx 0{,}09$.

(2) Damit ein zufällig ausgewählter Bolzen in eine zufällig ausgewählte Buchse passt, muss der Wert der Zufallsvariablen W größer als null sein. Es wird hier somit nach $P(W > 0)$ gesucht. Da die schraffierte Fläche rechts von null beginnt, gilt:

$P(W > 0) > 0{,}95 + 0{,}025 = 0{,}975.$

Die Aussage ist somit wahr.

Aufgabe 2B *Stochastik – grundlegendes und erhöhtes Anforderungsniveau*

Vor einer Wahl führen die drei Parteien A, B und C verschiedene Umfragen unter Wahlberechtigten durch.

a) Partei A führt eine Umfrage unter 400 Personen durch. Die Zufallsgröße X, die die Anzahl der Personen beschreibt, die Partei A wählen wollen, soll als binomialverteilt angenommen werden.
Es wird angenommen, dass der Wähleranteil für Partei A 18 % beträgt.

(1) Bestimmen Sie die Wahrscheinlichkeit dafür, dass in der Umfrage mindestens 65 Personen und höchstens 80 Personen Partei A wählen wollen. K2

(2) Bestimmen Sie das kleinste um den Erwartungswert von X symmetrische Intervall, in dem das Ergebnis dieser Umfrage mit einer Wahrscheinlichkeit von mindestens 95 % liegt. K4

b) [nur gA] Es wird eine Umfrage unter 1000 Wahlberechtigten durchgeführt. 34 % der Personen geben an, Partei B wählen zu wollen, 12 % der Personen geben an, Partei C wählen zu wollen. Es wird behauptet, dass die beiden Parteien B und C zusammen mindestens 50 % der Stimmen erreichen.

Untersuchen Sie mithilfe eines Vertrauensintervalls zur Sicherheitswahrscheinlichkeit von 95 %, ob diese Behauptung mit dem Ergebnis der Umfrage verträglich ist. L2

c) [eA] Es wird eine Umfrage unter 1000 Wahlberechtigten durchgeführt. 34 % der Personen geben an, Partei B wählen zu wollen, 12 % der Personen geben an, Partei C wählen zu wollen. Es wird behauptet, dass die beiden Parteien B und C zusammen mindestens 50 % der Stimmen erreichen.

(1) Untersuchen Sie mithilfe eines Vertrauensintervalls zur Sicherheitswahrscheinlichkeit von 95 %, ob diese Behauptung mit dem Ergebnis der Umfrage verträglich ist. L2

(2) Eine zweite Umfrage unter 1000 Wahlberechtigten liefert für Partei B zur Sicherheitswahrscheinlichkeit von 95 % das Vertrauensintervall [0,3204 ; b].
Bestimmen Sie den Wert von b.

d) [gA] Es werden 50 gleich große Stichproben simuliert. Für diese werden jeweils die zugehörigen Vertrauensintervalle für die beiden Sicherheitswahrscheinlichkeiten 70 % und 99 % berechnet. Die beiden Abbildungen zeigen jeweils die 50 berechneten Vertrauensintervalle als Strecken übereinander.

(1) Geben Sie eine Interpretation der Sicherheitswahrscheinlichkeit 70 % im Hinblick auf den unbekannten Anteil p der Grundgesamtheit an.

(2) Entscheiden Sie, welche der beiden Abbildungen zur Sicherheitswahrscheinlichkeit 70 % und welche zur Sicherheitswahrscheinlichkeit 99 % gehört.

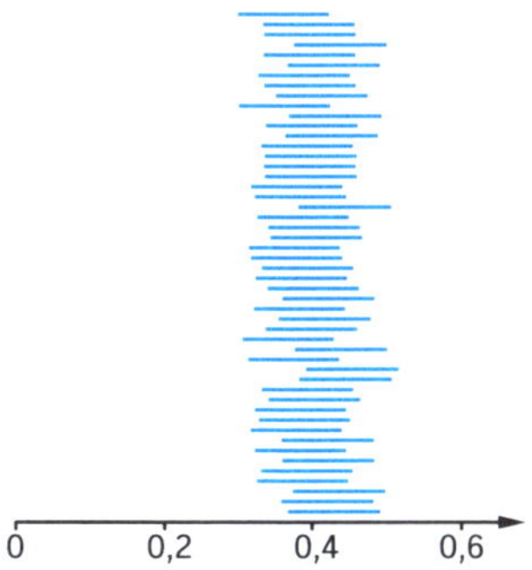

Abb. 1: 50 Vertrauensintervalle

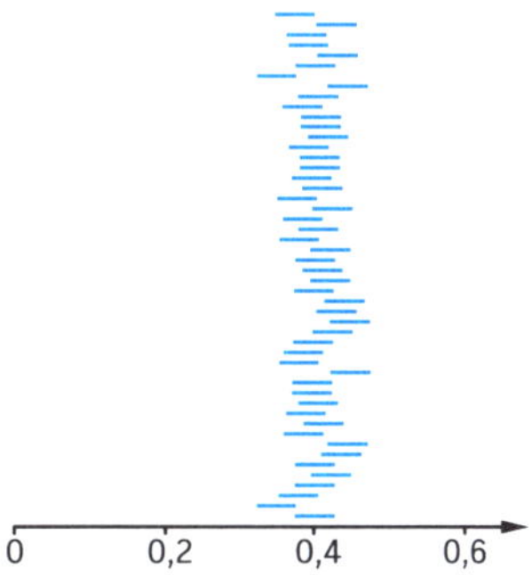

Abb. 2: 50 Vertrauensintervalle

e) Es werden 1000 gleich große Stichproben simuliert. Für diese werden jeweils die zugehörigen Vertrauensintervalle für die beiden Sicherheitswahrscheinlichkeiten 75 % und 99 % berechnet.

Die Abbildungen 1 und 2 zeigen als Häufigkeitsdiagramme jeweils die linken Intervallgrenzen der zugehörigen Vertrauensintervalle.

(1) Geben Sie eine Interpretation der Sicherheitswahrscheinlichkeit 75 % im Hinblick auf den unbekannten Anteil p der Grundgesamtheit an.

(2) Entscheiden Sie, welche der beiden Abbildungen zur Sicherheitswahrscheinlichkeit 75 % und welche zur Sicherheitswahrscheinlichkeit 99 % gehört.

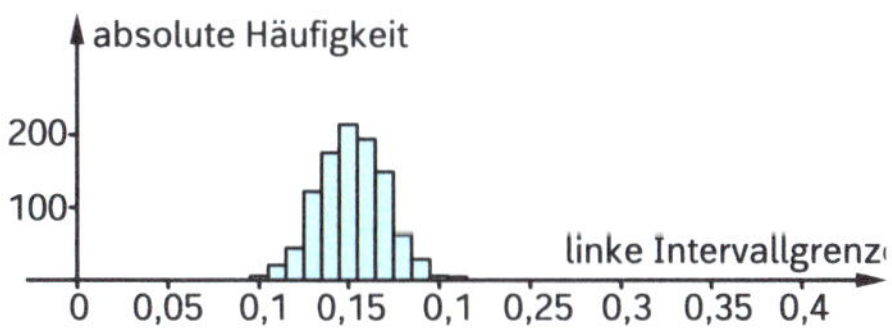

Abb. 1

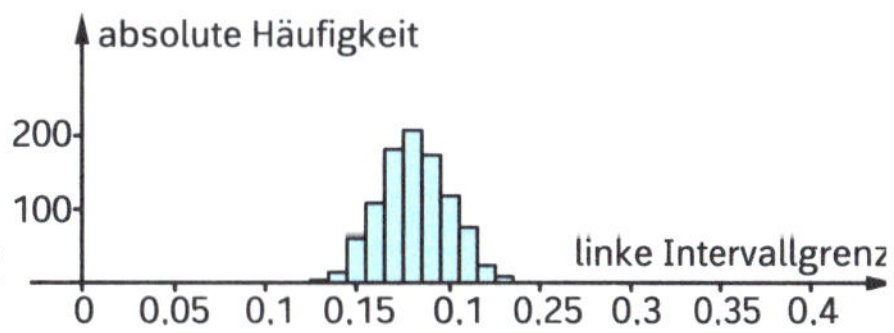

Abb. 2

Lösung

a) (1) $P(X \geq 65) = 1 - P(X \leq 64) = 1 - \mathit{binomcdf}(400, 0.18, 64) \approx 0{,}835$.

(2) Der Erwartungswert ist $\mu = 400 \cdot 0{,}18 = 72$, die Standardabweichung $\sigma \approx 7{,}68$. Mithilfe der $1{,}96\,\sigma$-Umgebung findet man das ungefähre Intervall der 95 %-Umgebung:

$P(57 \leq X \leq 87) \approx 0{,}957$.

Die Überprüfung $P(58 \leq X \leq 86) \approx 0{,}941$ zeigt, dass das Intervall $[57\,;87]$ das kleinste Intervall mit den geforderten Eigenschaften ist.

b) Aus dem Befragungsergebnis unter $n = 1000$ Personen ergibt sich die relative Häufigkeit von $h = 0{,}34 + 0{,}12 = 0{,}46$.
Das zugehörige 95 %-Vertrauensintervall ergibt sich als Lösung der Ungleichung

$|0{,}46 - p| \leq 1{,}96 \cdot \sqrt{\frac{p \cdot (1-p)}{1000}}$.

Der numerische Gleichungslöser des GTR gibt für die Gleichung

$p + 1{,}96 \cdot \sqrt{\frac{p \cdot (1-p)}{1000}} = 0{,}46$ als Lösung die untere Grenze für den zugrunde liegenden Anteil in der Gesamtheit von $p \approx 0{,}4293$ an, als Lösung der Gleichung

$p - 1{,}96 \cdot \sqrt{\frac{p \cdot (1-p)}{1000}} = 0{,}46$ die obere Grenze des Vertrauensintervalls $p \approx 0{,}4910$.

Da das 95 %-Vertrauensintervall keine Erfolgswahrscheinlichkeiten von $p \geq 0{,}5$ enthält, ist das Stichprobenergebnis nicht mit solchen Erfolgswahrscheinlichkeiten verträglich.

Hinweis: Es wäre einfacher gewesen zu prüfen, ob das Stichprobenergebnis von $X = 460$ in der 95 %-Umgebung von $p = 0{,}5$ (oder größeren Erfolgswahrscheinlichkeiten) liegt:
$n = 1000$; $p = 0{,}5$; $\mu = 500$; $1{,}96\,\sigma \approx 30{,}99$:
$P(469 \leq X \leq 531) = 0{,}954$; Kontrollrechnung: $P(470 \leq X \leq 530) = 0{,}946$.
$X = 460$ ist demnach also nicht verträglich mit $p = 0{,}5$.
In der Aufgabenstellung war jedoch die Bestimmung des Vertrauensintervalls als Methode vorgeschrieben!

c) (1) *vgl. Lösung zu b)*

(2) Aus der unteren Grenze $p = 0{,}3204$ des 95 %-Vertrauensintervalls lässt sich das Stichprobenergebnis berechnen:

$h = 0{,}3204 + 1{,}96 \cdot \sqrt{\frac{0{,}3204 \cdot 0{,}6796}{1000}} \approx 0{,}3493$.

Aus dem Ansatz $b - 1{,}96 \cdot \sqrt{\frac{b \cdot (1-b)}{1000}} = 0{,}3493$ ergibt ich dann mithilfe des numerischen Gleichungslösers des GTR die obere Grenze des 95 %-Vertrauensintervalls:
$b \approx 0{,}3794$.

d) (1) Häufigkeitsinterpretation der Wahrscheinlichkeit 70 %:
Es ist zu erwarten, dass etwa 70 % der Vertrauensintervalle, also etwa 35 von 50, den unbekannten Anteil p überdecken.

(2) Von den Sigma-Regeln her ist bekannt, dass mit einer Wahrscheinlichkeit von ca. 68 % das Ergebnis einer Stichprobe in der $1\,\sigma$-Umgebung von μ liegt. Eine Sicherheitswahrscheinlichkeit von 70 % ist nur unwesentlich größer ($1{,}036\,\sigma$-Umgebung). Zur 99 %-Umgebung gehört ein Radius von $2{,}58\,\sigma$.

In die Berechnung eines Vertrauensintervalls geht dieses Vielfache von σ wesentlich ein. Daher gilt:
Je kleiner die Sicherheitswahrscheinlichkeit ist, desto kleiner sind die zugehörigen Vertrauensintervalle. Deshalb ist hier ein 70 %-Vertrauensintervall immer kleiner als ein 99 %-Vertrauensintervall. Somit gehört zur Abbildung 2 die Sicherheitswahrscheinlichkeit 70 % und zur Abbildung 1 die Sicherheitswahrscheinlichkeit 99 %.

e) (1) Häufigkeitsinterpretation der Wahrscheinlichkeit 75 %:
Es ist zu erwarten, dass etwa 75 % der Vertrauensintervalle, also etwa 750 von 1000, den unbekannten Anteil p überdecken.

(2) Von den Sigma-Regeln her ist bekannt, dass mit einer Wahrscheinlichkeit von ca. 68 % das Ergebnis einer Stichprobe in der $1\,\sigma$-Umgebung von μ liegt. Eine Sicherheitswahrscheinlichkeit von 75 % ist nur unwesentlich größer ($1{,}15\,\sigma$-Umgebung). Zur 99 %-Umgebung gehört eiun Radius von $2{,}58\,\sigma$.

In die Berechnung eines Vertrauensintervalls geht dieses Vielfache von σ wesentlich ein. Daher gilt:
Je kleiner die Sicherheitswahrscheinlichkeit ist, desto kleiner sind die zugehörigen Vertrauensintervalle. Deshalb ist hier ein 75 %-Vertrauensintervall kleiner als ein 99 %-Vertrauensintervall. Die Häufigkeitsverteilung in Abbildung 2 liegt insgesamt weiter rechts in Richtung des unbekannten Parameters p. Die zugehörigen Vertrauensintervalle sind somit kleiner als die entsprechenden in Abbildung 1. Somit gehört zu Abbildung 2 die Sicherheitswahrscheinlichkeit 75 % und zu Abbildung 1 die Sicherheitswahrscheinlichkeit 99 %.

Aufgabe 3B (2014) *Analytische Geometrie – grundlegendes Anforderungsniveau*

Eine Gruppe Bergsteiger gerät am Berg in Not und funkt nach Hilfe.

In einem passenden Koordinatensystem befindet sich die Bergwacht im Ursprung O(0|0|0).
Ein Hubschrauber befindet sich im Punkt H(−4|6|1).

Alle Koordinaten haben die Einheit km.

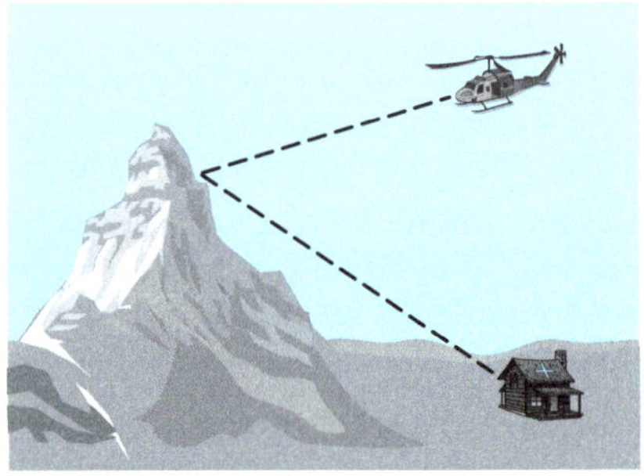

a) Der Notruf der Bergsteiger wird von der Bergwacht aus der Richtung $\vec{u} = \begin{pmatrix} 1 \\ -3 \\ 2 \end{pmatrix}$ aufgenommen.

Der Hubschrauber nimmt den Notruf aus der Richtung $\vec{v} = \begin{pmatrix} 2 \\ -4 \\ 1 \end{pmatrix}$ auf.

(1) Berechnen Sie die Koordinaten des Punktes N, in dem sich die Bergsteigergruppe aufhält. **F1 F2 F8**
[Zur Kontrolle: N(2|−6|4)]

(2) Der Hubschrauber fliegt sofort zum Aufenthaltsort der Bergsteigergruppe. Vereinfachend wird angenommen, dass seine Geschwindigkeit konstant 250 km/h beträgt. Berechnen Sie seine Flugzeit bis zum Eintreffen im Punkt N in Minuten. **E1 E3**

b) Der Hubschrauber nimmt die Bergsteigergruppe auf und fliegt vom Aufenthaltsort in Punkt N zur Bergwacht. Dabei fliegt er vom Punkt N aus zunächst zum Punkt

P(1,5|−6|3) und von dort aus weiter mit dem Kurs $\vec{k} = \begin{pmatrix} -0{,}5 \\ 2 \\ -1 \end{pmatrix}$.

(1) Zeigen Sie, dass der Hubschrauber die Bergwacht erreicht. **F1**

(2) Berechnen Sie den Neigungswinkel der Flugbahn, auf der der Hubschrauber die Bergwacht anfliegt. **G1**
(*Hinweis*: Der Neigungswinkel ist der Winkel gegen die Horizontale.)

Lösung

a) (1) Das Signal der Bergsteiger gelangt längs der Geraden g_1 mit

$g_1 : \vec{x} = r \cdot \begin{pmatrix} 1 \\ -3 \\ 2 \end{pmatrix}$ an die Bergwacht und längs der Geraden g_2 mit

$g_2 = \vec{x} = \begin{pmatrix} -4 \\ 6 \\ 1 \end{pmatrix} + s \cdot \begin{pmatrix} 2 \\ -4 \\ 1 \end{pmatrix}$ an den Hubschrauber. Die Bergsteiger befinden sich also

am Schnittpunkt dieser beiden Geraden. Das lineare Gleichungssystem

$$r \cdot \begin{pmatrix} 1 \\ -3 \\ 2 \end{pmatrix} = \begin{pmatrix} -4 \\ 6 \\ 1 \end{pmatrix} + s \cdot \begin{pmatrix} 2 \\ -4 \\ 1 \end{pmatrix}$$

hat die Lösung r = 2; s = 3, d. h. der Notruf kam vom Punkt N(2|−6|4).

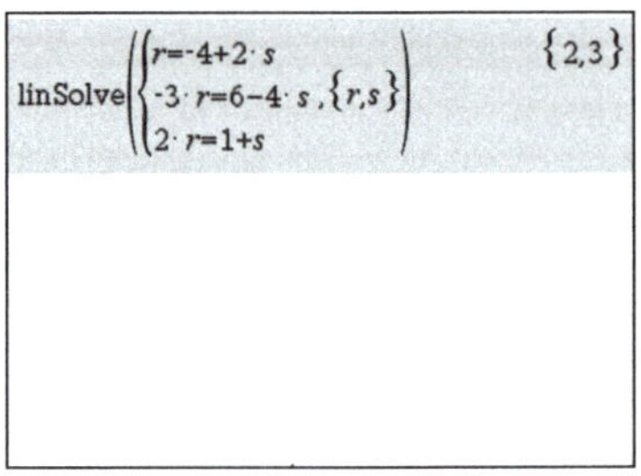

(2) Um die Flugzeit zu bestimmen, muss die Länge der Strecke HN bestimmt werden:

$$\overrightarrow{HN} = \begin{pmatrix} 2-(-4) \\ -6-6 \\ 4-1 \end{pmatrix} = \begin{pmatrix} 6 \\ -12 \\ 3 \end{pmatrix},$$

$$|HN| = \sqrt{6^2 + (-12)^2 + 3^2} = \sqrt{189} \approx 13{,}75; \quad \frac{13{,}75\,\text{km}}{250\,\frac{\text{km}}{\text{h}}} \approx 0{,}055\,\text{h}.$$

Mit $|HN| = \sqrt{189}$ ergibt sich für die Flugzeit $t \approx 0{,}055\,\text{h}$.

Der Hubschrauber braucht ungefähr 0,055 Stunden bzw. ungefähr 3,3 Minuten.

b) (1) Der Flug des Hubschraubers erfolgt längs der Geraden h mit

$h: \vec{x} = \begin{pmatrix} 1{,}5 \\ -6 \\ 3 \end{pmatrix} + t \cdot \begin{pmatrix} -0{,}5 \\ 2 \\ -1 \end{pmatrix}$. Diese Gerade enthält den Ursprung (Bergwacht),

wie man durch Einsetzen von $t = 3$ (oder Lösen des zugehörigen Gleichungssystems mit 3 Gleichungen und 1 Variablen) feststellt.

(2) Bestimmt werden soll der Winkel, den der Richtungsvektor der Geraden h gegenüber der Horizontalebene hat. Dazu bestimmt man zunächst den Winkel, den dieser Richtungsvektor gegenüber der z-Achse hat und vermindert diesen um 90°:

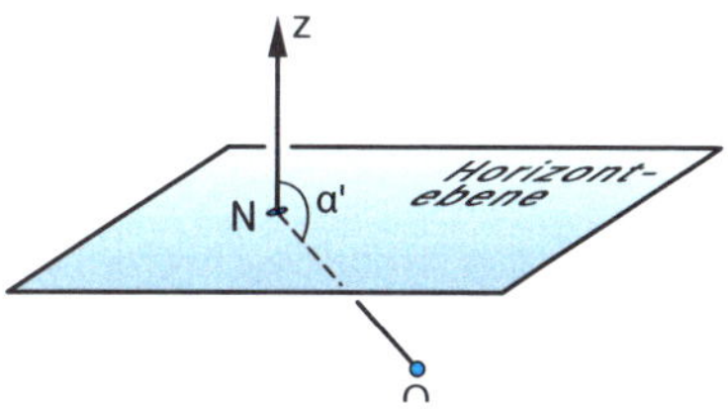

$$\cos(\alpha') = \frac{\begin{pmatrix} -0{,}5 \\ 2 \\ -1 \end{pmatrix} * \begin{pmatrix} 0 \\ 0 \\ 1 \end{pmatrix}}{\sqrt{5{,}25} \cdot \sqrt{1}} = \frac{-1}{\sqrt{5{,}25}}, \text{ also } \alpha' \approx 115{,}88°,$$

d. h. der Neigungswinkel beträgt $\alpha \approx 25{,}88°$.

Alternativ kann man elementargeometrisch das Dreieck betrachten, das den Punkt P und den Ursprung O enthält sowie einen Punkt O', der sich 3 km oberhalb des Ursprungs befindet (da die z-Koordinate des Punktes P 3 Einheiten größer ist als die z-Koordinate des Punktes O):

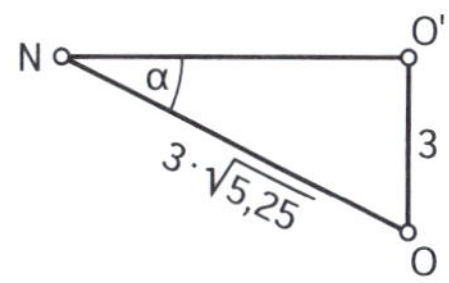

$\sin(\alpha) = \frac{3}{\sqrt{47{,}25}} = \frac{3}{3 \cdot \sqrt{5{,}25}} = \frac{1}{\sqrt{5{,}25}}$ führt ebenfalls zu $\alpha \approx 25{,}88°$.

Aufgabe 3B *Analytische Geometrie – grundlegendes Anforderungsniveau*

Ein quaderförmiger Discoraum hat die Ausmaße 15 m, 20 m und 6 m.
Am Ort L(3|2|5) befindet sich ein Laser, der Laserlicht in verschiedene Richtungen aussenden kann. Die Richtungen des Laserlichts lassen sich einstellen.
Alle Koordinaten haben die Einheit Meter.

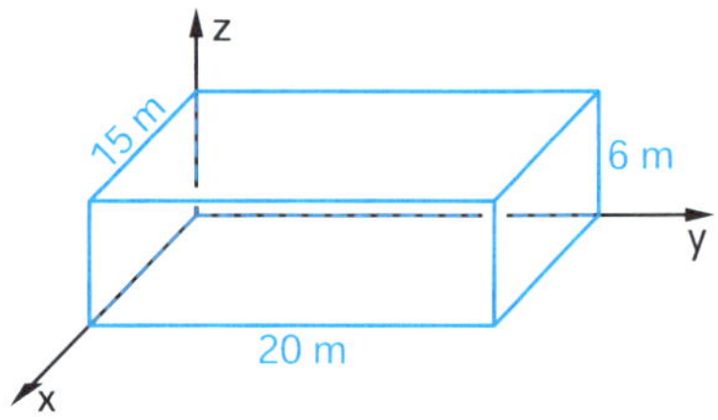

a) Das Laserlicht soll in der Disco im Punkt P(7|20|4) auf die rechte Wand auftreffen.

(1) Bestimmen Sie den für die Einstellung des Laserstrahls notwendigen Richtungsvektor. **E1**

(2) Weisen Sie nach, dass das Laserlicht im Punkt A(15|20|2) auf die rechte Wand auftrifft, wenn die Richtung des Laserstrahls durch den Vektor $\begin{pmatrix} 4 \\ 6 \\ -1 \end{pmatrix}$ eingestellt wird. **F1**

(3) Berechnen Sie den Abstand des Punktes A vom Laser. **E3**

b) Der Laserstrahl beschreibt bei geeigneter Einstellung auf der vorderen Wand eine Strecke, die vom Punkt B(15|0|2) bis zum Punkt A(15|20|2) verläuft.

(1) Zeigen Sie, dass der Laserstrahl senkrecht zu dieser Strecke verläuft, wenn er den Punkt C(15|2|2) trifft. **E2**

(2) Bestimmen Sie die Koordinaten eines Punktes D, der auf der Strecke $\overline{BA}$ liegt und vom Laser den gleichen Abstand hat wie der Punkt B vom Laser. **E1**

Lösung

a) (1) Es muss der Richtungsvektor $\overrightarrow{LP} = \begin{pmatrix} 7 \\ 20 \\ 4 \end{pmatrix} - \begin{pmatrix} 3 \\ 2 \\ 5 \end{pmatrix} = \begin{pmatrix} 4 \\ 18 \\ -1 \end{pmatrix}$ gewählt werden.

(2) Der Laserstrahl kann mithilfe einer Geraden beschrieben werden:

$$\vec{x} = \begin{pmatrix} 3 \\ 2 \\ 5 \end{pmatrix} + k \cdot \begin{pmatrix} 4 \\ 6 \\ -1 \end{pmatrix} = \begin{pmatrix} 3+4k \\ 2+6k \\ 5-k \end{pmatrix}.$$

Für den Auftreffpunkt auf der rechten Wand gilt, dass die y-Koordinate des Punktes gleich 20 ist. Dies ist für $k = 3$ der Fall: $2 + 6k = 20 \Leftrightarrow 6k = 18 \Leftrightarrow k = 3$.

(3) $|\overrightarrow{LA}| = \left|\begin{pmatrix} 15 \\ 20 \\ 2 \end{pmatrix} - \begin{pmatrix} 3 \\ 2 \\ 5 \end{pmatrix}\right| = \left|\begin{pmatrix} 12 \\ 18 \\ -3 \end{pmatrix}\right| = \sqrt{12^2 + 18^2 + (-3)^2} = 21{,}840...$

Der Abstand des Punktes A vom Laser beträgt ungefähr 21,84 m.

b) (1) $\overrightarrow{BA} = \begin{pmatrix} 15-15 \\ 20-0 \\ 2-2 \end{pmatrix} = \begin{pmatrix} 0 \\ 20 \\ 0 \end{pmatrix}$; $\overrightarrow{LC} = \begin{pmatrix} 15-3 \\ 2-2 \\ 2-5 \end{pmatrix} = \begin{pmatrix} 12 \\ 0 \\ -3 \end{pmatrix}$.

Aus $\overrightarrow{BA} * \overrightarrow{LC} = 0 \cdot 12 + 20 \cdot 0 + 0 \cdot (-3) = 0$ folgt $\overrightarrow{BA} \perp \overrightarrow{LC}$.

Der Laserstrahl verläuft also senkrecht zur Strecke $\overline{BA}$.

(2) Der Punkt C(15 | 2 | 2) liegt auf der Strecke AB mit A(15 | 20 | 2) und B(15 | 0 | 2).

Daher gilt:

$\overrightarrow{OD} = \overrightarrow{OC} + \overrightarrow{BC} = \begin{pmatrix} 15 \\ 2 \\ 2 \end{pmatrix} + \begin{pmatrix} 15-15 \\ 2-0 \\ 2-2 \end{pmatrix} = \begin{pmatrix} 15 \\ 4 \\ 2 \end{pmatrix}$.

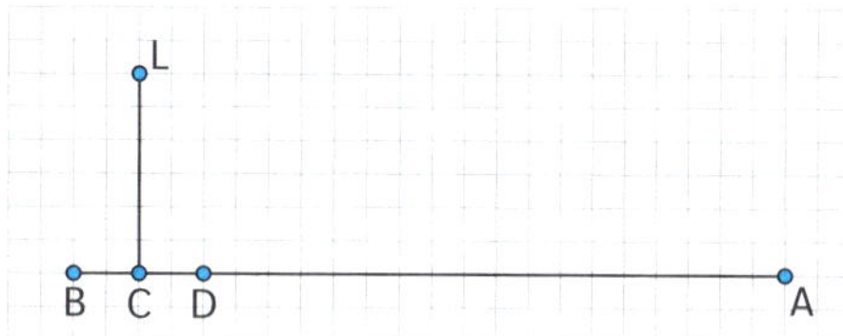

Aufgabe 3B *Analytische Geometrie – erhöhtes Anforderungsniveau*

Der einleitende Text stimmt mit der Aufgabe zum grundlegenden Anforderungsniveau überein.

a) Das Laserlicht soll in der Disco im Punkt P(7 | 20 | 4) auf die rechte Wand auftreffen.

(1) Bestimmen Sie den für die Einstellung des Laserstrahls notwendigen Richtungsvektor. E1

(2) Wird die Richtung des Laserstrahls durch den Vektor $\begin{pmatrix} 4 \\ 10 \\ -1 \end{pmatrix}$ eingestellt, so trifft das Laserlicht im Punkt Q auf die rechte Wand auf.
Bestimmen Sie die Koordinaten des Punktes Q. E1
[Zur Kontrolle: Q(10,2 | 20 | 3,2).]

(3) Berechnen Sie den Abstand des Punktes Q vom Laser. E3

b) Der Laser wird so eingestellt, dass alle Laserstrahlen in der Ebene E mit

$E: \vec{x} = \begin{pmatrix} 3 \\ 2 \\ 5 \end{pmatrix} + r \cdot \begin{pmatrix} 2 \\ 0 \\ -0{,}5 \end{pmatrix} + s \cdot \begin{pmatrix} 0 \\ 10 \\ 0 \end{pmatrix}$ verlaufen. F3 F1

(1) Alle vom Laserstrahl auf der rechten Wand getroffenen Punkte liegen auf einer Geraden.
Zeigen Sie, dass diese Gerade durch $g: \vec{x} = \begin{pmatrix} 10 \\ 20 \\ 3{,}25 \end{pmatrix} + t \cdot \begin{pmatrix} -5 \\ 0 \\ 1{,}25 \end{pmatrix}$ angegeben werden kann.

(2) Aus Sicherheitsgründen wird gefordert, dass der Laserstrahl die rechte Wand nicht unterhalb einer Höhe von 2 Metern treffen darf.
Untersuchen Sie, ob diese Forderung eingehalten wird.

c) Der Laserstrahl beschreibt bei geeigneter Einstellung auf der vorderen Wand eine Strecke, die vom Punkt A(15 | 4 | 2) bis zum Punkt B(15 | 18 | 2) verläuft.

Bestimmen Sie für den Richtungsvektor $\begin{pmatrix} 2 \cdot k \\ 10 \\ -0{,}5 \cdot k \end{pmatrix}$ des Laserstrahls einen Wert für k

so, dass der Laserstrahl mit der Strecke durch A und B einen Winkel von 60° einschließt. G1

Lösung

a) (1) *vgl. Aufgabe 3B grundlegendes Anforderungsniveau*

(2) Der Laserstrahl kann mithilfe einer Geraden beschrieben werden:

$$\vec{x} = \begin{pmatrix} 3 \\ 2 \\ 5 \end{pmatrix} + k \cdot \begin{pmatrix} 4 \\ 10 \\ -1 \end{pmatrix} = \begin{pmatrix} 3+4k \\ 2+10k \\ 5-k \end{pmatrix}.$$

Für den Auftreffpunkt auf der rechten Wand gilt, dass die y-Koordinate des Punktes gleich 20 ist. Dies ist für k = 3 der Fall:
$2 + 10k = 20 \Leftrightarrow 10k = 18 \Leftrightarrow k = 1{,}8.$

Einsetzen ergibt die Koordinaten von Q: $(3 + 4 \cdot 1{,}8 \,|\, 20 \,|\, 5 - 1{,}8) = (10{,}2 \,|\, 20 \,|\, 3{,}2)$.

(3) $$|\overrightarrow{LQ}| = \left| \begin{pmatrix} 10{,}2-3 \\ 20-2 \\ 3{,}2-5 \end{pmatrix} \right| = \left| \begin{pmatrix} 7{,}2 \\ 18 \\ -1{,}8 \end{pmatrix} \right| = \sqrt{7{,}2^2 + 18^2 + (-1{,}8)^2} \approx 19{,}47.$$

Der Abstand des Punktes Q vom Laser beträgt ungefähr 19,47 m.

b) (1) Da für alle Punkte der rechten Wand gilt, dass die y-Koordinaten 20 ist, gilt
$2 + r \cdot 0 + s \cdot 10 = 20 \Leftrightarrow 10s = 18 \Leftrightarrow s = 1{,}8.$

Somit reduziert sich die Parameterdarstellung der Ebene auf die einer Geraden:

$$\vec{x} = \begin{pmatrix} 3 \\ 2 \\ 5 \end{pmatrix} + r \cdot \begin{pmatrix} 2 \\ 0 \\ -0{,}5 \end{pmatrix} + 1{,}8 \cdot \begin{pmatrix} 0 \\ 10 \\ 0 \end{pmatrix} = \begin{pmatrix} 3 \\ 20 \\ 5 \end{pmatrix} + r \cdot \begin{pmatrix} 2 \\ 0 \\ -0{,}5 \end{pmatrix}.$$

(2) Diese Schnittgerade mit der rechten Wand verläuft zwischen einem Punkt P, der auch auf der „hinteren“ Wand liegt (x-Koordinate = 0), und einem Punkt Q der „vorderen“ Wand (x-Koordinate = 15).

Für den Punkt P gilt also $3 + 2r = 0 \Leftrightarrow r = -1{,}5$. Hieraus folgt durch Einsetzen
$P(0 \,|\, 20 \,|\, 5 + (-1{,}5) \cdot (-0{,}5)) = (0 \,|\, 20 \,|\, 5{,}75)$.

Für den Punkt Q gilt also $3 + 2r = 15 \Leftrightarrow r = 6$. Hieraus folgt durch Einsetzen
$Q(15 \,|\, 20 \,|\, 5 + 6 \cdot (-0{,}5)) = (15 \,|\, 20 \,|\, 2)$.

Der Punkt Q liegt also „tiefer“ als der Punkt P:
Da die z-Koordinate von Q den Wert 2 hat, wird die Forderung eingehalten.

Dass der vordere Punkt tiefer als der hintere Punkt liegt, kann man auch an der z-Komponente −0,5 des Richtungsvektors ablesen: Mit zunehmendem Wert von r wird die 3. Koordinate kleiner.

c) Für den zwischen $\overrightarrow{AB} = \begin{pmatrix} 0 \\ 14 \\ 0 \end{pmatrix}$ und $\vec{v} = \begin{pmatrix} 2 \cdot k \\ 10 \\ -0{,}5 \cdot k \end{pmatrix}$ eingeschlossenen Winkel α gilt:

$$\cos(\alpha) = \frac{\overrightarrow{AB} * \vec{v}}{|\overrightarrow{AB}| \cdot |\vec{v}|} = \frac{140}{14 \cdot \sqrt{4k^2 + 100 + 0{,}25k^2}} = \frac{10}{\sqrt{4{,}25k^2 + 100}}..$$

Da $\cos(60°) = 0{,}5$, muss die Gleichung

$\frac{10}{\sqrt{4{,}25k^2 + 100}} = 0{,}5 \Leftrightarrow 20 = \sqrt{4{,}25k^2 + 100}$ gelöst werden.

Aus $400 = 4{,}25k^2 + 100 \Leftrightarrow 4{,}25k^2 = 300 \Leftrightarrow k^2 = \frac{300}{4{,}25}$ folgt:

$k \approx 8{,}40$ bzw. $k \approx -8{,}40$.

Stichwortverzeichnis